普通高等教育"十一五"国家级规划教材
陕西省普通高等学校优秀教材一等奖

Environmental Economics

环境经济学

（第 4 版）

董小林 董 治 编著

人民交通出版社

北 京

内 容 提 要

本教材第 4 版是在第 3 版的基础上,对教材的架构、内容、表述等进行调整与更新的修编,以适应当前我国高校相关专业本科教学的实际需求。全书共分 9 章,内容包括环境经济学概论、经济学的有关基础理论、环境费用与环境成本、环保投资与环境效益、环境效益费用分析、环境经济系统分析、环境建设项目经济评价、环境经济手段与经济政策、低碳经济与循环经济,另有 1 个附录,即全国环境保护会议综述。教材案例丰富,每章末附有复习作业题。

本教材适用于环境类专业,以及非经济类相关专业本科生的教学,也适合相关专业和学科方向的研究生使用,同时可供从事环境保护、经济管理及相关工作的人员学习参考。

图书在版编目(CIP)数据

环境经济学 / 董小林,董治编著. — 4 版. — 北京:人民交通出版社股份有限公司, 2025. 4. — ISBN 978-7-114-20325-1

Ⅰ. X196

中国国家版本馆 CIP 数据核字第 2025C51S02 号

普通高等教育"十一五"国家级规划教材
陕西省普通高等学校优秀教材一等奖
Huanjing Jingjixue

书　　　名:	环境经济学(第 4 版)
著 作 者:	董小林　董　治
责任编辑:	杨　思
责任校对:	卢　弦
责任印制:	张　凯
出版发行:	人民交通出版社
地　　址:	(100011)北京市朝阳区安定门外外馆斜街 3 号
网　　址:	http://www.ccpcl.com.cn
销售电话:	(010)85285911
总 经 销:	人民交通出版社发行部
经　　销:	各地新华书店
印　　刷:	北京虎彩文化传播有限公司
开　　本:	787×1092　1/16
印　　张:	22
字　　数:	539 千
版　　次:	2005 年 3 月　第 1 版
	2011 年 2 月　第 2 版
	2019 年 9 月　第 3 版
	2025 年 4 月　第 4 版
印　　次:	2025 年 4 月　第 4 版　第 1 次印刷　总第 6 次印刷
书　　号:	ISBN 978-7-114-20325-1
定　　价:	59.00 元

(有印刷、装订质量问题的图书,由本社负责调换)

第4版前言
PREFACE

本教材第 4 版是在第 3 版的基础上进行的修订,修订的内容主要包括以下几个方面。

第一,对教材的定位进行适当调整。为适应当前我国高校相关专业本科与研究生教学实际,根据课程教学新要求和分层次教学的需要,在保持第 3 版教材基本结构的基础上,对本教材进行了系统性调整与更新,使教材结构更加优化,内容调整更加合理,论述去繁就简。

第二,更加体现教材在教学中的基础作用。在保持本教材第 3 版优点、特色的前提下,反映本专业课程改革和学科建设的新成果,在激发学生自主学习、培养学生创新思维、提高学生学习效果、塑造学生的综合素质和能力等方面发挥了积极作用。

第三,注重理论与实际相结合。在内容上突出重点难点,并优化了内容选择与布置,对一些重要概念与定义进行仔细推敲,力求准确清晰。本教材设置了丰富的实例,均为相关内容的科研成果。教材习题是教材的重要组成部分,这次修订对本教材第 3 版的习题进行了补充与调整。

《环境经济学》(第 4 版)的修编参考了许多文献和研究成果,在此向相关作者表示衷心感谢。感谢用书学校的老师和学生提出的问题、意见和建议。同时,本次修订工作特别邀请了一些本科生和研究生参与,让使用者参与审阅,对完善教材产生了良好的效果。

欢迎广大师生、专家和读者继续给予批评指正,联系邮箱:dxlchd@163.com。感谢杨思、李晴等编辑的辛勤工作,向人民交通出版社表示诚挚的谢意。

长安大学

2024 年 6 月

目录
CONTENTS

第一章　环境经济学概论 ·· 1

第一节　引论 ··· 1

第二节　环境经济学的形成 ··· 15

第三节　环境经济系统 ·· 19

第四节　环境经济学的体系框架 ·· 24

复习作业题 ··· 30

第二章　经济学的有关基础理论 ·· 34

第一节　经济学概述 ·· 34

第二节　均衡价格理论 ·· 37

第三节　消费者行为理论 ··· 43

第四节　福利经济学 ·· 47

第五节　经济政策 ·· 51

第六节　国民经济核算 ·· 58

复习作业题 ··· 67

第三章　环境费用与环境成本 ··· 70

第一节　环境费用 ·· 70

第二节　环境成本 ·· 73

第三节　环境价值量及其核算 ··· 79

第四节　环境成本与绿色 GDP ··· 83

第五节　实例分析:城市大气环境治理成本核算及其结构分析 …………… 88

复习作业题 ………………………………………………………………… 97

第四章　环保投资与环境效益 ………………………………………………… 99

第一节　环保投资概述 ……………………………………………………… 99

第二节　环保投资结构分析 ……………………………………………… 107

第三节　环境效益与"三效益"分析 ……………………………………… 118

第四节　环保产业与环保融资 …………………………………………… 123

第五节　实例分析:区域环境污染治理投资结构分析 ………………… 132

复习作业题 ……………………………………………………………… 136

第五章　环境效益费用分析 …………………………………………………… 140

第一节　效益费用分析概述 ……………………………………………… 140

第二节　环境效益费用分析方法 ………………………………………… 149

第三节　环境费用效果分析 ……………………………………………… 164

第四节　实例分析:城市环境经济损失分析 …………………………… 168

复习作业题 ……………………………………………………………… 176

第六章　环境经济系统分析 …………………………………………………… 179

第一节　污染物排放总量与排放浓度联合分析 ………………………… 179

第二节　环境经济系统的库兹涅茨曲线分析 …………………………… 189

第三节　环境经济系统脱钩分析 ………………………………………… 201

复习作业题 ……………………………………………………………… 212

第七章　环境建设项目经济评价 ……………………………………………… 215

第一节　建设项目可行性研究与经济评价概述 ………………………… 215

第二节　资金等值计算 …………………………………………………… 219

第三节　项目经济评价基本方法 ………………………………………… 232

第四节　项目经济评价的不确定性分析 ………………………………… 245

复习作业题 ……………………………………………………………… 256

第八章　环境保护经济手段与经济政策 …………………………………… 259

第一节　环境保护手段 …………………………………………………… 259

第二节　环境保护经济手段 ……………………………………………… 263

第三节　环境经济政策 …………………………………………………… 291

复习作业题 ……………………………………………………………… 304

第九章　低碳经济与循环经济 ……………………………………………… 308

　第一节　低碳经济 ………………………………………………………… 308

　第二节　循环经济 ………………………………………………………… 317

　第三节　清洁生产 ………………………………………………………… 324

　复习作业题 ………………………………………………………………… 332

附录　全国环境保护会议综述 ……………………………………………… 334

参考文献 ……………………………………………………………………… 341

第 一 章

环境经济学概论

环境经济学是伴随着人类活动引起的环境问题而产生和发展起来的一门新兴学科,是研究人类活动和环境保护之间相互依赖、相互制约、相互促进关系的学科。这里所说的人类活动主要是指人类的经济活动。环境经济学的发展目标是保护自然环境,防止环境污染和破坏,使人类生存与发展具有良好的环境质量,推进生态文明建设,促进经济社会高质量可持续发展。本章将在论述有关环境的几个概念的基础上,论述环境经济学的理论基础,介绍环境经济学产生和发展的过程,对环境经济学体系框架与环境经济学的研究对象、研究任务、研究内容、研究领域等进行概述。

第一节 引 论

本节为引导内容,主要对环境经济学产生与发展的重要基础进行分析论述,具体对环境、社会环境的概念及其内涵进行阐述。在此基础上,论述环境问题的概念,剖析环境问题的实质,解析经济与环境的辩证关系,概述环境经济学的理论基础,分析环境经济学与相近学科之间的关系。

一、环境

(一)环境概念

环境是相对于某个主体而言的,泛指某一主体周围的外部时空及其中的物质、能量、条件和状况等。在环境科学中,环境主要是指以人类为主体的外部时空,即人类和其他生物生存的时空及时空中的物质和条件等。

2015年1月1日实施的《中华人民共和国环境保护法》(简称《环境保护法》)第一章第二条指出:"本法所称环境,是指影响人类生存和发展的各种天然的和经过人工改造的自然因素的总体,包括大气、水、海洋、土地、矿藏、森林、草原、湿地、野生生物、自然遗迹、人文遗迹、自然保护区、风景名胜区、城市和乡村等。"这是国家对环境的概念、含义和范围作出的法律规定。

根据《环境保护法》对环境概念的界定可知,环境主要是指人类周围的时空境况,以及直接和间接影响人类生活和发展的各种自然因素和社会因素的总体,包括自然因素中的各种物体、现象和过程,以及人类生存和发展中的各种社会、经济等因素。全面准确理解环境的概念,是开展环境保护工作,准确实施《环境保护法》的依据,也是环境经济学发展的基础,对于协调人类与环境的关系,解决现实或潜在的环境问题,促进人与自然和谐共生,保障经济社会的高质量可持续发展具有重要意义。

(二)自然环境与社会环境

科学、系统、全面地分析环境,需要对环境进行分类。根据不同的目的和作用,环境的分类方式有多种,通常可以按环境的范围、环境的属性、环境的要素、环境的功能等进行分类。环境分类可以充分展示环境的内涵和外延,揭示环境的实质和内容,系统合理地开展对环境的研究与应用。

按照环境的自然属性和社会属性分类,环境可分为自然环境和社会环境,如图1-1所示。自然环境是社会环境的基础,社会环境是自然环境的发展。这里重点对社会环境进行论述。

1. 自然环境

自然环境是指围绕人类周围的各种自然因素的总和,如大气、水、土壤、植物、动物、太阳辐射等,是人类赖以生存和发展的物质基础。自然环境的分类比较多,按照其主要组成要素,可分为大气环境、水环境、土壤环境、声环境等。

2. 社会环境

社会环境是指人类在利用和改造自然环境中创造出来的人工环境,是人类在生活和生产活动中所形成的人与人之间关系的总体。社会环境是人类活动的必然产物,是在自然环境的基础上,通过人类长期有意识的社会劳动,加工和改造的自然物质、创造的物质生产体系、积累的物质文化等所形成的环境体系。社会环境一方面是人类精神文明和物质文明发展的标志,另一方面又随着人类文明的演进而不断地丰富和发展。社会环境是人类创造的环境,其所包含的内容广泛,可以说自然环境所包含内容之外的范畴均是社会环境所包含的内容。

社会环境概念有广义和狭义之分。广义概念的社会环境包括经济、政治、文化、道德、宗教、风俗、人类建造的各种建筑物、构筑物,以及具备其他形态和作用的人工物品等要素。具体来说,社会环境包括诸如自然条件的利用、土地使用、建设设施、社会结构、经济发展、文化宗教、医疗教育、生活条件、文物古迹、旅游景观等众多内容。狭义概念的社会环境主要与人们的生活生产环境联系在一起,如人们的生活环境、工作条件等。关于狭义概念的社会环境有不少研究,如有研究文献认为,居住、交通、文化教育、商业服务以及绿化是社会环境的五要素;也有研究文献提出社会环境质量的三原则,即舒适原则、清洁原则和美学原则。这些都是针对狭义概念的社会环境提出的。

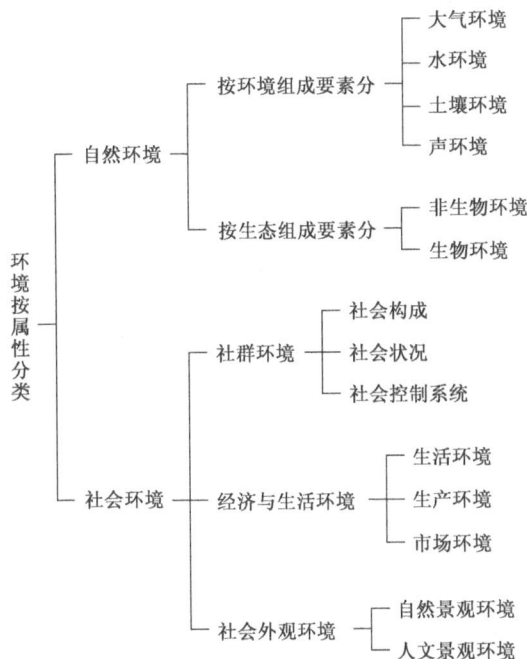

图 1-1 按照环境的自然和社会属性分类

根据社会环境的广义概念,社会环境包括社群环境、经济与生活环境、社会外观环境三个方面的基本内容,反映了社会环境的基本结构、功能和外貌。

(1)社群环境。

社群即社会群体,一般是指在某些边界线、地区或领域内的社会群体及与其发生作用的一切社会关系。社群也可用来表示一些有特殊关系的社群,如一个有相互关系的社会网络等。

社群环境主要包括社会构成、社会状况、社会控制系统,以此反映社会群体的特征和结构。社会构成主要包括性别、年龄、民族、种族、职业、家庭、宗教,以及社会团体和机构等;社会状况主要包括健康水平、文化程度、居住环境、社会关系、生活习惯、收入水平、就业与失业、娱乐、福利等;社会控制系统主要包括行政、法律、宗教、舆论、公安与军队等。

(2)经济与生活环境。

按照联合国颁布的分类方法,人类发展的产业可划分为三大产业,即第一产业、第二产业、第三产业。第一产业主要包括农业、林业、牧业和渔业等;第二产业主要包括采矿业、制造业、电力、热力、燃气及水生产和供应业、建筑业等;第三产业包括商业、金融、交通运输、通信、房地产业、教育、服务业等。经济与生活环境主要由第一产业、第二产业、第三产业所反映的生产环境、市场环境、生活环境及其相应的结构和功能等组成。

第一产业、第二产业,以及相应的技术、设施、条件、活动等称为生产环境;第三产业及其具体的服务和有关设施与条件称为生活环境;伴随商品和服务的提供、买卖、交换的设施、条件与活动称为市场环境。

(3)社会外观环境。

社会外观环境主要是指自然景观与人文景观,是人类所感知的自然与人文的有形体与环境氛围的总和。

自然景观是自然因素的集合体,一般指未受人类影响的地球自然景观,如地形景观、地质景观、森林景观、天文景观、气候景观、生物景观等。实际上,自然环境的各种环境因子,如空气、水、生物、土壤等,都是自然景观,而所谓有价值的自然景观是人为确定的,如具有观赏旅游、科学研究价值的自然景观等。

人文景观是以人为因素为主的景观,是指可以作为景观的人类社会的各种文化集合体。人文景观一般是指历史形成的、与人的社会活动有关的景物构成的现象,如文物古迹、民族风情、地方特色等,也包括历代人为改造自然和进行社会建设产生的景观。人文景观是具有历史、文化价值的旅游资源。

在环境科学中,社会环境的概念非常重要,社会环境逐渐被认识与重视。但社会环境的概念、意义以及所包括的内容等,还缺少规范的界定。例如,一些文献混淆经济环境与社会环境的划分,把经济环境与社会环境视为同一层次上两个不同的概念,以强调经济发展的重要性,或使用社会经济环境的概称,实质上经济环境隶属于社会环境。

(三)生态环境与自然环境

生态、生态环境、生态破坏、生态保护、生态建设、生态经济、生态文明、生态文明建设等已成为使用频率很高的术语,也是高质量可持续发展的重要概念与内容。

1. 生态

生态是指生物(包括动物、植物、微生物等)成长、繁育的生存状态,这种状态体现在生物本身、生物之间、生物与周围环境之间的相互联系和相互作用上。

2. 生态环境

生态环境是一个重要的生态学概念,其表述有多种,如生态环境是对生物生长、发育、繁殖、行为和分布有影响的自然环境因子的综合,即由生态关系组成的环境;又如,生态环境是指影响人类与其他生物生存与发展的水资源、土地资源、生物资源以及气候资源数量与质量的总称。

对生物有着直接影响的环境因子,主要或完全由自然因素组成,如水、热、光、气、土壤等非生物自然因素,动物、植物、微生物等生物之间的相互作用也对生物有着直接的影响。

3. 生态破坏

生态破坏是指对生态系统内生物生长、发育、繁衍、行为和分布的环境条件产生严重影响的环境问题。人类活动产生的生态破坏是指人类活动导致生态环境结构和功能发生退化甚至毁灭的环境效应。生态破坏反映在山水林田湖草沙冰等各方面,表现为如水土流失、森林锐减、土地退化、草原荒漠化、生物多样性的减少等。生态破坏不仅直接影响、危害非人类生物的生存和发展,也直接、长远地影响人类的生存和发展。

4. 生态保护

生态保护是指在对自然环境和自然资源进行保护的基础上,保护好生物生存所需要的各种资源,从而保护生物资源。树立"山水林田湖草沙冰是生命共同体"的理念,是生态环境保护的要求。

5. 生态建设

生态建设是指根据生态学原理,遵循生态系统的自然规律,运用现代科学技术,对生态系统进行保护与建设。生态建设主要包括两方面,一是保护生态环境的活动,二是对因人类活动而被干扰和破坏了的生态系统进行修复和重建。生态建设强调坚持山水林田湖草沙冰一体化保护和系统治理。

6. 生态经济

生态经济是指在生态系统承载能力范围内,以生态环境建设和经济发展为内容,遵循生态规律和经济规律,运用生态学、生态经济学、系统工程的原理与方法,发展生态多元与经济高效相融合的活动与产业,实现经济高质量可持续发展。

7. 生态文明

生态文明是人类文明发展的一个新阶段,即工业文明之后的文明形态,是人类遵循人、自然、社会和谐发展这一客观规律而取得的物质与精神成果的总和。

8. 生态文明建设

生态文明建设是把可持续发展提升到高质量发展的高度,建设以人与自然、人与人、人与社会和谐共生、良性循环、全面发展、持续繁荣为基本宗旨的社会形态。生态文明建设要求努力建设人与自然和谐共生的现代化。生态文明建设已被写入《中国共产党章程》,指导着中国特色社会主义事业的全面发展。

生态环境与自然环境是两个不同的概念。自然环境的外延比较广,各种天然因素的总体都可以说是自然环境,自然环境可以针对生物,也可以针对非生物;生态环境的外延比较窄,只有生物存在,才能称为生态环境。地球的自然环境从地球形成以后就存在,地球的生态环境是地球生物出现后形成的环境,而人类生态环境一般是指人类进化后出现的环境系统。所以说,只有具有一定生态关系构成的系统整体才能被称为生态环境,生态环境隶属于自然环境,二者具有包含关系。

生态环境更多是关注非人类生物的环境,实际上,关注非人类生物的环境就是关注以人类为主体的生态环境。以人类为主体的生态环境是指对人类生存和发展有影响的自然因子和其他生物的综合系统。强调以人类为主体的生态环境概念是以人类与自然界的关系、人类与其他生物的关系为基本出发点,注重人与自然、人与其他生物相互联系、相互依赖和相互作用的整体性,使自然、人、其他生物和谐共生。

(四)自然资源与自然环境

1. 自然资源

自然资源是指自然界中能为人类生存、发展提供的自然物质与自然条件。自然资源具有社会有效性和相对稀缺性的特征,是人类社会和经济发展的物质基础。

联合国有关文献对自然资源的概念解释为："人在其自然环境中发现的各种成分，只要能以任何方式为人类提供福利的都属于自然资源。从广义来说，自然资源包括全球范围内的一切要素，它既包括过去进化阶段中无生命的物理成分，如矿物，又包括地球演化过程中的产物，如植物、动物、景观要素、地形、水、空气、土壤和化石资源等。"从经济学的角度来说，自然资源是公共资源的基础和组成部分。

自然资源的类型有多种划分方法：按资源的实物类型划分，自然资源包括土地资源、气候资源、水资源、生物资源、矿产资源、海洋资源、能源资源、旅游资源等；按资源的形体类型划分，自然资源可分为有形自然资源和无形自然资源，有形自然资源有土地、水体、动植物、矿产等，无形自然资源有光资源、热资源等。

按资源的再生性划分，自然资源可分为两类：可再生资源和不可再生资源。可再生资源又称为可更新资源，是指那些被人类开发利用后，能够依靠生态系统自身运行中的再生能力得到恢复或再生的资源，如生物资源、水资源等；不可再生资源又称为不可更新资源，一般是指那些在人类开发利用后，储量会逐渐减少以至枯竭的资源，如化石能源、矿产资源等。

自然资源还有一种分类方法，即按资源存在的条件和特征为标准分类，自然资源可分为恒定资源与非恒定资源。恒定资源是指那些所谓"取之不尽、用之不竭"的自然资源，如太阳能、风能、潮汐能等。有研究文献认为，大部分的可再生能源都是太阳能的储存。按资源的再生性划分，恒定资源也可视为可再生资源，非恒定资源则被视为不可再生资源。

对于环境科学而言，恒定资源是组成环境的要素，但不是环境保护法律法规规定的环境保护对象。

2. 自然资源和自然环境的关系

自然资源与自然环境本质上是一致的，如大气、水、土地等既是重要的自然资源，又是组成自然环境的基本要素，其区别在于其术语与实际应用所体现出来的不同。从环境学的角度来说，自然资源是自然界天然存在的各种自然环境要素；从资源学的角度来说，自然资源是从人类可利用的角度定义的，是指人类可以直接开发利用而产生价值的自然物质。

从人类活动对环境的影响结果来说，自然环境与自然资源具有密切的联系。人类活动对环境的不利影响分为两类，一类是环境污染，称为污染型影响；另一类是环境破坏，称为破坏型影响。

环境破坏主要指资源破坏和生态破坏，其中资源破坏是指对自然资源的破坏性使用和对不可再生自然资源的超额利用而产生的环境问题，其严重后果是导致自然资源破坏，同时导致生态系统失调，使自然环境遭到破坏。

3. 人为因素对自然环境、自然资源与生态环境的影响

按人为环境影响的类别，环境要素可分为三类，如图1-2所示。第一类是仅产生污染型影响的环境要素，如声、振动、辐射等；第二类是既可以产生污染型影响又可以导致破坏型影响的环境要素，如水、大气、土壤等，这一类环境要素在产生环境污染的同时伴随着可利用的自然资源数量的减少；第三类是仅产生破坏型影响的环境要素，如森林、草地、野生生物等。人类活动产生污染型影响和破坏型影响的最终结果都是导致自然资源与生态系统的破坏，具体表现有：温室效应、土地退化和沙漠化、森林面积锐减、生物多样性减少、水资源枯竭等。

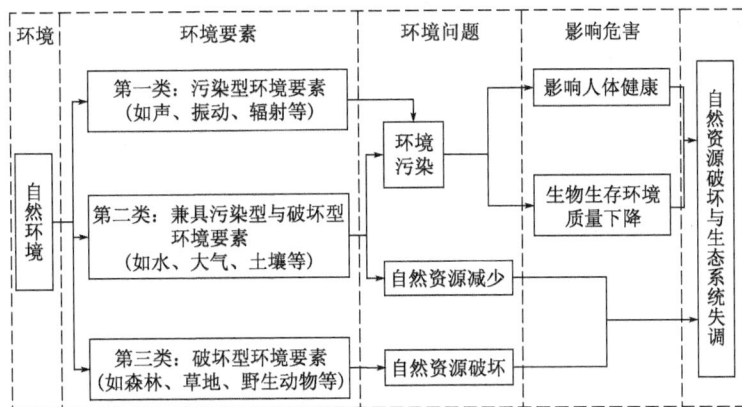

图 1-2　自然环境、自然资源与生态环境的关系

二、环境问题

（一）环境问题概念

环境问题是指由于人类活动与自然活动，环境状况受到不利影响甚至被破坏，以致出现不利于人类生存和发展的环境状态、环境质量、环境结构，以及其变化过程的问题。

在适宜的环境中，人类的生存和发展得以持续。但是在人类活动的过程中，人类活动可能维持了适合人类生存的环境，也可能破坏了人类赖以生存的环境。例如，人类在其活动中产生的各种污染物进入自然环境，超过了环境容量的极限，就会使环境受到污染和被破坏；人类在开发利用自然资源时，超越了环境自身的承载能力，就会使自然资源和生态环境状况恶化。这些都属于人为造成的环境问题。

（二）环境问题分类

环境问题的概念涉及环境问题的类型。对环境问题进行分类是为了科学地分析环境问题，揭示环境问题的实质，以达到控制和解决环境问题的目的。环境问题的分类如图 1-3 所示。

环境问题分为狭义和广义两种。

1. 狭义环境问题

狭义环境问题指的是在人类活动作用下，人们周围的环境结构与状态发生不利于人类生存和发展的变化。狭义环境问题引起环境质量的变化，会进一步对人类的生活、生产产生各种影响。狭义环境问题又分为环境污染型环境问题和环境破坏型环境问题。

2. 广义环境问题

广义环境问题指的是任何不利于人类生存和发展的环境状态、环境质量和环境结构及其变化过程。广义环境问题的产生可归咎于人类活动及自然活动。

（1）原生环境问题。

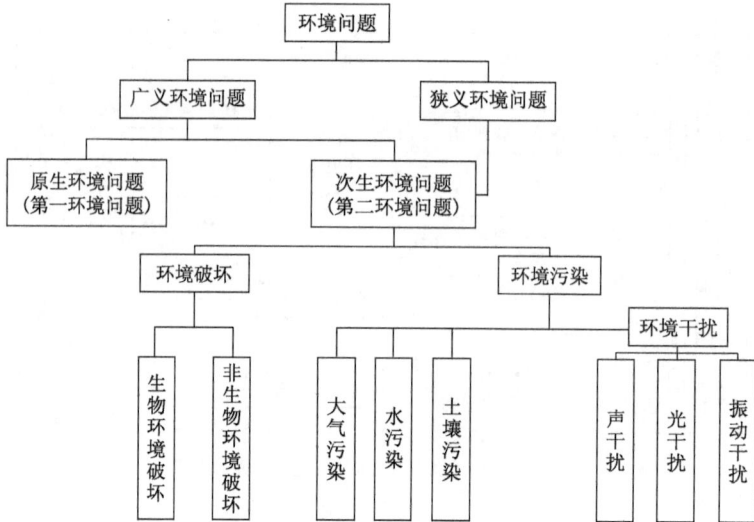

图 1-3　环境问题的分类

原生环境问题也称第一环境问题,它是由自然活动引起的自然环境本身的变化,没有人为因素或很少有人为因素参与。原生环境问题主要受自然力的作用且人类对其缺乏控制能力,如地震、火山活动、台风、洪水、干旱、泥石流、滑坡等会使人类与其他生物遭受一定损害的自然灾害。自然灾害导致的环境风险的防范,以及环境污染与破坏的防治是环境科学研究的一项内容,但原生环境问题不完全属于环境科学研究范畴,这一问题是灾害学的主要研究对象。

(2)次生环境问题。

次生环境问题也称第二环境问题。它是人类活动作用于环境而产生的环境问题,也就是狭义环境问题。环境科学研究的主要对象是次生环境问题。次生环境问题一般可分成环境破坏、环境污染两种类型。

①环境破坏。

环境破坏是人类活动导致环境结构和功能发生变化,引起严重的生态退化和资源耗减,对人类生存发展以及环境本身发展产生极为不利影响的现象。环境破坏后的恢复相当困难,有些甚至不可恢复。环境破坏的表现形式多种多样,按对象性质可分为两类:

a. 生物环境破坏。生物环境破坏主要指植物和动物的生长和生存环境遭到破坏。如因过度砍伐引起的森林覆盖率锐减;大规模不合理的建设活动引起的生物多样性减少等。

b. 非生物环境破坏。非生物环境破坏主要指人类活动造成的非生物因素或条件的破坏。如毁林、开荒以及不合适的建设造成的水土流失和沙漠化;过度开采地下水造成的地面下沉、地质结构与地貌景观破坏等。

②环境污染。

环境污染是由于人类活动,有害物质或因子进入环境,在环境中扩散、迁移、转化,使环境系统的结构与功能发生变化,对人类和其他生物的正常生存和发展产生不利影响的现象。

引起环境污染的物质或因子称为环境污染物,通常所说的环境污染主要指由于人类活动而产生并排出的污染物导致的环境质量下降。实际中,对于环境是否被污染以及被污染程度的判断,是以环境质量标准为尺度的。

环境污染的类型有多种,例如,按环境要素可分为大气污染、水污染、土壤污染等;按污染物性质可分为生物污染、化学污染、物理污染等。

物理污染也称为环境干扰。环境干扰是指人类活动所排出的各种能量进入环境,达到一定的程度,产生对人类不良的影响,如声干扰、光干扰、振动干扰等。环境干扰是由能量产生的,是物理问题,在环境干扰的干扰源停止作用后,干扰会立即消失或减少。

(三)人类面临的主要环境问题

全球环境问题是指超越国界和管辖范围的全球性环境污染和生态破坏问题,是人类面临的共同问题和严重挑战。20世纪中后期以来,全球环境状况不断恶化,世界范围内的环境公害事件频繁发生。环境问题已成为全球性的社会问题,也日益威胁到整个人类社会的生存和发展。

随着人类社会经济的发展,当今的环境问题有了新的变化。全球性、广域性的环境污染,大面积的生态破坏和突发性的严重污染事件,是当今人类面临的环境问题的主要特征。这些环境问题如气候变化、臭氧层破坏、生物多样性破坏、酸雨严重、森林锐减、土地荒漠化、大气污染、水污染与淡水资源危机、海洋污染和危险废物增加与转移等。虽然这些环境问题主要产生于部分国家和地区,但其影响和危害具有跨国、跨地区的特点。中国是国际社会的一员,全球环境问题同样也是中国的环境问题,中国提出并实施的"双碳"目标等一系列措施是解决环境问题的重大战略决策,是促进全球生态建设和社会经济发展的重要保障。

(四)环境问题的实质分析

人类对环境问题的感受、认知以及解决环境问题的实践,经历了由表及里、由浅入深、由片面到全面的过程。在近一个世纪的探索中,人类对环境问题及解决环境问题的认知,可以归纳为两种代表性的认识。

一种认识认为环境问题是个污染问题,污染是人类活动的必然产物,解决污染问题是个技术问题。当人类发现环境出现问题时,通常的直接应对措施是进行污染治理。污染治理技术的研究开发和推广应用可以帮助减轻或消除环境污染,并顺势解决环境问题。同时这种认识认为环境问题也可以通过一些经济手段的应用得以控制,如通过对污染环境的行为进行收费以约束个人或企业的环境污染活动等。虽然这些手段是处理环境问题的必需手段,但同时应认识到这是对环境问题的末端认知,是对环境问题进行末端治理的手段,是对环境问题实质狭隘的认识,是对环境问题解决方法仅在技术上的实践。

另一种认识认为环境问题的实质是经济问题,环境问题产生的根本原因是人类为其自身生存与发展所进行的活动(主要是经济活动)超出了环境承受能力,是人类社会经济发展同环境矛盾的产物。环境问题的实质也包括社会问题,如人口问题、人的认识问题、科学技术发展问题和国家体制机制问题等。

这种对环境问题的实质认知,是人类通过不断探索实践,对教训深入剖析的总结,是对环境问题的根本认知,是对环境问题的源头认知,是对解决环境问题必须进行源头预防的认知。环境问题的解决需要对环境问题进行宏观、全面、系统的认知和战略部署,也需要具体的技术、管理、经济、法律等手段的综合应用。

解决环境问题的根本是人类应该明白必须采取什么样的发展模式,首先是要明确环境问题和经济发展的正确关系,这种关系可以归纳为以下三点。

1. 环境问题是通过人类活动产生的

环境问题是随着人类不科学、不合理的经济活动而产生的。违背自然规律,不顾环境的承受能力,单纯强调对自然界的改造,对自然资源的盲目开发,无限制地向环境排泄废弃物,必然引发各种各样的环境问题。

2. 环境问题不利于人类的生存和发展

环境问题累积到一定程度不但使自然环境遭到破坏,而且使人类社会遭受各种经济损失和社会损失,不利于人类的长远生存和发展。

3. 环境问题的解决依赖于高质量可持续发展

环境问题并不是人类活动不可避免的一个结果。贯彻新发展理念,落实高质量发展要求,实现经济社会高质量可持续发展,可以从根本上解决环境问题,同时健康的经济发展能为环境保护奠定物质基础。

三、环境经济学的基础

(一)环境与经济的辩证关系

经济再生产过程和自然再生产过程结合在一起形成社会再生产过程,人与环境的关系主要体现在社会再生产过程中环境与经济之间的关系。环境与经济之间具有对立统一的关系,它们既相互促进,又相互制约。

1. 环境与经济的对立

环境与经济之间的对立表现在:一是经济发展对自然资源的需求是巨大的,而环境提供经济发展所需的许多自然资源是有限的,特别是作为生产资料的自然资源具有有限性及稀缺性,不能完全满足人类经济发展的要求;二是经济发展会影响环境质量,经济发展的方式、结构、规模不合理,将会使环境质量严重下降,从而使经济的发展受到制约,不利于人类的生存和发展。

2. 环境与经济的统一

环境与经济的统一性体现在:一是环境是人类生存和发展活动的载体,是经济发展的重要保障,为经济发展提供资源,向人类提供生活和生产的条件,只有环境不断地为人类经济活动提供资源,才能使经济发展成为可能;二是高质量的经济发展不是单方面向自然环境索取资源,反过来也能保护环境、改造环境、美化环境,为提高环境质量提供物质条件。"绿水青山就是金山银山"深刻地说明了环境与经济的统一。

3. 环境与经济的对立统一关系

唯物辩证法的对立统一规律是指导经济发展与环境保护的哲学基础。环境与经济的对立统一关系,其规律性并不在于两者之间的对立,而在于对立向统一的转化、非一致性向一致性的转化。只有认识到环境与经济之间的矛盾及其规律性,才能正确认识和处理经济和环境之间的关系,充分发挥两者的相互促进作用,使经济和环境协调并得以高质量发展。

(二)环境经济学的理论基础

任何一门学科的产生和发展,均有相应的理论基础支撑与指导。环境经济学的主要理论基础是环境科学理论、经济学理论和发展理论,这些理论对环境经济学的研究、实践和发展有着重要的指导意义。从学科的角度来说,环境经济学是环境科学的分支学科,也是经济学的分支学科。

1. 环境科学理论

(1)环境科学。

环境科学是研究人类活动和环境演化规律之间的相互作用关系,寻求人类社会与自然环境持续协调发展的途径与方法,研究人类环境质量及其控制方法的科学。简单来说,环境科学是关于人与环境关系的科学,它是自然科学和社会科学的交叉学科,是人类在认识环境问题、解决环境问题的过程中发展起来的一门新兴学科。

环境科学的研究对象是人类与环境,或是人类与环境系统,人类与环境两者之间有着对立统一的关系。人类同环境之间的相互作用、相互制约、相互促进是这个系统的主要关系,环境科学主要研究这个系统的发生和发展、调节和控制,以及改造和利用。

环境科学的研究目的是科学调整人类的社会行为,从而为保护自然环境、改善生态环境提供科学依据,使环境为人类持续、稳定、协调发展提供良好的支持与保证。

环境科学的研究任务就是探索人类活动对环境影响的规律,以及环境质量变化对人类生存和发展的影响规律,揭示人类活动与自然环境之间的辩证关系,寻求解决人类与环境矛盾的途径和方法,调控人类与环境系统良好的运行状况,促进人类与环境的和谐共生。

环境科学的研究内容丰富。宏观上,环境科学研究人类与环境之间的对立统一关系,揭示社会经济发展和环境保护协调发展的基本规律,提出保护环境的基本方针、基本政策,以及实施环境保护的重大措施和战略部署等;微观上,环境科学研究具体环境问题产生发展的规律,研究解决不同类别、不同因素环境问题的机理和方法,研究环境污染控制和生态保护的原理、环境保护技术与管理的方法等。

环境科学是一门综合性很强的学科,涉及的领域也很广泛。它不仅涉及自然科学与工程技术科学的许多门类,还涉及经济学、社会学和法学等社会科学领域。所以,多种学科的研究成果推动着环境科学的发展。

(2)环境科学的分支学科。

环境科学产生于 20 世纪中叶。在随后几十年的发展中,环境科学从直接运用化学、物理、地学、生物、医学和工程技术学科的理论分析环境问题,探索相应的治理措施和方法,发展到运用自然科学和社会科学全方位多角度地认识环境问题、解决环境问题的学科体系。环境科学形成了特色鲜明、针对性强的系列分支学科,这些分支学科还在不断地探索和发展中。环境科学的一些主要分支学科形成的体系如图 1-4 所示。

环境科学及其分支学科在理论上、方法上为解决环境问题提供宏观的指导和微观的指南。环境科学运用综合、定量和跨学科的方法来研究人类社会发展活动与环境演化规律之间的相互作用,因此环境科学研究必然涉及经济、社会、人文等学科,环境科学的发展也必然会促进环境经济学的发展。

```
                        环境科学
                           |
        +------------------+------------------+
        |                  |                  |
   环境基础学科        环境工程学科        环境社会学科
        |                  |                  |
  +--+--+--+--+        +---+---+     +----+----+----+----+
  |  |  |  |           |       |     |    |    |    |
 环  环  环  环        环      环    环   环   环   环
 境  境  境  境        境      境    境   境   境   境
 地  生  物  化        工      医    管   经   法   社
 学  态  理  学        程      学    理   济   学   会
     学  学           学            学   学        学
```

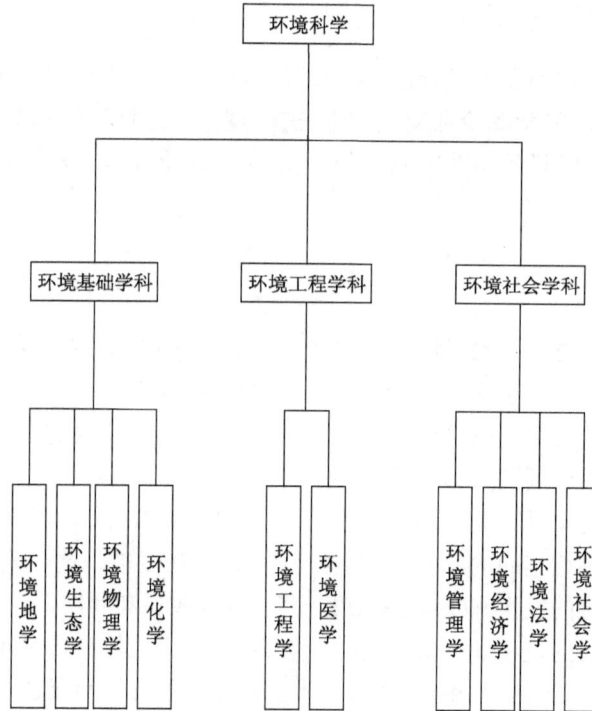

图1-4　环境科学分支学科体系

2. 经济学理论

经济学是研究人类经济活动和经济发展规律,研究如何对稀缺资源进行有效配置,以便最大限度满足人类需要的一门学科。

经济学在其发展过程中产生了多种分支类别和称谓,如西方经济学、东方经济学、古典经济学、现代经济学、计划经济学、市场经济学、政治经济学等。在特定的时期,不同制度和体制的国家选择适合本国发展的经济学理论来指导其经济发展。具有多种分支类别和称谓的经济学实际上有着广泛的联系,如西方经济学有市场经济学之称,其狭义指西方资产阶级政治经济学范式,广义包括马克思政治经济学范式。

中华人民共和国成立后,从1949年到1956年底,中国基本建立了社会主义经济制度。这种逐渐形成和完善的以高度集中为特征的,以行政管理为主要机制的,以公有制占绝对优势的传统计划经济体制,构成了中华人民共和国成立后至1979年改革开放期间的主要经济体制。改革开放以后,中国经济体制经历了从计划经济体制到社会主义市场经济体制的大转变。由此可见,指导中国经济发展的经济理论处在调整、变化和创新之中,以适应中国特色社会主义事业的发展。

作为环境经济学的主要理论基础,经济学的基本理论贯穿于环境经济学整个体系的构建与发展中。本教材第二章将对经济学的有关基本理论进行介绍。

3. 发展理论

发展是人类社会全面的进步,包括物质文明、精神文明与生态文明等方面的共同的进步。发展理论是关于人类社会全面进步的理论,是随着社会的发展进步而不断提出、充实、调整、更新的理论。现代发展理论是随着现代社会的发展,现代人类对发展认识的提升而形成的广域性、多维度的理论,是关于发展道路、发展模式和发展战略的理论。关于人类发展模式的理论属于宏观发展理论的范畴。人类发展模式是各国乃至全球在人与自然关系的实践与探讨中所形成的发展方向,主要体现在经济增长、结构、方式等方面。

(1)可持续发展理论。

可持续发展是一种关于发展的科学战略思想,是一种宏观发展理论。可持续发展的核心是发展,要点是可持续。可持续发展包括人与自然、人与社会、人与人全面协调可持续的发展。可持续发展不仅有经济发展的意义、环境保护的意义,还有社会、政治等多方面发展的意义。可持续发展理论的形成经历了 20 世纪中叶的理论和实践探索,到 20 世纪后期可持续发展模式初步确立,可持续发展战略初步形成。进入 21 世纪后,可持续发展的实践还在不断地探索,可持续发展的理论也还在不断地更新。

(2)中国可持续发展的实践和理论创新

中国在可持续发展的实践和理论创新中作出了重要贡献。如:协调发展、统筹兼顾、有计划按比例发展的思想;中国现代化"三步走"的发展战略;经济发展与人口、资源、环境相协调的文明发展道路;建设美丽中国,实现中华民族永续发展的思想与实践;绿水青山就是金山银山的理念和习近平生态文明思想。

中国的可持续发展体现出"以人民为中心"的发展思想,把创新、协调、绿色、开放、共享作为可持续发展的重要元素与结果要求。2017 年,党的十九大首次提出高质量发展的新表述,意义重大。没有高质量的发展,可持续发展就难以全面实现。高质量发展巩固了可持续发展的基础,是可持续发展的质的飞跃,成为可持续发展的目标与导向。

四、环境经济学概述

(一)环境经济学的概念

环境经济学是运用环境科学、经济学和可持续发展的理论与方法,研究人类经济活动和自然环境之间相互依赖、相互制约、相互促进关系的一门学科。

环境经济学有狭义和广义的概念。狭义的环境经济学主要是研究污染防治的经济问题,也称为污染控制经济学;广义的环境经济学既包括在经济发展中产生的环境污染与防治、生态破坏与修复建设的经济学研究,也包括自然资源的合理利用与配置研究等。

环境经济学的研究目的是合理调节人与自然环境之间的物质转换,使人类经济活动符合自然平衡和物质循环规律,在社会经济发展过程中使环境资源得到合理有效的配置和公平可持续的开发使用。

(二)微观环境经济学与宏观环境经济学

环境经济学的充实完善是通过不断深入的微观环境经济分析和不断拓展的宏观环境经济分析来实施的。环境经济学的微观研究领域主要是进行微观对象的经济发展与其对环境影响的关系研究;环境经济学的宏观研究领域主要是研究考察宏观区域总体经济状况与总体环境状况之间的相互关系。微观环境经济学和宏观环境经济学的划分只是分析研究层面上的相对划分,这两个方面的研究所基于的环境经济学的基本理论和基本方法是一致的。

1.微观环境经济学

微观环境经济学主要研究微观对象对环境产生的影响与经济之间的关系,如以一个企业、一个单位及一个局部区域的生活、生产为研究对象,探究其对环境产生的影响与经济之间的关系。其主要内容为:分析企业(单位)对环境污染与生态破坏产生的外部不经济性,量化分析外部成本的方法;研究分析企业(单位)外部不经济性对企业(单位)本身的长远利益和综合效益损害的实质性、规律性、结果性;探究企业(单位)加强环境保护,改善所在区域环境状况对社会的贡献。微观环境经济学的研究还表现在指导企业(单位)提高企业(单位)环境保护标准、加大企业环境保护投入、提高经济单位的环境生产力等。微观环境经济学是宏观环境经济学的基础。

2.宏观环境经济学

宏观环境经济学主要研究宏观对象的经济与环境影响之间的关系,如研究一个区域、一个流域、一个国家,以及全球经济发展与环境的关系。其主要内容为:分析宏观区域总体经济的运行状况、发展趋势,总体环境的质量状况、发展趋势,以及宏观环境经济系统内部各个组成部分之间的相互关系。宏观环境经济学的研究要结合宏观经济运行中的各项内容,从理论、制度、政策、体系、规划等诸多方面,分析发展与环境的协调、作用及可持续性状况。例如,把环境状况纳入整个国民经济框架进行分析是宏观环境经济分析的具体应用,制定全球化与区域协调发展的环境经济政策是可持续发展的重要体现,构建和实施可持续发展战略体系是宏观环境经济学研究的主要目标。

五、环境经济学与相近学科

环境经济学是一门发展中的学科,一些与环境经济学密切相关的学科,如生态经济学与资源经济学也是发展中的新兴学科,这里有必要对环境经济学及与其密切相关的学科进行论述。

(一)生态经济学与资源经济学

生态经济学是以生态经济问题为研究对象,探索生态经济系统运行规律,研究生态系统和经济系统形成的复合系统的结构、功能及其运行规律的学科,是生态学和经济学相结合而形成的一门学科。

资源经济学主要是以自然资源经济问题为研究对象,阐述自然资源稀缺性的理论,研究自然资源配置的基本规律和原理方法等内容的一门学科。

(二)环境经济学与相近学科的关系

环境经济学和生态经济学、资源经济学密切相关。它们之间的关系,在学术界还没有统一的观点,本书对其中一些观点进行了归纳。

关于环境经济学和生态经济学的关系主要存在三种观点:第一种观点认为,生态环境属于自然环境,生态环境的经济问题属于环境经济学的研究范围,因此生态经济学是环境经济学的一个分支;第二种观点认为,这两门学科的研究对象是相同的,只是名称不同而已;第三种观点认为,这两门学科研究的内容有密切的联系,它们分别研究人类利用环境系统和生态系统中的经济问题,其中既有共同的部分,又有不同的部分。虽然有许多内容和方法重叠交叉,但二者研究的范围、重点和角度不同,所以环境经济学和生态经济学是各自独立的学科。

关于环境经济学和资源经济学的关系也存在三种主要观点:第一种观点认为,自然资源属于环境资源,自然资源的合理利用属于环境经济学的研究范围,因此自然资源经济学是环境经济学的一个分支;第二种观点认为,环境所具有的容纳和自然净化废物的能力本身就是一种资源,因而应该把专门研究环境污染与治理及相关经济问题的环境经济学视为自然资源经济学的一个组成部分;第三种观点认为,资源耗减是一种经济现象,而不是一种环境现象,所以应将环境经济学和自然资源经济学视为两个彼此独立的经济学分支,自然资源经济学的研究重点是可以进行商品性开发的自然资源,而环境经济学的研究重点是以外部性为主要功能的环境资源,很难进行商品性开发。

不论是上述何种观点,都说明了环境经济学与资源经济学之间有着密切的联系,所以有些学者的论著或教材称为《环境与资源经济学》或《资源与环境经济学》。把环境经济学与生态经济学和资源经济学等密切相关学科的关系进行分析论述,说明对于新兴学科,特别是交叉度很高的相近学科还需要加强研究,促进其不断充实、发展、完善。

第二节　环境经济学的形成

随着人类活动的不断发展,区域性和全球性的环境污染、生态破坏、资源耗竭等问题不断加剧。在这种情况下,关于环境与经济之间关系的讨论、研究与实践也在不断地进行着,环境经济学就是在这个过程中逐渐形成与发展起来的一门学科。环境经济学具有显著的理论意义与实践意义,在经济与环境协调发展的实践中发挥重要作用。本节在论述环境与经济增长基本模式的基础上,对环境经济学的产生与发展过程进行概述。

一、环境与经济增长的基本模式

20世纪中叶以来,随着人类对经济快速发展的渴望,以及自然环境本身的特征和固有的规律,关于如何处理好环境和经济之间的关系,采用什么样的经济增长模式,不仅是学术界,也是许多国家在其经济发展中不断探索的重要问题。环境与经济增长的理论探讨和实践研究可以归纳为三种典型的模式,即无限增长模式、零增长模式和可持续发展模式。

(一)无限增长模式

无限增长模式指的是人类经济活动可以无限制增长的理论、方法与体系。

无限增长模式是人类天然的期盼,希望在较短的时间里,经济能实现更快增长。无限增长模式就是在这样的想法与希望中产生的一种经济增长模式,其在人类进入现代工业社会后不断发展,形成了一些被许多国家接受、宣传、实践的理论。

无限增长的思想体现在不少国家的经济发展政策中。在理论研究和学术探讨上,无限增长模式也形成了自己的体系。其中,美国经济学家、马里兰大学教授朱利安·西蒙是这一学派的典型代表。西蒙的研究较为系统,有报道称他的观点经常影响国家政策的形成。西蒙的重要著作有《没有极限的增长》(1981年)、《资源丰富的地球》(1984年)等。西蒙认为人口增加是利大于弊的,地球的资源储量十分丰富,是用不完的;人类从贫困到富裕的转变,只有在经济不断增长的情况下才能实现;环境和人口危机被夸大了;丰富的资源、人类科学技术的进步,以及不断改进的市场价格机制会解决人类发展中出现的各种问题等。所以无限增长模式也被称为乐观派观点。

(二)零增长模式

零增长模式是在经济快速发展时期,在环境与资源等方面产生了严重问题的背景下,提出的一种实行世界经济"零增长"的限制性经济发展模式。在实际中,没有哪个国家在其经济发展政策中运用零增长模式,零增长模式也没有实践的可能。但是,作为一种发展理论,世界经济零增长发展模式的提出具有重要意义,在全球经济发展过程中是重要的研究成果,也推动了环境经济学的发展。零增长模式在其理论研究中,也形成了自己的体系。

1968年,在意大利著名实业家、学者A.佩切伊的领导下,来自10个国家的约30名学者在罗马成立了一个国际性民间学术团体"国际性未来研究团体",即罗马俱乐部,该俱乐部后来发展为研究全球问题的智囊组织。罗马俱乐部研究全球问题的第一份研究报告,是以美国学者丹尼斯·梅多斯领衔的多学科交叉的国际专家组于1972年发表的《增长的极限》。

《增长的极限》把影响全球发展的五个重要的基本因素,即人口增长、粮食生产、工业发展、资源消耗和环境污染作为有机的统一体,利用数学模型和系统分析等方法,进行定量分析,研究它们相互之间的内在关系。《增长的极限》认为:地球的容量是有限的,因而其所能提供与人口增长相适应的自然资源也是有限的,不能永远无限制继续下去。资源短缺、环境危机和人口爆炸将会把人类社会的经济增长推向极限,从而导致地球毁灭,因此人类必须停止经济增长,实行世界经济的"零增长"。《增长的极限》第一次发出了全球陷入生态危机、资源危机、人口危机的警告,提出了零增长模式。零增长模式也被称为悲观派观点。

悲观派的另一位代表人物是美国生态学家、斯坦福大学教授保罗·埃尔利希。埃尔利希于1968年发表了《人口炸弹》,他认为:鉴于世界人口的爆炸性增长,在有限的空间内资源将耗尽,地球终将不能养活人类。1974年,他再次预言:在1985年之前,人类将进入一个匮乏的时代,许多人类赖以生存的矿产品将濒临枯竭。埃尔利希认为由于人口爆炸、食物短缺、不可再生性资源的消耗、环境污染等原因,人类前途会出现灾难性的后果。

乐观派和悲观派在发展模式上一直进行着激烈而有益的辩论,其中一个著名的辩论是两位美国学者的打赌,打赌的双方就是西蒙和埃尔利希。此次打赌事关人类的未来,也格外受世人关注。在关于人类发展和世界前途的问题上,他们两人的观点代表了人类未来发展的两种对立的观点。两位教授打赌的输赢已无关紧要,其重要意义在于引起关于人类如何可持续发展的思考。罗马俱乐部成员在与其他学派的观点的讨论中,又发表了一些报告,不断修正自己的观点,逐步形成了关于可持续发展的思想。

(三)可持续发展模式

可持续发展模式是在人类对无限增长模式所造成的严重问题进行深刻反思的基础上,在零增长模式难以实行的情况下,提出的一种新的发展模式。

可持续发展的思想产生于 20 世纪中叶。这段时期是世界经济快速发展的时期,也是人类活动对环境构成严重破坏的时期,不良的环境状况也越来越明显地对人类的生存和发展产生了威胁。在这个时期,一些有识之士发出了警告,呼吁人类要走与自然相互协调的道路。罗马俱乐部、埃尔利希、西蒙等也是在这一时期开始对协调发展与环境问题进行研究和探讨。还有许多学者、组织也对此进行了影响广泛的重要研究和工作。

1941 年,蕾切尔·卡逊出版了她的第一本书《海风的下面》,这本书阐明了加强生态保护的紧迫性,受到了一些科学家和文学评论家的好评,但由于当时人们还没有认识到生态保护的重要性,所以这本书没有得到重视。1962 年,卡逊出版了专著《寂静的春天》(*Silent Spring*),书中阐述了她用四年时间调查研究美国使用 DDT 农药的危害,警告人类自身的活动会导致严重的后果。《寂静的春天》产生了很大的影响,被认为开启了美国乃至全世界的环境保护事业。

1966 年,美国经济学家肯尼斯·鲍尔丁出版了《即将到来的宇宙飞船经济学》一书,提出了"宇宙飞船经济理论(Spaceship Economic Theory)",指出人类社会需要由"牧童经济"向"飞船经济"转变,必须使这个"飞船"上的资源可持续利用,环境可持续生存。"飞船经济"思想是可持续发展模式早期观点的代表。

1972 年 6 月,在瑞典首都斯德哥尔摩召开的联合国人类环境会议,讨论了日益恶化的环境问题,发出了人类可能面临生态危机的警告。会议发表了《人类环境宣言》(*Declaration of the Human Environment*),呼吁各国政府和人民为维护和改善人类环境,造福全体人民,造福后代而共同努力。

1980 年 3 月,联合国环境规划署(UNEP)、世界自然保护基金会(WWF)、国际自然保护联盟(IUCN)共同发布的《世界自然资源保护大纲》首次使用"可持续发展"概念,该大纲指出:"必须研究自然的、社会的、生态的、经济的以及利用自然资源过程中的基本关系,以确保全球的可持续发展。"

1984 年 5 月,联合国成立了由当时挪威首相布伦特兰夫人担任主席的"世界环境与发展委员会(WCED)",对世界面临的环境问题及应采取的战略进行研究。布伦特兰夫人组织世界优秀的环境与发展问题专家,用 900 多天的时间到世界各地考察。1987 年,WCED 发表了影响全球的著名报告《我们共同的未来》(*Our Common Future*)。该报告经 1987 年第四十二届联合国大会讨论通过。《我们共同的未来》正式提出了可持续发展的模式,对可持续发展进行了明确的定义,即"可持续发展就是既满足当代人的需要,又不对后代人满足其需要的能力构成危害的发展"。《我们共同的未来》深刻指出:"我们需要有一条新的发展道路,这条道路不是一条仅能在若干年内、在若干地方支持人类进步的道路,而是一直到遥远的未来都能支持全球人类进步的道路。"这一鲜明、创新的科学观点,实现了人类有关环境与发展思想的重要飞跃。《我们共同的未来》标志着可持续发展理论的形成。

1992 年,在里约热内卢召开的联合国环境与发展大会提出了可持续发展战略,得到了世界各国的普遍认同。

在可持续发展进程中具有里程碑性质的四次国际重要会议是 1972 年的联合国"人类环境会议"、1992 年的联合国"环境与发展大会",2002 年的联合国"可持续发展世界首脑会议"和 2012 年的联合国"可持续发展大会"。这四次重要的国际会议反映了不同发展时期人类发展面临的重大问题,标志着可持续发展成为广受国际社会认可的重要发展模式。

2015 年,联合国大会第七十届会议及联合国可持续发展峰会通过了《变革我们的世界——2030 年可持续发展议程》,并决定于 2016 年 1 月 1 日正式启动,为今后 15 年实现 17 项可持续发展目标而努力。《变革我们的世界——2030 年可持续发展议程》涉及可持续发展的社会、经济和环境三个层面。时任联合国秘书长潘基文指出:"这 17 项可持续发展目标是人类的共同愿景,也是世界各国领导人与各国人民之间达成的社会契约。它们既是一份造福人类和地球的行动清单,也是谋求取得成功的一幅蓝图。"

2018 年诺贝尔经济学奖授予了威廉·诺德豪斯和保罗·罗默两名经济学家,表彰他们在可持续经济增长研究领域作出的突出贡献。诺德豪斯是环境经济学的领军人物,他的研究成果使环境经济学有效融入主流经济学,发展了这个重要的经济学分支。

二、环境经济学的产生与发展

随着人类社会的发展,经济活动进程的加快,人类生存和发展的基础——自然环境产生了一系列的问题。面对现实,关于环境与经济如何协调的探索不断推进,传统经济学也在不断弥补其缺陷,环境经济学就是在这样的背景下产生的。

(一)环境经济学的产生

20 世纪初期,经济学家意识到传统经济学是把整个人类经济社会作为一个系统进行研究的,没有考虑自然环境和自然资源的影响,所以传统经济理论不能解决环境污染、生态破坏、资源枯竭等问题。于是,经济学家开始从经济理论上对环境问题产生的根源进行深入探讨,提出了一些新的理论和研究方法。传统经济学的重要缺陷是忽略了自然环境的价值,主要表现在两个方面:一是经济单位不考虑由于环境污染和生态破坏产生的外部不经济性,以损害环境质量为代价,获取自己的经济利益,将一笔隐蔽而沉重的损失和费用转嫁给外部环境或外部社会,其后果是污染和破坏了自然环境,造成了外部损失,增加了公共费用的开支;二是衡量经济增长的经济学标准——国内生产总值(GDP),不能真实地反映社会福利,因为经济增长并不能全面反映人们生活水平的提高。传统经济学没有将这两方面的问题纳入经济分析中。

针对这些缺陷,一些经济学家开展了经济发展与环境质量关系的研究。俄裔美国经济学家、诺贝尔经济学奖得主瓦西里·里昂惕夫,用投入产出分析方法研究世界经济结构,把清除污染的工业单独列为一个物质生产部门,这是世界上最早从宏观上定量分析环境保护与经济发展关系的研究。针对国内生产总值(GDP)不能准确反映经济福利的缺陷,美国经济学家、诺贝尔经济学奖得主威廉·诺德豪斯与经济学家詹姆斯·托宾提出了"经济福利量(Measure of Economic Welfare,MEW)"的概念,他们主张把污染等经济行为所产生的社会成本从 GDP 中扣除。美国经济学家、诺贝尔经济学奖得主保罗·萨缪尔森在托宾和诺德豪斯研究的基础上,把经济福利改为经济净福利(Net Economic Welfare,NEW)。根据该理论计算美国 1925—1965年的经济福利量,结果表明经济福利量的增长慢于国内生产总值的增长,20 世纪 50 年代后,经济福利量的增长尤其缓慢,说明环境污染与生态破坏的代价越来越大。

环境经济学伴随着经济学理论的充实完善和前述三种发展模式的探讨得以产生与形成,是人类开始重视经济发展、社会发展与环境保护相互关系的必然产物。

(二)环境经济学的发展

随着对环境问题的重视,20 世纪 70 年代,一些经济学著作已把环境经济问题作为主要内容来论述,污染经济学、公害经济学等相关论文和著作相继问世。这不但推动了经济学的研究,也推动了环境经济学的发展,成为环境科学重要的组成部分。

基于前人所做的大量工作,1980 年,联合国环境规划署在斯德哥尔摩召开关于"人口、资源、环境和发展"的讨论会,会议指出这四者之间是紧密联系、相互制约、相互促进的,新的发展战略要正确处理好这四者之间的关系。联合国环境规划署决定将"环境经济学"列为 1981年《环境状况报告》中的第一项主题。半个世纪以来,环境经济学快速发展、不断完善,研究方向涉及宏观和微观多个领域,环境经济学学科体系发展到一个新的阶段。

环境经济学是在 20 世纪 70 年代末进入我国的。1978 年,我国制定了环境经济学和环境保护技术经济八年发展规划(1978—1985 年);1979 年,中国环境科学学会成立大会在成都举行;1980 年,中国环境科学学会、中国技术经济研究会及中国管理现代化研究会共同成立了全国环境管理、经济与法学学会。20 世纪 80 年代开始,一些学者在环境经济学的理论体系建设和实际工作应用方面开展了许多工作。环境经济领域的科学研究成果主要体现在环境经济研究相关的论文及环境经济著作的翻译和撰写上,如 1986 年编译出版的美国学者塞尼卡和陶西格的《环境经济学》;1992 年出版的阮贤舜的《环境经济学》,是我国早期环境经济研究领域的重要论著。

一些高等院校和科研单位成立了相关研究机构,设置了与环境经济相关的专业,培养了一批环境经济方面的专业人才。环境经济理论研究及环境经济应用研究都取得了很多成果,对我国的生态文明建设、经济协调发展和环境保护事业作出了贡献。总体上看,环境经济学在我国的发展路径体现在两个方面:一是环境经济学作为一门独立学科在不断建设和发展;二是环境经济学为经济发展政策、环境保护政策和可持续发展政策等提供必要的指导,环境经济学是联通经济发展与环境保护的桥梁。

第三节　环境经济系统

环境经济系统是环境经济学研究的对象。人类通过各种活动方式完成与环境之间的物质和能量交换,以提供人类社会发展所需的物质条件。在这个过程中,环境系统与经济系统是紧密联系在一起的,一个系统发生变化,必然影响到另一个系统。环境系统与经济系统的相互耦合,构成了环境经济这一复合的大系统。本节在论述环境系统与经济系统基本概念的基础上,重点对环境经济系统的概念、内涵,环境经济系统分析的基本内容与基本要求等进行论述。

一、环境系统概述

(一)环境系统的概念

环境系统是环境各要素及其相互关系的总和,是一个不可分割的整体。环境系统的内在本质在于各种环境要素之间的相互关系和相互作用过程。揭示这种本质,对于研究和解决环境问题有着重要的意义。

环境系统自身具有一定的调节能力,对比较小的冲击能够进行补偿和缓冲,从而维持环境系统的稳定性。但是环境系统是一个动态平衡体系,环境系统中的任何一个重要因素发生变化,都会影响整个环境系统的平衡,从而促使环境系统变化发展,建立起新的平衡。

环境系统是一个开放系统,环境系统的范围可以是全球性的宏观系统,也可以是局部性的微观系统。但要明确的是,在对环境系统进行分析时,要把分析对象的环境各要素作为一个整体看待,避免人为地分割环境系统。

(二)环境系统的组成

按环境要素的属性来说,广义概念的环境系统由自然环境系统和社会环境系统组成。

1. 自然环境系统

自然环境系统是由地球的大气圈、水圈、土壤(岩石)圈和生物圈四个子系统组成的复杂大系统,是自然环境各要素及其相互关系的总和。

大气圈是地球最外面的一个圈层,没有明显的上界,由自然物质组成中最轻的物质——空气组成。大气层的存在使地表的热量不易散失,同时通过大气的流动和热量交换,地表的温度可以得到调节。大气有自净作用,自净作用是一种自然环境调节的重要机能。当大气污染物的数量超过其自净能力时,就会形成大气污染。

水圈中的水上界可达大气对流层顶部,下界可至深层地下水的下限,包括大气中的水汽、地表水、土壤水、地下水和生物体内的水。各种水体均参与大小水循环,不断交换水和热量。水圈中的大部分水以液态形式储存于海洋、河流、湖泊、水库、沼泽及土壤中,部分水以固态形式存在于极地的广大冰原、冰川、积雪和冻土中,水汽主要存在于大气中。水圈是一个系统,污染物可随着水的运动在水圈中传播。

土壤圈是指岩石圈最外面一层疏松的部分,是构成自然环境的重要子系统。土壤圈与岩石圈有着十分密切的关系,因为土壤是由岩石风化后在其他各种条件的作用下逐步形成的。在气候、生物等自然因素作用下形成的土壤称为自然土壤;在耕种、施肥、灌排等人为因素作用下,土壤的自然特性得到了改善,形成的土壤称为耕作土壤。由于人类社会经济的发展,土壤圈也面临着前所未有的污染危机。

生物圈包括地球上一切生命有机体(植物、动物和微生物等)及其赖以生存和发展的环境(空气、水、土壤、岩石等)整体。生物圈是一个复杂的开放系统,是一个生命物质与非生命物质的自我调节系统。它的形成是生物界与水圈、大气圈及土壤圈(岩石圈)长期相互作用的结果。生物群落与环境之间以及生物群落内部通过能量流动和物质循环形成一个统一整体,即生态系统 ECO(Ecosystem)。生物和环境之间也因物质和能量的制约而达到一种较稳定的状态,即生态平衡。

在这四个子系统中,大气圈、水圈和土壤(岩石)圈三个子系统是环境系统的基础子系统,生物圈子系统是环境系统中最活跃的子系统,它在环境系统的物质循环、能量转换、信息传递方面有着特殊的重要作用。四个子系统及其所包含的各种环境因素彼此相互依赖,其中任何一个因素发生变化都会影响整个系统的平衡。到目前为止,人类还没有完全了解环境系统中许多错综复杂的机制,还未能揭示环境因素间的微妙平衡关系,人类仍然自觉与不自觉地影响着自然环境系统的平衡。

需要说明的是,自然环境系统和生态环境系统是两个不同的概念:自然环境系统着眼于自然环境整体,包括生态环境系统;生态环境系统侧重于生物与环境之间以及生物彼此间的相互关系。人类生态环境系统突出人类在环境系统中的地位和作用,强调人类同其他生物在自然环境中的相互关系。揭示这种本质,对于研究和解决当前许多环境问题具有重要意义。

2.社会环境系统

社会环境系统也称社会系统,是指人类生存及活动范围内的社会物质、社会条件、文化精神等条件的总和。社会是人类相互有机联系、互利合作形成的群体。社会系统是按照一定的行为规范、经济关系和社会制度等要素组成的相互联系的有机总体。

广义的社会环境系统包括整个社会的经济、政治、文化体系等;狭义的社会环境系统指与人类生活与工作直接关联的社会环境。与自然环境系统不同,社会环境系统是人类活动的产物,有明确、特定的社会目的和社会价值。

社会环境系统是个庞大的复杂系统,由不同层次、不同类型、不同结构的子系统组成,如国家、地区、城市、社区、单位、家庭等各个层次的社会环境子系统。其中,经济系统是人类社会系统的重要子系统之一。这些社会环境子系统按照其结构、目的、功能在人类社会发展中发挥着重要的作用。

二、经济系统概述

(一)经济系统的概念

经济系统是由相互联系和相互作用的若干经济元素结合而成,具有特定功能的有机整体。经济系统分为狭义经济系统和广义经济系统。

狭义经济系统是指社会再生产过程中经济单元由生产、交换、分配、消费各环节的相互联系和相互作用的若干经济元素组成的有机整体。支撑这个有机整体的基本元素是信息、物质、能量、时间、空间等。

广义经济系统不仅包括狭义经济系统,还包括由宏观概念上的物质生产系统和非物质生产系统中相互联系、相互作用的若干元素组成的有机整体。宏观经济元素包括资源、环境、人口、资本、科技、信息等要素。

广义经济系统有着不同层次,如区域经济系统相对于企业经济系统而言处于高一级的层次上,国家经济系统是比区域经济系统更高级的经济系统,全球经济系统是以每个国家为经济元的经济系统。每个层次的经济系统都有自己独有的特征和规律。高层次经济系统的功能通过低层次的经济系统来体现,低层次的经济系统是高层次经济系统的子系统或经济元,高层次的经济系统制约和支配着低层次经济系统的状态和行为。

经济系统是一个开放系统,它与其外部系统不断进行着物质、能量、信息的交换。一国的经济系统既受到国内自然条件、生态环境、资源数量等自然环境因素的制约,又受到人口状况、经济体制和政策等社会经济环境因素的影响。如果一个经济系统开放性很强,那么就说明它与自然环境与社会环境交换的物质多、能量强、信息广,所以经济系统内部与外部总体都处于一种动态非平衡状态。同时经济系统内部的各子系统也是非平衡的,经济系统不断地调整优化就是要实现各子系统之间的平衡发展。经济系统内部、经济系统与其外部的调整优化都需要不断地进行,从而保持一种相对稳定性,经济系统在发展过程中的动态变化性与静态稳定性的统一是实现经济系统有序化、可控化、系统化和整体化的要求。

(二)经济系统的基本环节

经济再生产过程中的生产、分配、交换和消费四个基本环节所组成的社会生产总过程,既反映了经济系统内部因素的联系和作用,也反映了经济系统内部与外部因素的相互影响。

生产是指人们通过劳动创造产品的过程,表现为劳动者通过有目的的劳动改变自然界的物质形式,以适合人们某种需要的过程。生产是社会生产过程中的决定性因素。

分配是指新创造出来的产品,通过一定形式被社会各方所占有的过程,表现为社会产品分归社会或国家、社会集团和社会成员的活动。分配既是价值的分配,又是生产资料和消费资料的分配;既要满足社会再生产的需要,又要满足社会成员的生活需要。分配不仅仅是被动的生产结果的分配,它会直接影响劳动的效率,也会直接影响生产要素配置的效率,所以分配对效率具有激励作用,也决定了生产的性质。

交换是指人们相互交换劳动产品以及交换劳动的过程,包括人们在生产中发生的各种活动和能力的交换,以及产品和产品的交换。交换是生产者之间、生产及由生产决定的分配和消费之间的桥梁,是社会财富分配的重要途径。经济意义上的商品是用来交换的产品,一定的社会生产力发展水平决定着一定的交换方式、方法。在社会化大生产时代,绝大部分产品都属于商品。商品流通是以货币为媒介的连续不断的商品交换,也就是说,商品流通包括了商品交换。

消费是指人们为维持自身生存和发展的需要而对各种产品和服务的使用和消耗的过程。消费包括生产消费和个人消费,生产消费是在物质资料生产过程中对生产资料和劳动力的使用和耗费,个人消费是人们把生产出来的物质产品和精神产品用于满足个人生活需要的行为和过程。消费创造生存与发展效用,是其他环节的目标。

一般来说,在经济系统中,生产起决定性的作用,分配和交换是连接生产和消费的桥梁和纽带,消费是生产的目的。生产决定分配、交换和消费,同时分配、交换、消费对生产也具有反作用。这四个环节在社会生产总过程中分别具有特定的功能,发挥特殊的作用。它们之间具有相互联系、相互制约的辩证关系。

三、环境经济系统概述

(一)环境经济系统的概念

环境经济系统是由自然环境系统和经济系统复合而成的大系统,是自然环境各要素与经济各要素相互融合,互为基础与条件的总体。

在环境经济系统内,自然环境系统与经济系统分别是其中的子系统,都有其自身的特殊本质,它们之间也存在着重要且复杂的联系。自然环境系统是经济系统的自然物质基础,向经济系统提供各种资源,同时也要承受经济系统废弃的各种物质;经济系统是在自然环境系统的基础上产生和发展起来的人类经济物质基础与其社会生产过程,同时又对自然环境系统的保护提供资金和技术等保障。

经济再生产过程和自然再生产过程结合在一起形成社会再生产过程,环境经济系统的研究既不能脱离自然环境系统,也不能脱离经济系统。这是因为在自然环境与经济共同发展的过程中,通过物质、能量和信息的双向流通和相互作用,经济系统同自然环境系统必然耦合为一个整体,二者是紧密结合在一起的。环境经济系统如图1-5所示。

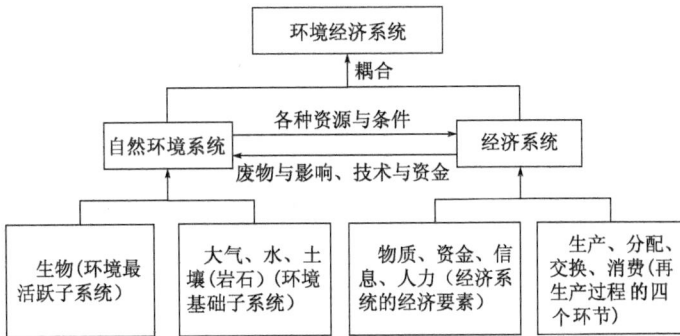

```
                    ┌──────────────┐
                    │  环境经济系统  │
                    └──────┬───────┘
                          耦合
          ┌────────────────┴────────────────┐
          │       各种资源与条件              │
   ┌──────┴─────┐                    ┌───────┴────┐
   │  自然环境系统 │                    │  经济系统   │
   └──────┬─────┘  废物与影响、技术与资金  └───────┬────┘
      ┌───┴────┐                      ┌─────────┴─────────┐
┌─────┴──┐ ┌───┴──────┐        ┌──────┴────┐    ┌────────┴───┐
│生物(环境最│ │大气、水、土 │        │物质、资金、信│    │生产、分配、 │
│活跃子系统)│ │壤(岩石)(环境│        │息、人力(经济系│    │交换、消费(再│
│        │ │基础子系统) │        │统的经济要素)│    │生产过程的四 │
└────────┘ └──────────┘        └───────────┘    │个环节)     │
                                                └────────────┘
```

图1-5　环境经济系统

环境经济系统也具有其层次性和边界性,不同活动构成的有机整体形成了范围、层次和规模不同的系统。环境经济系统作为分析对象,可以是宏观的,也可以是微观的。环境经济系统从不同的角度可以划分为不同的子系统。例如,从环境因素划分,环境经济系统可以分为水环境经济系统、大气环境经济系统、生态环境经济系统等;从地域划分,可分为全球经济系统、区域环境经济系统、国家环境经济系统、城市环境经济系统和企业环境经济系统等;从污染区划分,可分为生产部门环境经济系统、生活环境经济系统、交通环境经济系统等。不同的划分方法侧重点不同,是为了适应对环境经济系统从不同角度进行研究的需要,也是为了适应实际工作中在不同方面采取相应对策和措施的需要。

(二)环境经济系统分析

环境经济系统分析是按照确定的目标,寻求实现目标的方法手段,在各要素复杂的相互作用中选取减小对环境的影响、减少对资源的浪费、减少成本,并取得较好效果与效益的解决方案的过程。

环境经济系统是一个多变量的非线性系统。由于自然环境的行为与人类活动的行为难以预测,环境资源的储量和影响环境资源储量变化的因素很难确定,环境经济系统的运行非常复杂。人类每年搬运的物质总量巨大,而且还在快速增加,这种对自然界进化过程的干扰,必将会对自然环境造成损害,并进一步对环境经济系统产生短期与长期的负面效应,从而影响人类的可持续发展。

物质通过经济系统的流动可以用物质输入量、物质输出量和物质储存量三种状态来衡量。根据质量守恒定律与物质平衡原理,在一定时期内经济系统的物质输入量应等于物质输出量和物质储存量之和。在物质储存量变化不大的情况下,物质输入量越大,废物产生量就越多,用于废物处理的物质和能量消耗相应增加;物质输入量越小,废物产生量就越少,用于废物处理的物质和能量消耗则相应减少。物质输入量是衡量环境经济系统可持续性的基础指标。

环境经济系统分析的基本要求是防控环境经济系统弱化与衰退。人类避免环境经济系统功能退化的办法,一是减少经济系统动用的自然物质数量,二是减少经济系统向自然环境系统排放废物的数量。自然环境系统的变化取决于经济系统再生产的方式、结构与规模。全球性环境问题都与人类经济再生产的方式、结构及规模有关。要扭转人类经济活动对自然环境系统的不利影响,必须调整现有经济发展方式、结构与规模,使经济系统的再生产顺应自然环境系统的再生产。

第四节 环境经济学的体系框架

环境经济学是研究人类经济活动和自然环境之间相互依赖、相互制约、相互促进关系的一门学科。环境经济学体系是指环境经济学的基础理论、研究对象、研究任务、研究内容、研究方法等内在逻辑结构的体系。虽然环境经济学是一门发展中的学科,但其体系已经具有了稳定性和系统性。本节重点对环境经济学体系及其主要组成部分进行分析论述。

一、环境经济学的研究对象和任务

(一)研究对象

关于环境经济学研究对象的文字描述有多种,但其实质含义是基本一致的。比较集中的文字描述有两种:一是环境经济学的研究对象是客观存在的环境经济系统;二是环境经济学的研究对象是环境保护与经济发展之间的关系。

经济和环境如何协调发展是环境经济学研究的中心课题。研究两者之间的关系,实质是探索合理调节经济再生产与自然再生产之间的物质交换,使经济活动既能取得良好的经济效益,又能取得良好的环境效益。

(二)研究任务

环境经济学的研究任务是探索经济建设与环境保护协调发展的途径,对提升高质量发展进行理论研究、实践总结和工作指导。研究任务可以概括为"三个如何,两个寻求"。

"三个如何",即如何正确地控制和调节环境经济系统,如何在经济发展和环境保护之间寻求相对平衡,如何实现经济发展与环境保护相互促进、协调发展。

"两个寻求",即寻求使经济活动符合自然规律的要求,以最小的环境代价实现经济增长;寻求使环境保护工作符合经济规律的途径,以最小的劳动消耗取得最佳的环境效益和经济效益。

二、环境经济学的重点研究领域

环境经济学发展是沿着微观领域和宏观领域这两个方向同时交替地向前推进的。进入21世纪,环境经济学的研究领域不断扩大,在微观领域和宏观领域都取得了明显的进展。其中,环境经济学理论体系、环境核算体系、环境经济政策体系、环境投融资体系、环境经济评价体系、低碳经济与循环经济、国际贸易与环境七个研究领域是环境经济学关注的重点。

(一)环境经济学理论体系

环境经济学理论体系是环境经济学发展的基础理论。随着对环境问题认识的深入,环境经济学理论体系需要进一步拓展和充实,特别是经济学理论、环境科学理论和可持续发展理论的有机结合及创新,同时需要加强运用环境经济学理论解决发展问题,增强理论指导实践的研究。

(二)环境核算体系

环境核算是解决传统国民经济核算忽视环境和自然资源问题而设置的核算,是环境经济分析的主要基础。绿色国民核算体系是把环境污染和生态破坏造成的经济损失内化到 GDP 核算中的体系。多个国家和国际组织对绿色 GDP 的核算研究不断深入,但实际应用很少。中国绿色 GDP 核算研究在内容上与技术上不断寻求创新,已在不同地区开展了试点工作。

(三)环境经济政策体系

环境经济政策是生态文明建设,实现绿色发展的核心政策之一。环境经济政策是指按照环境经济规律的要求,运用财政、税收、价格、信贷等经济手段,调节或影响市场主体的行为,以实现经济与环境协调发展的政策手段。经过多年的探索研究与实践,中国已形成了环境资源价值核算政策、环境价格政策、环境财政政策、生态环境补偿政策、环境权益交易政策、绿色税收政策、绿色金融政策、环境市场政策、环境与贸易政策等方面的环境经济政策体系。环境经济政策需要进一步发挥市场和经济手段在环境保护中的作用,建立系统、完整的环境经济政策体系。

(四)环境投融资体系

环境投融资体系是指在资源配置过程中,环境投融资的决策方式(谁来投资)、投资筹措方式(资金来源)、投资使用方式(怎样投资)和投资评价方式(投资效果)的集成,是制定环境投资战略及政策的理论与实践支撑。加强环境投融资机制、环境投融资分析方法、环境产业投融资、环境投融资工具、环境保护基金、公私合营,以及 BOT(Build-Operate-Transfer,建设-运营-移交)等模式方面的研究和应用,有利于建立具有中国特色的环境投融资体系。

(五)环境经济评价体系

环境经济评价是环境经济学的一项主要内容,构建环境经济评价体系是环境经济评价的主要任务之一。环境经济评价是通过计量分析方法,进行环境经济损益分析,提出环境经济合理可行的最佳方案,使环境经济管理的方针政策落实到具体的技术经济措施上。因此,完善环境经济评价体系需要进一步加强更加全面的环境经济评价研究和更加实用的环境经济评价方法体系的综合应用,提高环境经济评价的实用性与准确性,并从环境经济评价的理论、方法与政策等方面,探索完善环境经济评价体系的模式和途径。

(六)低碳经济与循环经济

低碳经济与循环经济是一种新兴经济,是一种绿色经济。低碳经济是通过技术创新、制度创新、产业转型、新能源开发等多种手段,尽可能地减少高碳能源消耗,减少温室气体排放,协调经济发展与环境保护的一种经济发展形态。循环经济以资源的高效利用和循环利用为核心,以"减量化、再利用、资源化"为原则,其基本特征是低开采、高利用、低排放。实现高质量发展,要不断深入研究低碳经济与循环经济的理论与实践。

(七)国际贸易与环境

构建开放型经济,国际贸易必然不断扩大。国际贸易的发展优化了全球的资源配置,提高了人类的生活质量,但同时也带来了一系列环境问题。所以,可持续的国际贸易政策的制定必须考虑环境因素,环境保护的政策也需要与国际贸易政策相配合。为了有效保护环境,适当的国际贸易限制手段是必要的,但以保护环境为借口过度限制国际贸易,实施"绿色堡垒"等,将阻碍世界经济的发展,对可持续发展也是不利的。以保护环境促进贸易的发展、以贸易的发展推动环境保护,实现二者的协调是协调国际贸易与环境保护关系的根本要求,也是环境经济学所要深入研究与实践的重要领域。

三、环境经济学的研究内容

上述环境经济学研究对象、研究任务与研究领域表明环境经济学的研究内容是非常丰富的。由于环境经济学是一门发展中的学科,其研究内容在不断充实、完善与优化中。环境经济学的主要研究内容如图 1-6 所示。

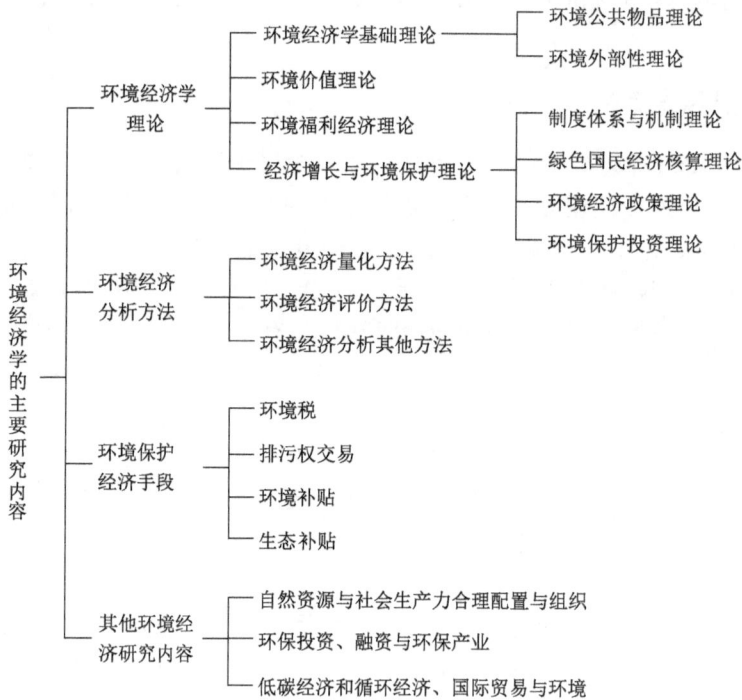

图 1-6 环境经济学的主要研究内容

(一)环境经济学理论

环境经济学有支持其产生和发展的理论基础,而环境经济学自身理论的形成与发展是环境经济学发展的基础理论。环境经济学的基础理论主要有环境公共物品理论、环境外部性理论,环境价值理论、环境福利经济理论、经济增长与环境保护理论也是环境经济学理论的主要组成。

1.环境经济学基础理论

公共物品理论和外部性理论是经济学的重要理论,本教材第二章将对相关内容进行概述。环境公共物品理论与环境外部性理论是环境经济学的基础理论。环境公共物品理论认为环境公共物品是一种特殊的公共物品,与一般公共物品具有异同点,因此环境公共物品的定义、内涵、特征、属性、作用等的界定至关重要,也是环境公共物品理论需要深入研究的内容。环境外部性理论的研究包括外部性理论在环境经济领域的概念体现、形成规律、解决外部性的路径,以及环境问题产生的外部不经济性与环境改善产生效益的外部经济性机理、作用与经济分析的理论方法等。

2.环境价值理论

环境价值是环境经济学的核心。环境价值是指环境为人类生存与发展所提供的效用。环境价值理论主要研究环境的使用价值和非使用价值,并在此基础上,研究环境的商品性、环境市场,以及环境价值核算的理论与方法等。

自然环境是否有价值,是否存在经济价值,是环境经济学研究的基础理论。按照经济学的劳动价值理论,物品是否存在价值取决于对其是否付出劳动。一方面,作为一种特殊的公共物品,自然环境与人类通过劳动生产出的其他物质物品不同,环境价值是人类生存、生活、生产、健康所必须依赖的特殊公共物品的价值;另一方面,人类活动产生的环境污染与破坏必然产生经济损失,人类为使经济发展与自然环境保持平衡和良性循环以避免或减少这种经济损失也付出了相应的社会必要劳动。环境价值的概念及其理论很重要,需要深入研究。本教材第三章将对环境价值等相关概念进行论述。

3.环境福利经济理论

福利经济学是经济学的重要组成部分,是从福利最大化、最全面原则出发,对经济体系的运行予以社会评价而研究社会经济福利的一种经济学理论体系。本教材第二章将对福利经济学进行概述。环境作为经济体系的载体与主要组成部分,应用货币来衡量其经济福利。环境福利经济理论研究的基础内容应从社会全体成员的经济福利最大化与最全面原则出发,研究一个国家实现包括环境在内的最大社会福利所需具备的条件和国家为增加社会福利应采取的政策措施。

4.经济增长与环境保护理论

符合保护环境要求的经济增长理论是环境经济学研究的主要内容之一,如经济增长与环境保护协调可持续发展的制度体系、运行机制、衡量标准与评价方法,具体包括制度体系与机制理论、绿色国民经济核算理论、环境经济政策理论、环境保护投资理论研究等。本教材将在第二、三、四、八章对相关内容进行分析论述。

(二)环境经济分析方法

环境经济分析是指对环境的状况、质量和环境所提供的产品与服务的经济价值进行定量与定性的分析与评价,其中对环境状况变化所产生的经济损失或经济效益的量化分析是环境经济分析的重要内容。本教材将在第五、六、七章对相关内容进行分析论述。

1. 环境经济量化方法

环境经济损益的量化分析是环境经济分析的一项基础工作,也是环境经济学的一项重要研究内容。由于环境与环境问题的复杂性和特殊性,很多环境产品与服务本身不存在市场或市场不完全,没有或缺乏市场价格作为量化分析的基础,再加上现有的环境价值评估技术的局限性,环境价值量化的结果只是一个可以进行初步分析的估值。目前计算环境价值量的两种基本方法是污染损失法和治理成本法,其具体方法及其应用需进一步研究完善,环境经济价值量化的评估方法的质量还需进一步提升。

环境效益费用分析是环境经济量化分析的基本方法。在环境经济学中,环境效益费用分析的主要内容有:效益费用分析理论与方法在环境经济分析中的应用;环境和自然资源的经济价值评估的理论和方法;环境污染与破坏的经济损失估价的理论和方法;环境保护经济效益计算的理论和方法等。目前已经出现了多种环境效益费用分析的具体应用方法,这些方法的目标与指向是明确的,但计算环境价值量化的结果存在粗糙性。效益费用分析不是环境经济分析唯一的方法,随着环境经济学的发展,将有更多基于数学、系统科学与经济分析方法在环境经济量化分析中得到应用。

2. 环境经济评价方法

环境经济评价方法是在环境价值量化计算的基础上,评估分析对象环境经济损益以及可行性的方法。环境经济评价主要目的在于促使经济与环境协调发展,保证有限的环境资源、人力、资金、物质资源能够获得最大的经济效益、社会效益和环境效益。

环境经济评价根据分析主体可以划分为不同类别,如建设项目环境影响评价、环境规划评价、环境保护战略评价中的环境经济评价,以及环境建设活动的经济评价、环境政策经济影响评价、自然生态绩效评价等。环境经济评价的具体评价方法也有多种,根据环境经济损益对其环境经济状况的影响进行分析评价。环境经济评价方法的研究需要不断加强,以使环境经济评价更加科学有效。

3. 环境经济分析其他方法

环境经济分析可以使用多种数学分析方法,建立相关的环境经济分析模型,这是环境经济分析重要的方法手段,如环境经济系统的投入产出分析、环境经济系统的数学规划方法、环境经济的预测与决策分析方法等。此外,科学的定性分析方法也是环境经济分析的重要方法。

(三)环境保护经济手段

环境保护经济手段在环境管理中是与行政、法律、技术与教育手段相互配合使用的一种手段。环境保护经济手段利用价值规律,运用价格、税收、信贷等经济杠杆,控制损害环境的经济活动,遏制无偿使用环境并将环境成本转嫁给社会的做法,奖励积极开展环境保护的单位,促进节约和合理利用资源。环境保护经济手段主要有环境税、排污权交易、环境补贴、生态补偿等。这些经济手段可以合理调节经济活动与环境保护之间的关系,促使和引导经济活动符合环境保护的要求。目前我国在环境保护经济手段方面的研究不断加强,其应用也在不断推进,取得了积极的效果,但还有许多方面要进一步研究和完善。本教材将在第八章对相关内容进行分析论述。

(四)其他环境经济研究内容

环境经济学的研究内容很多,除上述一些主要研究内容外,还有许多重要的研究内容,如环境保护投资与融资、环境经济手段与政策、低碳经济和循环经济、环保产业、国际贸易与环境等。本教材将在第四、八、九章对相关内容进行分析论述。

自然资源与社会生产力合理配置与组织也属于环境经济学的研究范畴。这方面需要研究的经济活动的资源,不仅是人力、物力和财力的总和,还包括自然资源这种社会经济发展的基本物质条件。对自然资源在不同用途的损益进行分析,可以科学合理地配置自然资源与社会生产力,使各生产要素充分发挥作用,用最少的自然资源耗费,达到社会生产力配置的合理与组织的最优。

环境经济学的研究内容之间是相互联系的,对环境经济学众多的研究内容进行基本归类,便于对其不同内容从不同的角度、用多种方法开展分析研究。由于环境经济学涉及面广、内容丰富,本教材限于篇幅,在后面的篇章中,将只对环境经济学的部分内容进行分析论述。

四、环境经济学的特点

作为经济学和环境科学交叉的一门分支学科,环境经济学的特点反映在环境经济学的研究对象、研究任务、研究领域与研究内容中。

(一)交叉性

环境经济问题研究涉及自然、经济、社会、技术等各方面,环境经济学不仅与经济学、环境科学直接关联,而且与社会科学、技术科学、管理科学等多学科在内容和研究领域方面有很大的交融性。所以,交叉性是环境经济学的一个显著特点。

(二)应用性

环境经济学主要运用经济学和环境科学的理论与方法,研究协调经济发展与环境保护的可持续发展关系,为制定科学的社会经济发展政策和环境政策提供依据,为解决各种环境问题提供技术、方案和依据。所以,环境经济学是一门应用性、实践性很强的学科。

(三)整体性

环境经济学的整体性,是由环境经济系统的整体性决定的。环境经济学从环境经济这个统一整体,以及环境与经济的全局出发,揭示环境问题的本质,寻求解决环境问题,实现高质量可持续发展的有效途径。

(四)综合性

环境经济学着重研究经济发展变化对环境质量的影响,以及环境质量变化的后果对经济发展的反作用。同时环境经济学不仅研究人类活动的经济效益,也关注其社会效益。环境经济学的综合性体现在环境、经济、社会的各个方面,寻求的是环境效益、经济效益和社会效益的统一。

复习作业题

1. 名词概念解释题

1.1　环境　　　　1.2　自然环境　　　1.3　社会环境　　　1.4　生态环境

1.5　自然资源　　1.6　环境问题　　　1.7　环境污染　　　1.8　环境破坏

1.9　环境科学　　1.10　环境经济学　　1.11　无限增长模式　　1.12　"零增长"模式

1.13　可持续发展　1.14　环境系统　　1.15　经济系统　　　1.16　环境经济系统

1.17　环境经济学体系

2. 选择与说明题

2.1　环境有多种分类,按环境属性分,环境分为(　　　)。

　　　A. 大气环境　　　　B. 社会环境　　　　C. 经济环境　　　　D. 自然环境

选择说明:＿＿＿＿＿＿＿＿＿＿＿＿＿＿＿＿＿＿＿＿＿＿＿＿＿＿＿＿＿＿＿＿

2.2　根据社会环境的广义概念,社会环境包括(　　　)三个方面的基本内容,反映了社会环境的基本结构、功能和外观。

　　　A. 经济与生活环境　　　　　　　B. 生态环境

　　　C. 社群环境　　　　　　　　　　D. 社会外观环境

选择说明:＿＿＿＿＿＿＿＿＿＿＿＿＿＿＿＿＿＿＿＿＿＿＿＿＿＿＿＿＿＿＿＿

2.3　关于生态环境与自然环境的关系叙述错误的有(　　　)。

　　　A. 生态环境等同于自然环境

　　　B. 生态环境隶属于自然环境,二者具有包含关系

　　　C. 生态环境比自然环境的内涵要小

　　　D. 只有生物的存在,才能有生态环境

选择说明:＿＿＿＿＿＿＿＿＿＿＿＿＿＿＿＿＿＿＿＿＿＿＿＿＿＿＿＿＿＿＿＿

2.4　环境科学研究的主要对象是(　　　)。

　　　A. 第一环境问题　　B. 狭义环境问题　　C. 原生环境问题　　D. 第二环境问题

选择说明:＿＿＿＿＿＿＿＿＿＿＿＿＿＿＿＿＿＿＿＿＿＿＿＿＿＿＿＿＿＿＿＿

2.5　选项(　　　)不属于狭义的环境问题。

　　　A. 河流污染

　　　B. 森林、草原资源的破坏

　　　C. 地震、火山活动引起的财产损失

　　　D. 滥肆捕杀引起的许多动物物种消失或濒临灭绝

选择说明:＿＿＿＿＿＿＿＿＿＿＿＿＿＿＿＿＿＿＿＿＿＿＿＿＿＿＿＿＿＿＿＿

2.6　选项(　　　)不属于自然资源的再生性划分的内容。

　　　A. 可再生资源　　　B. 生物资源　　　C. 不可再生资源　　　D. 恒定资源

选择说明:＿＿＿＿＿＿＿＿＿＿＿＿＿＿＿＿＿＿＿＿＿＿＿＿＿＿＿＿＿＿＿＿

2.7　下列不属于可再生资源的是(　　　)。

　　　A. 潮汐能　　　　B. 石油　　　　C. 太阳能　　　　D. 风能

选择说明:＿＿＿＿＿＿＿＿＿＿＿＿＿＿＿＿＿＿＿＿＿＿＿＿＿＿＿＿＿＿＿＿

2.8　当今人类面临的主要环境问题有(　　　)。

A. 气候变暖　　　　　　　　　　　B. 危险废物增加与转移

C. 生物多样性破坏　　　　　　　　D. 水污染与淡水资源危机

E. 大气污染　　　　　　　　　　　F. 海洋污染

选择说明：_____

2.9　环境问题的实质是(　　)。

　　A. 污染问题和技术问题　　　　　　B. 技术问题和经济问题

　　C. 经济问题和社会问题　　　　　　D. 社会问题和污染问题

选择说明：_____

2.10　环境经济学的理论基础有(　　)。

　　A. 环境科学理论　　　　　　　　　B. 经济学理论

　　C. 社会学理论　　　　　　　　　　D. 发展理论

选择说明：_____

2.11　环境科学是人类在认识环境问题,解决环境问题的过程中发展起来的一门新兴学科,它是一门(　　)。

　　A. 自然科学

　　B. 社会科学学科

　　C. 自然科学与社会科学的交叉学科

　　D. 认识论学科

选择说明：_____

2.12　环境科学主要研究(　　)。

　　A. 广义环境问题　　B. 科学技术问题　　C. 环境与资源问题　　D. 第二环境问题

选择说明：_____

2.13　环境科学在其发展过程中,产生出了一系列的交叉分支学科,(　　)是环境科学的分支学科。

　　A. 环境经济学　　　　B. 环境工程学　　　　C. 环境社会学　　　　D. 环境管理学

选择说明：_____

2.14　在20世纪80年代中期,世界环境与发展委员会主席(　　)组织了世界上最优秀的环境与发展问题专家,完成了著名的报告《我们共同的未来》。

　　A. 雷希尔·卡逊　　　　　　　　　B. 肯尼斯·鲍尔丁

　　C. 布伦特兰　　　　　　　　　　　D. 丹尼斯·梅多斯

选择说明：_____

2.15　自20世纪中期以来,环境与经济发展的理论研究与实践探讨可以归纳为三种典型模式,下列不属于可持续发展模式观点的有(　　)。

　　A. 依靠科技进步可经济增长,环境问题都可以迎刃而解

　　B. 地球的容量与资源都是有限的,人类必须停止经济的增长

　　C. 市场机制与科技进步可以解决人类无限增长的需求

　　D. 在经济发展和环境保护之间寻求相对平衡,实现经济发展与环境保护相互促进、协调发展

选择说明：_____

2.16 正式定义并提出可持续发展模式的是(　　)。

　　A.罗马俱乐部发表的《极限的增长》

　　B.美国经济学家西蒙发表的《资源丰富的地球》

　　C.埃尔利希发表的《人口炸弹》

　　D.布伦特兰发表的《我们共同的未来》

选择说明：

2.17 首次正式使用可持续发展概念的是(　　)。

　　A.1972年《人类环境宣言》　　　　　B.1980年《世界自然保护大纲》

　　C.1987年《我们共同的未来》　　　　D.1992年《里约宣言》

选择说明：

2.18 在以下四个子系统中,(　　)是环境系统的基础子系统。

　　A.大气　　　　　B.水　　　　　C.岩石　　　　　D.生物

选择说明：

2.19 以下关于环境经济系统描述正确的有(　　)。

　　A.环境经济系统是线性系统

　　B.环境经济系统由经济系统和自然环境系统共同复合而成

　　C.环境经济系统具有非层次性和非边界性

　　D.环境经济系统是非线性系统

选择说明：

2.20 环境经济学有狭义与广义的概念。狭义的环境经济学被认为是研究(　　)。

　　A.生态平衡的破坏及修复所涉及的经济问题

　　B.环境污染防治的经济问题

　　C.自然资源合理利用的经济问题

　　D.环境污染防治、自然资源合理利用以及在经济发展中生态平衡的破坏及修复所涉及的经济问题

选择说明：

2.21 以下不属于环境经济学的研究任务的是(　　)。

　　A.如何正确控制和调节环境经济系统,如何在经济发展和环境保护之间寻求相对平衡,如何为实现经济发展与环境保护相互促进、协调发展

　　B.寻求使经济活动符合自然规律的要求,以最小的环境代价实现经济的增长途径

　　C.寻求使环境保护工作符合经济规律的途径,以最小的劳动消耗取得最佳的环境效益和经济效益

　　D.寻求有效发挥环境保护的法规、行政、技术等手段,以控制企业的污染物排放量

选择说明：

2.22 环境经济学的研究对象是(　　)。

　　A.环境保护与经济发展之间的关系

　　B.再生产过程的生产、分配、交换和消费

　　C.人与自然环境之间的物质转换

　　D.客观存在的环境经济系统

选择说明：_____

2.23 环境价值理论的研究内容不包括( )。

    A.环境的商品性   B.环境的使用价值

    C.环境市场   D.环境经济评价

选择说明：_____

2.24 ( )是评估环境损害和环境效益经济量化的基本分析方法。

    A.环境效益费用分析   B.环境分析方法

    C.应用分析方法   D.定性分析方法

选择说明：_____

2.25 环境经济学主要研究内容不包括( )。

    A.环境经济学基础理论

    B.环境经济分析方法

    C.环境保护经济手段

    D.环境污染与生态破坏的分布

选择说明：_____

3.分析论述题

3.1 简述《中华人民共和国环境保护法》中对环境概念的界定及其意义。

3.2 简述自然资源和自然环境的关系。

3.3 简述次生环境问题。

3.4 环境问题的实质是什么？为什么？

3.5 简述环境与经济的辩证关系。

3.6 简述环境经济学的理论基础。

3.7 简述环境经济学的研究对象和任务。

3.8 简述环境经济学的主要研究内容。

3.9 简述环境经济学的特点。

3.10 论述环境经济学的学科体系框架。

第二章

经济学的有关基础理论

经济学是环境经济学的理论基础之一,指导着环境经济学理论与实践的发展,贯穿于环境经济学的整个体系当中。环境经济学的研究与实践也推动了经济学相关理论与实践的发展。经济学是研究人类社会发展活动及经济关系的学科,其根本任务是研究如何对稀缺资源进行有效配置和利用,以便最大限度地满足人类需要。需求的无限性与资源的稀缺性要求人类在不断发展的同时,必须保护好、使用好人类赖以生存的自然环境与各种资源。本章对经济学的有关基本理论进行介绍。

第一节 经济学概述

经济学具有很强的理论性、实践性与应用性。经济学基础理论、基本原理指导着国民经济以及各行业与领域的经济活动和经济关系及其规律性的研究与实践,也指导着非经济活动领域进行综合效益的分析与评价。本节对经济学的基本概念、分类等进行概述。

一、经济学基本概念

(一)经济学的定义

关于经济学的定义,经济学家从不同角度进行了多种论述,如经济学是研究人类社会各种经济活动和经济关系及其运行发展规律的一门科学;又如经济学是研究如何对稀缺资源进行有效配置,以便最大限度地满足人类需要的一门科学。实际上,给经济学下定义,关键在于界定经济学的研究对象,经济学研究对象是人类经济活动的本质与规律。

(二)稀缺规律

经济学中的稀缺概念是相对于人类的无限需求而言的。经济学核心思想是物质稀缺性和资源利用有效性。经济学的定义涉及人类社会的一个基本规律,即需求的无限性与资源的稀缺性,这个规律称为稀缺规律(The Law of Scarcity),这个矛盾是经济学研究的基本矛盾。

人类要不断发展,消费物品的欲望也会不断提高。满足人类欲望的物品可以分为两类:一类称为自由物品,也称非稀缺物品,这种物品能以充足的数量满足人类的需要,如空气、阳光等;另一类称为稀缺物品,也称为经济物品。物品之所以稀缺,主要是生产物品的资源是稀缺的,资源的稀缺性构成人类满足各种需要的约束条件。人类所在自然环境的质量也是构成人类满足各种需要的约束条件。

自由物品的种类很少,大多数物品都是稀缺物品,一方面,只有科学地选择利用现有资源生产出经济物品,才能更有效地满足人类的需求。从这个意义上说,经济学是研究物品数量与选择之间的依存关系的科学。另一方面,资源与物品的稀缺性要求人类必须节约,没有资源和物品的节约,也就不会有经济学。所以经济学可以说是研究关于节约的科学。

二、经济学的分类

经济学有多种分类、分支。按照研究对象进行分类,经济学可分为微观经济学和宏观经济学;按照研究方法进行分类,经济学可分为规范经济学和实证经济学;按照学科进行分类,经济学可分为理论经济学和应用经济学。以下按照研究对象和学科的分类标准,具体介绍其内容。

(一)微观经济学和宏观经济学

经济学按照研究对象分为两大基本分支:微观经济学和宏观经济学。

1. 微观经济学

微观经济学是研究社会中单个经济单位的经济行为,以及其运行规律的经济学科。微观经济学是宏观经济学的对称,也称为个量经济学。

微观经济学的研究目的是通过研究单个经济单位的行为及其相关作用,揭示行业与市场的运行和演进,实现资源合理配置的最优目标。

微观经济学的研究对象是单个经济单位的经济行为,单个经济单位包括单个的生产者、单个的消费者、单个市场等,及其在经济运行中发挥作用的个人或团体,这些单个经济单位包括消费者、生产者和生产要素所有者三类。

微观经济学考察单个经济单位在需求和供给之间,在收入、消费、分配等之间的相互关系。在此基础上,微观经济学研究市场机制运行及其在经济资源配置中的作用,并提出微观经济政策以纠正市场失灵。微观经济学关心社会中的个人和各组织之间的交换过程,它研究的基本问题是资源配置的决策。

微观经济学的基本理论是通过供求来决定相对价格的理论,所以微观经济学的主要范围包括消费者选择、厂商供给和收入分配。

微观经济学的研究内容主要有均衡价格理论、消费者行为理论、生产者行为理论、分配理论、一般均衡理论、福利经济学、市场失灵、微观经济政策等。

2. 宏观经济学

宏观经济学是研究社会中一个国家及全球的整体社会经济活动和经济运行规律的经济学。宏观经济学是相对于微观经济学而言的,也称为总量经济学。

宏观经济学的研究目的是通过对总量经济的研究,分析经济的变动趋势及总体经济环境与制度之间的各种联系,分析经济增长的原因,提出经济增长的方法,寻求促进国家及区域经济和谐发展的路径,实现经济繁荣。

宏观经济学的研究对象是社会中整体社会经济单位的宏观经济现象,考察整个国民经济总体运行状况、发展趋势和内部各个组成部分之间的相互关系。

宏观经济学的研究内容主要有经济总量、总需求与总供给、国民收入总量及构成、货币与财政、人口与就业、要素与禀赋、经济周期与经济增长、经济预期与经济政策、国际贸易与国际经济等宏观经济现象。

现代宏观经济学的主要内容概括为三个部分,即宏观经济理论、宏观经济政策和宏观经济计量模型。宏观经济理论包括国民收入决定理论、消费函数理论、投资理论、货币理论、失业与通货膨胀理论、经济周期理论、经济增长理论、开放经济理论等。

3. 微观经济学与宏观经济学之间的联系

微观经济学与宏观经济学之间的联系是密切关联的。它们的根本目的一致,都是研究如何利用各种理论、方法、手段实现资源优化配置、最佳选择、充分利用,最终实现经济均衡、社会稳定发展。

微观经济学与宏观经济学之间的紧密联系还体现在以下三点:一是微观经济学与宏观经济学是互相补充的;二是微观经济学是宏观经济学的基础;三是微观经济学与宏观经济学的研究方法都包括实证分析。

微观经济学与宏观经济学之间存在着区别,主要体现在:一是研究对象不同,微观经济学的研究对象是单个经济单位的经济行为,宏观经济学的研究对象是整个经济体;二是解决的问题不同,微观经济学解决的问题主要是资源配置,宏观经济学解决的问题主要是资源利用;三是中心理论不同,微观经济学的中心理论是价格理论,宏观经济学的中心理论是国民收入理论;四是具体研究方法不同,微观经济学的研究方法是个量分析,宏观经济学的研究方法是总量分析。

但总体来说,在现代经济学中,微观经济学与宏观经济学之间没有绝对的界限,且两者之间的界限越来越模糊。微观经济学与宏观经济学相互补充、相互依存,微观经济学是宏观经济学的前提和基础,宏观经济学是微观经济学的扩展。

(二)理论经济学和应用经济学

经济学按照学科分为两大类:理论经济学和应用经济学。

理论经济学由经济学基本概念、基本原理、基本规律组成理论体系,反映在经济学公理、定理与定理体系与范畴体系中,是反映人类经济发展的一般规律的经济学理论。上面介绍的微观经济学和宏观经济学就属于理论经济学。

应用经济学是指运用理论经济学的基本原理,研究国民经济各个部门、各个专业领域的经济活动和经济关系的规律,或对非经济活动领域进行经济效益、社会效益等分析而建立的应用性经济学科。

应用经济学有许多分支学科,它们都是因适应社会经济发展的需要而产生的,且不断扩展、充实的。应用经济学可分为以国民经济部分领域与部门的经济活动为研究对象的学科,如农业经济学、工业经济学、建筑经济学等;以地区性经济活动为研究对象的学科,如城市经济学、区域经济学等。

应用经济学的另一种分类标准是,经济学科与非经济学科交叉的学科,如经济学与人口学相交叉的人口经济学,经济学与社会学相交叉的社会经济学,经济学与环境科学相交叉的环境经济学等。这些交叉的应用经济学主要研究非经济领域发展变化的经济含义、经济效益、社会效益、环境效益,并从中找出它们的规律。

理论经济学和应用经济学的区别主要体现在:一是研究方向不同,理论经济学侧重于经济理论问题的研究,应用经济学是侧重于实际经济应用的学科;二是作用不同,理论经济学为各个经济学科提供经济基础理论,应用经济学则应用理论经济学的基本原理研究国民经济各个部门、各个领域的经济活动和经济关系的规律。

应用经济学的发展,离不开理论经济学的指导,离不开社会经济实践;应用经济学的发展又充实丰富了理论经济学的内容。

经济学是环境经济学的主要理论基础之一。一般认为,环境经济学形成的经济学基础是微观经济学,其中福利经济学、外部性理论、公共产品理论是环境经济学的重要经济学理论基础。同时,对环境经济学的研究也推动了经济学相关理论的发展。

第二节 均衡价格理论

资源配置是通过市场价格进行的,而市场价格是由需求和供给这两个方面的相互作用决定的。均衡价格是指一种商品需求量与供给量相等时的价格,即实现了市场供求均衡。均衡价格理论是研究需求与供给,以及需求与供给如何决定均衡价格,反过来均衡价格又如何影响需求与供给的理论。均衡价格理论还研究影响需求与供给的因素发生变动时所引起的需求量和供给量的变动(弹性理论)。需求、供给和价格决定理论是微观经济学理论的出发点,均衡价格理论是微观经济学的基础和核心理论。

一、需求

(一)需求的定义

需求是指消费者在某一特定时期内,在每一价格水平上愿意而且能够购买的商品量。需求必须具备两个条件:一是消费者有购买欲望;二是消费者有购买能力。

需求涉及两个变量:一是某商品的销售价格,二是与该价格对应的消费者愿意并且有能力购买的数量。消费者在一定时期内购买某种商品的数量,同该商品的价格相关,如果这种商品的价格发生了变化,消费者购买这种商品的数量也会发生变化,即对该商品的需求量发生变化。

(二)需求函数

需求函数表示某一特定时期内,消费者愿意和能够购买某种商品的数量与该商品的价格和消费者收入等因素之间的依存关系。

影响某种商品的需求量的主要因素有以下几个。

(1)产品价格(P):某种产品的价格与该产品的需求量呈反向变化,价格愈高,需求量愈少,反之亦然。

(2)有关产品价格(P_r):某种产品价格本身无变化,但与它有关的其他商品价格发生变动,也会影响到这种商品的需求量。

(3)预期价格(P_e):对未来价格的预期,会对需求量产生重大影响。如某一商品的价格预计下调,消费者的需求量可能下降,而如果价格上涨,则需求量可能增加。

(4)消费者收入(M):消费者收入增加,就会增加对产品的需求量,而收入减少就会减少对产品的需求量。

(5)个人偏好(F):消费者个人的偏好(Preference)对产品的需求量也会产生影响。一种产品的价格虽无变动,但个人对这种产品的偏好增强或减弱,会影响需求量相应的增加或减少。

(6)时间因素(t):一种产品的需求量还与时间有关,如产品的淡季和旺季,需求量也会随之减少或增加。

一种产品的需求量 Q_d 与上述各因素之间的关系,可以用以下一般需求函数表示:

$$Q_d = f(P, P_r, P_e, M, F, t, \cdots) \tag{2-1}$$

在经济分析中,一般假定在其他条件不变的情况下,着重研究 P、P_r、M 分别对 Q_d 的影响,即:

需求价格函数: $\qquad\qquad Q_d = q(P)$ $\qquad\qquad\qquad$ (2-2)

需求交叉函数: $\qquad\qquad Q_d = g(P_r)$ $\qquad\qquad\qquad$ (2-3)

需求收入函数: $\qquad\qquad Q_d = h(M)$ $\qquad\qquad\qquad$ (2-4)

在各种需求函数中,最重要的是需求价格函数,在经济分析中,除非加以说明,否则需求函数一般指需求价格函数。

(三)需求曲线

需求曲线是表示商品的需求量在其他条件不变的情况下与其价格之间的依存关系的曲

线。以横轴代表数量 Q，纵轴代表价格 P，则可得到图 2-1 所示的价格与需求量关系的曲线，即需求曲线，又称为 D 曲线。一般商品的需求曲线具有负斜率，即需求量随商品自身价格的上升或下降而减少或增加。需求曲线显示是价格与需求量之间的反向关系的函数曲线。

需求曲线可分为个人需求曲线和市场需求曲线。个人需求是指个人或家庭对某种产品的需求，市场需求是指所有的个人或家庭对某种产品的需求总和。所以市场需求曲线是个人需求曲线的加总。

在图 2-1 所示的需求曲线上，从 a 点移动到 b 点、c 点，都表示由于价格的变化而引起的需求量变化，在图中表现为同一条曲线上点的移动。但如果在价格因素不变的情况下，其他因素发生变化，如消费者收入、相关商品价格等变化，而引起的消费者购买商品数量的变化称为需求变化。需求变化不是同一条需求曲线上点的移动，而是需求曲线本身的移动。如图 2-2 中，D_1 曲线是需求增加后的需求曲线，D_2 曲线是需求减少后的需求曲线。

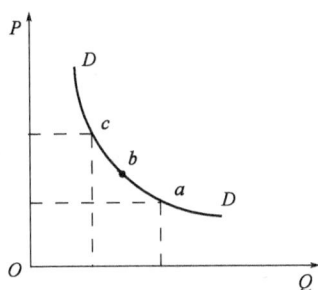

图 2-1　一般需求曲线图　　　　　　　图 2-2　需求曲线的移动

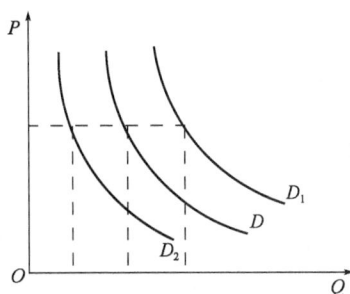

(四)需求弹性

在经济学中，弹性(Elasticity)被用来表明两个经济变量变化的关系。当两个经济变量间存在函数关系时，作为自变量的经济变量的变化，必然引起作为因变量的经济变量的变化，其弹性值等于因变量的相对变化与自变量的相对变化的比值。弹性是指表示作为因变量的经济变量的相对变化对作为自变量的经济变量的相对变化的反应程度或灵敏程度。

需求弹性(Elasticity of Demand)可理解为：影响需求量的某因素(自变量)的值变动一个百分点，所引起需求量变化的百分比。

需求弹性理论是解释价格变动与需求量变动之间量的关系的理论。需求弹性又分为需求的价格弹性、需求的收入弹性与需求的交叉弹性三种类型。

需求的价格弹性简称为价格弹性，它表示在一定时期内，一种商品或劳务的需求量变动对于该商品的价格变动的反应程度。或者说，它表示在一定时期内，当一种商品或劳务的价格变化一个百分点时所引起的该商品的需求量变化的百分比。例如，一种商品的花费占收入的比例越大，当该商品涨价时，被迫减少对它的消费的人就越多，需求弹性越大；反过来说，一种商品的花费占收入的比例越小，当该商品涨价时，被迫减少对它的消费的人就越少，需求弹性越小。

需求的收入弹性是需求的相对变动与收入的相对变动的比值，用来表示一种商品或劳务的需求量变动对消费者收入变动的反应程度或敏感程度。

需求的交叉弹性是指一种商品或劳务的需求量变动对另一种商品价格变动的反应程度或

敏感程度。

二、供给

(一)供给的定义

供给是指厂商(生产者)在某一特定时期内,在每一价格水平上愿意而且能够出卖的商品量。供给也必须具备两个条件:一是厂商有出售意愿;二是厂商有供给能力。

(二)供给函数

供给函数表示在某一特定时期内,市场上某种商品的供应量和决定这些供应量的各种因素之间的关系。

影响某种商品的供给量的主要因素有以下几个。

(1)产品价格(P):供给量的多少与产品价格的高低呈正向变动,价格愈高,供给量愈多,价格愈低,供给量愈少。

(2)有关产品价格(P_r):产品价格本身无变动,但与它有关的其他产品价格发生变动,也会影响到这种产品的供给量。

(3)预期价格(P_e):对未来价格的预期,也会对供给量产生重大影响。

(4)生产成本(C):生产成本的变动,主要来自生产要素价格或技术变化。生产要素价格上涨,增加生产成本,导致供应量减少。而生产技术的进步,往往意味着产量的增加或成本的降低,厂商愿意并且能够在原有价格下增加供给量。

(5)自然条件(N):很多供给量与自然条件密切相关,如雨季和旱季,夏天和冬天等。

一种产品的供给量 Q_s 与上述各个因素之间的关系,可以用以下供给函数表示:

$$Q_s = \Phi(P, P_r, P_e, C, N, \cdots) \tag{2-5}$$

一般假定在其他条件不变的情况下着重研究 P, C 对 Q_s 的影响,即:

供给价格函数: $\qquad Q_s = \Phi(P) \tag{2-6}$

供给成本函数: $\qquad Q_s = \Psi(C) \tag{2-7}$

其中,最重要的是供给价格函数,所以除非加以说明,在经济分析中供给函数一般都指供给价格函数。

(三)供给曲线

一般供给曲线如图 2-3 所示,也称为 S 曲线。一般商品的供给曲线具有正斜率,即供给量随自身价格上升而增加,下降而减少。

在图 2-3 所示的供给曲线上,从 a 点移动到 b 点、c 点,都表示由于价格的变化而引起的供给量变化,在图上表现为同一条曲线上点的移动。

由于生产技术进步,生产要素价格下降,或单位产品的成本下降,在这种情况下,同过去比较,与任一供应量相对应,生产者要求的卖价将更低。也就是说,与任一卖价相对应,生产者愿意供应的产品量将增加。在供给曲线图上,这表现为供给曲线向右方移动,这种情况称为供给曲线的移动,如图 2-4 所示。

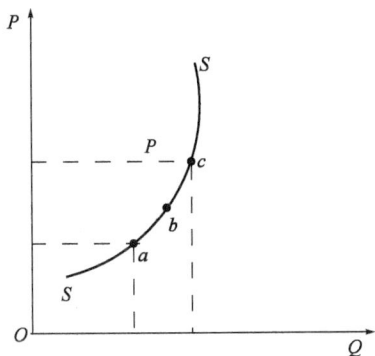

图 2-3　一般供给曲线

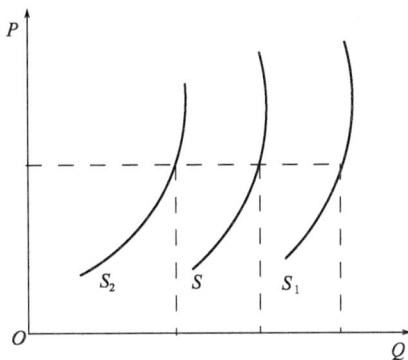

图 2-4　供给曲线的移动

(四)供给弹性

弹性的概念对于供给和对于需求来说是同样重要的。所以,对于供给弹性和对于需求弹性的定义类似。

供给弹性表示一种商品或劳务的供给量对它本身价格变化的反应程度。供给弹性包括供给价格弹性、供给交叉弹性等。

供给价格弹性是指一种商品或劳务的供给对该商品或劳务的价格变化做出的反应程度,即某种商品或劳务价格上升或下降一个百分点时,对该商品或劳务供给量增加或减少的百分比。供给价格弹性等于供给量变化的百分比除以价格变化的百分比。

三、均衡分析

(一)均衡

均衡是指经济系统中各种变量之间的平衡状态,即在一段时期内没有变动发生的状态。均衡不是一种绝对静止的状态。微观经济理论中单一商品市场均衡指商品需求量等于供给量,即市场处于一种相对静止的均衡状态。宏观经济理论中商品市场均衡指商品的总需求等于其总供给。均衡是有条件的,条件变了,原有均衡被破坏,在新的条件下将达到新的平衡。利用均衡来分析一定条件下,经济系统内各变量之间相互影响和相互作用的关系,称为均衡分析。

(二)均衡价格与均衡产量的决定

市场的产品价格既不是由需求单独决定的,也不是由供给单独决定,而是由需求和供给共同决定的。当产品价格低于均衡价格时,需求大于供给,产品出现供不应求的状况,导致价格上升;反之,当产品价格高于均衡价格时,供给大于需求,产品出现供过于求的状况,导致价格下跌。

均衡价格是指需求量与供给量相等时的价格。如图 2-5 所示,需求曲线和供给曲线的交

点称为均衡点 E 点,均衡点在价格轴上的坐标即为均衡价格 P_E,均衡点在数量轴上的坐标称为均衡数量 Q_E。

产品的需求与供给共同决定价格,同时价格反过来又自动影响和调节供给与需求,使市场趋于平衡。这种调节功能就是价格机制(Price Mechanism),或称市场机制。

(三)均衡价格与均衡产量的变动

需求和供给任何一方的变动都会引起均衡的变动。如前所述,如果除价格以外影响需求的因素发生变化,那么需求曲线会发生移动。需求曲线的移动表示旧的均衡被打破,新的均衡形成。如果供给曲线保持不变,当需求曲线移动时,相应的均衡点沿供给曲线移动,如图2-6所示。

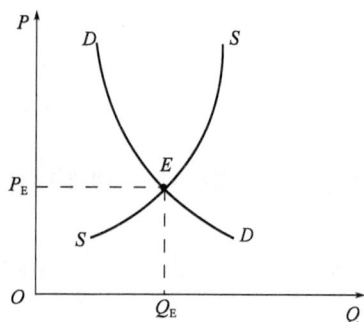

图 2-5　均衡价格

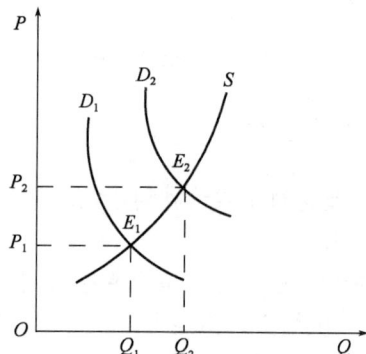

图 2-6　需求变动时对均衡的影响

同样,除价格外的其他影响供给的因素变化时,供给曲线随之发生移动,供给曲线移动表示旧的均衡被破坏,新的均衡形成。如果需求曲线不变,供给曲线移动时,相应的均衡点沿需求曲线移动,如图2-7所示。

当需求和供给都发生变动时,需求与供给的变动对均衡的影响如图2-8所示。在需求和供给都增加的条件下,均衡产量肯定会提高,而均衡价格可能提高,可能降低,也可能不变,这取决于需求与供给各自增加力度的大小对比。当需求增加,而供给减少时,新的均衡价格一定会提高,新的均衡产量可能提高,可能降低,也可能不变。

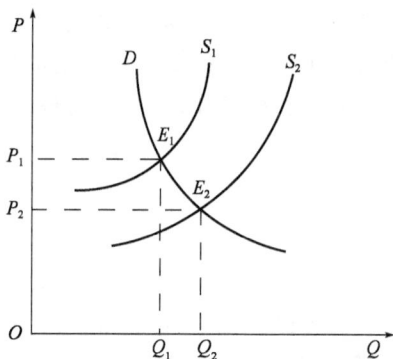

图 2-7　供给变动时对均衡的影响

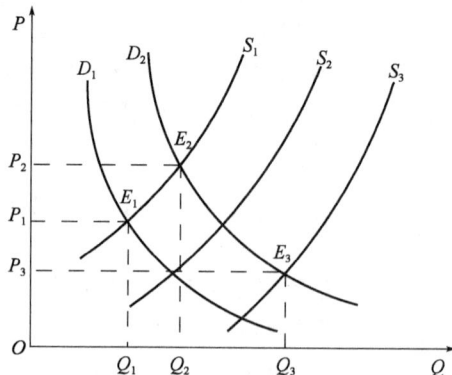

图 2-8　需求与供给变动时对均衡的影响

第三节 消费者行为理论

消费者行为是指在一定的收入和商品价格下,消费者为获得最大满足而对各种商品所作出的选择活动。消费者行为理论也称为效用理论,是研究消费者如何在各种商品或服务之间分配他们的收入,以达到满足程度的最大化的理论。消费者行为理论也用来分析决策者对待风险的态度,也称为优先理论。考察分析消费者行为一般采用两种分析方法:一种是以基数效用论为基础的边际效用分析;另一种是以序数效用论为基础的无差异曲线分析。现代经济学界,比较流行的是无差异曲线分析。

一、效用基本概念

(一)效用

效用是指商品和服务满足消费者的欲望和需要的能力,它表示在特定时期内,消费者消费一定数量商品或服务获得的满足程度。效用大表明满足程度大,效用小表明满足程度小。效用有两个特点:一是效用具有主观性,即一种商品或服务是否有效用以及效用的大小完全取决于消费者对该商品或服务的主观感受,不存在伦理意义,也不存在客观标准,满足程度与是否产生舒适感没有必然联系,如人生病要吃药打针,这可能不会产生舒适感,但效用很大;二是效用是消费者的主观评价,效用常常因人、因时、因地而异,不同情况决定消费者对同一种商品或服务的效用大小有不同的评价。

(二)基数效用和序数效用

效用既然有大小,就可以进行比较。微观经济学中,有两种衡量效用大小的理论,即基数效用理论和序数效用理论。效用可分为基数效用和序数效用。

基数效用是能用效用单位度量的效用,可用1、2、3等基数来表示效用的大小。基数效用使效用大小可以度量,度量效用大小的测量单位称为效用单位。消费者具有测量效用大小的能力,能说明一种商品或服务给予他多少个效用单位,从而可以比较各种商品或服务效用的大小。但基数效用过于牵强,因为消费者很难确定效用计数单位的标准。

序数效用是用等级表示的效用,即用第一、第二、第三等序数表示效用的大小。序数效用的依据是消费者对不同商品或服务有着不同程度的偏好,偏好程度大效用大,偏好程度小则效用小,至于大多少或小多少可以不进行讨论。序数效用是以消费者的选择具有合理性为前提的,即产生消费行为的消费者是理性的。

(三)总效用与边际效用

基数效用理论中最基本的两个概念是总效用与边际效用。总效用(Total Utility)是指消费者在一个特定的时间内,消费一定数量的某种商品或服务所得到的总满足程度,记为TU。通常假定总效用是消费的商品数量的递增函数,即总效用随消费的商品数量的增加而增加,在一定范围内消费者消费得越多,其总效用水平越高,这说明了商品或服务对消费者的使用价值,但当消费超过一定数量时,效用降低,如图2-9所示。

经济学中的边际概念指的是因变量随着自变量的变化而变化的程度,即自变量变化一个单位,因变量会因此而改变的量。边际的概念基于高等数学的一阶导数和偏导数的概念。在经济学中,根据不同的经济函数,可求不同的边际,如边际成本、边际收入、边际效用、边际替代率等。

边际效用(Marginal Utility)是指消费者在某一时间内消费数量每增加或减少一个单位时所变动的满足程度,或表达为某一时间内,一定商品或服务的增量所提供的总效用增量与这个商品的消费增量的比例,记为MU,可用以下公式表示:

$$MU = \frac{\Delta TU}{\Delta q} \tag{2-8}$$

式中:ΔTU——总效用增量;

  Δq——消费增量。

在极限的情况下,其微分方程为:

$$MU = \lim_{\Delta q \to 0} \frac{\Delta TU}{\Delta q} = \frac{dTU}{dq} \tag{2-9}$$

边际效用被认为是衡量价值的尺度。商品或服务越稀缺,其边际效用越大。一定数量的商品或服务,其边际效用可能为正值、零或负值。总效用与边际效用的关系是当边际效用为正数时,总效用增加;当边际效用为零时,总效用达到最大;当边际效用为负数时,总效用减少。总效用是边际效用的总和,总效用的增减取决于边际效用的符号,如图2-10所示。

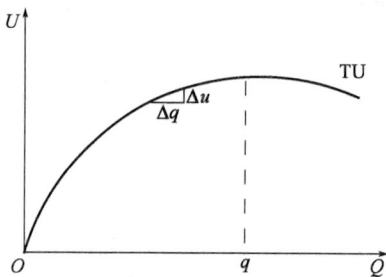

图2-9 总效用

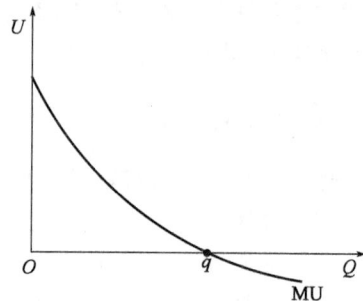

图2-10 边际效用

(四)边际效用递减规律

同一商品或服务的不同数量对消费者的满足程度是不同的。随着所消费的商品或服务数量的增加,该商品或服务对消费者的边际效用是递减的,即在一特定的时期内每增加一单位商品或服务所产生的总效用增量,将随着对该商品或服务消费量的进一步增加而减少。

当消费品数量增加,总效用增加,而边际效用递减。边际效用是消费的商品或服务数量的递减函数,也就是说,边际效用随着消费的商品或服务数量的增加而减少,这种现象称为边际效用递减规律。

二、消费者均衡

消费者在一特定时间内的货币收入量是相对固定的,这就决定了他不可能购买他所需要的全部商品,而要有所取舍、有所选择。消费者均衡(Consumer Equilibrium)就是指消费者在货币收入和商品价格既定的条件下,购买商品而获得最大的总效用的消费或购买状态。也就是说,在收入和价格不变的前提下,消费者获得的最大效用原则是消费者每一元购买的任何一种商品的边际效用都相等。这也称为边际效用均等规则。

消费者收入一定时,多购买某种商品,就会少购买其他商品。根据边际效用递减规律,多购买的商品边际效用下降,少购买的商品边际效用相对上升。要达到消费者均衡,消费者必须调整其所购买的各种商品的数量,使每种商品的边际效用和价格之间的比例都相等。

如消费者购买 x、y、z 三种商品,价格分别为 P_x、P_y、P_z,购买量分别为 Q_x、Q_y、Q_z,边际效用分别为 MU_x、MU_y、MU_z,收入为 M。则消费者均衡的原则可表示为,在 $P_x Q_x + P_y Q_y + P_z Q_z = M$ 的约束条件下:

$$\frac{MU_x}{P_x} = \frac{MU_y}{P_y} = \frac{MU_z}{P_z} \tag{2-10}$$

上式又可写为:

$$\frac{MU_x}{MU_y} = \frac{P_x}{P_y} \qquad\qquad \frac{MU_y}{MU_z} = \frac{P_y}{P_z}$$

所以,消费者均衡的条件又可表述为:消费者购买的各种商品的边际效用之比等于它们的价格之比。

三、消费者剩余

由于消费者消费不同数量的同种商品所获得的边际效用是不同的,所以他对不同数量的同种商品所愿意支付的价格也是不同的。消费者为一定数量的某种商品愿意支付的价格和他实际支付的价格之间可能出现差额,这一差额就是消费者剩余。

如图 2-11 所示,消费者愿意为 OQ_1 单位商品支付的全部价格为 OQ_1BA,而如果他实际支付的价格为 OQ_1BP_1,那么二者的差额 $OQ_1BA - OQ_1BP_1 = AP_1B$ 就是消费者剩余。通常当一种商品或服务的价格上涨或下降时,消费者就受到损失或得到好处,这种受损或受益就是消费者剩余的减少或增加。

这里也介绍一下生产者剩余与总剩余的概念。

生产者剩余是指厂商在提供一定数量的某种产品时实际接受的总支付和愿意接受的最小总支付之间的差额。

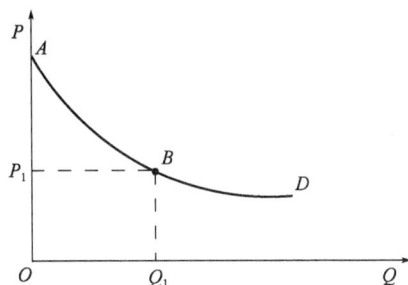

图 2-11 消费者剩余

消费者剩余和生产者剩余都是一种主观心理评价,都表示心理价格和实际价格之间的差额,都用来度量和分析社会福利问题。

总剩余是指在市场均衡的条件下,消费者剩余与生产者剩余之和。总剩余衡量通过生产和交易,市场上的消费者所获得的经济利益以及市场上的生产者所获得的经济利益的总体情况。

相关剩余概念可以定义为:

消费者剩余 = 买者的支付愿望 – 买者的实际支付

生产者剩余 = 卖者得到的收入 – 卖者的实际成本

总剩余 = 消费者剩余 + 生产者剩余

　　　　 = 买者的支付意愿 – 买者的实际支付 + 卖者得到的收入 – 卖者的实际成本

　　　　 = 买者的支付意愿 – 卖者的实际成本

其中,由于买者实际支付的等于卖者实际得到的,二者互相抵消。

四、消费者偏好

消费者偏好是指消费者对一种商品或服务(或其组合)的喜好程度。消费者根据自己的意愿对可供消费的商品或商品组合进行排序,这种排序反映了消费者个人的需要、兴趣和偏好。

决定消费者行为的最重要因素之一是消费者偏好,不同的偏好会导致消费者对商品或服务的需求得出不同的决策。

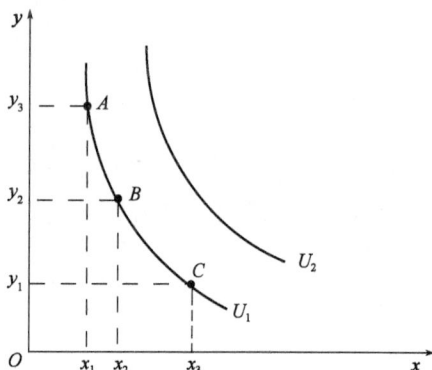

图 2-12　无差异曲线

对消费者偏好可用无差异曲线(Indifference Curve)进行分析。无差异曲线是序数效用理论分析的主要工具,它是指产生同等效用水平的两种商品的不同数量组合方式的变化轨迹。它表示在一定条件下选择商品时,不同组合的商品对消费者的满足程度是无区别的。如图 2-12 所示,图中的横轴表示商品 x 的数量,纵轴表示商品 y 的数量,如果曲线 U_1 上的各点,比如 A、B、C 所代表商品 x 和商品 y 的不同组合给某消费者带来的满足程度都是一样的,那么该曲线就是一条无差异曲线。因为同一条无差异曲线上的每一个点代表的商品组合所提供的总效用是相等的,所以无差异曲线也称为等效用线。

实际上,在同一个坐标图上,根据消费者的偏好可以画出一系列代表不同满足水平的无差异曲线,从而形成无差异曲线图。无差异曲线具有以下特征。

(1)无差异曲线是负斜率曲线。如果消费者要增购一种商品,必须同时减购另一种商品,才能维持效用不变。

(2)同一平面上可以有无数条无差异曲线。同一条无差异曲线代表相同的满足程度,不同的无差异曲线代表不同的满足程度。距原点越远的曲线代表的效用越大,反之越小。

(3)任意两条无差异曲线不会相交。

(4)无差异曲线凸向原点。

此外,两种物品可以按某种比率替换,两种商品之间的替代程度可以由商品的边际替代率来衡量。一种商品对另一种商品的边际替代率定义为:在效用满足程度保持不变的条件下,消费者增加一单位一种商品的消费数量可以代替的另一种商品的消费数量。也就是说,边际替代率是在维持满足程度不变的前提下(即在同一条无差异曲线上),消费者增加一单位的某一种商品所需放弃的另一种商品的消费数量的比率。

边际替代率在图形上是一个点概念,它衡量的是从无差异曲线上的一点转移到另一点时,为保持满足程度不变,两种商品之间的替代比例。边际替代率在无差异曲线上的各点取值不同,在无差异曲线上任一点的边际替代率等于该点上无差异曲线的斜率的绝对值。

边际替代率存在递减规律,边际替代率递减规律的存在由边际效用递减规律所致,这实质上也是典型的无差异曲线凸向原点的根本原因。

第四节　福利经济学

福利经济学是经济学的一个分支体系,是现代西方经济理论的重要组成部分。福利经济学在 20 世纪初形成于英国,由英国经济学家庇古(Arthur Cecil Pigou)创立,经过了两个发展阶段,形成了旧福利经济学和新福利经济学两种学说。

一、福利经济学概述

福利经济学(Welfare Economics)是研究社会经济福利,寻求最大社会经济福利的一种经济学理论体系,是从福利观点或最大化原则出发,对经济体系的运行予以社会评价的经济学分支学科。

(一)福利与福利经济学

福利是一个主观的概念,是人们对效用满足程度的一种评价。福利也称为社会福利、社会经济福利,是由国家以及各种社会团体通过各种公共设施、津贴、补助、社会服务以及各种集体福利事业来增进群体福利,以提高社会成员生活水平和生活质量的社会保险、社会救助和社会保障等。

英国经济学家庇古认为福利有狭义和广义之分。狭义的福利是指收入、财富给人们带来的效用,是能用货币计量的那部分福利,是指具体的经济福利;广义的福利包括对财富的占有,以及由知识、情感、欲望而产生的满足感。广义的福利把社会福利扩大为社会的经济福利、政治福利和文化福利等的总和,使社会福利概念的外延和内涵扩展,广义的福利中的一些社会福利难以用货币计量。

福利经济学考察的是一个社会全体成员经济福利的最大化问题,或者说是从资源的有效配置和国民收入在社会成员之间的分配这两个方面,研究一个国家实现最大的社会福利所需具备的条件和国家为增加社会福利应采取的政策措施。

福利经济学的主要特点:一是以一定的价值判断为出发点,即根据已确定的社会目标,建立理论体系;二是以边际效用基数论或边际效用序数论为基础,建立福利概念;三是以社会目标和福利理论为依据,制定经济政策方案。

新、旧福利经济学二者之间的新旧之分,只在于它们产生时间的先后、观点形成的先后,而并非认为新福利经济学替代旧福利经济学。新、旧福利经济学基本观点相同,二者都希望通过运用相关理论来使社会福利扩大。但对于如何达成这一目标,新、旧福利经济学存在着显著的差异。

(二)旧福利经济学

庇古的福利经济学理论被称为旧福利经济学。庇古在 1920 年出版的《福利经济学》中系统地论证了整个经济体系实现经济福利最大化的可能性,研究了在实际生活中影响经济福利的重要因素,研究如何增加社会福利,是福利经济学产生的标志。

庞古认为国民收入是衡量社会经济福利的尺度,可以表示全社会的经济福利。以两个标准作为检验社会福利的标志:一是国民收入的总量;二是国民收入的分配。国民收入总量水平越高,分配越平均,社会经济福利越大。旧福利经济学从这两个基本命题出发,提出资源的最优配置、收入的最优分配等理论。

旧福利经济学基本观点有如下两点。

(1)通过国民收入再分配的手段,增加国家的福利,提出对富人征税、补贴穷人,以消除社会收入不平等状况。

(2)提倡国家干预,通过国家的干预来引导投资和消费,实现经济总量的增加,进而实现社会福利的最大化。

旧福利经济学以基数效用论为基础,认为个人的经济福利是由效用构成的,效用的大小可以用某种单位给出具体数值来衡量。商品效用能够度量并可以进行比较,把个人获得的效用或福利加总,就构成了全社会的福利。

(三)新福利经济学

新福利经济学是20世纪30年代以后发展起来的研究经济福利的经济理论,因与以庞古为代表的旧福利经济学在论证方法上有所不同而得名。该学说提出了一些新的判断福利的标准,最著名的是"帕累托最优状态标准"。

新福利经济学以序数效用论等为基础,新福利经济学着重研究生产资源在社会生产中如何达到最优配置,认为当整个社会的生产和交换都最有效率时,整个社会福利就最大。

意大利经济学家帕累托(Vilfredo Pareto)被认为是新福利经济学的先驱。新福利经济学把帕累托提出的社会经济最大化的新标准——帕累托最优准则作为福利经济学的出发点。随后,卡尔多(Nicholas Kaldor)、希克斯(John Richard Hicks)、伯格森(A. Bergson)和萨缪尔森(Paul Anthony Samuelson)等经济学家对帕累托最优准则作了多方面的修正和发展,提出了补偿原则论和社会福利函数论等,充实完善了新福利经济学。

1. 新福利经济学的内容

(1)序数效用论。新福利经济学认为效用在个人之间是无法比较的,在收入和市场价格既定的条件下,个人根据各自偏好,使获得的效用趋于极大值时,就可以推论整个社会效用的总和或社会福利达到极大值。

(2)最优化条件论。新福利经济学主张排除收入分配研究,而着重研究"最优化条件"问题。研究实现"帕累托最优"所必需的一系列边际条件,包括交换的最优化条件、生产的最优化条件、生产最优条件和交换最优条件的结合。

(3)补偿原则论。新福利经济学研究新的判断福利的标准和补偿原则问题,包括卡尔多-希克斯标准、西托夫斯基"双重检验标准"、李特尔"三重标准"等。

2. 新福利经济学基本观点

(1)新福利经济学认为个人福利的增加并不会导致其他人福利的减少,社会中所有成员的福利之和构成了社会福利。

(2)新福利经济学认为提高经济效率能够增加社会福利。当经济效率达到一定的值时,就可以实现社会生产和交换的最优条件,从而实现经济最优状态。

（3）新福利经济学认为确保个人选择的自由，确保社会收入分配机制能够使个人收入的公平公正，不主张政府干预，社会的资源才可以实现最优化配置，实现社会福利最大化。

（4）新福利经济学认为边际效用在福利的感受上是无法确定计量的，所以无法进行对比。

新福利经济学是在旧福利经济学基础上对旧福利经济学进行修改、补充和发展而成的，新福利经济学和旧福利经济学在其内部之间的理论上有一些变化，但其本质没有区别。

二、帕累托标准

帕累托标准是帕累托最优状态标准的简称。帕累托标准认为，在资源配置中，如果至少有一人认为 A 优（或劣）于 B，而没有人认为 A 劣（或优）于 B，则从社会的观点看，也有 A 优（或劣）于 B。如果两人都认为 A 与 B 无差异，则从社会的观点看，也有 A 与 B 无差异。利用帕累托最优状态标准，可以对资源配置状态的任意变化作出"好"与"不好"的判断。

（一）帕累托最优

1897 年，意大利经济学家帕累托在研究资源配置时，提出了帕累托最优状态标准（Pareto Optimality），简称为"帕累托最优"。帕累托最优是指在收入分配既定的情况下，如果生产要素的任何一种新组合都不能使任何一个人在不损害他人利益的前提下增进自己的福利，资源配置就达到了最有效率的状态。

帕累托最优说明，在某种既定的资源配置状态，任何改变都不可能使至少一个人的状况变好，而且又不使任何人的状况变坏。帕累托最优意味着资源的配置达到了最大效率，任何重新配置的行为都只能使这一效率降低，而无法使这一效率更高。也就是说，如果某种新的资源配置能使所有人的处境都有所改善，或者能使一部分人的处境改善，而又不至于减少其他人的福利，经济社会就没有达到帕累托最优。

帕累托最优的实现要有三个前提条件：①一个完全竞争的市场；②不存在外部性；③不存在信息不对称。当这三个前提条件成立时，市场竞争产生的均衡一定是帕累托最优的。帕累托最优需要满足三个条件：①交换的帕累托最优条件；②生产的帕累托最优条件；③交换和生产的帕累托最优条件，这三个条件能够在完全竞争的经济社会中得到满足。

帕累托最优是资源分配的一种理想状态，是不可能再有更多的帕累托改进的余地，所以，帕累托最优是一种整体上的评价。

（二）帕累托改进

如果既定的资源配置状态的改变使至少有一个人的状态变好，而没有使任何人的状态变坏，这种状态称为帕累托改进。比如在经济政策制定中，某项经济政策改善了一部分人的状态，同时不损害任何人，这就是帕累托改进；反之，如果某项经济政策为了满足某些人的利益而损害另外一些人的利益，这就不是帕累托改进。帕累托改进是达到帕累托最优的路径和方法。

在现实经济生活中，常常需要判断诸如社会福利是否增加了，某项政策的实施是好还是不好等问题。这里关键就在于社会福利增加与否的判别标准。如果一项变革或一个变化，可使一些人的福利增加又不会使其他人受损，那么这项变革或变化就增加了社会福利，这个标准称为帕累托许可变化。

帕累托许可变化有一个前提，即收入分配是既定的，这使得许多政策无法根据这个标准评估,一些经济学家针对帕累托许可变化的缺陷,提出几种不同的判别标准。如英国经济学家卡尔多(Nicholas Kaldor)提出,如果一项变革使受益者从中得到的利益,比受损者从中遭受的损失,用货币价值来衡量更大的话,则该变革就增加了社会福利,就是有利的,这称为卡尔多的判别标准。

例如,有 A、B 两人或团体,其福利水平分别为福利 A 和福利 B,初始状态为 m。现有两个运动状态,一是由初始状态 m 到 i,称为方案 1;二是由 m 到 j,为方案 2,如图 2-13 所示。如果实施方案 1,则 A、B 双方的福利水平均提高,这种变化符合帕累托许可变化;如果实施方案 2,则 A 的福利水平增加,而 B 的福利水平降低,这种变化就不符合帕累托准则。所以在图 2-13 中的 amb 区域称为帕累托准则的可行域。

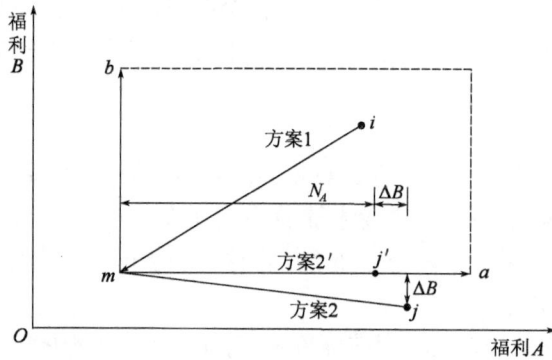

图 2-13　帕累托改进

但如果按照卡尔多的判别标准,则要分析福利 A 增加和福利 B 减少的关系,如果福利 A 增加的部分大于和福利 B 减少的部分,那么方案 2 也是有利的、可行的。所以对于方案 2,如果对 B 进行补偿,使 B 高于或至少相当于初始的福利水平,则方案 2 就满足了帕累托准则的条件,变为许可的可行方案。如果方案 2 所需的补偿 ΔB 由 A 来承担,同时 A 的福利水平在承担 ΔB 后尚有正的净福利 N_A,那么这样的变化是可行的,这种变化称为帕累托改进。若 mj' 为改进后的方案,则改进后的方案 2' 为帕累托可行方案,如图 2-13 所示。

(三)补偿原则

在新福利经济学中,还有"补偿原则",这一理论试图从不同的限制条件下说明福利的标准和最佳的福利状态。

事实上,在任何一种运动状态中,一方受益难免不使另一方受损。英国经济学家希克斯(John Richard Hicks)等人提出了补偿原则,即政府可运用适当的政策使受损者得到补偿,如对受益者征收特别税,对受损者支付补偿金,使受损者至少保持原来的经济状态。如果补偿后还有剩余,则意味着增加了社会福利,那么可以实施这一改变。

补偿原则的基本思想是,对于一种使一部分社会成员受益而使另一部分社会成员受损的社会变动,如果受益者得到的好处能够补偿受损者遭到的损失而且有余,受损者也接受受益者给予补偿,那么这一变动就能使社会福利增加。对受益者的所得能否对受损者作出补偿并仍有剩余所进行的考察和比较,就是补偿检验。这里所说的补偿可以是假想的,补偿检验也是为了能够更好地提高效率和管理能力。

三、社会福利函数

社会福利函数是将社会福利视为社会每个成员所购买的商品和所提供的生产要素以及其他有关变量的函数,是福利经济学研究的一个重要内容。

美国经济学家伯格森和萨缪尔森在分析补偿原则的基础上,提出以社会福利函数作为检验社会福利的标准。他们认为要确定最理想的帕累托最优状态,仅有交换和生产的最优条件,即资源配置的最优条件是不够的,还必须有收入分配的最优条件。也就是说,他们认为补偿原则是不完善的,应当把福利最大化寄托在最适度条件的选择上。尽管生产和交换都符合最适度条件,但这两个方面相结合不一定就能达到福利最大化。经济效率只是最大福利的必要条件,而合理分配等其他条件才是最大福利的充分条件。

社会福利函数把社会福利看作是个人福利的总和,所以社会福利是所有个人福利总和的函数。以效用水平表示个人的福利,则社会福利就是个人效用的函数。伯格森和萨缪尔森认为,社会福利是若干变量的函数,这些变量包括社会所有成员购买的各种商品的数量、提供的各种生产要素的数量,以及其他因素。

社会福利函数是社会所有成员效用水平的函数,即:

$$W = f(U_1, U_2, \cdots, U_n) \tag{2-11}$$

式中:　　　　W——社会福利;

$U_1, U_2, \cdots, U_n$——社会上所有个人的效用水平。

假定社会中共有 A、B、C 三个因素(如社会、经济、环境),这时的社会福利函数可以写成:

$$W = f(U_A, U_B, U_C) \tag{2-12}$$

上述的社会福利函数,只是福利函数的一般表达式,其具体形式则需要根据具体分析对象确定。如果能得到所分析问题的社会福利函数的具体形式,便可以根据社会福利函数绘制出社会无差异曲线。当社会福利的数值最大时,即意味着从生产和分配的角度来看,实现了生产资源的最优配置。

伯格森和萨缪尔森的社会福利函数采用社会无差异曲线和效用可能性曲线来确定帕累托最佳状态的最大值,其值由社会无差异曲线和效用可能性曲线的切点所确定。

效用可能性曲线是指能够反映出当一个消费者的效用水平给定时,另一个消费者所能达到的最大效用水平。社会无差异曲线是指表示社会福利水平一定时,社会成员之间的效用的不同搭配关系的曲线。

每一条社会无差异曲线都代表一定的社会效用水平,每条曲线上各点代表的是福利水平相等时的私人物品和公共物品的各种组合,曲线上每一点的斜率都表明社会对私人物品和公共物品的边际替代率。对于不同的社会福利水平,可以得出一系列的等福利曲线,等福利曲线表示不同产品的配置组合可以达到相同的社会福利效用水平。与单个消费者的无差异曲线一样,社会无差异曲线也有无数条,而且离原点越远的社会无差异曲线,代表的社会福利也越大。

第五节　经 济 政 策

经济政策(Economic Policy)是国家及政府为了达到经济平稳增长,增进经济福利等目标,制定的解决经济问题的指导原则和措施。经济政策正确与否对社会经济的发展具有极其重要的影响。

一、经济政策概述

在市场经济中存在一系列问题,其中,市场失灵是主要问题。这些经济问题要求政府采取必要的措施进行约束、弥补和矫正,即政府干预。政府干预主要通过法规手段与实施经济政策等进行,经济政策包括宏观经济政策和微观经济政策。

(一)宏观经济政策

宏观经济政策是指国家有意识、有计划地运用一定的政策工具,调节控制宏观经济的运行,以达到一定目标的政策和措施。

宏观经济政策包括经济政策目标、经济政策工具、经济政策机制(即经济政策工具如何达到既定的目标)、经济政策效应与运用。宏观经济政策是进行政府干预市场的主要政策,也称为宏观调控,如通过财政政策、货币政策、收入政策等宏观经济政策对市场进行调控。

(二)微观经济政策

微观经济政策是指对经济的微观变量发生作用以求达到一定经济目标的政策和措施,包括政府制定的一些反对干扰市场正常运行的法规政策以及环保政策等。

微观经济政策是政府针对市场失灵的经济政策,微观经济政策的手段有很多,主要包括政府对垄断进行管制的微观经济政策、消除外部性的经济政策、管理公共物品供给政策和规范市场信息的政策等。有些微观经济政策是在宏观的背景下运用的,所以带有宏观的意味。

(三)宏观经济政策和微观经济政策的关系

宏观经济政策和微观经济政策二者都是政府运用一定经济手段引导和规范经济活动主体的行为,使之有利于改善社会的经济福利。二者的区别在于微观经济政策的目标主要解决资源优化配置上的问题,纠正市场在资源优化配置上的"失灵"。例如,政府通过提供公共物品来解决市场经济主体不能提供社会需要的公共物品问题,政府用税收和补贴手段来解决由正负外部性造成的资源配置不当问题。

宏观经济政策目标要通过微观经济主体的行为来实现,但这个目标主要不是解决资源配置问题,而是解决资源利用问题。例如,若经济萧条,出现失业现象,表明经济资源没有得到充分利用,政府就需要运用经济政策来刺激经济,引导居民和企业增加消费和投资,以减少经济资源闲置和浪费。相反,若经济过热,形成通货膨胀,表明社会对资源需求超越了社会供给能力,政府就应当运用经济政策来给经济降温,引导合理消费和投资。

二、市场失灵概述

市场机制在协调经济、配置资源、调节产品产量等方面发挥着十分重要的作用,但也存在着自身无法克服的各种问题,其中市场失灵是主要问题之一。市场失灵需要政府对市场经济进行干预。

（一）市场失灵的概念

市场失灵（Market Failure）是指通过市场配置资源不能实现资源的最优配置的情况，以及市场在调节经济等方面存在的缺陷。市场失灵也通常被用于描述市场机制在某些领域不能起作用或不能起有效作用的情况，如市场力量无法满足公共利益的状况。

（二）市场失灵的表现

市场失灵的表现可以归纳为以下几点。

（1）市场经济不能保证满足众多的社会目标，如失业问题、社会治安、国家经济安全、国防安全等。

（2）市场经济活动会产生外部不经济问题，如导致公共资源的过度使用、产生环境问题等。

（3）缺少公共产品市场，即市场本身缺乏完整性，导致公共产品供给不足。

（4）信息不完全，市场不能保证信息的安全、信息传递的充分和传递中的顺畅等。

（5）收入分配不公，通过市场进行的收入分配难免不平均，导致贫富两极分化。

（6）区域经济不协调，市场常受到经济波动、经济周期的影响而发生资源的浪费和社会福利水平的下降。

（三）导致市场失灵的原因

导致市场失灵的原因是多方面的，一般认为主要因素是垄断、公共物品、外部性和信息不对称。这些因素导致的市场失灵使市场机制有效配置资源的作用得不到正常发挥，需要政府对市场经济进行干预，以到达优化资源配置的目的。

（1）垄断。不完全竞争市场导致垄断，使竞争失败，市场垄断的形成使资源的配置缺乏效率。

（2）公共物品。社会经济发展需要公共物品，而公共物品具有非排他性和非竞争性，使通过市场交换获得公共物品的消费权利的机制失灵。

（3）外部性。经济活动的外部性导致交易双方没有经过经济交换，就对他方的经济等施加了影响。

（4）信息不对称。由于经济活动的参与人拥有的信息是不同的，非对称信息会损害正当的交易。当人们产生对非对称信息严重影响交易活动的担心时，市场的正常作用就会丧失。

三、市场失灵的主要因素

导致市场失灵有四个主要因素：垄断、信息不对称、公共物品和外部性。

（一）垄断

垄断主要指卖方垄断，一般是指一个或多个市场只有唯一卖方的企业。垄断行为是指排除、限制竞争以及可能排除、限制竞争的行为。垄断会导致资源的配置缺乏效率，因此也就产生了对垄断进行公共管制的必要性。政府对垄断进行公共管制的方式或政策是多种多样的，如有效地控制市场结构，避免垄断的市场结构产生；对垄断企业的产品价格进行管制，提高资源的配置效率;对垄断企业进行税收调节,限制垄断行为;制定反垄断法,从而更好地规范市场秩序和市场环境,进而提高资源的配置效率。

(二)信息不对称

信息不对称指交易中的个人拥有的信息不同。在社会经济等活动中,一些成员拥有其他成员无法拥有的信息,由此造成信息的不对称。掌握信息比较充分的成员,往往处于比较有利的地位,而信息贫乏的成员,则处于比较不利的地位。一般而言,卖家比买家拥有更多关于交易物品的信息。信息不对称和信息不完全会给经济运行带来很多问题,而市场机制又很难有效地解决这些问题。解决信息不对称所产生的问题,一是需要政府采用多种方式调控市场信息,其目的是提高资源的配置效率;二是制定并有效执行相关法律、制度,可以削弱信息不完全所造成的一些影响。

市场经济的正常运行,既需要市场机制这只"看不见的手",发挥其调节作用,又需要政府这只"看得见的手",对市场进行必要的干预。政府干预经济运行的根本目的:一是要保证市场机制能够正常运转,发挥其对资源配置的基础性作用;二是能消除市场失灵所产生的消极后果,保证市场经济健康发展。经济政策的目标是实现收入均等化和资源有效配置。

(三)公共物品

公共物品是可以供社会成员共同使用的物品、设施和服务的总称。由于公共物品的消费者是"全社会",解决公共物品的供需不足和公共物品的有效生产问题不可能通过竞争的市场机制来解决,一般由政府来生产所需的公共物品。

物品具有排他性或非排他性。排他性是指排斥他人消费的可能性,如一个人在使用或拥有一件物品时其他人就不能使用或不能拥有。一般来说,凡是企业、家庭和个人能完整地购买其消费权的产品,都具有消费上的排他性。也就是说,产品一旦生产出来,要付出成本才可以使用,这种物品是私人物品。排他性与非排他性是相对的。

物品具有非竞争性或竞争性。非竞争性是指某物品被提供出来以后,增加一个消费者不会减少任何一个人对该产品的消费数量和质量,换句话说,增加一个消费者的边际成本为零。物品非竞争性是指同一单位的物品可以被许多人消费,该物品对某一个人的供给并不减少对其他人的供给;这个人享用该物品得到的收益并不减少其他人享用该产品所得到的收益;该物品一旦被提供,消费者的增多并不导致该物品生产成本的增加,也就是说,不会带来"拥挤成本"。非竞争性与竞争性也是相对的。

1954 年,美国经济学家保罗·萨缪尔森在《公共支出的纯理论》一书中定义公共物品是"每个人对这种物品的消费,都不会导致其他人对该物品消费的减少"。与公共物品相对的是私人物品,私人物品是指如果一种物品能够加以分割,那么每一部分能够分别按竞争价格卖给不同的个人,而且对其他人没有产生外部效果的物品。

公共物品与私人物品是一对相对的概念。经济学区分它们的标准:私人物品具有排他性和竞争性;而公共物品则具有非排他性和非竞争性。

1. 公共物品基本特征

公共物品的两个基本特征是消费的非竞争性和受益的非排他性。公共物品在需求方面,人与人之间无须为争夺公共物品的消费权而竞争。公共物品在受益方面,人们也不能被排除在使用一种公共物品之外,任何一位公民都可按既定的法律程序消费该物品,任何人都不可能阻止任何一位公民享用公共物品,公共物品非排他性意味着消费者可能做一个"搭便车者"。

举例来说,灯塔为船舶提供的利益既无排他性又无消费中的竞争性,船舶利用灯塔航行而又不为这种服务付费,就有了"搭便车"的激励。所以,灯塔是一种公共物品,由政府提供和管理。

2. 纯公共物品与准公共物品

纯公共物品,即同时具有非排他性和非竞争性的公共物品,如国防、环境保护等;准公共物品,即不同时具备非排他性和非竞争性的公共物品。

在现实中,许多物品是介于公共物品和私人物品之间的物品,这种物品称为准公共物品或混合物品。如公共图书馆、公共电影院等公共物品的特点是在消费上具有非竞争性,但是却可以较轻易地做到排他;又如公共渔场、牧场等在消费上具有竞争性,但是却无法有效地做到排他。

纯公共物品的范围较窄,准公共物品的范围较宽。如教育、文化、广播、电视、医院、应用科学研究、体育、公路、农林技术推广等事业单位,其向社会提供的物品属于准公共物品。此外,实行企业核算的供水、供电、邮政、市政建设、铁路、港口、码头、城市公共交通等也属于准公共物品的范围。

准公共物品可能只具有纯公共物品中的一个特性。一是有竞争性但无排他性的公共物品,这类公共物品通常也称为公共资源(Common Resource),如海洋中的鱼是一种竞争性物品,某一个人捕的鱼多了,别人捕的鱼就少了,但这些鱼并不具有排他性,因为不可能对任何从海洋中捕到的鱼收费,环境也是一种公共资源;二是有排他性但无竞争性的公共物品,通常说这类物品存在自然垄断,如城市供水、有线电视等。所以说公共物品的供给也受到社会需要程度的影响,也有一个最优供给量的问题,如一个城市有一个或两个飞机场就够了,再建就没必要了。

3. 环境公共物品

环境公共物品通常是指各种环境物品以及环境服务,它们是人类生存与生活的基本条件,是人类共同的公共财产。环境物品作为公共物品,同样也具有两个基本特征。首先,环境公共物品存在消费的非排他性,例如,即使某人自己出资治理了城市的大气污染,他也不可能阻止其他居民免费"搭车"。其次,环境公共物品存在消费的非竞争性,例如,某人在某地呼吸新鲜空气不会影响他人对新鲜空气的吸收。

环境作为一种具有特殊性质和特殊形式的自然和社会的存在,涉及自然生态和社会经济的方方面面,是整个人类社会赖以生存和发展的基础。随着人类开发能力的提高和环境本身所具有的各种自然性质,环境公共物品呈现出包括自然和社会方面的多种特性。

基于环境的属性分类,环境公共物品可以分为自然属性的环境公共物品和社会属性的环境公共物品。

(1)自然属性的环境公共物品。

自然属性的环境公共物品,包括自然界存在的一切自然物,如阳光、空气等。它们的产生、变化和消亡是不以人的意志为转移的,更不能依靠市场机制随意进行生产和消费,但人类在使用这些物品的过程中,也对这些物品产生了不同程度的影响,例如,人类活动所产生的温室效应使全球气候变暖,人类活动对空气、水的直接污染也不同程度地改变了其原始特征。

尽管自然属性的环境公共物品是由自然提供的,不同于经济学关于公共物品大部分是由政府提供的概念,但从客观方面来讲,它们的基本特征却是相同的,即具有非竞争性和非排他性。所以,可以根据其基本特性对自然属性的环境公共物品进一步分类。第一类是纯环境公共物品,在消费上同时具有非排他性和非竞争性,如阳光、大气、生物多样性等;第二类是在消费上具有非竞争性,但却可以做到排他,如原始森林公园、海滨沙滩等;第三类是在消费上具有竞争性,但是却无法有效地做到排他,如水资源、草原等。第二类与第三类称为准环境公共物品,这三类自然属性的环境物品对于人类和其他生物的生存和发展非常重要。

(2)社会属性的环境公共物品。

社会属性的环境公共物品涉及环境的社会、经济、文化等各个方面的物质与活动。社会属性的环境公共物品主要由政府、企业和一些社会组织提供,其目的是保护环境、利用环境、创造环境,以促进社会经济的高质量可持续发展。许多社会属性的环境公共物品也体现出公共物品消费的非竞争性和受益的非排他性特征。因此,社会属性环境公共物品可以分为三类:第一类是实体性的环境公共物品,如人文景观、绿化工程、城市环保设施等;第二类是文化性的环境公共物品,如环保活动、绿色文化等;第三类是服务性的环境公共物品,如文体教育、商业服务、交通运输、医疗居住条件等。

(四)外部性

外部性也称为外部影响、溢出效应,是指一个生产者或消费者在自己的活动中对其他生产者和消费者的福利产生的一种有利影响或不利影响。由外部性的有利影响带来的利益,由外部性的不利影响带来的损失,这些都不是该生产者或消费者本人所获得或承担的。

当市场交易中的买方与卖方不关注他们行为的外部影响时,市场均衡并不是有效率的。在这种情况下,从社会角度关注市场结果必然要超出交易双方的福利。

外部性可分为有利的和不利的两种。有利的称为正外部性,或称为外部经济性;不利的称为负外部性,或称为外部不经济性。

外部经济性是指个体的经济活动使其他社会成员无须付出代价而从中得到好处的现象,如养蜜蜂的收入属于蜂农而不属于果农。外部经济性是社会受益高于个人受益的情况,也就是说个人产生的一部分好处被其他人分享了。自己不支出或少支出成本,就可借助于别人的行动获益,这种收益称为无偿转移。过多的外部经济性在一般情况下是低效率的,会导致市场失灵。因此要使社会经济不断发展,就要使个人受益不断接近社会受益。

外部不经济性是指个体的经济活动使其他社会成员遭受损失而未得到补偿的现象,如造纸厂向河流中排放污染物导致附近其他社会成员的利益受损。庇古在《福利经济学》一书中指出:在经济活动中,如果某厂商给其他厂商或整个社会造成不需付出代价的损失,那就是外部不经济性。外部不经济性是社会成本高于个人成本的情况,也就是说个人的一部分成本被其他人分摊了,自己的一部分收益是建立在别人受损的基础上。外部不经济性分为生产的外部不经济性和消费的外部不经济性。生产的外部不经济性,如生产活动造成的污染等,即生产厂商的边际私人成本小于边际社会成本,从而私人的最优导致社会的非最优;消费的外部不经济性是指由于消费如抽烟等所引起的对他人健康及环境的损害。

无论是外部经济性还是外部不经济性,从社会角度来看都会导致资源配置的错误。一般情况下,政府所关注并致力于解决的主要是外部不经济性问题。当出现外部不经济性问题时,依靠市场机制是不能解决的,即所谓市场失灵,必须通过政府的干预手段解决外部性问题,就是要使外部成本内部化,使生产稳定在社会最优水平。外部性的存在是市场失灵的一个重要表现,政府进行必要干预的主要政策有三种。

一是使用税收和津贴。如向环境保护者给予津贴、减免税收等措施,使个人受益低于社会受益的部分得到补偿;又如对环境污染者采取征收税费、罚款等措施,使个人成本上升到与社会成本基本一致。

二是使用规定产权的办法。产权是一种界定财产所有者,以及他们可以如何使用这些财产的法律规则,如应用科斯定理使产权明晰化。

三是使用企业合并的方法。例如,有两个企业,甲企业的生产活动影响乙企业的产出水平,则甲的活动产生了外部性。反过来,乙的活动也可能对甲产生外部性。在一定的条件下,合并甲、乙两个企业,实现外部性内部化,这样原来两个企业相关的外部性就不存在了。

(1)庇古税。

庇古税,即根据污染所造成的危害程度对排污者征税,用税收来弥补排污者生产的私人成本和社会成本之间的差距,使两者相等。这种税由英国经济学家庇古提出,所以称为庇古税(Pigouvian Tax)。

庇古税是按照污染物的排放量或对经济活动的危害来确定纳税义务的,是一种从量税。庇古税的单位税额,应该根据一项经济活动的边际社会成本等于边际效益的均衡点来确定,这时对污染排放的税率就处于最佳水平。

庇古税认为私人(经济主体)活动的边际私人成本小于边际社会成本,说明环境污染者使社会付出外部成本,从而带来其私人成本的降低。这种社会与个人的目标的差异会带来环境问题,使环境资源低效配置,环境资源分配不公平。所以,庇古税对解决环境问题具有积极的作用。

庇古税是一种经济手段,其意义在于:一是,庇古税从责任角度与激励社会和个人目标趋同角度为治理环境问题提供了一种思路,有利于激励个人提升自己的福利水平从而提升社会整体福利水平;二是,通过对污染产品征税,污染环境的外部成本转化为生产污染产品的内在税收成本,从而降低私人的边际净收益,并由此来决定其最终产量;三是,征税提高污染产品成本,降低私人净收益预期,同时引导生产者不断寻求清洁技术,从而减少污染;四是,庇古税作为一种污染税,能提供一部分税收收入,可专项用于环境保护工作。

(2)科斯定理。

科斯定理是外部性理论中的一个重要定理,科斯定理指出:只要交易成本为零,那么无论产权归谁,都可以通过市场自由交易达到资源的最佳配置。

美国经济学家科斯认为:在某些条件下,只要财产权是明确的,并且交易成本为零或者很小,则无论在开始时将财产权赋予谁,市场均衡的最终结果都是有效率的。也就是说,经济的外部性(非效率)可以通过当事人的谈判而得到纠正,从而达到社会效益最大化。

科斯定理明确了以下几点:一是,产权明确是指不管最初的产权法律是怎样判定的以及判定给谁,即不论最初的产权如何界定;二是,交易成本为零或者很小是指当事各方可以自由交易,且能够无成本地讨价还价;三是,在前两个条件下,他们都能够最终达成协议,都不会对资源配置的效率产生影响,都会达到资源的最优配置;四是,当交易费用存在的时候,不同的产权会产生不同的资源配置效率。

科斯定理认为，外部性往往不是一方侵害另一方的单项问题，而是相互性问题，只通过征收庇古税来解决是不公平的，外部性问题的实质是避免将损害扩大。科斯定理对产权理论的阐述，揭示了外部性问题的根源在于稀缺性导致的对资源使用的竞争性需求。

科斯定理是法律经济学理论基础的主要骨架之一。科斯定理提供了根据效率原理理解法律制度的一把钥匙，也为朝着实现最大化效率方向改革法律制度提供了理论根据。

科斯定理为解决环境问题提供了一种思路，即从产权交易的角度解决环境污染问题，执行产权规则。环境资源配置低效的根本原因是产权不明晰，当产权不明晰时，会出现环境问题。当产权清晰，环境资源拥有了排他性、可转让性时，经济主体便有意愿去有效地利用和节约资源。当拥有足够低的联系、约谈、签订合约的成本时，那么不管产权属于谁，产权的交易都会使资源配置达到最优。例如，环境的使用权应当作为一种财产权，这样当某项生产活动产生负外部性时，就可以明确地划定损害方和受损方。

科斯的产权原理和庇古税都是针对在有限的资源下调整社会间经济主体的资源配置，但侧重点不同。两种手段都针对负外部性，特别是对污染等环境问题提出治理的可能，但就对解决环境污染问题的实践状况来看，征收庇古税相对来讲比科斯产权理论下的自愿协商解决产生的社会效应要大。

科斯定理的假设和条件在现实社会中是难以实现的，因而其效果有限。科斯定理要求财产权可以转让，但由于信息不对称等原因，财产权并不能完全无成本地转让。环境污染的产权交易中污染者与受损者之间的交易并不常见，但是排污者与排污权拥有者之间的排污权交易比较常见。科斯定理在环境问题上最典型的应用就是排污权交易。

"排污权"概念是美国经济学家戴尔斯于1968年提出的。戴尔斯认为，外部性的存在导致了市场机制的失效，造成了生态破坏和环境污染。政府干预与市场机制，两者结合起来才能有效地解决外部性问题，把污染控制在令人满意的水平。政府可以在专家的帮助下，把污染物分割成一些标准单位的"排污权"，在市场上公开标价出售。购买者购买一份"排污权"则被允许排放一个单位的废物。一定区域出售"排污权"的总量要以充分保证区域环境质量能够被人们接受为限。如果一时难以达到，可以逐年减少"排污权"数量的出售，直到达成这一目标。在出售"排污权"的过程中，政府不仅允许污染者购买，而且如果受害者或者潜在受害者遭受了或预期将要遭受高于"排污权"价格的损害，为了防止污染，政府也允许他们竞购"排污权"。政府有效地运用其对环境这一商品的产权，使市场机制在环境资源的配置和外部性内部化的问题上发挥最佳作用。

第六节　国民经济核算

国民经济是宏观经济学的研究对象，是一国（或地区）范围内在一定历史时期中整个社会经济活动的总和。国民经济核算是以国民经济为对象的全面核算。国民经济核算所提供的各种指标，是研究一国（或地区）经济现实和历史发展的重要依据，也是构成国民经济核算体系的基础，国民经济核算体系是宏观经济统计分析的基础。本节在概述国民经济核算体系的基础上，介绍国民经济核算中的一些主要统计指标。

一、国民经济核算体系发展概述

（一）国民经济核算与国民经济核算体系

1. 国民经济核算

国民经济核算的产生与宏观经济学的发展密切联系。国民经济核算是以国民经济总体为对象，对国民经济运行过程和结果的总量、结构及其内部相互关系的核算。

国民经济核算目的在于对国民经济的运行、发展进行全面的描述和分析，为国民经济宏观管理提供充分、系统的信息与依据。

2. 国民经济核算体系

国民经济核算体系将国民经济作为一个有机联系的整体，借助一系列有内在联系的指标体系和科学的方法，对整个国民经济运行进行的全面、系统、完整的宏观核算，以此反映国民经济总体运行与循环的状况。

国际上存在两大核算体系：一是市场经济国家采用的国民经济核算体系（SNA）；二是计划经济国家采用的物质产品平衡表体系（MPS）。两个体系最根本的区别是所依据的基本理论不同。SNA 采用全面生产的概念，包括所有产品和服务的生产；MPS 强调物质生产概念，只把物质产品生产作为生产核算的基础。中国自 1992 年起从 MPS 向 SNA 平稳过渡。

国民经济核算体系的主要功能体现在四个系统上：一是经济社会发展的测量系统，运用它可以把握经济社会发展的规律；二是科学管理和决策的信息系统，采用大量信息的国民经济核算体系，对规划计划、管理决策的确定和执行情况发挥重要的服务与监督作用；三是社会经济运行的预警系统，对宏观经济运行是否正常，各种商品市场价格、供求状况等微观行为发挥导向和预警作用；四是国际经济技术交流的共同语言系统，运用它更便于国际经济技术交流和对比分析。

（二）国民经济核算体系发展概况

SNA 是国民经济核算体系（System of National Accounts）的简称，它是由国民收入统计发展而来的。多国的统计学家和经济学家经过 300 多年的探索与实践，终于在 1953 年正式公布了由联合国编制而成的《国民经济核算体系及辅助表》（简称 SNA1953 或旧 SNA），标志着 SNA 的正式诞生。

1968 年联合国统计司又公布了包括国民收入核算、投入产出核算、国际收支核算、资金流量核算、国民资产负债核算在内的新国民经济核算体系（新 SNA）。新 SNA 把五种核算方法构建为一个清晰、前后连贯的体系。但新 SNA 存在形式完美却难以操作的问题，在联合国等组织的努力下，于 1993 年形成新版的 SNA（SNA1993）。1993 年的 SNA 与其他国际统计标准相比更加协调一致，更加适合不同发展阶段的国家使用，这时 SNA 才走向成熟。

环境与经济综合核算体系（System of Integrated Environment and Economic Accounting，SEEA）源自 SNA，SEEA 是用来描述考虑了环境与资源等问题后一个国家的福利经济水平。SEEA 是一个与 SNA 核心系统相联系的卫星账户系统。联合国统计司于 1989 年、1993 年先后发布了《环境与经济综合核算体系（SEEA）》两个版本。2003 年联合国统计司又推出了 SEEA

的新版本 *Integrated Environmental and Economic Accounting* 2003，即 SEEA2003，进一步扩大了 SNA1993 的核算内容与范围，促进了 SNA1993 与环境、资源信息直接联系的概念变化。SEEA2003 在非生产性有形(自然)资源的分类、资产核算的统一以及与 SNA 的联系等方面对 SNA 进行了扩展和补充，最终形成了环境与经济核算一体化的整体框架。这就是常说的绿色国民经济核算体系。

2009 年，联合国等五大国际组织颁布了国民经济核算新的国际标准——《国民经济核算体系 2008》(SNA2008)。目前世界上有 100 多个国家和地区采用 SNA 的基本方法，结合本国的实际，制定了本国的国民经济核算体系。

(三)中国国民经济核算体系的发展概况

我国国民经济核算体系的发展是随着经济体制由计划经济体制、有计划的商品经济体制，向社会主义市场经济体制转变而变化发展的，经历了两个主要阶段。

第一阶段为 1952 年至 1992 年。

我国的国民经济核算始于中华人民共和国成立初期。1952 年，刚成立的国家统计局在全国范围内开展了工农业总产值调查，建立了工农业总产值核算制度，此后，从工农业总产值核算扩大到农业、工业、建筑业、运输业和商业五大部门总产值核算，即社会总产值核算。

这一阶段我国国民经济核算体系基本属于物质产品平衡表体系(MPS)，MPS 由苏联始创，主要为原经互会(经济互助委员会)的国家使用。这一阶段的国民经济核算体系，是高度集中的计划经济管理体制下的产物。它适应了当时社会的经济基础和生产力发展水平的需要。1956 年，国家统计局派团对苏联国民经济核算工作进行了全面考察，随后在我国全面推行 MPS。

改革开放以后，非物质服务业，如金融保险业、房地产业、教育事业等获得了迅速的发展，并在国民经济中发挥了越来越重要的作用。宏观经济分析和管理部门需要了解这方面的情况，以便研究和制定正确的服务业发展政策，协调各产业部门健康发展。为适应宏观经济分析和管理的需要，国家统计局在 1985 年建立了 SNA 的年度 GDP 生产核算，1989 年建立了年度 GDP 使用核算，即支出法 GDP 核算，1992 年建立了季度 GDP 生产核算。

为适应改革开放的需要，1985—1992 年，我国同时采用了 MPS 和 SNA 标准，形成了《中国国民经济核算体系(试行方案)》(1992 年)。这一文本表述了一个比较全面系统的核算体系，其主要特征是 MPS 和 SNA 相互并存，主要总量指标可以相互转换，它的建立满足了在当时经济形势下改革原有核算体系的要求。这一体系的建立在当时具有重大的现实意义，但随着改革开放的深入，这种国民经济核算体系已不适应经济形势发展的需要。

我国国民经济核算体系在从 MPS 向 SNA 转换的过程中，MPS 的国民收入和 SNA 的 GDP 在中国国民经济核算体系中的地位逐步发生变化。在转换后期，GDP 演化为这个体系中的主要总量指标，国民收入演化为这个体系中的附属指标。1993 年，以取消 MPS 的国民收入为标志，我国国民经济核算体系完成了从 MPS 向 SNA 的转换。

第二阶段为 1993 年至今。

为适应发展社会主义市场经济体制的要求，建立与联合国新 SNA 接轨的中国国民经济核算体系新版本。从 1993 年起，根据联合国 1968 年版的 SNA 的标准，并采纳了部分 1993 年 SNA 的标准，我国对 1992 年《中国国民经济核算体系(试行方案)》进行重大修改，探索建立中国国民经济核算体系新版本。2002年,国家统计局等八部门发布了《中国国民经济核算体系(2002)》。

《中国国民经济核算体系(2002)》实施以来,随着我国社会主义市场经济的发展,经济生活中出现了许多新情况和新变化。为加强和改进宏观经济调控,满足经济新常态下宏观经济管理和社会公众的新需求,实现与国民经济核算新的国际标准相衔接,按照党的十八届三中全会关于加快建立国家统一的经济核算制度的要求,我国对国民经济核算体系进行了全面系统的修订,使其适应经济发展的新情况和新需求,同时与国际标准2008年版的SNA相衔接,国务院批复国家统计局印发《中国国民经济核算体系(2016)》。

《中国国民经济核算体系(2016)》的印发和实施是我国现行国民经济核算体系的重大改革,新核算体系丰富和完善了核算内容,引入了新的概念,拓展了核算范围,细化了基本分类,修订了基本核算指标,改进了基本核算方法。新核算体系的实施,有利于更加全面准确地反映我国国民经济运行的情况,更好地体现我国经济发展的新特点,提高我国国民经济核算的国际可比性和宏观决策及管理水平。

二、国民经济核算中的主要指标

国民经济核算中的统计指标是综合性经济指标,分析综合性经济总量的指标有多种,这些指标反映一个国家或地区总的经济成果及生产能力,是衡量经济政策效果、分析经济行为的全面性的尺度。要明晰国内生产总值GDP这个指标概念,还应了解其他一些收入衡量指标的概念及相互关系。

(一)国内生产总值

1.国内生产总值的概念

国内生产总值GDP(Gross Domestic Product)是一个国家或地区的常驻单位在一定时期内,所生产和提供的全部最终产品和服务价值的总和,是在一定时期内生产活动的最终成果,是对最终产品的统计。国内生产总值是综合性经济总量指标中的核心指标,是反映一国或一个地区的生产规模及综合实力的重要的总量指标。

(1)国内生产总值是一个综合性的经济总量。

国内生产总值的统计范围包含了货物(产品)及服务,采取了综合性的生产观。货物是对其有某种需求,而且能够确定其所有权的有形实体;服务是一种无形商品,它是生产者按照消费者的需求进行活动而实现的消费单位状况的变化。与货物相比,服务最大的特点是具有不可储存性和消费的同时性。

在国内生产总值的统计过程中,它所认定的生产是指生产者利用投入生产产出的活动。也就是说,国内生产总值基本上采用经济生产的概念,即在机构单位控制和负责下,利用劳动、资本、货物和服务的投入生产货物和服务的活动。所以,国内生产总值的统计范围以广义的生产概念为基础,这是它最显著的特点。

(2)国内生产总值是对最终产品的统计。

在国内生产总值的统计中,为了避免重复计算,提出了最终产品的概念。所谓最终产品是指本期生产,本期不再加工,可供社会最终使用的产品。相对于最终产品的是中间产品,中间产品是指本期生产,但在本期进一步加工的产品。最终产品与中间产品共同组成了总产品。

国内生产总值是最终产品的价值总和,所以国内生产总值衡量的是当期内新创造的价值,不包含中间消耗的部分。但有时确定一个产品的最终产品属性很困难,因为有些产品同时具有中间产品和最终产品的双重属性。对最终产品的分析只能根据它的去向来确定,从价值构成的角度来分析,即通过对每一生产环节的"增加性"加总的方法来估计最终产品的总量。

2. 国内生产总值的作用

国内生产总值的作用主要表现在以下几点。

(1)国内生产总值能综合反映国民经济活动的总量,表明国民经济发展全貌,而且能反映这个国家的产业结构。

(2)国内生产总值是衡量国民经济发展规模、速度的基本指标。

(3)国内生产总值是分析经济结构和宏观经济效应的基础数据。

(4)国内生产总值有利于分析、研究社会最终产品及服务的生产、分配和最终使用情况,能较全面地反映国家、企业和居民个人三者之间的分配关系。

总之,国内生产总值的核心指标地位表现在:只有计算了国内生产总值指标,才能进行投入产出核算、资金流量核算、资金负债核算以及国际收支核算;国内生产总值的统计是计算其他国民经济总量指标的条件,国民经济总量的一系列指标的计算都以国内生产总值的计算为前提。

3. 实际 GDP 与名义 GDP

不同时期的 GDP 的差异由两个因素造成:一是所生产的物品和劳务的数量的变动;二是物品和劳务的价格的变动。当然,这两个因素也常常会同时变动而导致 GDP 的变动。

为了能够对不同时期的 GDP 进行有效的比较,可以选择过去某一年的价格水平作为标准,此后各年的 GDP 都按照这一价格水平来计算。这个特定的年份称为基年,这一年的价格水平称为不变价格或固定价格。为了了解 GDP 变动究竟是由产量变动引起的还是由价格变动引起的,需要区分实际 GDP 和名义 GDP。

实际 GDP(Real GDP)是用过去某一年作为基期的价格计算出来的 GDP,即用不变价格或固定价格计算的 GDP。它衡量在两个不同经济时期中的产品产量的变化,以相同的价格或不变金额来计算两个时期所产生的所有产品的价值。也就是说,实际 GDP 的变动仅仅反映了实际产量变动的情况。

名义 GDP(Nominal GDP)也称货币 GDP,是用当年价格或实际市场价格计算的 GDP。名义 GDP 的变动可以有两种原因,即实际产量的变动与价格的变动。也就是说,名义 GDP 的变动既反映了实际产量变动的情况,又反映了价格变动的情况。名义 GDP 包含价格水平变动,也就是说,如果现在的所有价格水平上升 1 倍,则名义 GDP 也要上升 1 倍。

假设某国最终产品用香蕉和衣服来代表,两种产品在 2018 年(当期)和 2010 年(基期)的价格和产量,以及名义 GDP 和实际 GDP 的计算如表 2-1 所示,则以 2010 年为基期的产品价格计算的 2018 年的实际 GDP 为 620 万美元,而计算的 2018 年的名义 GDP 为 780 万美元。

名义 GDP 和实际 GDP　　　　　　　　　　　　　　　　　　表 2-1

产品	2010 年名义(实际)GDP	2018 年名义 GDP	2018 年实际 GDP
香蕉	15 万千克[①] × 1 美元/千克 = 15 万美元	20 万千克 × 1.5 美元/千克 = 30 万美元	20 万千克 × 1 美元/千克 = 20 万美元
衣服	19 万件 × 20 美元/件 = 380 万美元	30 万件 × 25 美元/件 = 750 万美元	30 万件 × 20 美元/件 = 600 万美元
合计	395 万美元	780 万美元	620 万美元

2018 年名义 GDP 和实际 GDP 的差别,可以反映出这一时期和基期相比价格变动的程度。在表 2-1 中,$\frac{780}{620} = 125.8\%$,说明从 2010 年到 2018 年该国的价格水平上升了 25.8%。在这里,125.8% 称为 GDP 折算(平减)指数,可见,GDP 折算指数是名义 GDP 和实际 GDP 的比率。如果知道了 GDP 折算指数,就可以将名义 GDP 折算为实际 GDP,其公式为:

$$实际 GDP = \frac{名义 GDP}{GDP 折算指数} \tag{2-13}$$

例如,在表 2-1 中,从 2010 年到 2018 年,名义 GDP 从 395 万美元增加到 780 万美元,实际 GDP 只增加到 620 万美元,也就是说,如果扣除物价变动因素,GDP 只增长了 57%,即 $\frac{620-395}{395} = 57.0\%$,而名义上却增长了 97.5%,即 $\frac{780-395}{395} = 97.5\%$。由于价格变动因素的影响,名义 GDP 并不反映实际产出的变动。用绝对值表述时,一般用名义 GDP;反映增长速度时,一般用实际 GDP。

经济增长率(RGDP)是当期国民生产总值与基期国民生产总值的比较。如果变量的值都以现价计算,计算出的增长率就是名义增长率,反之,如果变量的值都以不变价(以某一时期的价格为基期价格)计算,则计算出的增长率就是实际增长率。在量度经济增长时,一般都采用实际经济增长率。

经济增长率也称经济增长速度,它是反映一定时期经济发展水平变化程度的动态指标,也是反映一个国家经济是否具有活力的基本指标。经济增长率的大小意味着经济增长的快慢,也意味着人民生活水平提高所需的时间长短,所以政府和学者都非常关注这个指标。

(二)国民收入核算其他总量指标

其他一些收入衡量指标主要有国民生产总值 GNP、国内生产净值 NDP、国民收入 NI、个人收入 PI 和个人可支配收入 DPI。

1. 国民生产总值 GNP

国民生产总值 GNP(Gross National Product)是一个国民概念,是一个收入指标,是反映常住单位全部收入(国内与国外)的指标,是一定时期内本国的生产要素所有者所占有的最终产品(货物)和服务的总价值。如果某国一定时期内的 GNP 超过 GDP,说明该时期该国公民从国外获得的收入超过了国外公民从该国获得的收入;而当 GDP 超过 GNP 时,说明情况相反。由于国外净收入数据不足,而 GDP 较易测量,再加上 GDP 相对于国民生产总值来说是衡量国

内就业潜力更好的指标,因此大多数国家都用 GDP 来衡量国民收入。GNP 和 GDP 的关系可以表示为:

$$\text{GNP} = \text{GDP} + 来自国外的要素净收入 \tag{2-14}$$

2. 国内生产净值 NDP

最终产品价值并未扣除资本设备消耗的价值,如扣除消耗的资本设备价值,就能得到净增价值,即从 GDP 中扣除资本折旧,就能得到国内生产净值 NDP(Net Domestic Product)。国内生产净值与 GDP 的关系为:

$$\text{NDP} = \text{GDP} - 折旧 \tag{2-15}$$

"总"和"净"对于投资也具有类似意义。总投资是一定时期的全部投资,如建设的全部厂房和设备等,而净投资是总投资扣除资本消耗或者说重置投资的部分。例如,某企业某年购置 20 台机器,其中 5 台用来更换报废的旧机器,则总投资为 20 台机器,净投资为 15 台机器。

3. 国民收入 NI

国民收入 NI(National Income)有广义和狭义之分,广义的国民收入泛指国民生产总值、国内生产净值、国民收入、个人收入、个人可支配收入五个指标的总量;狭义的国民收入仅指国民收入。

这里的国民收入是按生产要素报酬计算的国民收入,是物质生产部门劳动者在一定时期内所创造的价值,是一国生产要素(包括土地、劳动、资本、企业家才能等)所有者在一定时期内提供生产要素所得到的报酬,即工资、利息、租金和利润等的总和。

从国内生产净值 NDP 中扣除间接税和企业转移支付,加上政府补助金,就能得到一国生产要素在一定时期内提供生产性服务所得的报酬,即工资、利息、租金和利润的总和,这就是通常意义上的国民收入。间接税和企业转移支付虽构成产品价格,但不能作为要素收入;相反,政府给企业的补助金虽不列入产品价格,但属于要素收入,故前者应扣除,后者应加入。国民收入与国内生产净值的关系为:

$$\text{NI} = \text{NDP} - 间接税 - 企业转移支付 + 政府补助金 \tag{2-16}$$

4. 个人收入 PI

个人收入 PI(Personal Income)指一个国家一年内个人得到的全部收入。生产要素报酬意义上的国民收入并不会全部成为个人的收入。例如,利润收入除要给政府缴纳公司所得税以外,公司还要自留一部分利润,即公司未分配利润,最终只有一部分利润才会以红利和股息的形式分给个人。在职工的收入中,也有一部分要以社会保险费的形式上缴有关机构。另外,个人也会以各种形式从政府那里得到转移支付,如退伍军人津贴、工人失业救济金、职工养老金、职工困难补助等。因此,从国民收入中减去公司未分配利润、公司所得税及社会保险税(费),加上政府给个人的转移支付,大体上就能得到个人收入。个人收入的构成可表示为:

$$\text{PI} = \text{NI} - 公司未分配利润 - 公司所得税 - 社会保险税 + 政府给个人的转移支付 \tag{2-17}$$

5. 个人可支配收入 DPI

个人可支配收入 DPI(Disposal Personal Income)是个人收入减去个人纳税支出后的余额,它是可以由消费者个人或家庭自由支配的货币额。个人收入不能全归个人支配,因为要缴纳个人所得税。个人可支配收入的构成可表示为:

$$\text{DPI} = \text{PI} - 个人所得税 \tag{2-18}$$

三、国内生产总值的核算方法

GDP 的核算方法是国民收入核算中的重要内容。GDP 的计算基于"三方等价原则"。所谓三方等价原则,是指社会产品的生产、分配和使用的总量应该是恒等或平衡的。从不同的角度计量,就产生了不同的 GDP 计算方法,有支出法(最终产品法)、收入法(生产要素法)和生产法三种,其中常用的是前两种方法。

(一)支出法核算 GDP

支出法又称最终产品法,最终产品的购买者是产品和劳务的最终使用者,支出法从产品的使用角度出发,通过核算在一定时期内整个社会购买最终产品的总支出来计量 GDP。因此,用支出法核算 GDP,就是核算经济社会(一个国家或一个地区)在一定时期内,消费、投资、政府购买以及净出口这几个方面支出的总和。

1. 消费(C)

消费指居民个人、家庭消费支出,包括购买耐用消费品(如小汽车、家用电器等)、非耐用消费品(如食物、衣服等)和劳务(如医疗、旅游等)的支出。但建造住宅的支出不包括在内。

2. 投资(I)

投资指增加或更换资本资产的支出,包括厂房、机器设备、商业用房、居民住房、企业存货净变动额等。要说明的是,用于投资的物品也是最终产品,资本物品不属于中间物品。投资中的资本物品与中间物品的区别在于中间物品在生产别的产品时全部被消耗,而资本物品在生产别的产品过程中只是部分地被消耗。资本物品由于损耗造成的价值减少被称为折旧。折旧包括生产中资本物品的物质磨损和资本物品老化带来的精神磨损。

投资包括固定资产投资和存货投资两大类。固定资产投资指新厂房、新设备、新商业用房以及新住宅的增加,住宅建筑属于投资而不属于消费,因为住宅像别的固定资产一样是长期使用的,是慢慢地被消耗的;存货投资是企业掌握的存货价值的增加(或减少)。如果年初全国企业存货为 1000 亿美元而年末为 1200 亿美元,则存货投资为 200 亿美元。存货投资可能是正值也可能是负值。

投资是一定时期内资本存量中所增加的资本流量,而资本存量则是经济社会在某一时间点上的资本总量。假定某国家 2018 年的投资是 900 亿美元,2018 年年末的资本存量可能是 5000 亿美元。由于机器厂房等固定资产会不断磨损,假设每年要消耗即折旧 400 亿美元,则上述 900 亿美元投资中就有 400 亿美元要用来补偿旧资本消耗,净增加的投资只有 500 亿美元。这 400 亿美元因是用于重置资本设备的,故称重置资本。净投资加上重置投资称为总投资。用支出法计算 GDP 时的投资,指的是总投资。

3. 政府购买(G)

政府对于物品和劳务的购买是指各级政府购买物品和劳务的支出,如政府出资建设国防、设立法院、修路建桥、开办学校、发放政府雇员的薪金等,这只是政府支出的一部分。政府支出的另一部分如转移支付、公债利息等都不计入 GDP。政府转移支付是指政府在社会福利、保险、贫困救济和补助等方面的支出,它是通过政府将收入在不同社会成员之间进行再分配而实现的,不是国民收入的组成部分。所以,政府购买为社会提供了服务,而转移支付只是简单地把收入从一些人或一些组织转移到另一些人或另一些组织,没有相应的物品或劳务的交换发生。

4.净出口($X-M$)

净出口指进出口的差额,即商品和服务的出口额(X)和进口额(M)之间的差额为净出口额。进口应从本国总购买中扣除,因为进口表示收入从国内流到国外,不是用于购买本国产品的支出;出口则应加进本国总购买量之中,因为出口表示收入从外国流入国内,是用于购买本国产品的支出。因此,只有净出口才应计入总支出,它可能是正值,也可能是负值。

把上面四个项目加总,用支出法计算 GDP 的公式为:

$$GDP = C + I + G + (X - M) \tag{2-19}$$

(二)收入法核算 GDP

收入法又称要素支付法、生产要素法、成本法。这种方法从收入的角度出发,以商品与劳务的市场价值应与生产这些商品和劳务所使用的生产要素的报酬之和相等的要求,将经济系统内各生产要素取得的收入相加,通过核算整个社会在一定时期内获得的所有要素收入来计量 GDP。

因此采用收入法计算 GDP 时,一般把劳动所得到的工资、土地所有者得到的租金、资本所得到的利息、企业家才能得到的利润企业转移支付、企业间接税以及折旧相加来计算 GDP。

1.工资

工资指税前工资,是因工作而取得的酬劳的总和,既包括工资、薪水,也包括各种补助或福利项目,如雇主依法支付雇员的社会保险金、养老金等内容。这是 GDP 中数额最大的组成部分。

2.租金

在租金收入中,租金包括出租土地、房屋等租赁收入及专利、版权等收入。

3.利息

利息在这里指人们给企业所提供的资金所得的利息收入,如银行存款利息、企业债券利息等。

4.利润

公司税前利润。公司税前利润包括公司所得税、社会保险税、股东红利及公司未分配利润等。

以上四个项目分别是针对劳动、土地、资本、企业家才能等生产要素所支出的报酬,即生产要素收入。但严格来说,最终产品市场价值除了生产要素收入构成的成本以外,还有间接税、折旧、公司未分配利润等内容,因此采用收入法计算 GDP 时,还包括以下项目。

5.企业转移支付及企业间接税

这些虽不是生产要素创造的收入,但要通过产品价格转嫁给消费者,故也应该视其为成本。企业转移支付包括对非营利组织的社会慈善捐款和消费者呆账,企业间接税包括货物税或销售税、周转税。

6. 折旧

折旧虽不是要素收入,但由于折旧已被分摊在商品和劳务的价格中,所以,在计算 GDP 时也要加上折旧。

根据以上分析,按收入法计算 GDP 的公式为:

$$GDP = 工资 + 利息 + 利润 + 租金 + 企业转移支付 + 企业间接税 + 折旧 \qquad (2-20)$$

(三)生产法核算 GDP

生产法是从生产角度衡量 GDP 的一种方法。用生产法核算 GDP,是指按提供物质产品与劳务的各个部门的产值来计算 GDP,所以生产法又叫部门法、增值法,它反映了 GDP 的来源。运用这种方法进行计算时,各生产部门要把使用的中间产品的产值扣除,只计算所增加的价值。商业和服务等部门也按增值法计算。在实际的 GDP 核算中,如果使用生产法,就可以分行业求增加值。可以将部门分类如下:农林牧副渔业;矿业,建筑业,制造业,运输业,邮电和公用事业,电、煤气、自来水业,批发、零售商业,金融、保险、不动产;服务业,政府服务和政府企业。把以上部门生产的 GDP 加总,再与国外要素净收入相加,考虑统计误差项,就可以得到用生产法计算的 GDP。

生产法的基本思想是通过加总经济中各产业、各部门在一定时期的价值增值来求得 GDP,生产法可以用于核算国民收入的原因是最终产品价值等于整个生产过程中价值增加值之和,即:

$$GDP = \sum 各部门的价值增加值 \qquad (2-21)$$

生产法核算的只是各部门的价值增加值,所以使用生产法时要把各物质生产部门使用的中间产品的产值(即各部门从出售产成品获得的收益与它为中间产品支付的费用之间的差额)扣除。卫生、教育、行政、家庭服务等部门无法计算其增值,按工资收入来计算其服务的价值。

支出法、收入法和生产法,这三种方法是从不同的角度来计算 GDP 的,它们得出的结果应该是一致的,但实际上结果一般并不相同。通常情况下,以支出法计算的 GDP 为标准,若使用收入法与生产法计算的结果与支出法计算结果有差异,就要通过"统计误差"项目加以调整,人为地使三种方法的结果一致。

复习作业题

1. 名词概念解释题

1.1 经济学	1.2 稀缺规律	1.3 微观经济学	1.4 宏观经济学
1.5 需求	1.6 供给	1.7 均衡	1.8 均衡价格
1.9 消费者行为	1.10 效用	1.11 总效用	1.12 边际效用
1.13 消费者均衡	1.14 消费者剩余	1.15 福利	1.16 福利经济学
1.17 帕累托最优状态	1.18 经济政策	1.19 宏观经济政策	1.20 微观经济政策

1.21　市场失灵　　　1.22　公共物品　　　1.23　外部性　　　1.24　庇古税

1.25　科斯定理　　　1.26　国民经济核算　1.27　SNA　　　　1.28　SEEA

1.29　GDP　　　　　1.30　实际GDP　　　1.31　名义GDP　1.32　个人可支配收入

2. 选择与说明题

2.1　在需求和供给都增加的条件下,下列(　　)的结果是真实的。

　　A. 价格下降,数量可能上升,可能下降,也可能不变

　　B. 数量下降,价格上升

　　C. 价格下降,数量上升

　　D. 数量上升,价格可能上升,可能下降,也可能不变

选择说明:＿＿＿＿＿＿＿＿＿＿＿＿＿＿＿＿＿＿＿＿＿＿＿＿＿＿＿

2.2　总效用曲线达到最高点时(　　)。

　　A. 边际效用最大　　　　　　　　　　B. 边际效用为零

　　C. 边际效用递增　　　　　　　　　　D. 边际效用递减

选择说明:＿＿＿＿＿＿＿＿＿＿＿＿＿＿＿＿＿＿＿＿＿＿＿＿＿＿＿

2.3　下列属于旧福利经济学家的是(　　)。

　　A. 帕累托　　　　B. 庇古　　　　　C. 卡尔多　　　　D. 希克斯

选择说明:＿＿＿＿＿＿＿＿＿＿＿＿＿＿＿＿＿＿＿＿＿＿＿＿＿＿＿

2.4　对于帕累托最优,下面唯一正确的解释是(　　)。

　　A. 在收入分配既定的情况下,如果对资源配置的任何重新调整都可能在不使其他任何人境况变坏的情况下,而使任何一人的境况变好,那么这种资源配置状况就符合帕累托效率准则

　　B. 在收入分配既定的情况下,对于资源配置的任何重新调整,如果要改善某人的境况不必以其他任何人的境况恶化为条件,那么这种资源配置状况就符合帕累托效率准则

　　C. 在收入分配既定的情况下,实现资源配置效率最大化即"帕累托效率"的条件是配置在每一种物品或服务上的资源的社会边际效益均大于其社会边际成本

　　D. 在收入分配既定的情况下,如果对资源配置的任何重新调整都不可能在不使其他任何人境况变坏的情况下,而使任何一人的境况变好,那么这种资源配置状况就符合帕累托效率准则

选择说明:＿＿＿＿＿＿＿＿＿＿＿＿＿＿＿＿＿＿＿＿＿＿＿＿＿＿＿

2.5　帕累托最优状态实现的前提条件有(　　)。

　　A. 一个完全竞争的市场　　　　　　　B. 不存在外部性

　　C. 不存在信息不对称　　　　　　　　D. 资源配置达到最大效率

选择说明:＿＿＿＿＿＿＿＿＿＿＿＿＿＿＿＿＿＿＿＿＿＿＿＿＿＿＿

2.6　外部性可分为有利的和不利的两种,有利的称为(　　);不利的称为(　　)。

　　A. 正外部性　　　B. 负外部性　　　C. 外部经济性　　　D. 外部不经济性

选择说明:＿＿＿＿＿＿＿＿＿＿＿＿＿＿＿＿＿＿＿＿＿＿＿＿＿＿＿

2.7　市场失灵的原因有(　　)。

　　A. 信息不对称　　　B. 公共物品　　　C. 外部性　　　　D. 垄断

选择说明：_____

2.8　劳动、土地、资本和企业家才能等生产要素的价格分别是(　　)。

    A. 工资　　　　　　　　　　　　　B. 利润

    C. 利息　　　　　　　　　　　　　D. 税率

    E. 地租

选择说明：_____

2.9　国内生产总值的核算方法有(　　)。

    A. 支出法和收入法　　　　　　　　B. 生产法和支出法

    C. 生产法和收入法　　　　　　　　D. 生产法、收入法和支出法

选择说明：_____

3. 分析论述题

3.1　影响某种商品的需求量和供给量的主要因素有哪些？

3.2　为什么需求曲线向右下方倾斜？

3.3　分析需求和供给都发生变动时，需求与供给的变动对均衡的影响。

3.4　什么是边际效用递减规律？

3.5　总效用与边际效用的关系是什么？

3.6　一家企业生产中产生污染，对当地的农业产生影响，请用帕累托最优准则对此进行分析。

3.7　举出几个外部经济性和外部不经济性的例子，并加以分析说明。

4. 计算分析题

设某国最终产品用苹果、衣服和书本来代表，三种物品在 2024 年(当期)和 2023 年(基期)的价格和产量如表 2-2 所示。

某国最终产品的价格和产量　　　　　　　　　　　　　　　表 2-2

品种	2023 年(基期)		2024 年(当期)	
	数量/万	价格/美元	数量/万	价格/美元
苹果	16	3	18	4
衣服	21	18	27	25
书本	32	10	36	12

求：(1)2023 年名义 GDP；

    (2)2024 年名义 GDP 和实际 GDP；

    (3)以 2023 年为基期，计算 2024 年的 GDP 折算指数。

第三章

环境费用与环境成本

环境价值及环境价值核算的理论和方法是环境经济学研究的重要内容之一,而环境费用与环境成本是环境价值与环境价值量核算的重要概念与分析基础。环境价值的研究既体现在环境价值货币表现的费用方面,也体现在人类活动对环境影响的成本方面。本章是环境经济分析的基础内容,重点阐述了环境费用、环境成本等概念,对环境价值量及其核算和绿色 GDP 进行了论述,并进行了相应的实例分析。

第一节 环 境 费 用

环境费用、环境成本和环保投资是在分析环境经济系统和开展环境保护工作的三个重要的环境经济概念,它们之间有紧密联系。本节主要论述环境费用。

一、环境费用的组成

费用是指人类为达到某一目的而进行某项活动所需要的支出,是价值的货币表现。在不同行业、不同领域中,费用有着不尽相同的定义。

环境费用是环境价值的货币表现,是人类在进行的某项活动中可用货币计量的环境代价,主要包括对环境的损害费用和保护环境的控制费用。在环境经济分析中,环境费用由环境污染与生态破坏所引起的社会损害费用,以及为维护环境质量而应采取的环境控制费用组成。因此,环境费用的组成一般包含两部分:一是社会损害费用;二是环境控制费用,如图 3-1 所示。

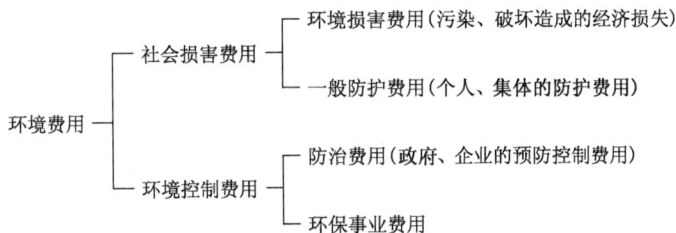

图 3-1　环境费用的组成

(一)社会损害费用

社会损害费用是指由于人类活动对环境产生污染和破坏的环境损害费用,以及人们所采取的一般防护费用。

1. 环境损害费用

环境损害费用是指因环境受到污染及生态遭到破坏而对社会造成的各种经济损失的货币值。例如,农田被污染后农产品产量和质量下降,河流被污染后渔业受损等造成经济损失。

2. 一般防护费用

这里所说的一般防护费用,指的是一种对社会损害的费用,具体是指在环境受到污染和破坏时,受影响的个人(或集体)所采取的一般性防护措施的费用。如人们在生产生活中为减小环境影响,自身所采取的一些防护措施以及使用的一些防护物品的费用,这部分费用一般由个人承担。

(二)环境控制费用

环境控制费用是指政府和企业为防护和治理环境污染、环境破坏而采取的各项措施的费用。一般分为防治费用和环保事业费用。

1. 防治费用

防治费用是指政府和企业为治理、修复、控制和预防环境污染和生态破坏,而产生的与环境保护项目、设施有关的规划、建设、运行等费用。

2. 环保事业费用

环保事业费用主要包括环境保护科研费用和环境保护管理等费用。

在实际工作中,要确定所需环境费用的细类和具体数量,是比较复杂和困难的,特别是社会损害费用。目前,测算损害费用的方法大多是估算法,由于估算方法精度较低,加之损害的范围和影响的确定较为复杂,使损害费用的估算数额与实际的损害费用相差较大。

环境与经济综合核算体系(SEEA)认为,环境费用包括两部分:一部分是生产者或消费者在提供生产或劳务的过程中,为防止和消除对环境的负面影响而实际支付的环保费用;另一部分是生产者或消费者在提供生产和劳务的过程中,所造成的资源耗减和环境降级的虚拟环境费用。对于第一部分环境费用,主要通过收取排污费、征收环境税等手段来实现;对于第二部分环境费用的估价,目前还停留在理论研究层面,在实践中难以实现。

二、环境费用之间的关系

(一)一般关系

前述的社会损害费用与环境控制费用是相互关联的。因为在一般情况下,增加环境控制费用(防治费用和环保事业费用),有助于改善环境质量,但同时也必然减少环境污染和破坏所造成的经济损失,从而减少社会损害费用。从正面看这种关系,即环境控制费用增加→实际环境保护投资增加→环境质量改善→环境污染和破坏的损失减少→社会损失减少→社会损失费用减少,因此环境控制费用与社会损害费用存在此消彼长的关系,进而从数量上来说,环境费用是在此消彼长过程中的环境控制费用与社会损害费用的加总。

(二)环境费用曲线

在一定的经济技术条件下,增加污染控制费用,可以增强污染控制效果。但当污染控制费用增加到一定程度时,污染控制程度的提高与单位污染的经济损失的减少不再明显,如继续增加污染控制费用,整个环境费用就要增大。这种关系可用图3-2所示的环境费用曲线说明。

由图3-2可以看出,污染控制程度越低,污染损失费用越大,这种关系形成了损失费用曲线;而污染控制费用不断增加,污染控制程度就不断提高,这种关系形成了控制费用曲线。损失费用曲线与控制费用曲线的叠加形成了一种马鞍形的曲线,即环境费用曲线。

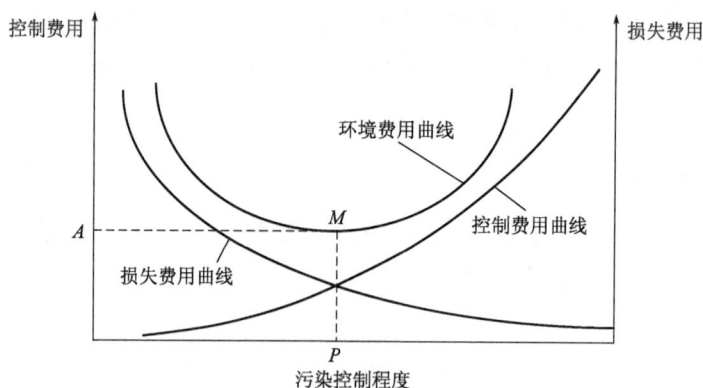

图3-2 环境费用曲线

由图3-2知,损失费用曲线与控制费用曲线相交的点,对应环境费用曲线的最低点M点,此点称为污染控制经济效果最佳点,也是污染控制程度最合适的点。

当污染控制程度达到M点时,边际损失费用等于边际控制费用。如果污染控制费用继续增加,污染控制程度的提高则逐渐不明显,而所需的综合环境费用却在不断上升,污染控制的综合环境经济效果下降。

需要注意两点:一是边际损失费用与边际控制费用存在此消彼长的关系;二是最优污染控制经济效果水平是一个平衡问题,它随着社会经济与技术发展水平的变化而变化。

第二节 环 境 成 本

人类的任何活动都是为了实现一定的目的,而实现目的的过程都是有成本的。对于不同的活动,不同的载体和不同的角度,成本有着不同的分类和界定。环境成本是人类活动中一个重要成本,是环境价值分析的基础。环境成本既包括人类活动对环境所造成的影响和损失成本,也包括人类为保护环境而采取措施的成本,还包括为达到环境保护目标和要求所付出的其他成本。

一、环境成本的概念

成本是进行某项活动所付出的经济代价,可用货币加以计量。成本原属于商品经济的价值范畴,是商品经济的组成部分。人们要进行生产经营活动就必须耗费一定资源,而这部分耗费资源的货币表现及其对象化就称为成本。随着经济社会的不断发展,成本概念的内涵和外延都处于不断地变化发展之中,成本概念的应用也涉及许多领域。

环境成本(Environmental Cost)的概念源自环境会计理论,主要体现在以生产产品的企业为对象的成本核算科目中。环境成本目前还缺乏规范统一的定义,但环境成本作为环境影响的重要量化指标而被广泛应用于相关领域的经济分析中,其相关研究也在不断深入。

环境与经济综合核算体系(SEEA)提出:"因自然资源数量消耗和质量退减而造成的经济损失与环保方面的实际支出,这个概念可作为环境成本的基本概念。"由此,环境成本划分为两部分,即环境损失成本和环境措施成本。此外,在一些研究文献中对环境成本还有着其他界定。

这里对环境成本的一般概念表述为:环境成本是人类进行某项活动付出的可用货币计量的环境代价。环境成本主要包括由于人类活动没有采取环境保护手段,或手段失效、手段不完全而产生的环境损失成本,与为达到法律法规和政府要求的环境质量而采取的环境措施成本,也包括为达到环境目标和要求所付出的其他成本。

二、环境费用与环境成本的关系

(一)费用与成本

费用与成本是两个既密切相关又有区别的概念,但在实际中,费用与成本这两个名词经常被混用。一般而言,费用是指为达到某一目的而进行活动所需耗费各种资源的货币值;而成本是指为达到某一目的进行活动而计划或实际发生的耗费各种资源的货币值。二者的区别在于,费用以当期的应当支出作为确认标准,而成本以费用是否归属于本期实际支出作为确认标准。也就是说,对象化的费用才计入成本。所谓对象化,就是指劳动的实现,物化劳动在对象分析之中。

经济学中的成本与企业会计中的成本有着必然联系,但在含义方面存在一些不同。对于企业会计中"成本是对象化的费用"而言,可以从两个方面来进行理解:一是成本是费用的一部分,费用是构成产品成本的基础;二是成本是为生产某种产品而发生的各种耗费的总和,是以产品成本核算对象来进行归集的费用。这里以建设项目经营活动为例,来说明二者的主要区别,如表3-1所示。

建设项目经营活动中费用与成本的主要区别 　　　　表3-1

序号	项目	费用	成本
1	内容	全部的直接费用、间接费用和期间费用	不包括期间费用和未完工的相关费用
2	计算期	与会计期联系	与生产周期联系
3	对象	经济用途	产品
4	总额	大	小(费用的一部分)
5	原始凭证	生产中各种原始凭证	成本计算单、成本汇总表等

由表3-1可知,费用的涵盖范围较宽,包括企业生产各种产品发生的各种耗费,既有甲产品的费用,也有乙、丙等其他产品的费用,包括当期的以及之前发生的费用,既有完工产品的费用,也有未完工产品的费用;而产品成本只包括为生产一定种类或数量的完工产品的费用,是费用总额的一部分,不包括期末未完工产品的生产费用和期间费用。同时,费用着重于按会计期间进行归集,一般以生产过程中取得的各种原始凭证为计算依据;成本着重于按产品进行归集,一般以成本计算单或成本汇总表及产品入库单等为计算依据。

(二)环境费用和环境成本

环境费用与环境成本密切相关,但它们之间既有相同之处,也有不同之处。明确环境费用与环境成本的内涵以及它们之间的关系,对于环境经济的正确分析具有重要意义。

人类活动对环境产生影响的环境费用是可用货币计量的损害费用和控制费用。而人类活动对环境产生影响的环境成本是可用货币计量且付出的环境代价,主要包括环境损失成本和环境措施成本。因此,环境成本是环境费用的一部分,环境费用是环境成本的基础,也就是说,环境成本是人为活动所实际支付的环境费用。之所以区分环境费用和环境成本,是因为环境成本是由环境费用确定的,应明确的是,符合确认标准且可实际支付的环境费用才能归入环境成本。

所以,环境费用是保护环境所需的费用,环境成本是保护环境所支付的费用,而环保投资是保护环境所能提供的资金。

三、环境成本的类别

根据成本分类和环境经济分析的要求,可以从不同角度、不同方面对环境成本及其组成进行分类。环境成本有多种分类,这里对一些重要且常用的环境成本类别名词及其概念进行阐述,明晰这些概念有利于在环境经济分析中对环境成本进行正确理解。

(一)环境成本基本分类

1. 外部环境成本和内部环境成本

根据环境成本负担者与环境成本产生者之间的关系,可以将环境成本分为外部环境成本和内部环境成本。

外部环境成本是指这种成本的发生与某一主体的环境影响有关,但由发生成本或获得利益以外的主体承担的成本。也就是说,厂商企业把自己应承担的环境成本转嫁给了外部环境与社会,使其成为一种社会成本。

内部环境成本是指在产生环境成本的企业主体里进行了会计反映的成本,即私人成本。根据生产过程的不同阶段,可将内部环境成本分为事前环境成本、事中环境成本和事后环境成本。根据功能的不同,可将内部环境成本分为弥补已发生的环境损失的环境性支出、用于维护环境现状的环境性支出、预防将来可能出现不良环境后果的环境性支出。

成本会计学将环境成本划分为环境内部失败成本、环境外部失败成本、环境保护成本和环境监测成本四类。其中,前两项可以归为环境损失成本,后两项可以归为环境措施成本。

2. 美国环境管理委员会对环境成本的分类界定

美国环境管理委员会把环境成本分为环境损耗成本、环境保护成本、环境事务成本、环境污染消除费用四项。其中,第一项可以归为环境损失成本,后三项可以归为环境措施成本。

(二)环境降级成本

环境降级成本即环境成本,是指由于环境污染和生态破坏致使环境质量下降,从而导致环境功能降低的经济代价。环境降级成本分为环境损失成本和环境防护成本,它们之间存在此消彼长的关系,也就是说,环境防护成本增加可使环境损失成本减少,在这个过程中环境降级成本是环境损失成本与环境防护成本的加和。

1. 环境损失成本

环境损失成本,也称环境退化成本、污染损失成本。由于经济活动产生的环境污染与生态破坏所造成的环境质量下降称为环境退化,而环境损失成本是指环境退化的经济损失价值。具体而言,环境损失成本是指生产和消费过程中所排放的污染物对环境功能、人体健康、作物产量质量等造成的各种损害的货币体现。

2. 环境防护成本

环境防护成本,也称为环境措施成本,是指为使环境质量不降级而采取的环保措施进行防护的成本,即实际支付的价值。

(三)环境治理成本

环境治理成本是为保护环境而进行环境治理所产生的成本。环境治理成本涉及三个重要概念,即实际治理成本、虚拟治理成本和治理总成本,在环境经济分析中要正确理解和运用这三个基本概念。

1. 实际治理成本

实际治理成本是指目前已经发生的治理成本,总体是指实际支出的环境污染治理运行成本。实际治理成本包括污染治理过程中的固定资产折旧、材料药剂费、人工费、电费等运行费用,其对应的是污染物的去除量和排放达标量。

2. 虚拟治理成本

按照环境保护的标准和要求,一方面,根据需要,建设足量的环保项目与设施,这就需要更多的环保投资;另一方面,已有的环保项目与设施应足量运行,这就需要投入更多的运行成本。

但在实际应用中,不少污染物应该但没能得到治理或没能达标处理,从而产生了"虚拟治理成本"的概念。

虚拟治理成本是指目前排放到环境中的污染物按照现行的治理技术和水平全部被治理所需要的支出。虚拟治理成本涉及当年环境保护应支出(运行费用)而未支出的概念,而不是实际支出的成本。虚拟治理成本的计算是在实际治理成本和污染实物量的基础上进行的,对应的是污染物的未处理量和未达标处理量。

3. 治理总成本

由实际治理成本和虚拟治理成本这两部分构成的总体,称为污染物治理所需总成本,即治理总成本。例如,某年,全国废气实际治理成本为478.2亿元,虚拟治理成本为922.3亿元,治理总成本约为1400.5亿元。

《中国绿色国民经济核算研究报告2004(公众版)》分析指出:2004年,全国的东、中、西部地区实际治理成本为1005亿元,虚拟治理成本为2874亿元,治理总成本为3879亿元,实际治理成本只占环境治理总成本的25.9%。其中,东部地区的实际治理成本占全国总实际治理成本的54.2%,这说明东部地区人口密集、工业化水平高,经济发展快速,但同时环境污染也比较严重。具体数据如图3-3所示。

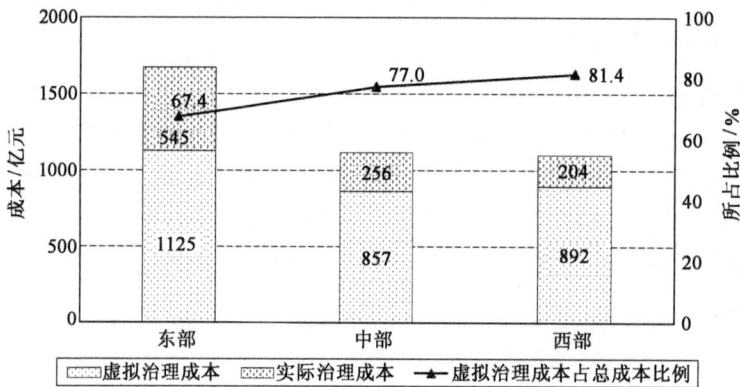

图3-3 2004年各地区污染实际和虚拟治理成本比较

2004年,东部地区的实际治理成本为545亿元,但其虚拟治理成本高达1125亿元,是实际治理成本的2倍多,东部地区实际治理成本只占其环境所需治理总成本1670亿元的32.6%。

从图3-3中还可以看出,东、中、西部地区虚拟治理成本分别占其总治理成本的67.4%、77.0%和81.4%,这说明中、西部地区的污染治理投入严重不足,东部地区治理投入仍需加大。

(四)资源耗减成本

资源耗减成本又称自然资源耗减成本。人类活动对自然资源的开发、利用而导致的自然资源实体数量的减少称为资源耗减。因资源耗减导致自然资源实体价值的耗减量称为资源耗减成本。

资源耗减是一种经济现象,而不是一种环境现象。美国环境经济学家弗里曼在《环境与资源价值的测算》一文中,对环境成本提出一个言简意赅的定义:环境成本是指环境状态发生变异的经济测度。这里"变异"一词的使用,显然不是指环境状态的量变而是指质变,即环境质量的降级或升级。因此,只有环境退化的经济测度,而不是资源耗减的经济测度,才是真正意义上的环境成本。

由于自然环境与自然资源的密切联系,在环境经济综合核算中,要进行资源耗减的估价,所以资源耗减成本在环境经济分析中被列为一个重要且常用的环境成本类别。

在环境经济分析中应将资源耗减和环境退化分别看作是数量耗损和质量耗损,至于在资源过度使用过程中所带来的环境变异,应作为环境退化核算而不应作为资源耗减核算的对象和内容进行分析。这两个因素一加一减,如实地反映了经济系统与环境系统之间的联系及其数量关系。如果强调自然资源是环境资源,那么资源耗减成本就是一种特殊的环境成本。

(五)环境保护设施运行成本

这里先引入环保投资的概念。污染治理和生态保护的项目、设施等固定资产的建设与购置需要资金,这种投入环境保护固定资产的资金称为环保投资。而投入使用的环保项目与设施,在其运行中会产生运行成本,称为环境保护设施运行成本,也就是前述的环境治理成本。环境保护设施运行成本是指环境保护项目、设施等在运行过程中产生的人力、材料、维护、管理等成本,是环保项目和设施运行过程中所投入的人力、物力和财力的总和。

1. 人力成本

环境保护工作需要投入一定的人力资源。人力成本是指环保项目与设施正常运行所需的相关工作人员的工资、奖金、福利、培训等费用的总和。

2. 材料成本

材料是环保项目与设施正常运行所必需的物质基础。材料成本是环保项目与设施运行过程中所发生的材料消耗的费用,包括水、电等各项耗材的支出。

3. 维护成本

环保项目与设施投入使用后不可避免地会发生损耗和故障,维护成本是指用于环保项目与设施的日常检修、维护,以及构件、零件替换的费用。

4. 管理成本

环境保护工作中需要进行环境保护的计划、组织、指挥与协调等活动,这些活动是环保项目与设施有效运行的重要保证。管理成本是指保障环保项目与设施有效运行的各项环境管理活动所需要的成本,还包括固定资产折旧。

5. 固定成本与可变成本

上述成本可以归类于固定成本和可变成本。固定成本和可变成本是经济管理领域常用的两个重要概念,区分和合理控制这两类成本的比例有助于控制成本,提高企业效益。

固定成本是指企业在短期内无论生产量如何变化,都必须支付的成本,如租金、折旧费用、管理人员工资等,这些成本不会随着生产量的变化而发生变化;可变成本是指随着生产量的增减而相应发生变化的成本,如原材料成本、直接人工成本等,这些成本与生产量成正比例,生产量越多,可变成本越高。

分析环保设施运行成本,有利于合理配置环境保护项目与设施的资源,促进环保项目与设施的正常运转,提高整个环保项目与设施的工作质量,取得良好的环境效益。对环保项目与设施运行成本进行分析,寻找降低环保运行成本的方法,是环境经济管理工作的重要组成部分。

四、环境成本计算基本步骤和方法

根据环境费用与环境成本的关系并结合各自定义,归纳出环境成本计算的基本步骤和方法。

(一)环境成本计算步骤

(1)确定经济活动中环境成本的构成因素。具体包括由现行法律法规和实际情况确定的内部构成因素和外部构成因素。

(2)选择构成环境成本的费用构成因素与计算方法。由于构成环境费用的因素较多且各因素具有不同特点,环境费用的计算方法不同,各种环境费用的计算方法也有所不同。

计算环境措施费用主要基于历史成本法、全额计量法、差额计量法、清单计价法和制造成本法。历史成本法是按原始成本原则或实际成本原则来计量的一种方法;全额计量法是指把为解决环境问题而支付的成本全部计入环境成本的一种方法;差额计量法是指计算环境支出时,根据支出总金额减去没有环境保护功能的支出的差额来进行计量的一种方法;清单计价法是依据计价规范和工程量清单来计价的一种方法;制造成本法是以材料和人工费用作为成本的主要组成费用的一种方法。

计算环境损失费用主要基于意愿调查法、人力资本法、市场价值法、机会成本法。意愿调查法指通过调查者的支付意愿来计价;人力资本法指用收入的损失估算由污染引起的过早死亡的成本;市场价值法指利用因环境质量变化引起的某区域产值的变化来计量损失;机会成本法指在无市场价格的情况下,资源使用的成本可以用所牺牲的替代用途的收入来估算。

(3)将环境费用归入环境成本。在当期的实际费用支出中,将经济活动对环境影响的相关本期费用计入环境成本,即以经济活动为对象进行费用的对象化。

(二)项目环境成本计算流程

项目环境成本计算流程如图 3-4 所示。需注意的是,环境损失费用和环境措施费用之间存在着一定的此消彼长的关系。若能进一步采取合理的措施来减小对环境的负面影响,那么环境措施费用增加,将使环境损失费用减少,而最终二者之和将决定环境成本。

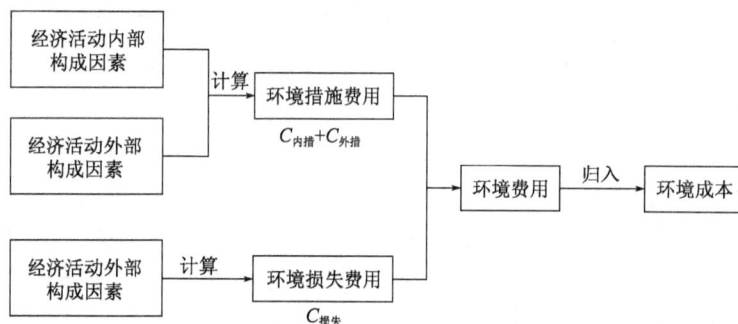

图 3-4　项目环境成本计算流程

（三）环境成本计算基本表达式

由图3-4知，环境成本 C 的计算为：

$$C = C_{内措} + C_{外措} + C_{损失} \tag{3-1}$$

若经济活动各阶段的环境成本计算分析期在1年以上［假设为 m 年（$m \geqslant 1$）］，在具体计算 C 时还需考虑将成本的时间价值进行折现，计算式为：

$$C = \sum_{i=1}^{m} \frac{C_{内措r}}{(1+r)^m} + \sum_{i=1}^{m} \frac{C_{外措r}}{(1+r)^m} + \sum_{i=1}^{m} \frac{C_{损失r}}{(1+r)^m} \tag{3-2}$$

式中：$C_{内措r}$——贴现率为 r 时经济活动内部因素构成的各项环境措施费用；

$C_{外措r}$——贴现率为 r 时经济活动外部因素构成的各项环境措施费用；

$C_{损失r}$——贴现率为 r 时经济活动外部因素构成的各项环境损失费用；

r——贴现率，一般采用相关部门定期公布的行业基准贴现率。

经济活动全寿命周期总的环境成本（$C_{总}$）为经济活动各阶段的各类环境成本之和，计算式为：

$$C_{总} = \sum C_i \tag{3-3}$$

第三节　环境价值量及其核算

环境价值量及其核算是环境经济分析的基础，是量化绿色 GDP 的条件，是推动绿色国民经济核算的依据。开展环境价值量核算，把经济活动中的环境与资源因素反映在国民经济核算体系中，从而形成绿色国民经济核算体系，既是对现行经济核算体系的补充完善，也是可持续发展的要求与期望。

一、基本概念

（一）价值与使用价值

任何商品都具有价值和使用价值两种属性。

价值是凝结在商品中的一般人类劳动（无差别的人类劳动），其数量的规定称为价值量，价值量的大小由生产商品时所耗费的一般人类劳动量来决定，即取决于生产这一商品所需的社会必要劳动时间。价值体现商品生产者相互交换劳动的社会属性，反映了人与人之间的关系。

使用价值是指商品能够满足人们某种需要的自然属性，体现人与自然的关系。只有实现的价值才有使用价值，所以使用价值是能满足人们某种需要的商品效用。

教材第一章指出传统经济学认为没有人类劳动参与的东西就是没有价值的，所以认为环境是没有价值的。实际上，人类活动对其内部的环境影响，以及其外部性对环境的影响，都是人类活动对环境影响的主要参与者，环境质量的变化是人类活动的参与行为所导致的。现代经济学已开始弥补这一缺陷，以适应社会、经济、环境的可持续发展。

(二)环境价值与环境使用价值

1. 环境价值

环境价值,即环境的价值(Environmental Value,EV),是指自然环境为人类生存与发展所提供的效用,是凝结在自然物品中的自然属性。环境价值体现为环境的商品价值和环境服务价值,即有形的物质性的商品价值和无形的舒适性的服务价值。环境价值也称为有形的资源价值和无形的生态价值。环境价值反映了人与自然之间的关系。

2. 环境总价值

环境总价值(Total Environmental Value,TEV)的提出,主要是考虑到自然环境存在使用价值和非使用价值,在环境经济分析中需要明确并纳入分析中。所以,环境总价值包括环境使用价值(Environmental Use Value,EUV)和环境非使用价值(Environmental Non-Use Value,ENUV)。

(1)环境使用价值。

环境使用价值是指自然环境能够满足人类生存与发展需要的属性,包括生产者或消费者使用环境时所表现出的满足人们某种需要或爱好的作用和功能。环境使用价值又分为环境直接使用价值(Environment Direct Use Value,EDUV)和环境间接使用价值(Environment Indirect Use Value,EIUV)。

环境直接使用价值是直接接触环境资源的使用价值,如人们享受宁静的环境和宜人的风景而体现出的环境使用价值;从资源的角度来说,环境的直接使用价值是由环境资源对生产或消费的直接贡献来认定的,如木材、旅游等都是森林的环境直接使用价值。

环境间接使用价值是指不直接接触环境资源的使用价值,如从各种媒体上观看、感知、享受环境风光的价值。环境间接使用价值也包括从环境资源的各种功能中间接获得的效益,如森林的涵养水源、保持土壤、净化环境、调节气候等功能就是森林所具有的环境间接使用价值。

(2)环境非使用价值。

环境非使用价值是指人们虽然不使用或不直接使用某一环境物品,但该环境物品仍具有的价值。非使用价值也称为内在价值(Intrinsic Value),是指事物本身内在固有的、不因外在其他相关事物而存在或改变的价值。根据不同动机,非使用价值又可分为存在价值和遗赠价值。

存在价值(Existence Value)是人们对环境资源价值的一种主观上的感受与评判,如人类对其他物种的存在而给予的关注与同情等。

遗赠价值(Bequest Value)是指人们为保护某种环境资源而愿意作出的支付,是为了把它留给后代人享用其使用价值和非使用价值。

此外,选择价值(Choice Value)也可视为一种非使用价值。选择价值与人们愿意为保护某种环境资源以备未来之用的支付意愿有关,也称期权价值(Option Value)。任何一种环境资源都具有选择价值,环境的选择价值体现在当人们在利用环境资源时,并不希望在本代就把它的功能耗尽,而是考虑到未来该环境资源的使用价值会更大,或者考虑到它的不确定性,可能用另一种方式利用它的价值更大,因此要对何时和如何利用它作出选择。

（三）实物量和环境价值量核算

国民经济核算包含两个层次：一是实物量核算，二是价值量核算。实物量核算是指在国民经济核算框架的基础上，运用实物单位（物理量单位）建立不同层次的实物量账户，描述与经济活动对应的各类污染物的产生量、去除量（处理量）与排放量等。污染物排放量是污染物产生量与污染物处理量之差，它是总量控制及排污许可证中进行污染源排污控制管理的指标之一。

环境价值量是指环境价值的经济量，是对自然环境为人类生存与发展所提供的环境效用的经济数量。环境价值量核算是对环境价值效用的分析，是对环境价值的货币量进行估算、分析与评价的过程。

环境价值量核算包括环境降级价值量核算与环境升级价值量核算。环境降级是指经济活动造成的环境污染使环境服务功能质量下降的代价，而环境升级是指经济活动的绿色转型发展使环境改善和提升的环境优化增长。环境降级价值量是环境损失价值量，环境升级价值量是环境收益价值量。环境价值量核算是在实物量核算的基础上，估算各种环境污染和生态破坏造成的货币价值损失，以及各种环境要素状况的改善与提升所产生的货币价值收益。

环境价值量核算的重点是对环境损失的价值量核算。环境损失价值量核算是在实物量核算的基础上，估算各种环境污染和环境破坏所造成损失的货币价值，包括环境污染价值量核算和生态破坏价值量核算。其中，环境污染价值量核算包括污染物实际治理成本核算和环境退化成本核算。不同环境要素污染价值量的核算包括各地区、各部门的水污染价值量核算、大气污染价值量核算、工业固体废物污染价值量核算、城市生活垃圾污染价值量核算和污染事故经济损失核算等。

二、环境价值量核算

（一）环境价值量核算的理论框架

1993 年联合国统计司发布的《环境与经济综合核算体系（SEEA）》是关于环境经济核算的一套理论与方法，是可持续发展思路下的产物，主要用于在考虑环境因素影响下实施的国民经济核算。2000 年联合国统计司在实践的基础上对原核算体系框架进行了进一步的充实和完善，推出了绿色核算体系框架和绿色 GDP 核算的最新版本《环境与经济综合核算体系 2000》。此后，2003 年联合国统计司推出了《环境与经济综合核算体系 2003》，该手册依托国民经济核算体系，提出了核算中所应用的分类和更加具体的核算原理，并检验了不同核算内容的可行性及其应用价值，为进一步规范各国环境价值量核算与绿色国民经济核算体系提供了理论依据。

（二）环境价值量核算的主要内容

环境价值量核算的主要包括环境污染价值量核算与生态破坏价值量核算。

1.环境污染价值量核算

环境污染价值量核算一般是对污染物实际治理成本的核算，以及对污染物排放造成的环境退化的成本和污染事故造成的损失成本的核算。用实际治理成本与损失成本的总和作为基础来计算环境污染总成本。

环境污染价值量核算的基本思路是依据环境经济核算体系理论框架中提出的两种计算思路而形成的,即一是计算维护环境不发生降级所需要花费的成本;二是计算环境退化后所引起的损失价值。

需要说明的是,在一般情况下针对同一个对象进行分析,所计算出来的污染损失价值量要大于污染治理成本。污染物排放造成的环境退化成本主要是指环境污染损失的价值,损失的价值是环境污染价值量核算中最困难和最复杂的环节,目前还停留在研究层面,在实践中的应用还不成熟。所以在实际工作中,多用计算的污染物治理所需总成本分析环境污染价值量,而治理的总成本是实际治理成本和虚拟治理成本这两部分的总和。

2. 生态破坏价值量核算

生态破坏价值量核算在生态破坏实物量核算的基础上,通过价值评估方法将生态破坏实物量折算为生态破坏价值量,进而计算出生态破坏的价值损失,即生态破坏损失成本。

环境经济核算体系理论框架中对生态破坏损失成本的核算有两种思路:一是直接将生态破坏实物量核算表中的"当期变化量"转化为"当期价值量",即为该项生态系统服务功能损失成本;二是通过评估该项生态系统各项服务功能要素的上期价值量、当期价值量,两者相减得出当期生态系统服务功能价值变化量,即损失成本。这两种思路在实际中根据不同的情况可灵活应用。

三、环境价值量核算基本方法

在 SEEA 框架中,污染损失法与治理成本法是计算环境价值量的两种基本方法。环境退化成本核算一般采用污染损失法,污染治理成本核算一般采用治理成本法。

(一)污染损失法

污染损失法是指基于损害的环境价值评估方法。污染损失法借助一定的技术手段和污染损失调查,通过核算污染损失成本(环境退化成本),计算环境污染所造成的各种损害的经济损失量。如环境污染对农产品产量、人体健康、生态服务功能等的影响,采用诸如市场价值法、人力资本法、旅行费用法、支付意愿法等估价技术进行污染经济损失评估。

污染损失法的特点是具有合理性,能体现污染造成的环境退化成本,从而体现出环境污染的危害性,因此环保部门进行环境价值量核算时更倾向采用污染损失法。

(二)治理成本法

治理成本法是指基于成本的环境价值评估方法。治理成本法从防护的角度,计算为避免或治理环境污染造成的各种损害而采取的防护措施所需的成本。目前,对污染治理成本计算的一些模型有污染物边际处理费用模型、治理成本系数模型、类比模型等。

治理成本法核算的环境价值包括两部分:一是环境污染实际治理成本,二是环境污染虚拟治理成本。治理成本法的特点在于其环境价值的成本核算思路清晰、过程简洁、容易理解,核算基础具有客观性,因此更容易为统计部门所使用。

环境价值量核算是环境经济分析中非常重要的一项工作,也是环境经济学中非常重要的一项研究内容,可以说人类活动的各方面都需要评估环境价值。针对环境价值量核算的理论与方法研究已有多年,但是其中仍然存在很多亟待完善之处,如基础理论、核算方法缺乏统一性、规范性等。由于环境与环境问题的复杂性和特殊性，以及环境价值评估技术的粗糙性，对环境价值的量化结果也只是一个可以进行基本分析的估值。即使这样，在现实环境经济分析中，有环境估值也比没有环境估值更加具有指导意义。随着人类活动的不断发展，对与环境价值评估密切相关的环境核算准确度的要求也越来越高，这就要求增加与完善环境价值估值的理论和方法。

第四节　环境成本与绿色GDP

环境成本是绿色GDP核算的基础。核算经济发展的环境成本代价，也可以用来分析比较真实的国民财富总量，也可以用来判断经济发展的质量与形势，也是建立绿色国民经济核算体系与评价体系的支撑。但是绿色GDP及其核算还是一个新生事物，在观念、方法、操作等层面都存在一些问题，需要不断研究与探索，走向完善与成熟。

一、绿色GDP

(一)国内生产总值的局限性

近百年来，GDP这个总量指标像一把尺子、一面镜子，衡量着所有国家与地区的经济表现，这是300多年来诸多经济学家、统计学家共同努力的成果。1968年和1993年在联合国的主持下，两次对国内生产总值统计上的技术缺陷进行了修改，但是现行的国内生产总值核算体系仍然存在着重大缺陷，其中，GDP不能反映经济发展对环境与资源造成的负面影响是GDP局限性最主要的表现。

人们已经认识到，经济产出总量增加的过程，必然是自然资源消耗增加的过程，也是产生环境污染和生态破坏的过程。GDP反映了经济的发展，但是没有反映经济发展对环境与资源的影响。GDP是单纯的经济增长概念，它只反映国民经济收入总量，而不统计环境污染和生态破坏产生的经济损失，所以不能合理地反映经济增长的状况。

传统的国民经济核算体系(SNA)存在着明显的缺陷，主要表现在忽视对环境与资源的核算，也表现在忽视对社会因素的核算等。这些缺陷主要有传统SNA只记录人造资本的消耗，没有或很少考虑人类经济活动过程中所消耗的环境与自然资源成本；传统SNA未能将环境和自然资源真正纳入国民资产负债核算中；传统SNA在进行GDP核算时，对环境保护与环境破坏的处理方式存在矛盾之处，如为恢复环境而发生的支出或污染处理费用被有关主体作为其对GDP的贡献计入产出成果之中，却对那些未经处理，或处理不完全的直接排入环境中的污染损失不予扣除，由企业支出的内部环境保护费用作为成本从企业增加值中扣除，而由政府和居民个人所支付的外部环境保护费用却计入了GDP中。由于传统的国内生产总值核算体系没有将人类经济活动的外部不经济性因素纳入其中，所以在经济发展中看不出环境成本有多大。

(二)绿色GDP的产生与发展

20世纪中叶以来，一些经济学家和统计学家尝试将环境与资源等要素纳入国民经济核算体系,以发展新的国民经济核算体系。该概念最早可追溯到 1993 年联合国统计司发布的《环境与经济综合核算体系》。绿色 GDP 是一种大众性的提法,比较容易被社会理解与接受,是一个被公众广泛接受的指标。

1. 绿色 GDP 的概念

绿色 GDP 即绿色国内生产总值(GGDP),是一个国家或地区在国内生产总值基础上考虑环境与资源因素后的经济活动最终成果,是对 GDP 指标进行相关调整后的用以衡量一个国家财富的总量核算指标。

具体来说,绿色 GDP 就是从现行统计的 GDP 中扣除环境成本(包括环境污染、生态破坏、自然资源退化等)因素引起的经济损失成本,而得到的比较真实的国民财富总量。

绿色 GDP 不仅能够反映经济增长水平,而且能够体现经济增长与环境保护和谐统一的程度,可以很好地表达和反映可持续发展的要求。一般来讲,绿色 GDP 占 GDP 的比重越高,表明国民经济增长的正面效应越高,负面效应越低。

许多国家都在研究绿色 GDP,有些国家已开始逐步试行绿色 GDP。挪威在 1981 年首次公布并出版了"自然资源核算"数据报告和刊物;1989—1991 年,荷兰每年发表以实物单位编制的包括环境核算的国民经济核算矩阵;美国于 1992 年开始从事自然资源卫星核算方面的工作;2006 年国家环境保护总局和国家统计局向社会发布了《中国绿色国民经济核算研究报告 2004》,这是中国第一份部分考虑了环境污染因素后调整的 GDP 核算研究报告。

2. 绿色 GDP 核算存在的困难

迄今为止,还没有一套公认的绿色 GDP 核算模式,也没有任何国家以政府的名义发布绿色 GDP 的结果。由于环境与环境问题的多样性、复杂性、广泛性,对绿色 GDP 的核算还存在相当大的困难,有许多重大难题有待解决。

(1)技术障碍。

绿色 GDP 核算存在许多重大技术与方法难题。一是自然资产的产权界定及市场定价较为困难,许多自然资产同时具有生产性和非生产性资产的属性,因此,其产权界定非常困难,如何界定自然资产产权并为其合理定价,一直是绿色国民经济核算不能取得实质性进展的主要原因;二是环境成本的计量较难处理,确定环境成本的概念比较容易,而实现环境成本的计量却是困难的;三是市场定价困难,绿色 GDP 与 GDP 不一样,GDP 有一个客观标准,即市场交易标准,所有的交易都有市场公认的价格,买卖双方认可的价格是客观存在的,但绿色 GDP 对环境资源耗费的估计没有标准,不同的人得出的结论不同。

(2)观念障碍。

把环境污染与环境破坏成本全部计入发展成本后,绿色 GDP 的核算结果可能从根本上改变一个地区社会经济发展的评价结论,这势必对基于传统核算的发展理念造成很大的冲击。不可持续发展的真实状况与人们的传统认识有很大反差,这对于追求短期效益和直接效益的人是难以接受的。绿色 GDP 所蕴含的以人为本、协调统筹、可持续发展理念要想得到全社会的普遍认同和接受,还需要一个相当长的过程。同时,实施绿色 GDP 核算可能会使一些政府部门或领导者不愿意看到的情况发生,这就需要有新政绩观的形成和干部考核体系的重大转变。

二、绿色国民经济核算体系研究发展

(一)绿色国民经济核算体系研究发展概况

将环境与资源因素的价值量核算纳入国民经济核算体系中形成的绿色国民经济核算体系,获得了广泛认可,扩展了国民经济核算体系的功能。

许多经济学家在积极地研究发展真实储蓄(Genuine Saving)理论,用真实储蓄判断社会经济可持续发展的趋势。真实储蓄以传统国民经济核算体系(SNA)为基础,建立并扩展了传统资本的概念,将自然资本和人力资本纳入资本的范畴,构成广义的资本(包括人力资本、人造资本和自然资本)。这样就把可持续发展同真实储蓄联系起来,认为可持续发展就是一个创造财富和维持财富的过程。

世界银行致力于把真实储蓄指标用于改进国民经济核算体系(SNA),并得到了广泛认同。1995年,世界银行提出了真实储蓄的概念,并以此作为衡量一国国民经济发展状况及其发展潜力的一个新指标。真实储蓄是指总产出减去消费、人造资本的折旧以及自然与资源的消耗之后的余值。真实储蓄与当年国内生产总值的比值,称为真实储蓄率。真实储蓄是考虑了一个国家在自然资源损耗和环境污染损失之后的储蓄,可以作为衡量国民绿色经济发展状况及其潜力的指标。真实储蓄与可持续性之间存在简单的对应关系,即如果一个社会的真实储蓄小于零,则社会经济发展处于不可持续的状态。

国际上关于绿色国民经济核算体系的构建有四个特点:一是资源核算和环境核算并重;二是偏重实物核算;三是重视不可再生资源的定价与核算;四是不少国家的核算工作由政府部门进行。但是,目前还没有一个国家建立起比较成熟的绿色国民经济核算体系。

(二)SEEA 对核算体系的研究原则和方法

《环境与经济综合核算体系》中对绿色国民经济核算体系的研究原则和方法作出了规定,基本内容有以下几点。

1. 绿色 GDP 核算研究

绿色 GDP 核算研究主要包括进行自然资源的经济使用核算研究,环境降级的价值核算研究,环境保护与治理投资及效益核算研究,资源、环境的变化与经济活动相互间关系研究,以及客观评价经济增长的真实性和潜力研究。

2. 自然资本存量及其变化核算研究

自然资本存量及其变化核算研究主要是建立与经济活动相关的各种自然资源核算账户研究,如能源账户、森林账户、土地使用账户、水资源账户、矿产资源账户和渔业账户等。对上述资源账户进行实物量与价值量的测算,以此反映自然资本存量及增减量的变化,正确评价自然资本在社会活动中的地位和作用。

3. 环境生态潜力核算研究

环境生态潜力核算研究主要包括由自然灾害造成的经济损失核算研究、生态破坏引起自然灾害造成的经济损失以及生态恢复机会成本核算等研究。

可以看出,建立绿色国民经济核算体系是一项长期艰巨的工作。《环境与经济综合核算体系》多次指出,建立绿色国民经济核算体系是一个伟大的目标,但在现阶段是难以完全实现的。这主要是由于资源成本、环境成本估价方法和资料来源的困难性,目前国际上还没有一个国家能够完成全面的资源与环境核算,能够计算出一个完整的绿色 GDP。因此,建立绿色国民经济核算体系仍然是一个充满探索、实验的研究领域。

(三)中国绿色国民经济核算体系研究的发展概况

我国绿色国民经济核算研究开始于 20 世纪 80 年代。通过一系列重大课题的研究与实践,我国绿色国民经济核算体系构建的研究已具有一定基础。

1. 绿色 GDP1.0 核算体系

2004 年由国家有关部门牵头组织的课题组,在建立绿色 GDP 核算基本理论体系及框架、开展和建立环境污染物实物量核算、开展和初步建立环境损失价值量核算、测算经环境损失调整的 GDP 等研究的基础上,于 2006 年发布了《中国绿色国民经济核算研究报告2004》(简称《研究报告》),这是我国第一份经环境污染调整的 GDP 核算研究报告,得出了涉及环境降级成本调整的绿色 GDP,由此形成的体系被称为绿色 GDP1.0 核算体系。由于技术限制等原因,计算出的损失成本只是实际环境成本的一部分。《研究报告》指出 2004 年全国狭义的环境污染损失已经达 5118 亿元,占全国 GDP 的 3.05%,这标志着我国的绿色国民经济核算研究取得了阶段性成果。2004 年,我国绿色国民经济核算内容主要由三部分组成。

(1)环境实物量核算。环境实物量核算运用实物单位建立不同层次的实物量账户,描述与经济活动对应的各类污染物的产生量、去除量(处理量)、排放量等。环境实物量核算是以环境统计为基础,具体分为水污染、大气污染和固体废物实物量核算等。

(2)环境价值量核算。环境价值量核算在环境实物量核算的基础上,估算各种污染排放造成的环境退化价值。

(3)经环境污染调整的 GDP 核算。

2. 绿色 GDP2.0 核算体系

2004 年开始的绿色 GDP 研究,被课题组专家称为绿色 GDP1.0 核算体系,2015 年进行的绿色 GDP 研究则被称为绿色 GDP2.0 核算体系。

进一步深入绿色 GDP 研究和实践的宏观背景是:党的十八大报告提出,要把资源消耗、环境损害、生态效益纳入经济社会发展体系当中,建立体现生态文明要求的目标体系、考核办法、奖惩机制;2015 年,中共中央、国务院印发的《关于加快推进生态文明建设的意见》指出,探索编制自然资源资产负债表,对领导干部实行自然资源资产和环境责任离任审计。

建立绿色 GDP2.0 核算体系,就是要解决如何实现现有的国民经济绿色化,提高传统经济的绿色化程度,从而提高经济发展核算的质量。所以,绿色 GDP2.0 进行了更进一步和更广泛的研究与实践,主要包括以下四部分:一是环境成本核算,开展环境退化成本与环境改善效益核算,客观反映经济活动的环境代价;二是环境容量核算,开展以环境容量为基础的环境承载能力研究;三是生态系统生产总值核算,开展生态绩效评价;四是经济绿色转型政策研究,建立符合环境承载能力的发展模式。

在内容上,绿色 GDP2.0 增加以环境容量核算为基础的环境承载能力研究,从而摸清"环境家底"。在技术上,绿色 GDP2.0 克服数据薄弱问题,夯实核算的数据和技术基础,从而构建支撑绿色 GDP 核算的大数据平台。

科学、客观、实用的绿色 GDP 核算研究,在国际上尚无成功经验可以借鉴。绿色 GDP 核算研究仍需要较长时间的探索、研究和实践。

三、绿色 GDP 的计算

(一)绿色 GDP 的计算类别

在实际核算时,环境成本中的不同环境构成要素和资源耗减成本中的不同资源构成要素,形成了不同内容的环境退化成本和资源耗减成本,由此构成了反映不同内容、不同层次的绿色 GDP 结构。绿色 GDP 的计算类别主要有以下三种:一是以环境防护成本进行扣减得到的"经环境防护调整的绿色 GDP";二是以环境退化成本进行扣减得到的"经环境退化调整的绿色 GDP";三是以资源耗减成本进行扣减得到的"经资源耗减调整的绿色 GDP"。

由此可见,绿色 GDP 核算在 GDP 核算的基础上,主要是从 GDP 中扣除了环境降级损失价值与自然资源耗减价值后的价值,所以,计算绿色 GDP 的关键是估算环境损失和资源损耗的费用成本。

(二)绿色 GDP 的基本计算方法

1. 一般概念上的绿色 GDP 计算方法

一般概念上的绿色 GDP 结构为:

$$绿色 GDP = 绿色 GDP 环境 + 绿色 GDP 资源 \tag{3-4}$$

绿色 GDP 计算的一般表达式为:

$$绿色 GDP = GDP - 环境退化成本 - 资源耗减成本 \tag{3-5}$$

广义地说,绿色 GDP 不但应扣除环境退化成本及资源耗减成本,而且应扣除预防支出、恢复支出,以及非优化调整费用,即:

$$绿色 GDP = GDP - 环境退化成本 - 资源耗减成本 -$$
$$(预防支出 + 恢复支出 + 非优化调整费用) \tag{3-6}$$

绿色 GDP 核算是在 GDP 核算的基础上,通过相应的调整而得到的。这种调整包括扣除当期环境退化成本与资源耗减成本、当期环境损害预防费用支出(预防支出)、当期资源恢复费用支出(恢复支出)和当期由于非优化利用资源而进行调整支出的费用(非优化调整费用)。绿色 GDP 占 GDP 比重越高,表明国民经济增长对自然环境的负面效应越低,经济增长与自然环境保护的和谐度越高,反之亦然。而绿色 GDP 人均相对指标,即人均绿色 GDP,更直观、深入地体现了以人为本的经济增长与自然保护和谐统一的程度。

2. 绿色 GDP 总值与绿色 GDP 净值

(1)国内生产总值与国内生产净值的计算。

国内生产总值(GDP),是指一个国家(或地区)所有常住单位在一定时期内,生产的全部最终产品和服务价值的总和,常被认为是衡量国家(或地区)经济状况的指标;国内生产净值

（NDP），是一个国家（或地区）所有常住单位在一定时期内运用生产要素净生产的全部最终产品（包括物品和劳务）的市场价值。NDP 与 GDP 两者的关系，可表示为：

$$NDP = GDP - 固定资产消耗 \tag{3-7}$$

在式（3-7）中，固定资产消耗也被称为折旧。国内生产净值促使人们在追求表面经济高增长率的同时，更深入考虑经济增长的同时产生的"消耗"问题，或者说"折旧"问题，这对于政府及各经济单位改进经济政策、企业发展理念有着重要的意义。

（2）绿色 GDP 总值与绿色 GDP 净值的计算。

根据 GDP 与 NDP 两者的概念与关系，有文献提出绿色 GDP 总值与绿色 GDP 净值（Environmental Domestic Product，EDP）的概念，可表示为：

$$绿色 GDP 总值 = GDP - 固定资产折旧 - 环境退化成本 - 资源耗减成本$$
$$= NDP - 环境退化成本 - 资源耗减成本 \tag{3-8}$$
$$EDP = NDP - 环境与资源实际成本 - 环境与资源虚拟成本 \tag{3-9}$$

对式（3-9）的进一步说明如下：

$$EDP_1 = NDP - 环境实际退化成本 - 资源实际耗减成本$$
$$EDP_2 = EDP_1 - 环境退化虚拟成本 - 资源耗减虚拟成本$$
$$= （NDP - 环境实际退化成本 - 资源实际耗减成本）- 环境退化虚拟成本 -$$
$$资源耗减虚拟成本$$
$$= NDP - 环境实际退化成本 - 资源实际耗减成本 - 环境退化虚拟成本 -$$
$$资源耗减虚拟成本$$
$$= NDP - 环境与资源实际成本 - 环境与资源虚拟成本$$

式中：EDP_1——扣除实际成本的绿色 GDP 净值；

EDP_2——扣除实际成本与虚拟成本，即扣除总成本的绿色 GDP 净值。

第五节　实例分析：城市大气环境治理成本核算及其结构分析

本节以西安市为例，对城市大气环境治理成本核算及其结构进行分析。该实例是以本教材编著者主持的一项科研项目的部分成果作为案例。虽然实例所基于的数据来自 2000—2009 年的相关资料，但不影响对治理成本核算方法应用及其结构分析过程的说明。实例是学习本章相关内容的有效载体，也是理论联系实际、教学与科研相结合的体现。

城市大气环境状况的改善与环境治理成本有很大的相关性，核算并分析西安市的大气环境治理成本，可为西安市未来大气环境治理的投入方向和措施选择提供更加科学的决策依据。

一、环境治理成本核算模型选择

在环境治理成本核算的几种模型中，单位成本分析模型核算思路相对清晰、核算过程容易理解、操作性较强，单位成本分析模型利用污染物的排放与治理实物量以及污染物的单位治理成本来计算治理成本，能够同时反映环境治理成本的两个内容（实际与虚拟）的单位成本，本节基于西安市相关基础数据，对西安市大气环境治理的价值量进行系统核算，并从总量与结构两方面对核算结果进行分析。

二、西安市大气环境治理成本的核算结果

大气环境治理成本核算包括工业大气的实际治理成本和虚拟治理成本核算,以及城镇生活废气的实际治理成本和虚拟治理成本核算。

(一)工业大气的实际治理成本和虚拟治理成本

根据实际情况,西安市工业大气核算对象确定为工业 SO_2、烟尘、粉尘和 NO_X。由于尚未有理想的 NO_X 治理办法,核算时一般认为其产生量就等于排放量,所以该市的工业大气治理成本核算包括工业 SO_2、烟尘、粉尘的实际治理成本和虚拟治理成本核算以及工业 NO_X 的虚拟治理成本。在核算过程中,将废气治理设施运行费用作为实际治理成本。

在核算污染物的实物量(指产生量、排放量或去除量)时,若没有直接可用的数据,则通过拟合方程或取近似值的方式获得数据。

1. 核算方法

(1)工业 SO_2。

工业 SO_2 实际治理成本和虚拟治理成本的核算见式(3-10)~式(3-12)。

$$y_1 = q \times \left(\frac{n_1}{n_2} \right) \tag{3-10}$$

$$x_1 = \frac{y_1}{m_1} \tag{3-11}$$

$$y_2 = x_1 \times m_2 \tag{3-12}$$

式中:y_1——工业 SO_2 实际治理成本;

q——工业废气实际治理成本;

n_1——脱硫设施数;

n_2——工业废气治理设施数;

x_1——工业 SO_2 单位治理成本;

m_1——工业 SO_2 去除量;

y_2——工业 SO_2 虚拟治理成本;

m_2——工业 SO_2 排放量。

各变量单位根据实际计算确定,下同。

(2)工业烟尘和粉尘。

工业烟尘和粉尘的实际治理成本和虚拟治理成本核算见式(3-13)~式(3-15)。

$$x_2 = \frac{q - p_1}{m_3} \tag{3-13}$$

$$y_3 = m_3 \times x_2 \tag{3-14}$$

$$y_4 = m_4 \times x_2 \tag{3-15}$$

式中:q——工业废气实际治理成本;

p_1——工业 SO_2 实际治理成本;

$q - p_1$——工业烟尘或粉尘的实际治理成本;

x_2——工业烟尘或粉尘的单位治理成本;

m_3——工业烟尘或粉尘的去除量;

y_3——工业烟尘或粉尘实际治理成本;

y_4——工业烟尘或粉尘虚拟治理成本;

m_4——工业烟尘或粉尘的排放量。

(3)工业NO_X。

工业NO_X虚拟治理成本的核算见式(3-16)。

$$y_5 = m_5 \times x_3 \qquad (3\text{-}16)$$

式中:y_5——工业NO_X虚拟治理成本;

m_5——工业NO_X的排放量;

x_3——工业NO_X的单位治理成本。

西安市工业NO_X排放量的核算采用工业产值的NO_X排放系数来进行推算。由于在相应的年鉴或环境质量公报中未公布西安市历年的工业NO_X排放量数据,而只有2006—2009年陕西省的工业NO_X排放量数据,因此相关数据运用已有数据进行近似推算,具体推算过程如表3-2所示。这里假设2006年陕西省工业产值的NO_X排放系数与2000—2005年西安市工业产值的NO_X排放系数相等,即推算出2000—2005年西安市工业NO_X的排放量。而2006—2009年西安市的工业NO_X的排放量则根据2006—2009年陕西省工业万元产值NO_X排放系数来进行推算。

2000—2009年西安市工业NO_X排放量的推算 表3-2

年份	陕西省工业NO_X排放量/吨	陕西省工业总产值/亿元	陕西省工业万元产值NO_X排放系数/(吨/亿元)	西安市工业总产值/亿元	西安市工业NO_X排放量/吨
2000年		1714.18	38.58	639.48	24617.00
2001年		1946.94	38.58	736.15	28401.00
2002年		2205.98	38.58	837.94	32328.00
2003年		2708.86	38.58	975.08	37619.00
2004年		3389.88	38.58	1185.32	45730.00
2005年		4109.32	38.58	1308.56	50484.00
2006年	202500.00	5248.39	38.58	1557.35	60083.00
2007年	234200.00	6587.41	35.55	1979.86	70384.00
2008年	418700.00	8358.86	50.09	2388.14	119622.00
2009年	445000.00	10239.60	43.46	2827.07	122865.00

注:原始数据来源于相应年份的《西安统计年鉴》和《陕西统计年鉴》,下同。

2.西安市工业大气污染物实物量统计

2000—2009年西安市工业大气污染物的实物量(排放量和去除量)统计情况见表3-3。

2000—2009 年西安市工业大气污染物的实物量(排放量和去除量)统计 单位:吨 表 3-3

年份	工业 SO_2		工业烟尘		工业粉尘		工业 NO_X
	排放量	去除量	排放量	去除量	排放量	去除量	排放量
1999 年	92573.00	6733.00	66837.00	458996.00	68795.00	34643.00	
2000 年	87003.51	6394.80[a]	66653.02	442406.42	64759.19	40031.55	24671.00
2001 年	78604.53	5777.40[a]	30295.51	334853.18	81997.40[b]	72053.95	28401.00
2002 年	71778.58	5275.70[a]	33195.53	426517.00	44573.00[b]	58656.36	32328.00
2003 年	71749.25	5273.60[a]	38325.83	497093.30	31432.03[b]	57169.93	37619.00
2004 年	90508.10	6278.80	43767.00	591938.10	28223.90	57358.10	45730.00
2005 年	94341.39	9423.53	39541.28	566809.97	25975.53	58358.06	50484.00
2006 年	91674.20	11000.28	38344.52	783767.72	19564.05	47868.06	60083.00
2007 年	98155.37	17666.82	24362.73	645604.01	10197.82	38908.66	70384.00
2008 年	96587.37	29234.94	19806.16	658528.89	8553.11	146190.28	119622.00
2009 年	82864.22	48879.85	20409.64	780445.92	4235.23	133130.14	122865.00

注:a. 该数据根据 1999 年、2004 年的 SO_2 去除量占排放量的平均比例(0.0735)推算而得。

    b. 该数据根据 1999 年、2000 年、2004 年、2005 年、2006 年、2007 年、2008 年、2009 年的粉尘排放量(y,t)与去除量(x,t)之比得到的拟合方程($y = 0.0004x^5 - 0.0123x^4 + 0.1331x^3 - 0.5841x^2 + 0.6260x + 1.8223, R^2 = 0.9998$)推算而得,其中 t 代表年份,R^2 代表相关系数。

3. 西安市工业废气治理情况

2000—2009 年西安市工业废气治理的相关情况统计见表 3-4。

2000—2009 年西安市工业废气治理相关情况统计 表 3-4

年份	工业废气治理设施运行费用/万元	工业废气治理设施数量/套	脱硫设施数量/套
1999 年		280.00	
2000 年	1349.60[a]	552.00[b]	190.00[c]
2001 年	2012.20	823.00	283.00[c]
2002 年	9050.00	882.00	304.00[c]
2003 年	2593.80	878.00	302.00[c]
2004 年	2628.50	972.00	335.00[c]
2005 年	2539.80	950.00	327.00
2006 年	11493.40	840.00	175.00
2007 年	4068.00	846.00	209.00
2008 年	7306.20	920.00	227.00[d]
2009 年	19463.90	852.00	210.00[d]

注:a. 该数据根据 2001 年单套废气治理设施的运行费用(2.445 万元/套)推算而得。

    b. 该数据取 1999 年、2001 年相关数据的平均值。

    c. 该数据根据 2005 年废气治理设施数量与脱硫设施数量之比推算而得。

    d. 该数据根据 2007 年废气治理设施数量与脱硫设施数量之比推算而得。

4. 核算结果

2000—2009 年西安市工业大气实际治理成本与虚拟治理成本核算结果如表 3-5 所示。

2000—2009 年西安市工业大气实际治理成本与虚拟治理成本核算结果　单位:万元　表 3-5

年份	实际治理成本			虚拟治理成本			
	SO_2	烟尘	粉尘	SO_2	烟尘	粉尘	NO_X
2000 年	464.50	811.70	73.40	6316.50	122.30	118.80	45.27
2001 年	691.90	1086.50	233.80	9416.80	98.30	295.00	92.16
2002 年	3119.30	5213.70	717.00	42442.70	405.80	698.20	395.20
2003 年	892.20	1526.10	175.50	12140.00	117.70	129.40	115.50
2004 年	905.90	1570.40	152.20	12182.40	116.10	74.90	121.33
2005 年	874.23	1510.10	155.50	8754.88	105.30	69.20	134.51
2006 年	2394.46	8575.20	523.70	19957.47	419.50	214.10	657.42
2007 年	1004.98	2888.90	174.10	5585.04	109.00	45.60	314.97
2008 年	1802.73	4503.68	999.79	5955.92	135.45	327.65	818.09
2009 年	4797.44	12529.20	2137.26	8132.92	58.49	67.99	1972.46

(二)城镇生活废气的实际治理成本和虚拟治理成本

城镇生活废气是指城镇居民生活以及其他非工业行业的 SO_2、烟尘和 NO_X 等大气污染物的总排放量(不包括汽车运输业产生的废气)。按西安市的现状,城镇生活废气的产生量基本等同排放量,即基本未加治理的直接排放,因此,对于城镇生活废气只核算虚拟治理成本。

1. 核算方法

城镇生活废气的虚拟治理成本计算见式(3-17)。

$$J_i = Q_i \times H_i \tag{3-17}$$

式中:J_i——i 类城镇生活废气的虚拟治理成本;

　　Q_i——i 类城镇生活废气的排放量;

　　H_i——i 类城镇生活废气的单位治理成本。

城镇生活废气的排放量采用表 3-6 中的核算结果,城镇生活 SO_2、烟尘和 NO_X 的单位治理成本均采用工业上的相应单位治理成本。

2000—2009 年西安市城镇生活废气排放量的推算结果　单位:吨　表 3-6

年份	西安市城镇生活 SO_2 排放量	西安市城镇生活烟尘排放量	西安市城镇生活 NO_X 排放量
2000 年	13680.00[a]	31001.00[b]	13053.44.00[c]
2001 年	12359.00[a]	14091.00[b]	15026.98[c]
2002 年	11286.00[a]	15440.00[b]	17104.76[c]
2003 年	11281.00[a]	17826.00[b]	19904.23[c]
2004 年	14227.00	20362.00	24195.77[c]
2005 年	14908.00	20813.00	26711.11[c]

年份	西安市城镇生活 SO_2 排放量	西安市城镇生活烟尘排放量	西安市城镇生活 NO_X 排放量
2006 年	14268.00	7595.00	31789.95[e]
2007 年	5789.00	8397.00	20315.79[d]
2008 年	2848.00	9461.00	16741.94[d]
2009 年	3438.00	9134.00	15047.51[d]

注:a. 该数据根据 2004 年西安市工业 SO_2 排放量与城镇生活 SO_2 排放量之比(6.36)推算而得。

　　b. 该数据根据 2004 年西安市工业烟尘排放量与城镇生活烟尘排放量之比(2.15)推算而得。

　　c. 该数据根据 2006 年陕西省工业 NO_X 排放量与城镇生活 NO_X 排放量(参照相应年份的《陕西统计年鉴》和《陕西省环境状况公报》,下同)之比(1.89)推算而得。

　　d. 该数据根据当年陕西省工业 NO_X 排放量与城镇生活 NO_X 排放量之比推算而得。

2. 核算结果

2000—2009 年西安市城镇生活废气的虚拟治理成本核算结果如表 3-7 所示。

2000—2009 年西安市城镇生活废气的虚拟治理成本核算结果　单位:万元　　表 3-7

年份	SO_2	烟尘	NO_X
2000 年	993.70	56.88	23.95
2001 年	1480.10	45.72	48.76
2002 年	6672.90	188.74	209.10
2003 年	1908.50	54.73	61.11
2004 年	1915.40	54.02	64.20
2005 年	1383.00	55.45	71.16
2006 年	3105.80	83.10	347.81
2007 年	329.30	37.57	90.91
2008 年	175.62	64.70	114.50
2009 年	337.43	146.64	241.57

(三)大气环境治理成本统计

2000—2009 年西安市大气环境治理成本核算结果如表 3-8 所示。

2000—2009 年西安市大气环境治理成本核算结果　单位:万元　　表 3-8

年份	实际治理成本	虚拟治理成本
2000 年	1349.60	7677.40
2001 年	2012.20	11476.84
2002 年	9050.00	51012.64
2003 年	2593.80	14526.94
2004 年	2628.50	14528.35
2005 年	2539.83	10573.50

续上表

年份	实际治理成本	虚拟治理成本
2006 年	11493.36	24785.20
2007 年	4067.98	6512.39
2008 年	7306.20	7591.93
2009 年	19463.90	10957.50

三、西安市大气环境治理成本分析

(一)治理成本的总量

由表 3-8 可见,2000—2009 年西安市大气环境的实际治理成本和虚拟治理成本变化趋势基本一致,在 2002 年、2006 年、2009 年均在相邻年份形成峰值。这是由于本研究核算西安市大气环境实际治理成本时未核算城镇生活废气的实际治理成本,仅核算了工业大气的实际治理成本。而从表 3-5 可以看出,2002 年、2006 年、2009 年西安市工业大气的实际治理成本均比相邻年份高,如 SO_2 的实际治理成本 2002 年比 2001 年、2003 年分别高出 350.80%、249.60%,烟尘的实际治理成本 2002 年比 2001 年、2003 年分别高出 379.90%、241.60%,粉尘的实际治理成本 2002 年比 2001 年、2003 年分别高出 206.70%、308.50%。根据表 3-3、表 3-4 和相应的计算公式可知,这是由于这三年工业废气治理设施的运行费用比其他年份要高出很多,以及这三年烟尘和粉尘单位治理成本相对较高。

由表 3-8 可得,2002 年西安市大气环境的虚拟治理成本比 2001 年增加了 39535.80 万元。其中工业大气的虚拟治理成本增加了 34039.64 万元,占总增加量的 86.10%,涉及具体核算对象,SO_2、烟尘、粉尘、NO_X 的虚拟治理成本分别增加了 33025.90 万元、307.50 万元、403.20 万元、303.04 万元,占总增加量的 83.50%、0.80%、1.00%、0.80%。2002 年城镇生活废气的虚拟治理成本比 2001 年增加了 5496.16 万元,占总增加量的 13.90%,涉及具体核算对象,SO_2、烟尘、NO_X 的虚拟治理成本分别增加了 5192.80 万元、143.02 万元、160.34 万元,各占总增加量的 13.10%、0.40%、0.40%。由此可见,工业大气的 SO_2 虚拟治理成本增加量最大,其次是城镇生活 SO_2。根据式(3-12),并结合表 3-3 可进一步推导出,致使 2002 年该市工业和城镇 SO_2 虚拟治理成本增量过大的主要原因是 2002 年的 SO_2 单位治理成本过高。同理也可推导出 2006 年、2009 年该市工业和城镇 SO_2 虚拟治理成本比相邻年份高的主要原因。

从历年大气环境实际治理成本(除 2002 年、2006 年、2009 年)来看,西安市在大气环境治理方面的投资基本上每年都在增加,但是增加幅度较小。大气环境虚拟治理成本在一般年份(除 2002 年、2006 年和 2009 年)总体上呈现出先增加后减小的变化趋势,这表明近年来西安市大气环境污染治理的资金缺口发生了先增加后减小的变化。西安市不断增加大气环境治理方面的投资,但是治理的资金缺口仍在增加,而随着投资的持续增加,许多大气环境治理设施的建立与作用的发挥,大气环境污染状况逐渐减轻,治理的资金缺口开始变小。

(二)治理成本的结构

2000—2009 年西安市工业大气实际治理成本与虚拟治理成本的所占比例、工业大气各核

算对象的实际治理成本所占比例、工业大气各核算对象的虚拟治理成本所占比例、城镇生活废
气各核算对象的虚拟治理成本所占比例的分析见图 3-5 ~ 图 3-8。

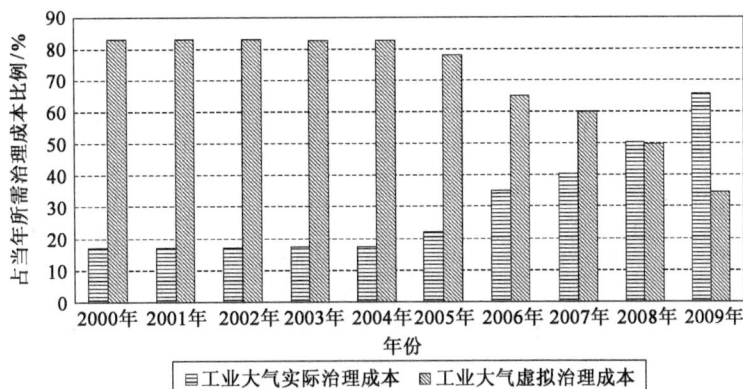

图 3-5　2000—2009 年西安市工业大气实际治理成本和虚拟治理成本所占比例

从图 3-5 可以看出,2000—2009 年西安市工业大气实际治理成本占当年所需治理成本的
比例总体呈上升趋势;虚拟治理成本所占比例呈下降趋势。实际治理成本 2000—2004 年所占
比例在 17.00% 左右,2005 年、2006 年、2007 年则分别增加到 22.00% 、35.00% 、40.00% 左右。

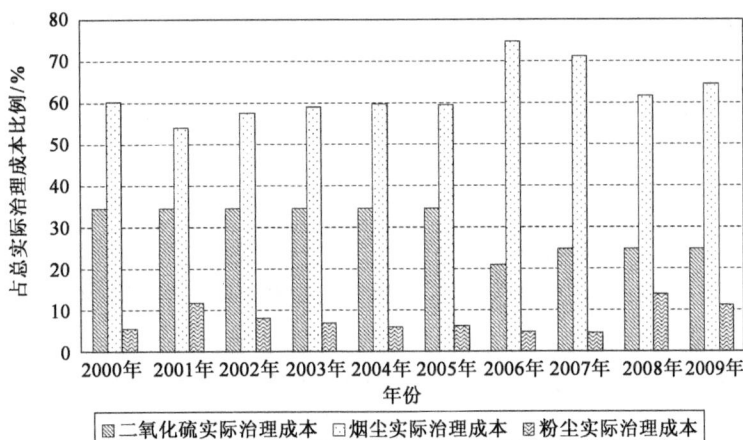

图 3-6　2000—2009 年西安市工业大气各核算对象实际治理成本所占比例

从图 3-6 可以看出,2000—2009 年工业 SO_2 实际治理成本占工业总实际治理成本的比例
总体降低,而 2000—2005 年、2007—2009 年这两个区间段所占比例均基本保持一致;工业烟
尘实际治理成本占工业总实际治理成本的比例总体上呈现先增加后减小的变化特征,除 2006
年、2007 年外,其他年份所占比例均较为接近;而工业粉尘实际治理成本占工业总实际治理成
本的比例则呈现波浪形的变化特征。其中,工业烟尘的所占比例始终占据主导地位,其次为
SO_2 。可见,西安市工业大气环境污染治理的重点主要放在烟尘方面。

从图 3-7 可以看出,工业 SO_2 虚拟治理成本占工业总虚拟治理成本的比例整体呈先升高后
降低的变化特征,工业 NO_x 虚拟治理成本所占比例呈上升趋势,而烟尘或粉尘的虚拟治理成本
所占比例一直很低。

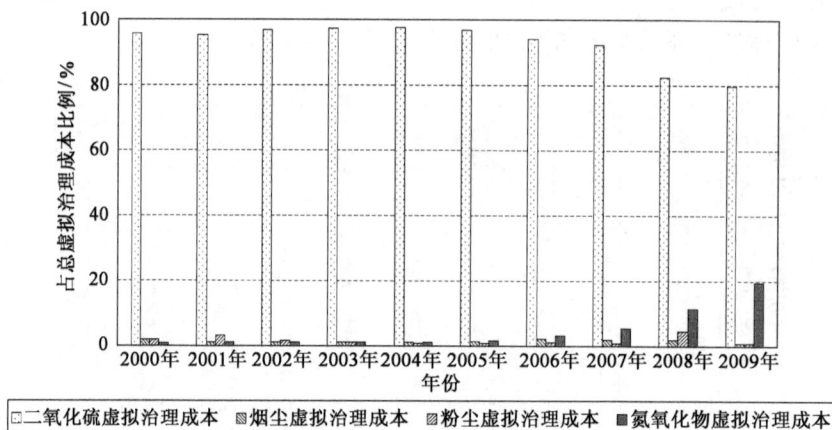

图 3-7 2000—2009 年西安市工业大气各核算对象的虚拟治理成本所占比例

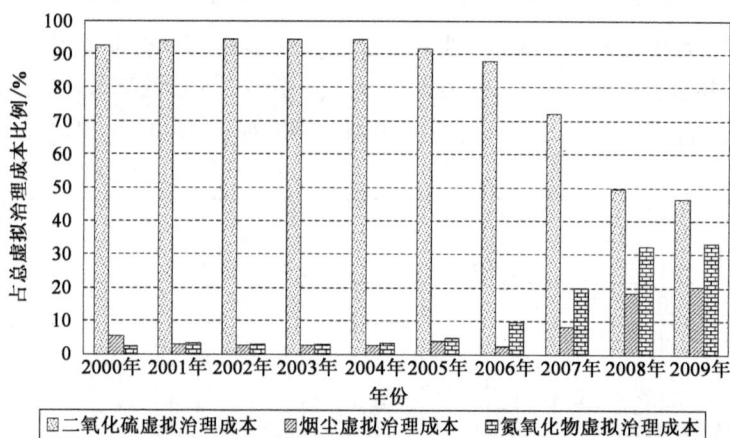

图 3-8 2000—2009 年西安市城镇生活废气各核算对象的虚拟治理成本所占比例

从图 3-8 可以看出,城镇生活 SO_2 虚拟治理成本在生活废气总虚拟治理成本中所占比例最高,但 2000—2009 年所占比例不断下降;而城镇生活烟尘和 NO_X 的虚拟治理成本所占比例均上升,特别是在 2005 年之后上升趋势更加明显。由于城镇生活废气的排放源具有数目多、类型复杂、分布广泛等特征,所以目前主要的污染控制手段是改变能源结构以及居民的生产、生活方式等。

根据对西安市 2000—2009 年大气环境治理成本进行的核算与分析,针对存在的问题,提出以下建议:①在工业大气环境污染方面,应继续加大污染治理的投资力度,而且应加强对其投资的管理力度,促使工业废气治理设施的运行费用、烟尘和粉尘的单位治理成本在年际间的变化幅度保持相对平稳。②应实时跟踪工业大气环境污染的实际情况,按需进行污染治理投资,尽量避免外界因素(如政策等)的不确定影响,并要保持各类工业废气治理力度的相对平衡,继续提高各类工业废气的治理率,减少因治理投入不足而引发的不良滞后环境效应;③应继续将工业 SO_2 作为西安市工业大气环境污染治理的重点,同时增加对工业 NO_X 的治理力度,还应采取有效手段控制城镇生活的烟尘和 NO_X 排放量。

复习作业题

1.名词概念解释题

1.1 环境费用 1.2 环境损害费用 1.3 环境控制费用

1.4 SEEA 1.5 环境成本 1.6 环境损失成本

1.7 环境防护成本 1.8 实际治理成本 1.9 虚拟治理成本

1.10 实物量核算 1.11 环境价值量 1.12 环境价值量核算

1.13 污染损失法 1.14 治理成本法 1.15 绿色 GDP

1.16 真实储蓄

2.选择与说明题

2.1 政府和企业为控制和预防环境污染和破坏,而进行的环境保护建设项目与设施的建设费用、使用和运转费用等属于环境费用中的( )。

A.环境损害费用 B.一般防护费用 C.防治污染费用 D.环保事业费用

选择说明:_____

2.2 农田被工厂废气污染后农产品产量和质量下降,河流被工厂废水污染后渔业受损造成的经济损失等属于环境费用中的( )。

A.一般防护费用 B.环境损害费用 C.环保事业费用 D.环境防治费用

选择说明:_____

2.3 关于环境费用曲线,下列正确的说法有( )。

A.污染控制费用增加,则污染损失费用减少

B.随着污染控制费用的增加,污染产生的经济损失会一直明显减少

C.当污染控制费用增加到一定程度时,如继续增加,则污染控制程度的变化则逐渐变得不明显

D.环境费用曲线的最低点为污染控制经济效果的最佳点

选择说明:_____

2.4 治理成本法的核算是以( )为基础,乘以单位污染物的治理成本。

A.损害 B.污染实物量

C.实际治理成本 D.实际治理成本和污染实物量

选择说明:_____

2.5 实际支出的环境污染治理运行成本包括( )。

A.治理设施投资 B.固定资产折旧

C.人工费 D.各种材料消耗费用

选择说明:_____

2.6 环境的使用价值通常包含( )。

A.直接使用价值 B.间接使用价值

C.存在价值 D.遗赠价值

选择说明:_____

2.7 以下属于环境价值量核算的有( )。

A.环境污染价值量核算 B.生态破坏价值量核算

C. 环境升级价值量核算　　　　　　　　D. 环境实物量核算

选择说明：_____

2.8　计算环境价值量的基本方法有(　　)。

A. 污染损失法　　　B. 恢复费用法　　　C. 治理成本法　　　D. 影子工程法

选择说明：_____

2.9　环境污染价值量核算的基本思路有两种,一是计算维护环境不发生降级需要花费的成本,二是计算环境退化后所引起的损失价值,这两种计算思路,前者计算出的价值量(　　)后者计算出的价值量。

A. 大于　　　　　　　　　　　　　　　B. 小于

C. 等于　　　　　　　　　　　　　　　D. 无法判断

选择说明：_____

2.10　2004 年,我国绿色国民经济核算内容主要由(　　)组成。

A. 环境实物量核算　　　　　　　　　　B. 环境价值量核算

C. 经环境污染调整的 GDP 核算　　　　D. 环境污染治理投资核算

选择说明：_____

3. 分析论述题

3.1　简述社会损害费用与环境控制费用之间的关系。

3.2　简述环境费用和环境成本的关系。

3.3　简述外部环境成本和内部环境成本。

3.4　结合环境成本的计算流程图,简述环境成本计算的基本步骤。

3.5　简述环境价值量核算的主要内容。

3.6　简述环境价值量核算的基本方法。

3.7　简述"真实储蓄"。

3.8　简述绿色 GDP 的基本计算方法。

4. 计算分析题

某地区工业废气实际治理成本为 24000 万元,工业废气治理设施数为 1100 套,脱硫设施数为 275 套,工业 SO_2 产生量为 155000 吨,工业 SO_2 去除量为 52500 吨,求工业 SO_2 实际治理成本与虚拟治理成本。

第四章

环保投资与环境效益

environmental保护投资,也称环保投资是实施可持续发展战略的物质基础,是实现高质量发展的重要条件,也是执行保护环境基本国策的必要保证。环境保护投资可以获得良好的综合效益,对改善环境质量、促进经济健康运行、保证社会经济高质量发展具有重要作用。本章在对环保投资进行概述的基础上,对环保投资的结构和环保投资产生的环境效益、社会效益与经济效益进行了分析,论述了环保投资对实现"三效益"协调发展的重要意义和作用,也对环保产业、环保融资和绿色金融进行了介绍,并以区域环境环保投资结构为例进行了实例分析。

第一节 环保投资概述

环境保护投资是投资的组成部分。环境保护投资水平反映一个国家或地区环境保护的总体水平,是分析评价环境保护状况的关键指标之一。本节在概述投资的基础上,对环境保护投资的定义、特点、分类,以及环保投资结构的主要内容进行了论述与分析。

一、投资概述

（一）投资的概念

投资是指为了获得效益而投入资金的行为过程，是最常见和最基本的一种经济行为。在经济学领域中，投资主要研究用以转化为实物资产或金融资产而投入资金的行为过程；在环境经济学领域中，投资主要研究用以转化为环境资产而投入资金的行为过程。

投资产生的效益有四种，即财务效益、经济效益、社会效益和环境效益。财务效益主要是指投资项目的微观经济效益；经济效益主要是指投资项目对国民经济贡献的宏观经济效益；社会效益主要是指投资项目对社会的贡献；环境效益主要是指投资项目对保护环境的贡献。一个投资项目可能主要产生一种效益，但一般要求其同时兼顾其他效益。投资效益的结果受到许多复杂因素的影响，有的因素很难预料。因此，投资往往具有风险性。

（二）投资的内容

投资一般包括投资目的、投资主体、投资手段和投资行为四方面的内容。

1.投资目的

投资目的是为了获得投资效益。投资主体要在投资前，对各种投资效益进行多方面的预测分析和评价，权衡其利弊得失，然后作出相应的投资决策。

2.投资主体

投资主体是指从事投资活动，具有一定资金来源，享有投资收益"权、责、利"三权的统一体，是具有独立决策权并对投资负有责任的经济法人或自然人。投资主体主要包括国家（中央和地方政府）投资主体、企业（各类性质）投资主体、银行（金融）投资主体、个人投资主体和国外投资主体等。各投资主体可独立投资，也可联合投资，构成整个社会经济中多元化、多层次的投资结构。

3.投资手段

投资手段是指资金投入的方式，主要包括有形资产投资和无形资产投资。其中，有形资产投资是指投资主体以货币形式或实物资产形式进行的资产投资，直接表现为资金形态，是投资的主要方式。无形资产投资是指不能直接表现为资金形态的投资方式，如投资主体以专利权、商标权、著作权、冠名权、商誉等无形资产进行的投资，一般需运用价值尺度将无形资产形态转化为资金形态。

4.投资行为

投资行为包括资金的筹集、投入、使用、管理和回收。这几个环节连在一起，构成一次完整的投资行为过程。

二、资产与投资的分类

（一）固定资产和流动资产

按照生产资本在资本运动中的价值周转方式不同，可以将资产分为固定资产和流动资产。

1.固定资产

固定资产是指在社会再生产过程中,能够在较长时间范围内(一般为一年及以上)为生活、生产等方面服务的物质资料。《中华人民共和国企业所得税法实施条例》第五十七条规定:企业所得税法第十一条所称固定资产,是指企业为生产产品、提供劳务、出租或者经营管理而持有的、使用时间超过 12 个月的非货币性资产,包括房屋、建筑物、机器、机械、运输工具以及其他与生产经营活动有关的设备、器具、工具等。固定资产按其用途可分为生产性固定资产和非生产性固定资产两大类。

生产性固定资产是指在物质资料生产过程中,能较长时间发挥作用且不改变其实物形态的劳动资料,如工业建设项目、农业建设项目等。

非生产性固定资产是指为非物质生产领域和人民物质文化生活服务,能较长时间使用且不改变其形态的物质资料,如科教文卫体建设项目、住宅和其他福利设施等。非生产性固定资产可分两类:一部分是没有盈利,投资不能收回的,如对科学研究、学校、社会福利、国防设施、污水处理厂等固定资产的投资;另一部分是可转化为无形商品,有盈利,投资可以收回的,如对影剧院、电视台等的投资。

2.流动资产

流动资产是指企业可以在一个营业周期内(一年或者超过一年的)变现或者运用的资产,如原材料、产品、半成品、库存现金、银行存款等。流动资产内容包括货币资金、短期投资、应收票据、应收账款和存货等。

流动资产与流动资金密切相关。流动资金是在项目投产运行后用于维持正常生产所需的周转资金,即用于购置原材料、燃料、备品、备件和支付工资等资金。流动资金是流动资产的货币形态,流动资产则是流动资金的实物形态。

流动资产与流动负债密切相关。流动负债是企业将在一年内或超过一年的一个营业周期内偿还的债务,包括短期借款、应付账款、应付工资、预提费用、其他应付款和税款等。

流动资金与流动资产和流动负债的数量关系是:流动资金 = 流动资产 − 流动负债,即所谓的净流动资金,通过比较分析净流动资金企业可以了解自身的短期偿债能力和清算能力。

固定资产和流动资产是生产过程中不可缺少的生产要素。固定资产是企业的劳动手段,也是企业赖以生产经营的主要资产,流动资产则可保证企业日常生产经营活动的顺利进行。两者在数量上成一定比例。

(二)固定资产投资和流动资产投资

按照投资的资产形式不同,可以将投资分为固定资产投资和流动资产投资。

1.固定资产投资

固定资产投资是指用于购置或建造固定资产而进行的投资。固定资产的生产性和非生产性使投资分为生产性投资和非生产性投资两类。生产性投资一般具有财务收益,追求经济效益;而非生产性投资一般不追求直接的经济效益,但具有良好的社会效益和环境效益。

2.流动资产投资

流动资产投资是投资者将资金运用于购买流动资产,以保证生产和经营中流动资产周转的投资活动。流动资产在周转过程中,各种形态的资金与生产流通紧密结合。从货币形态开始,流动资产投资依次改变其形态,最后又回到货币形态(货币资金→储备资金、固定资金→生产资金→成品资金→货币资金)。

3. 固定资产投资和流动资产投资的关系

从价值周转的角度看,固定资产投资属于长期投资,流动资产投资属于短期投资。从价值被占用的角度看,固定资产投资和流动资产投资一样,两者都要被生产过程长期占用。

固定资产投资的结果形成劳动手段,流动资产投资的结果是劳动对象。投入在劳动对象上的价值要和固定资产的大小所决定的生产规模相适应,流动资产投资的数量及其结构是由固定资产投资的规模及其结构所决定的。

固定资产投资、流动资金和建设期内固定资产投资的贷款利息三者之和,称为总投资,可用于计算投资利润率和投资利税率等指标。

(三)直接投资和间接投资

按照投资的运用方式不同,可以将投资分为直接投资与间接投资。

直接投资指固定资产投资和流动资产投资,是投资者将货币资金直接投入投资项目,形成实物资产或者购买现有企业的投资。直接投资具有实体性,一般通过投资主体创设的独资、合资、合作等生产经营性企业得以实现。由于直接投资直接参与企业的生产经营活动,其投资回报与投资项目的生命周期、企业经营状况密切相关,所以通常投资周期较长,风险较大。

间接投资指信用投资和证券投资等,是投资者以其资本购买债券、股票等各种有价证券,以预期获取一定收益的投资。间接投资以货币资金转化为金融资产而非实物资产,一般只享有定期获得一定收益的权利。与直接投资相比,间接投资更具流动性,风险也相对更小。

直接投资是资金所有者和资金使用者的合一,间接投资是资金所有者和资金使用者的分解。然而,直接投资和间接投资有着密切联系,间接投资可以为直接投资筹集所需的资本,并监督、促进直接投资的管理。间接投资已成为一种基本的投资方式,直接投资的进行依赖于间接投资的发展,同时,直接投资又对间接投资有着重大影响。

三、投资规模与结构

(一)投资规模

投资规模是指一定时间范围内的投资总量。一定规模的资金投入是社会经济发展、人民生活水平提高的必要保证。投资规模过小,不能保证社会经济的正常发展和人民生活水平的不断提高;投资规模过大,虽在短期内经济发展显著,但对长期的社会经济发展不利。投资规模与国家经济实力、社会经济发展目标等因素有关,所以在确定投资规模时,应注意处理好需要和可能,生产、生活和建设,财力和物力、人力,规模与结构、效益等方面的关系。

(二)投资结构

投资结构是指投资总量中各个分量与总量、分量与分量之间的比例关系。它包括投资的主体结构、投资资金的来源结构和投资的使用结构等。

投资的主体结构是指不同投资主体的投资在投资总额中所占的份额,一般是指国家投资、企业投资和个人投资的比例关系;投资资金来源结构是指不同资金来源的投资(如国家投资、银行贷款、自筹资金、外资投资等)在投资总额中所占的比重;投资的使用结构是指国民经济各部门、各行业以及社会各个方面投资的比例关系,包括生产性投资与非生产性投资的比例关系,生产性投资和非生产性投资内部的各种比例关系等。

优化投资结构有利于提高投资的经济效果,实现国民经济的稳定增长及社会的良性发展。科学地确定各种比例关系、合理地安排投资结构具有重要的意义。

四、环保投资的定义及特点

(一)环保投资的定义

环境保护投资是为了防治环境污染,维持生态平衡而投入资金,以转化为环境保护实物资产或取得环境效益的行为和过程。简单来说,环保投资就是投入环境保护的资金活动。

参考原国家环境保护总局(今中华人民共和国生态环境部)在《关于建立环保投资统计调查制度的通知》(环财发〔1999〕64 号)中对环保投资的定义,环保投资为社会各有关投资主体从社会积累资金和各种补偿资金、生产经营资金中支付用于污染防治、保护和改善生态环境的资金。通过该定义可以明确以下几点:①环保投资的主体是政府、企业、社会和个人等;②环保投资的对象是整个环境保护领域;③环保投资的使用方向包括环境污染防治和生态环境建设;④环保投资的结构体现为污染治理和生态防护项目、设施等固定资产投资及支付环保固定资产运转的运行成本;⑤环保投资的目的是防治污染、保护和改善生态环境,获得环境、经济、社会的综合效益,着重强调的是环境效益和社会效益。

环保投资是国民经济和社会发展固定资产投资的重要组成部分,是表征一个国家和地区环境保护力度的重要指标,同时也是企业环境保护投入的核心指标。环保投资的总量、来源、使用方向和使用效率等,在一定程度上反映了一个国家或地区的环境状态。

需要指出的是,环保投资与环境费用是两个不同的概念。环境费用是指环境污染和破坏造成的经济损失,以及使环境得到治理、恢复和保护所需的资金。而环保投资是指计划或实际用于环境污染治理、生态恢复和保护的资金。一般来说,环保投资的金额小于所需环境费用的金额。

(二)环保投资的特点

环保投资除了具有投资的共性特点外,还具备以下特点。

1. 环保投资主体的多元性

环保投资主体的多元性是由环境保护工作的广泛性和重要性决定的。我国环保投资主体有政府主体,企业主体,社会与个人主体,国外投资主体,金融组织主体等。

2. 环保投资效益的综合性

环保投资不是以营利为目的的投资,属于非生产性投资。环保投资着重于产生良好的环境效益和社会效益,同时也必然对经济的长远发展提供质量保证。因此,环保投资效益的综合性体现在环境效益、社会效益和经济效益的统一。

3. 环保投资的公益社会性

环保投资产生的综合效益是广泛的,特别是环保投资产生的良好环境效益和社会效益一般是由社会共享的。所以,环保投资主体带来的投资效益具有公益社会性特征,同时也就产生了环保投资主体和受益者的不一致性。

4. 环保投资效益的滞后性

一般来说,环保投资直接的、近期的效果显现度不强,这是因为环保投资所产生的效益具有滞后性。由于环境问题的形成与发展是一个积累过程,所以解决环境问题需要一定的时间,同时由于环保投资一般多产生外部性效益,当下的环保投资可见的效益往往呈现在中长期,所以环保投资效益的滞后性十分明显。

5. 环保投资效益量化的困难性

环保投资的主要目的是防治环境污染和生态破坏、改善环境质量,同时环保投资所产生的效益识别界定、影响范围确定和经济量化存在实际的复杂性,所以,环保投资效益的经济计量与计算、分析与评估存在不少困难。

五、环保投资的范围和分类

(一)环保投资的范围

世界各国对环保投资范围的确定不完全一致,但就环保投资的基本概念来说,环保投资范围的界定原则如下:一是目的原则,即凡是用于解决环境问题的投资都是环保投资,如用于治理环境污染、保护生态环境以及与之相关的工作和活动的投资;二是效果原则,即投资的主要目的是获取经济效益和社会效益,同时又可以产生显著环境效益的投资,如城市集中供热,其在产生显著的社会效益和经济效益的同时,又对城市大气污染的防治发挥了重要的作用,这类具有明显环境效果的投资也属于环保投资。

(二)环保投资的分类

环保投资分为直接环保投资与间接环保投资。其中,符合目的原则的环保投资为直接环保投资,如环境保护所需的工程项目、设备等投资;符合效果原则的环保投资为间接环保投资,如能发挥环境保护效用的城市给排水和园林绿化等投资。

环境保护投资的分类对正确掌握环保投资的整体状况,真实反映环保工作状况,科学规范环保投资统计工作,加强环保投资的管理具有很大的必要性。

六、环保投资的使用方向

我国的环保投资使用方向主要包括环境污染治理投资、生态建设与防护投资和环境保护事业相关投资等。

(一)环境污染治理投资

环境污染治理投资主要是指针对由于人类排放的各种外源性物质(包括自然界中原先就有的和没有的),进入载体后,超出了载体本身消除外源性物质的自净作用,在一定范围形成了污染,而进行防控和治理的投资。

在我国的环境统计工作中,环境保护投资主要统计的是环境污染治理投资,具体包括城市环境基础建设投资、工业污染源治理投资、建设项目"三同时"环保投资三个方面。其中，自2012年起，我国将"建设项目'三同时'环保投资"改为"当年完成环保验收项目环保投资"。

1. 城市环境基础设施投资

城市环境基础设施投资是指在城市建设中用于改善城市水、气、声等环境质量，以及城市垃圾处理、综合利用和城市绿化等方面的基础设施投资，如污水处理设施、垃圾处理设施投资。城市环境基础设施投资也包括其他与环境保护密切相关的城市基础设施的投资，如燃气、集中供热、排水、市容卫生等方面设施的投资。

2. 工业污染源治理投资

工业污染源治理投资主要是指工业企业为使其排出的污染物浓度及总量达标，通过技术改造或开展清洁生产等措施，对大气、水、固体废物、噪声、振动、辐射等工业污染源进行治理和建设"三废"综合利用工程或设施的投资，主要包括治理废水、治理废气、治理固体废物、治理其他污染等投资。

3. 当年完成环保验收项目环保投资

当年完成环保验收项目环保投资是指按照"三同时"制度建设环保工程与设施的投资，即与新建、扩建、改建和技术改造项目的主体工程同时设计、同时施工、同时投产的环保工程与设施投资，以及项目污染防治所需的资金。

（二）生态建设与防护投资

生态建设与防护投资主要是指用于生态环境保护与修复，建设生态功能区、自然保护区等的投资，如保护水资源、土地资源、生物资源、气候资源的投资，以及保护生物多样性的投资。

（三）环境保护事业相关投资

环境保护事业相关投资主要体现在为提高环境监管能力建设而对环境保护事业相关工作的开展所进行的投资，如环境管理、环境保护科学研究、环境保护有关自身能力建设的部分投资等。

环境管理投资是用于环境监测、环境监察、环境应急、环境宣教、环境信息、环境履约等方面的投资；环境保护科学研究投资包括开展污染防治和生态建设科学技术研究等方面的投资；环保自身建设投资是指各级环保系统有关建设、各级环境监测系统建设、各级环保督察、环境监察有关建设、各级环境科研机构有关建设，以及技术培训、宣传教育等方面的部分相关投资。

需要说明的是，环保投资是指与环境保护和环境建设相关的投资，不包括环境保护部门的行政经费、事业费等，也不包括防治旱涝灾害、水土保持、兴修水利等方面的投资。

七、环保投资的资金来源

环境保护资金渠道是指实行环境保护所需资金的来源。1984年，原中华人民共和国国家计划委员会（今中华人民共和国国家发展和改革委员会）、中华人民共和国城乡建设环境保护部、中华人民共和国财政部等部委联合发布的《关于环境保护资金渠道的规定的通知》（简称《通知》）规定，环境保护资金的来源有预算内基本建设投资、预算内更新改造资金、城市维护费中的一部分资金等八个渠道。虽然在几十年的环境保护工作实践中，我国形成了多种环保资金的来源渠道，但从目前来看，《通知》仍然是政府和企业在环境保护方面主要投资来源的依据,也符合现今环保投资来源的实际。

(一)预算内基本建设投资

预算内基本建设投资是指建设项目(包括新建、扩建和改建项目)"三同时"环保固定资产投资。建设项目防治污染所需要的投资要纳入固定资产投资计划,包括建设项目的环境影响评价费用。

(二)预算内更新改造资金

预算内更新改造资金是指企业的污染治理要与技术改造相结合,规定从更新改造资金中,每年拿出7%用于污染治理。污染严重、治理任务重的企业,其比例要适当提高。

(三)城市维护费中的一部分资金

城市维护费中的一部分资金是指城市要在城市维护费用中支出一部分资金,用于城市污染的集中治理,主要用于结合城市基础设施建设进行的综合性环境污染防治工程。

(四)企事业单位缴纳的排污费

企事业单位缴纳的排污费是指企业所缴纳排污费中的80%要用于治理污染源的补助资金,其余部分由各地环保部门掌握,主要用于补助环境监测设备的购置、监测工作、科研工作、技术培训,以及进行宣传教育等方面。

(五)企业"三废"综合利用的利润留成

企业"三废"综合利用的利润留成是指企业开展综合利用项目所生产的产品实现的利润,可在投资后五年内不上交,留给企业继续治理污染,开展综合利用。

(六)防治水污染的专项资金

防治水污染的专项资金是指根据河流污染程度和国家财力情况,将水污染防治列入国家长期计划,有计划、有步骤地逐项进行治理。

(七)环境保护部门自身建设费用

环境保护部门自身建设费用是指环保部门为建设监测系统、科研院(所)、学校以及治理污染的示范工程所需的基本建设投资,要列入中央和地方的环境保护投资计划。

(八)环境保护部门科技攻关及科技三项费用和环境保护事业费

科技三项费用和环境保护事业费包括新产品试制、中间试验和重大科技项目补助费以及相关费用,由各级科委和财政部门根据需要和财政能力给予适当增加。

在上述环保投资来源的八个主要渠道中,前四个为主要渠道,约占全部环境保护资金的80%以上,主要是政府和企业在环境保护方面的投资。另外,《中华人民共和国环境保护税法》规定,自2018年1月1日起,不再征收排污费,同时依法征收环境保护税。

目前用于环境保护资金来源的其他渠道也在不断探索、实践、丰富和完善中,如国债环保投资、环境保护利用外资、社会融资、环境保护企业上市融资、BOT(Build-Operate-Transfer,建造-运营-移交)、PPP(Public-Private-Partnership,公私合营)、污染治理设施的市场化运营、多种形式的环境保护基金、与环保有关的金融政策、公共财政改革、环境保护彩票、排污权交易等。多渠道多元化的环保投融资格局,有助于更多地筹集环境保护资金。

　　归纳起来说,我国现阶段环保投资来源主要有五种,即基本建设资金、更新改造资金、城市基础建设资金、环境保护税和其他环保投资。

第二节　环保投资结构分析

　　环保投资结构是指环保投资总量与经济总量之间、环保投资总量中各个分量与总量之间,以及环保投资总量中分量与分量之间的比例关系。环保投资结构包括环保投资的规模结构、主体结构、来源结构、使用结构、地区结构等。对环保投资结构进行分析的目的是合理确定环保投资的比例,提高投资的综合效果。良好的环保投资结构对实现经济、社会和环境的协调发展具有重要的意义。

一、环保投资的规模结构分析

　　环保投资规模从价值角度反映环保投资计划投入或已经投入的资金量。适当规模的环保投资可以兼顾环境保护和经济发展两个方面的目标。环保投资不足就不能保证和改善环境质量,甚至影响到社会经济发展;过分投资虽能控制和改善环境质量,但对经济发展有着不利影响,同时投资的效果也不理想。因此,对环保投资的规模结构进行全面的分析十分重要,在实际应用中,主要是分析环保投资与国内生产总值(GDP)之间的关系。

(一)环境保护投资指数

　　衡量一个国家或区域的环保投资规模和水平,常用的重要指标是环境保护投资指数,即在一定时期内,环保投资占同期国内生产总值的比例,如式(4-1)所示。

$$环境保护投资指数 = \frac{环境保护投资}{国内生产总值} \times 100\% \tag{4-1}$$

　　环保投资指数主要依据经验和专家的分析。一般认为:在现代的生产规模、技术水平、管理条件和自然环境状况下,把国内生产总值的1%~2%用于环境保护,可以比较明显地控制污染和保护生态环境,使环境质量保持在一个可以基本接受的水平上;把国内生产总值的2%~3%用于环境保护,可以在很大程度上遏制环境恶化,改善生态环境;把国内生产总值的3%~4%用于环境保护,可以使环境质量保持在一个良好的状态。我国《国家环境保护模范城市考核指标及其实施细则(第六阶段)》中将"近三年,每年环境保护投资指数≥1.7%"列为国家环境保护模范城市的考核指标。另外,环保投资指数与国家经济发展水平存在正相关关系,发达国家的环保投资指数一般占国内生产总值的2%以上。

　　一个国家或地区确定其环保投资的规模和水平,应当遵循需要与可能的原则,既要考虑环境的现状,又要和国家或地区的经济状况相适应。合适的环保投资的规模还应当遵循确保环保投资规模稳步增长和协调发展的原则,避免大起大落。

(二)环境污染治理投资规模结构分析

1. 环境污染治理投资年度规模状况分析

随着我国对环境保护工作的不断加强,我国的环保投资逐年增加。表4-1体与了我国环境污染治理投资的年度规模结构状况,图4-1反映了我国年度环境污染治理投资及占同期GDP比例的变化状况。

环境污染治理投资年度规模状况　　　　　　　　　　　　　　　表4-1

年份	环境污染治理投资总额/亿元	比上一年增加/%	国内生产总值GDP(调整后)/亿元	环境污染治理投资指数/%	备注
1986年	73.90	92.00	10376.20	0.71	
1987年	90.90	23.00	12174.60	0.75	
1988年	99.97	10.00	15180.40	0.66	
1989年	102.51	3.00	17179.70	0.60	
1990年	109.14	6.00	18872.90	0.58	
1991年	170.12	56.00	22005.60	0.77	
1992年	205.56	21.00	27194.50	0.76	
1993年	268.83	31.00	35673.20	0.75	
1994年	307.20	14.00	48637.50	0.63	
1995年	354.86	16.00	61339.90	0.58	
1996年	408.21	15.00	71813.60	0.57	
1997年	502.49	23.00	79715.00	0.63	
1998年	721.80	44.00	85195.50	0.85	
1999年	823.20	14.00	90564.40	0.91	
2000年	1060.70	29.00	100280.10	1.06	人均GDP超过800美元
2001年	1106.60	04.00	110863.10	1.00	
2002年	1363.40	22.00	121717.40	1.12	
2003年	1627.30	19.00	137422.00	1.18	人均GDP超过1000美元
2004年	1908.60	17.00	161840.20	1.18	
2005年	2388.00	25.00	187318.90	1.27	
2006年	2567.80	8.00	219438.50	1.17	人均GDP超过2000美元
2007年	3387.60	32.00	270092.30	1.25	
2008年	4490.30	33.00	319244.60	1.41	人均GDP超过3000美元
2009年	4525.20	0.800	348517.70	1.30	
2010年	6654.20	47.00	412119.30	1.61	人均GDP超过4000美元
2011年	6026.20	-9.40	487940.20	1.24	人均GDP超过5000美元
2012年	8253.60	37.00	538580.00	1.53	人均GDP超过6000美元
2013年	9037.20	9.40	592963.20	1.52	人均GDP超过7000美元
2014年	9575.50	6.00	643563.10	1.49	
2015年	8806.30	-8.00	688858.20	1.28	人均GDP超过8000美元

续上表

年份	环境污染治理投资总额/亿元	比上一年增加/%	国内生产总值GDP（调整后）/亿元	环境污染治理投资指数/%	备注
2016年	9219.80	4.70	746395.10	1.24	
2017年	9539.00	3.50	832035.90	1.15	
2018年	8987.60	-5.80	919281.10	0.98	人均GDP超过9000美元
2019年	9151.90	1.80	986515.20	0.93	人均GDP超过10000美元
2020年	10638.90	16.20	1013567.00	1.05	人均GDP超过11000美元
2021年	9491.80	-10.80	1143669.70	0.82	人均GDP超过12000美元

注:1. 表中"环境污染治理投资总额":1986—2016年数据来源于《全国环境统计公报》;2017—2021年数据来自《生态环境统计年报》。

2. 表中的"国内生产总值GDP"数据来源于《中国统计年鉴2022》。

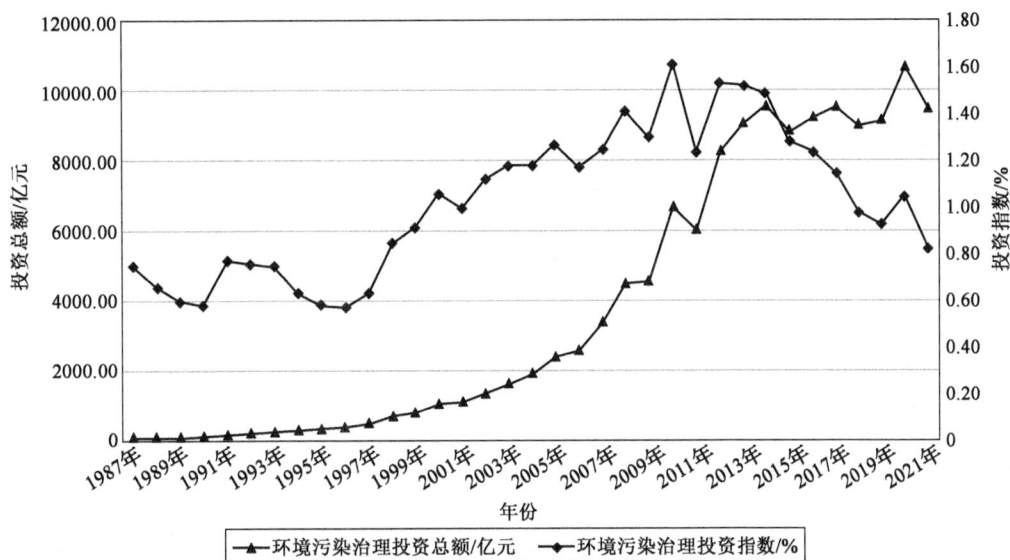

图4-1 年度环境污染治理投资及占同期GDP比例的变化状况

从表4-1和图4-1可以看出,我国年度环保投资增长较快,1986—1998年,全国环保投资总量从73.90亿元增长至721.80亿元,绝对量增长很快,但当其表现在占国内生产总值的比例上时,则增长缓慢。1998年,由于国家在实施积极的财政政策的同时加大城市环境基础设施投资,因此,环保投资占GDP的比例有较大增长。

2000年,我国国内生产总值突破1万亿元,人均GDP超过800美元。同年全国环保投资为1060.70亿元,比上年增长29.00%,占当年GDP的1.06%,环境保护投资指数大于1.00%,为标志性数据。此后,2003—2007年环保投资增长较快,但由于GDP的增幅更大,环保投资指数经历了几年的徘徊。

2010年全国环保投资大幅增加,达6654.20亿元,较上年增长47.00%,环保投资指数达1.61%,超过1.50%的标志性指标。2017年环保投资接近一万亿元,但环保投资指数呈波动变化,没有稳定在1.50%以上。由图4-1可知,2011—2021年,我国环境污染治理投资指数分布在1.50%的附近区域。

一方面,我国的环保投入虽然逐年增加,但我国经济多年以中高速增长的态势发展,使环保投资指数的提高较为缓慢;另一方面,经济的中高速增长对自然生态环境的影响较大,数值巨大的环保投资仍不能满足防治环境污染、改善生态环境的需求,这就需要转变经济增长方式,实现高质量发展,同时把环保投资指数提高到符合我国新阶段要求的水平。

确定一个合理的环保投资比例要综合考虑多种因素,从发达国家环保投资的比例来看,多种因素的综合考量也有可遵循的规律。美国环境保护署(EPA)环境保护的财政支出费用主要包括五个部分,即清洁空气和全球气候变化、清洁水和安全水、土地保护和修复、健康的生物群落和生态系统、相关的服务功能和环境效益。2003年美国环保投资费用为3010亿美元,环保投资指数为2.74%,同年,我国环保投资指数为1.18%。

在新发展阶段,我国环保投资占GDP的合适比例应为1.50%~2.00%,同时要充分提高环保投资的效果,为高质量发展提供保障。至2035年中国基本实现社会主义现代化时,环保投资指数应稳定在1.50%~1.70%。

2.环境污染治理投资五年规模状况分析

表4-2为我国环境污染治理投资的五年规模结构状况,图4-2为我国"五年"(计划)规划期间环保投资额及占同期GDP比例的增长情况。

环境污染治理投资五年规模状况 表4-2

"五年"(计划)规划期间	起止年份	环境污染治理投资总额/亿元	比上一个五年计划增加/%	五年国内生产总值GDP/亿元	五年环境污染治理投资指数/%	备注
"六五"	1981—1985年	166.23	—	32707.50	0.48	
"七五"	1986—1990年	476.42	186.60	73783.80	0.65	
"八五"	1991—1995年	1306.57	174.25	194850.70	0.67	
"九五"	1996—2000年	3516.40	169.13	427568.60	0.82	计划为1.3%
"十五"	2001—2005年	8393.90	138.71	719161.60	1.17	规划为7000亿元
"十一五"	2006—2010年	21625.10	157.63	1569412.40	1.38	规划为13750亿元
"十二五"	2011—2015年	41698.80	92.83	2951904.70	1.41	规划为34000亿元
"十三五"	2016—2020年	47537.20	14.00	4497794.30	1.06	

注:1.表中"环境污染治理投资总额"来源于《全国环境统计公报》与《生态环境统计年报》。

2.表中"国内生产总值"来源于《中国统计年鉴2021》及《中国统计年鉴2022》。

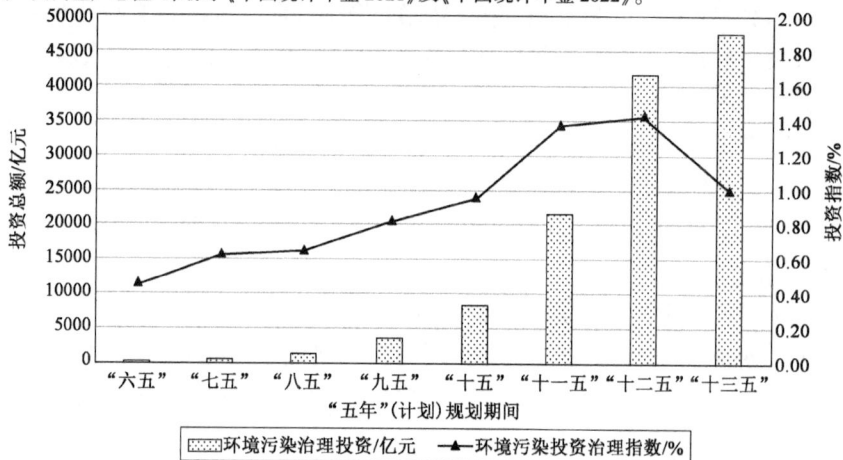

图4-2 "五年"(计划)规划期间环保投资额及占同期GDP比例的增长情况

由表4-2和图4-2可知，"七五"期间环保投资为476.42亿元；"八五"期间环保投资达到1306.57亿元，是"七五"期间的2.74倍；"九五"期间我国环保投资力度不断加大，是"八五"期间的2.69倍；"十五"期间的环保投资达到8393.90亿元，约占GDP的1.20%，是"九五"期间的2.38倍；"十一五"期间的环保投资是"十五"期间的2.57倍；"十二五"期间的环保投资比"十一五"期间增加约2万亿元，"十二五"期间环保投资指数为1.41%；而"十三五"期间的环保投资超过了4.70万亿元。

从我国社会经济发展"五年"（计划）规划期间来看，随着中国经济和环境保护事业的不断发展，"五年"（计划）规划期间的实际环保投入增加较快，"五年"实际的环保投资总额均比上一个"五年"有很大的增加。

二、环保投资的使用结构分析

我国的环保投资主要使用方向是环境污染治理投资、生态建设与防护投资、环境保护事业相关投资等，每个主要使用方向又包括若干相关的具体使用方向。对环境保护投资进行使用结构分析，可合理确定环保投资的使用方向，用准用好环保投资，以加强治理、改善环境为主要目的的环境建设，提高投资的综合效果。下面为环境污染治理投资的使用结构分析。

（一）年度环境污染治理投资使用结构分析

表4-3、图4-3、图4-4为年度环境污染治理投资的使用结构状况。例如，2014年环境污染治理投资总额为9575.50亿元，较上年上升6.00%，占国内生产总值的1.49%。其中，城市环境基础设施建设投资5463.90亿元，比上年增加4.60%，占当年污染治理投资总额的57.10%；工业污染治理投资997.70亿元，比上年增加17.40%，占当年污染治理投资总额的10.40%；建设项目"三同时"环保投资3113.90亿元，比上年增加5.00%，占当年污染治理投资总额的32.50%。图4-5为环境污染治理各分项投资所占比例结构。

年度环境污染治理投资使用结构状况　　　　　　　　　　　　　表4-3

年份	环境污染治理投资总额/亿元	城镇环境基础设施建设投资/亿元	工业污染源治理项目投资/亿元	当年完成环保验收项目(三同时)环保投资/亿元	环境污染治理投资占当年GDP/%
1991年	170.10	55.78 [32.79%]	69.85 [41.06%]	44.49 [26.15%]	0.77
1992年	205.60 <20.80%>	71.50 [34.78%]	78.55 [38.21%]	55.51 [27.00%]	0.76
1993年	268.80 <30.80%>	106.30 [39.54%]	87.62 [32.59%]	74.91 [27.87%]	0.75
1994年	307.20 <14.30%>	113.15 [36.83%]	105.53 [34.35%]	88.52 [28.82%]	0.63
1995年	354.90 <15.50%>	130.84 [36.87%]	122.82 [34.61%]	101.25 [28.53%]	0.58
1996年	408.20 <15.00%>	170.82 [41.85%]	126.56 [31.00%]	110.83 [27.15%]	0.57

续上表

年份	环境污染治理投资总额/亿元	城镇环境基础设施建设投资/亿元	工业污染源治理项目投资/亿元	当年完成环保验收项目(三同时)环保投资/亿元	环境污染治理投资占当年GDP/%
1997 年	502.50 <23.10%>	257.25 [51.20%]	116.44 [23.17%]	128.80 [25.63%]	0.63
1998 年	721.80 <43.60%>	456.00 [63.18%]	123.80 [17.15%]	142.00 [19.67%]	0.85
1999 年	823.20 <14.10%>	478.90 [58.18%]	152.70 [18.55%]	191.60 [23.28%]	0.91
2000 年	1060.70 <28.90%>	561.30 [52.92%]	239.40 [22.57%]	260.00 [24.51%]	1.06
2001 年	1106.60 <4.30%>	595.70 [53.80%]	174.50 [15.80%]	336.40 [30.40%]	1.00
2002 年	1363.40 <23.20%>	785.30 [57.60%]	188.40 [13.80%]	389.70 [28.60%]	1.12
2003 年	1627.30 <19.40%>	1072.00 [65.90%]	221.80 [13.60%]	333.50 [20.50%]	1.18
2004 年	1908.60 <17.30%>	1140.00 [59.73%]	308.10 [14.14%]	460.50 [24.13%]	1.18
2005 年	2388.00 <25.10%>	1289.70 [54.01%]	458.20 [19.19%]	640.10 [26.80%]	1.27
2006 年	2567.80 <7.50%>	1314.90 [51.21%]	485.70 [18.91%]	767.20 [29.88%]	1.17
2007 年	3387.60 <31.90%>	1467.80 [43.30%]	552.40 [16.30%]	1367.40 [40.40%]	1.25
2008 年	4490.30 <32.60%>	1801.00 [40.11%]	542.60 [12.10%]	2146.70 [47.81%]	1.41
2009 年	4525.20 <0.70%>	2512.00 [55.50%]	442.50 [9.80%]	1570.70 [34.70%]	1.30
2010 年	6654.20 <47.00%>	4224.20 [63.50%]	397.00 [6.10%]	2033.00 [30.60%]	1.61
2011 年	6026.20 <−9.40%>	3469.40 [57.60%]	444.40 [7.40%]	2112.40 [35.10%]	1.24
2012 年	8253.60 <37.00%>	5062.70 [61.30%]	500.50 [6.10%]	2690.40 [32.70%]	1.53
2013 年	9037.20 <9.50%>	5223.00 [57.80%]	849.70 [9.40%]	2964.50 [32.80%]	1.52

年份	环境污染治理投资总额/亿元	城镇环境基础设施建设投资/亿元	工业污染源治理项目投资/亿元	当年完成环保验收项目(三同时)环保投资/亿元	环境污染治理投资占当年GDP/%
2014 年	9575.50 <6.00%>	5463.90 [57.10%]	997.70 [10.40%]	3113.90 [32.50%]	1.49
2015 年	8806.30 <-8.00%>	4946.80 [56.17%]	773.70 [8.79%]	3085.80 [35.04%]	1.28
2016 年	9219.80 <4.70%>	5412.00 [58.70%]	819.00 [8.88%]	2988.80 [32.42%]	1.25
2017 年	9539.00 <3.50%>	6086.70 [63.81%]	681.50 [7.14%]	2771.70 [29.06%]	1.16
2018 年	8987.60 <-5.80%>	5893.20 [65.57%]	697.50 [7.76%]	2397.00 [26.67%]	0.98
2019 年	9151.90 <1.80%>	5786.70 [63.23%]	615.20 [6.72%]	2750.10 [30.05%]	0.93
2020 年	10638.90 <16.20%>	6842.20 [64.31%]	454.30 [4.27%]	3342.50 [31.42%]	1.05
2021 年	9491.80 <-10.80%>	6578.30 [69.31%]	335.20 [3.53%]	2578.30 [27.16%]	0.82

注:1. "环境污染治理投资总额"的 3 个组成分项中:1991—2000 年数据来源于《中国环境年鉴》和《全国环境统计公报》;2001—2015 年的数据来源于《全国环境统计公报》;2016 年、2017 年的数据来源于《中国环境统计年鉴(2018)》;2018—2021 年的数据来源于《生态环境统计年报》。

2. "当年完成环保验收项目(三同时)环保投资"一项中,1999—2000 年数据为"建设项目'三同时'环保投资";2001—2017 年按新的修正方案数据调整为"当年完成环保验收项目环保投资";2018—2021 年为"建设项目竣工验收环保投资"。

3. < >中数值为环境污染治理投资年增长率,[ ]中数值为各项投资占投资总量的比例。

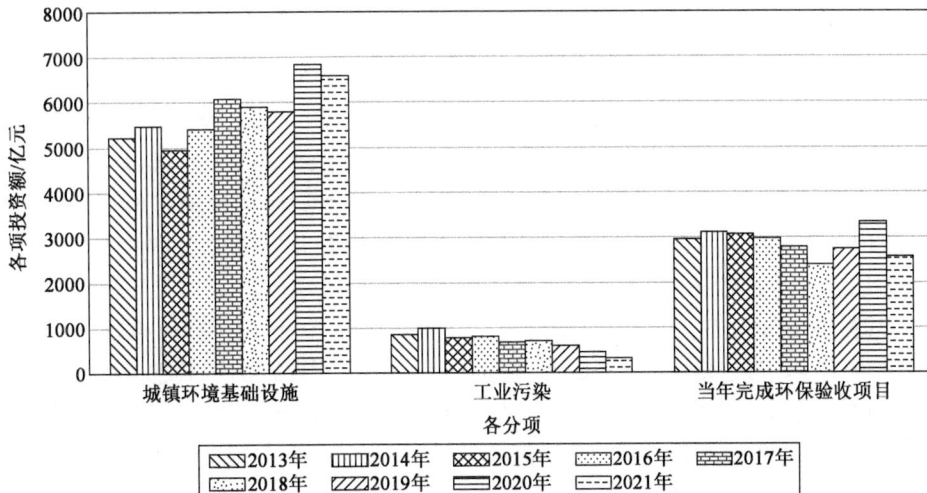

图 4-3 年度环境污染治理投资使用结构(一)

113

图 4-4 年度环境污染治理投资使用结构(二)

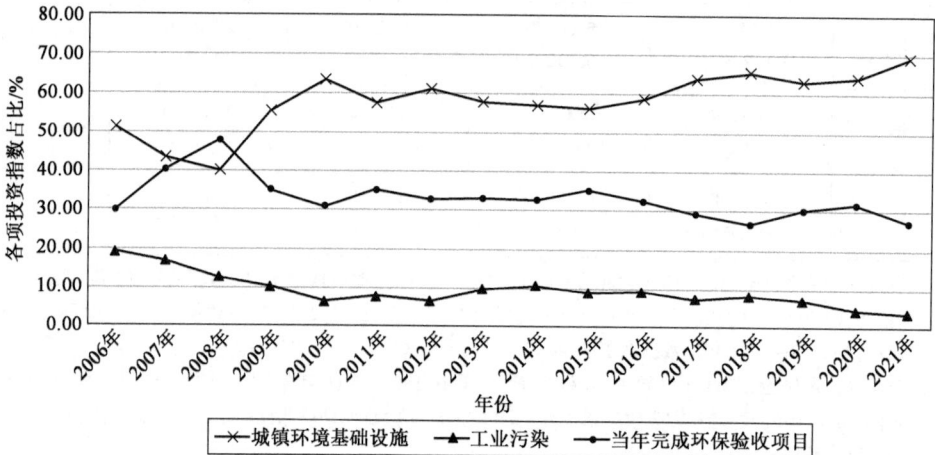

图 4-5 环境污染治理各分项投资所占比例结构

(二)五年(计划)规划期间环境污染治理投资使用结构分析

表 4-4 列出了"七五"至"十三五"这七个五年(计划)规划期间,我国环境污染治理投资的使用结构和具体数据,图 4-6 体现了"八五"至"十三五"这六个五年(计划)规划期间,我国环境污染治理投资的使用结构。可以看出,环境污染治理投资的使用比例是根据当时国家经济建设和环境保护的要求确定的。如在"八五"期间及其以前,我国环境保护的重点是治理老企业污染,所以老企业污染治理投资占的比例比较大。"九五"期间国家加大了城市环境基础设施的建设,其投资增加很大,占到了污染治理投资的一半以上,而且一直保持着超过 50% 的投资规模,城市环境基础设施建设投资成为我国环境污染治理投资的主要部分,"十三五"期间更是超过了 60% 的投资规模,反映出国家环境保护工作的重点。随着对企业污染的治理加快,以及"三同时"制度的严格执行,工业污染源治理项目投资占投资总量的比例不断下降,"三同时"项目的投资占环保投资总量的比例相对稳定。

五年(计划)规划期间环境污染治理投资使用结构

表 4-4

"五年"(计划)规划期间	起止年份	环境污染治理投资/亿元	城镇环境基础设施建设投资/亿元	工业污染源治理项目投资/亿元	当年完成环保验收项目(三同时)环保投资/亿元
"七五"	1986—1990 年	476.42	—	—	—
"八五"	1991—1995 年	1306.57 <174.25%>	477.55 [36.55%]	464.36 [35.54%]	364.66 [27.91%]
"九五"	1996—2000 年	3516.40 <169.13%>	1924.27 [54.72%]	758.90 [21.58%]	833.23 [23.70%]
"十五"	2001—2005 年	8393.90 <138.71%>	4882.70 [58.17%]	1351.00 [16.09%]	2160.20 [25.74%]
"十一五"	2006—2010 年	21625.10 <157.63%>	11319.90 [52.35%]	2420.20 [11.19%]	7885.00 [36.46%]
"十二五"	2011—2015 年	41698.80 <92.83%>	24165.80 [57.95%]	13967.00 [8.55%]	3566.00 [33.50%]
"十三五"	2016—2020 年	47537.20 <14.00%>	30020.80 [63.15%]	3267.50 [6.87%]	14250.10 [29.98%]

注:1. 表中"环境污染治理投资总额"及其3个组成分项来源于《中国环境年鉴》《全国环境统计公报》与《生态环境统计年报》。

2. "当年完成环保验收项目(三同时)环保投资"一项中,1999—2000 年数据为"建设项目'三同时'环保投资", 2001—2017 年按新的修正方案数据调整为"当年完成环保验收项目环保投资";2018—2020 年为"建设项目竣工验收环保投资"。

3. < >中数值为环境污染治理投资年增长率,[ ]中数值为各项投资占投资总量的比例。

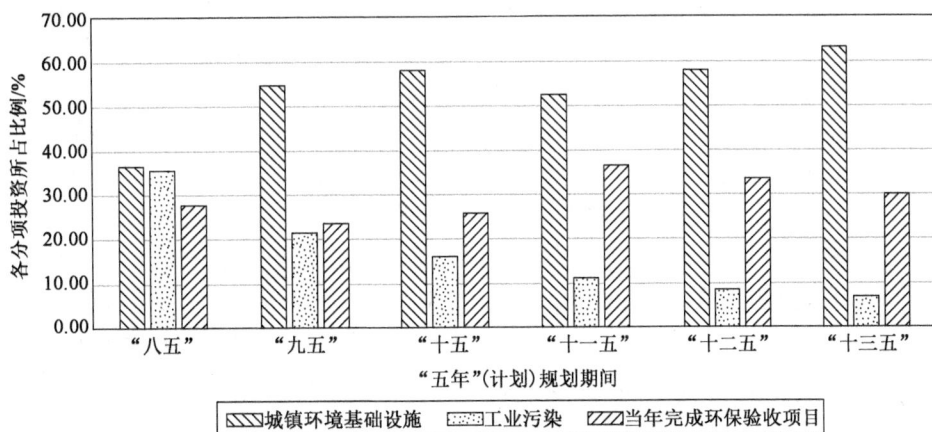

图 4-6 "五年"(计划)规划期间环境污染治理投资使用结构

三、环保投资的其他结构分析

环保投资结构分析还需对环保投资的主体结构、来源结构等进行分析。

(一)环保投资的主体结构分析

环保投资的主体结构分析是指对不同投资主体的环保投资,及其在环保投资总额中所占的比重与作用的分析,是对各投资主体的环保投资比例关系、作用及其投资体制的分析。保护和改善环境需要大量的资金,并且需要多种投资渠道筹措资金用于保护环境。实现环境保护投资主体的多元性有利于提高环保投资的效果,同时有利于环境保护目标的实现。

目前我国的环保投资主体主要有以下几种。

(1)国家主体。国家进行的投资,即国家预算的环保投资,主要用于重点污染源治理、区域污染防治和生态保护,以及环境监督管理等方面的投资。

(2)地方政府主体。地方政府(省、市、县等)进行的环保投资纳入地方财政预算,主要用于解决本行政区域的环境问题和环境保护工作。

(3)企业主体。企业为解决由于自身所造成的对企业,及所影响区域相关环境造成影响的环境问题而进行的投资。

(4)社会与个人主体。这主要指由社会团体、组织以及个人参与环境保护而进行的投资。

(5)金融组织主体。该主体进行的投资主要是通过银行贷款,也包括非银行金融组织的融资以用于环境保护工作。

(6)国外投资主体。这是指我国利用各种外资以进行环境保护工作。

有研究指出,我国70%的环保投资来源于政府投资。环境保护本身是一项公共事业,政府要发挥主导投资作用。企业要加大环境保护投入,承担环保投资主要投资主体的责任;推进环保投资主体多元化,制定政策,采取措施,落实其他投资主体进行环保投资的责任,调动进行环保投资的积极性,不断完善环保投资体制。

(二)环保投资的来源结构分析

我国环保投资的来源渠道主要有基本建设投资、更新改造投资、城市基础建设投资、环境税(排污收费)和其他环保投资。"三同时"制度使建设投资成为环保投资的主渠道之一,而且多年来一直保持着较高比例。由于新建、改建和扩建的基本建设项目、技术改造项目、自然开发项目,以及其他工程建设项目实施"三同时"制度,更新改造环保投资处于下降的趋势,而城市基础设施建设环保投资增长很快,目前已超过环境污染治理投资总量的一半,这说明城市环境污染集中治理和综合整治是这个时期国家环境保护工作的重点。在排污收费方面,征收与使用存在的一些问题,导致征收的排污费在环保投资来源的比重过低。2018年1月1日,《中华人民共和国环境保护税法》正式实施,尽管立法秉持着"税负平移"即从排污费"平移"到环保税的原则,但相对于排污费征收存在的种种问题,环境保护税征收额有较大增加。

四、环保投资影响因素与存在的问题

分析环保投资结构及其存在的问题,首先要在明晰环保投资所具特点的基础上,分析影响环保投资水平的因素,并以存在的问题为导向分析产生问题的原因,提出改进措施。

(一)影响环保投资水平的因素

分析影响环保投资水平的因素是加强环保投入认识,提高环保投资水平与效果,保障高质量发展实现的基础工作。影响环保投资水平的主要因素有以下几个方面。

1. 经济实力

经济实力对环保投资水平具有决定性影响。经济发达的国家与地区环保投资比例较高，提高经济实力是环境保护投资的重要保障。

2. 环境状况

环境状况的优劣决定环保投资的多少。环境状况差，就会促使政府、企业加大环保投资，解决环境问题；环境质量好，所需的环保投资也就相对稳定。

3. 环保意识

环境保护意识是影响环保投资的重要因素。领导者和决策者的环保意识，对环保工作的重视程度，在很大程度上决定环境保护的投入与环境保护的工作成效。同时，公众作为环境保护的基本力量，公众整体环保意识的加强，也会促进环境保护投入的增加。

4. 科技水平

科学技术水平对环保投资有重要影响。环保投资要借助于科学技术的进步，才能充分发挥其效益。加大环境保护的科学技术研究和推广实践，对提高环保投资效益和整体环保工作具有重要作用。

除上述影响因素外，社会发展程度、投资政策等因素，也会影响环保投资水平的高低。

（二）影响环保投资水平的问题

分析环保投资存在的问题，是完善环保投资管理，加强环境保护，实现高质量发展的必然要求。

1. 历史欠账仍有存在，环保投资指数的稳定性不足

我国仍存在环保历史欠账，尽管环境保护的投资总量不断加大，但占 GDP 的比例依然较低，环保投资规模与控制环境污染、改善生态环境质量的需求差异还比较大。我国对历史形成的环境与生态问题仍需加大投入，如农村环境治理和生态脆弱地区等环境问题。此外，环保投资加大的同时，环保投资指数也应稳定地提高，环保投入的力度也须进一步加强。

2. 环保投资方式单一，环保投资管理较弱

在环境保护投入方面，企业在社会融资等方面比较薄弱，因此，企业应加大环保投入力度，广泛地吸纳财政资金、商业资本、金融资本、社会资金等投入环境保护的资金；同时，还要进一步加强环保投资管理，完善规范、严格、操作性强的管理体系，切实提高环保投资效益。

3. 企业环保投资不高，环保投资效益较低

企业对环境问题外部性和环保投入效益滞后性的特征理解普遍存在误区，因此许多企业缺乏环保投资的积极性和环境保护的内在动力，主动进行环保投入的意识不强。企业是环境保护投资主要的投资主体，但企业环保投资所占份额不足，同时，企业环保投资的效益不高，环保设施运行低效是普遍存在的问题。因闲置、停运、报废等没有运行的环保设施所占的比重较大，而在运行中的环保设施的有效运行率不足。企业环保投资效益不高，是环境污染状况改善不佳的主要原因之一，所以企业要加强环境监管、环保督察，同时加强环境宣传教育，着力提高企业的环保意识。

4.环保投资统计不全,统计口径缺项较多

我国在 20 世纪 80 年代初正式建立环境统计报表制度,在此期间还进行了部分微调,2012年我国开始统计污染治理设施直接投资。但总体而言,我国的环保投资统计范围不全,难以反映环保投资整体情况。在我国目前的环境统计工作中,环保投资主要统计的是环境污染治理投资,而环境污染治理投资中主要统计的是城市环境基础建设投资、工业污染源治理投资、当年完成环保验收项目环保投资三个方面,尚未将生态保护投资、流域环境综合整治投资,以及非工业污染治理项目投资、环境保护事业相关投资等领域的环保投资纳入现行的环保投资统计范围。环保投资统计体系设计应尽可能规范地覆盖所有环境保护活动,环保投资统计口径应有结构式的设计,把必要的间接环保投资纳入统计范围,进行分类统计。统计口径不全及收窄统计口径会带来环保投资规模偏低的不真实结论,也不利于环保投资决策、管理与研究。

第三节　环境效益与“三效益”分析

“三效益”是指经济效益、社会效益和环境效益,它们之间存在着辩证统一的关系。环保投资是预防与治理环境污染和生态破坏的基础条件和重要保证,其所产生的环境效益非常显著。环保投资带来的社会效益也十分明显,在改善人民的生活条件、提高人民的生活质量、促进社会的稳定等方面,都起到了十分重要的作用。同时环保投资是经济高质量可持续发展的重要保障。

一、环境效益与生态效益

(一)环境效益

环境效益是指由于人类的活动给自然环境系统造成影响而产生的效应,是由人类活动引起的环境质量变化而对人类和其他生物产生影响的效果。

环境效益有正效益和负效益之分,一般说到的环境效益通常指正效益,负的环境效益通常称为环境损失。各种生态保护与恢复活动会明显改善生态环境,其环境效益为正效益;向环境排放“三废”,使环境质量下降,这就是负的环境效益,即环境损失。追求环境效益,就是要鼓励有助于环境质量不断提高的人类活动,减少或限制对环境有负效益的活动。对于产生环境损失的经济活动,要采取相应的环境保护措施。环境保护措施取得的环境效益为正效益,表现为环境状况的改善和环境质量的提高。

环境效益具有层次性,包括宏观环境效益和微观环境效益两个基本层次。宏观环境效益是指大区域范围层面上的环境效益,微观环境效益主要是指以企业为主的点上的环境效益。微观环境效益是宏观环境效益的基础,宏观环境效益是微观环境效益的综合。

环境效益还可以反映为直接效益和间接效益、短期效益和长期效益、可计量效益和不可计量效益等。

(二)生态效益

生态效益主要是针对生物系统及其生态系统的效益,是环境效益的组成部分。生态效益,一般是指依据生态平衡规律,自然环境中的生物系统对人类生存环境条件,以及生产、生活条件产生的有益影响和有利效果,即生态正效益;而生态负效益是指生态损失,主要指人类活动对生态环境造成的破坏,即生态破坏。

生态效益的基础是良好的生态环境,是生态平衡和生态系统的良性循环。良好的生态环境关系到人类及其他生物的生存与发展,是人类的根本利益和长远利益。

生态效益概念包括生态与经济两个要素,在人类活动中生态与经济的有效配置与协调发展至关重要。人类活动对资源消耗和生态环境冲击的减小,生态破坏的修复、生态环境的保护是生态效益评价的基础判据。生态效益和社会效益也是互相包含的关系,现代社会的快速发展,在经济效益、社会效益、环境效益的"三效益"中,更加强调经济效益、社会效益、环境效益的和谐统一。

(三)环境资源的特征

环境是一种资源,除与一般的资源一样具有生产性、消费性的特征外,环境资源还具有公有性的特征。

1. 环境资源的生产性特征

环境资源的生产性特征表现在环境资源可以为人类的生产活动提供原料、土地等生产要素,通常有三种形式。

(1)环境资源以生产的原材料形式进入生产过程。例如,水资源是许多工业生产过程的重要原材料。

(2)环境资源成为生产过程的要素。环境资源为生产提供了必不可少的条件,例如,清洁的空气是工业生产过程和农作物生长的重要条件。

(3)环境资源为生产提供了废物排泄的场所。环境以自身对废物特有的容纳和净化能力,减少生产过程处理废物的费用。

以上三种环境资源的生产性特征产生了非常重要的环境效益,同时带来了显著的经济效益。

2. 环境资源的消费性特征

人们的消费需要可分为物质生活需要和文化生活需要。吃、穿、住、用、行等是物质生活需要;教育、科学、体育、旅游、娱乐等是文化生活需要。

环境资源的消费性特征表现在为人类消费需求提供资源,如新鲜的空气、清澈的水体、宁静的环境、优美的景观等,为人类的文化生活需要提供舒适、享受和快乐的体验。人们从消费这些环境资源中获取所需效益就是环境资源的消费性特征的体现。

人类要求自身的消费活动要有利于保护人类赖以生存的自然环境,消费与环境保护一体化的趋向,以及"绿色消费"观念已开始成为人类的基本共识。

3. 环境资源的公有性特征

环境资源除了生产性和消费性之外,还有一个与一般资源不同的特征,即环境资源的公有性。环境资源是一种公共物品,所以,环境所产生的效益在更大空间上也为大多数人所感受与获得。例如,人人可以免费地呼吸新鲜的空气,不会因为某一个人为改善大气环境投入了资金而独享。另外,由于环境资源的公有性,它往往没有市场价格,因而难以直接用市场价格来计量。

环境资源通过上述三个特征给人类带来了效益,这种效益称为广义环境效益。

二、经济效益

从宏观上看,经济效益是人类活动对国民经济的贡献,反映为增加社会产品和国民收入的能力;从微观上看,经济效益表现为人类活动对企业生产的贡献,反映为增加企业利润的能力。任何一项经济活动首先必须有经济效益才是可行的。经济效益包含物质效果和经济效果两个概念,其中,物质效果表现为资源的合理利用,如产品品种、产品质量、社会需求满足程度等,是以使用价值形态考核的;经济效果表现为劳动的占用与消耗、产品的成本、产值、利润等,以价值形态考核。

经济效益就是人类为达到一定的目的而进行的生产活动所占用及消耗的劳动,与所产生的满足社会需要的劳动成果的对比关系,可以简单概括为投入与产出的比较,或所费和所得的比较,即:

$$E = \frac{X}{L} \tag{4-2}$$

式中:E——经济效益;

L——劳动消耗;

X——劳动成果。

由式(4-2)可知,要提高经济效益,一般有五种方法:一是在劳动成果不变的情况下,劳动消耗下降;二是在劳动消耗不变的情况下,劳动成果增加;三是劳动消耗与劳动成果均增加,但劳动成果增加的幅度更大;四是劳动消耗和劳动成果均降低,但劳动消耗降低的幅度更大;五是最理想的状况,即劳动消耗下降,同时劳动成果增加,经济效益显著增加,即:

$$E^{\uparrow} = \frac{X^{\rightarrow}}{L^{\downarrow}}; E^{\uparrow} = \frac{X^{\uparrow}}{L^{\rightarrow}}; E^{\uparrow} = \frac{X^{\uparrow\uparrow}}{L^{\uparrow}}; E^{\uparrow} = \frac{X^{\downarrow}}{L^{\downarrow\downarrow}}; E^{\uparrow\uparrow} = \frac{X^{\uparrow}}{L^{\downarrow}}$$

评价经济效益一般有两种指标:一是相对指标;二是绝对指标。

经济效益相对指标:

$$E_{相} = \frac{X}{L} \tag{4-3}$$

经济效益绝对指标:

$$E_{绝} = X - L \tag{4-4}$$

根据制定经济方案数量的不同,经济活动的决策可分为单方案(只有一个方案)决策和多方案(两个及以上方案)选择决策。

对于单方案来说,其经济效益的评价判据为:

$$E_{相} = \frac{X}{L} \geq 1 \text{ 或 } E_{绝} = X - L \geq 0$$

则方案可行。

对于多方案,其经济效益评价判据可简单表述为:在满足单方案标准的条件下,E最大者为优。

环保投资可以产生显著的经济效益,如保护和节约资源和能源、提高宏观经济效益和微观经济效益、促进科学技术水平的提高和技术改造加快、促进经济管理的科学化等方面。所以说,环境保护是提高经济效益质量的重要保证。

三、社会效益

社会效益指人类活动对人类社会所产生社会影响的效果,从活动的本身,以及从受活动影响的社会角度来评价该活动的效果。社会效益的内涵包括三个方面的主要内容:一是人类活动对提高人民福利水平的作用;二是人类活动对提高社会文明方面的作用;三是人类活动对合理的人类自身发展的其他作用。

社会效益主要体现于科学教育、文体卫生、公益福利、社会稳定、生态环境和人的素质等多个方面。社会效益也具有难于经济量化的特点,所以许多社会效益很难或不能用货币指标进行定量分析,只能进行间接量化或结合定性分析进行主观量化。

从环境保护来说,社会效益表现为民众体质增强、发病率降低、寿命和精力充沛时间延长、劳动和生活条件改善、人文景观保护、财富增长、文化条件改善、社会稳定等。

四、环保投资效益

环保投资效益主要是指在环境保护方面的投入所带来的综合效益,可用实现特定的环境目标所投入的资金与所获得的各种效益的关系来体现和表示,如环保投资对"三效益"的贡献度等。环保投资效益主要体现在环境效益上,同时也会产生良好的社会效益和经济效益。环保投资效益包括投资产生的各种直接效益,也包括许多范围广泛、影响深远的间接效益。环保投资效益主要体现在环境效益上,同时也会产生良好的社会效益和经济效益。

(一)环保投资的环境效益

(1)环保投资有效遏制环境污染的产生与发展,使环境质量得到改善,为可持续发展提供必要条件。

(2)环保投资有效恢复、改善对生态的破坏,促进自然生态保护,为可持续发展提供必要的物质基础。

(3)环保投资提高企业的污染治理水平,增强企业在防治污染方面的综合实力,改善企业的生产环境。

(二)环保投资的经济效益

(1)环保投资是区域经济良性发展的重要保障。

(2)环保投资促进环保产业规模和效益的提高,并带动其他相关产业的发展,促进整个经济的发展。

(3)环保投资促使企业有效利用"三废",有效节约资源和能源,促进企业经济效益的提高。

(4)环保投资促进各行业采用新技术,加快技术改造,提高创新能力。

(三)环保投资的社会效益

(1)环保投资促进环境基础设施的建设,改善人们的生活条件和生活质量,提高人的综合素质,促进美好生活的实现。

(2)环保投资保护自然和人文景观,保护人类珍贵的文化遗产,推动社会文化事业的发展。

(3)环保投资可以减少由于环境问题产生的民事纠纷,促进社会的稳定。

提高环保投资效益是环境保护工作的重要内容,主要体现在两个方面:一是在实现环保投资目标的前提下节约环保投资,二是以同样的环保投资取得更多的环境效益、经济效益和社会效益。通过环保投资建设各类环境保护设施,环境保护设施是防止人类活动产生的污染物污染环境的闸门,是保护生态环境的最后一道防线,用好管好环境保护设施,才能真正有效保护环境。因此,加强对环境保护设施的监督管理非常重要。

最大限度地提高环保投资的质量和效益,始终是贯穿环保投资的一项根本性任务。环保投资仅仅依靠增量还达不到提高环保投资效益的要求,还要转变环保投资管理方式,由重视环保投资数量转变为同时注重环保投资质量,才能提高环保投资的效益。

五、"三效益"协调的帕累托改进分析

环保投资的环境效益、经济效益和社会效益,三者互为条件,相互影响,存在辩证统一的关系。

一方面,"三效益"之间存在矛盾的关系,这种矛盾主要是人类在社会经济活动中,往往只重视所带来的直接经济效益,而忽视与人类的整体利益和长远利益相关联的环境效益和社会效益而引起的。另一方面,"三效益"能在一定的条件下具有相互统一和相互转化的关系,如果经济系统在运转中做到降低物耗、能耗,那么在其提高经济效益的过程中就能同时做到减少污染物排放,从而同步提高环境效益和社会效益;如果生态环境保护系统建设得比较完善、运转得比较合理,就能在提高环境效益的同时,为经济系统提供较多的自然资源,为提高经济效益创造资源条件,为人类提供较高的生态环境条件,从而提高社会效益。因此,人类的任何活动都应寻求使这三个效益得以协调统一的方式,促使经济高质量发展、环境日益改善、社会不断进步。

关于环境、经济和社会三效益协调发展的经济学分析,可用帕累托改进(见第二章)的方法进行。

图4-7是用xyz直角坐标系进行的"三效益"协调的帕累托改进分析,x轴、y轴、z轴分别表示经济效益、社会效益、环境效益,初始状态定为M。设有一项目或活动,可能存在着两个运动状态,一个是由M到I,称为方案1;另一个是由M到J,称为方案2。

如果实施方案1,则经济效益、社会效益和环境效益"三效益"均得到提高,这种变化符合帕累托许可变化;如果实施方案2,则经济效益和社会效益将得到提高,但环境效益会下降,这种变化不符合帕累托许可变化。因此,在图4-7中的z_M-x_M-M-y_M区域称为帕累托改进的可行域。

在图4-7中,对于方案2,如果对环境效益进行补偿,使其高于或相当于初始值,则方案2仍满足帕累托改进的条件,变成许可的可行方案。假设方案2中环境效益所需补偿Δz_{MJ}由经济效益、社会效益中任意一方承担或双方共同分担,且Δz_{MJ}为Δx_{MJ}和Δy_{MJ}的矢量和;同时,经济效益、社会效益任意一方或双方在承担Δz_{MJ}后仍余有N_x和N_y净效益,那么这样的变化也是可行的。改进后的方案2′为帕累托可行方案。这种变化可称为帕累托改进的三维推广。

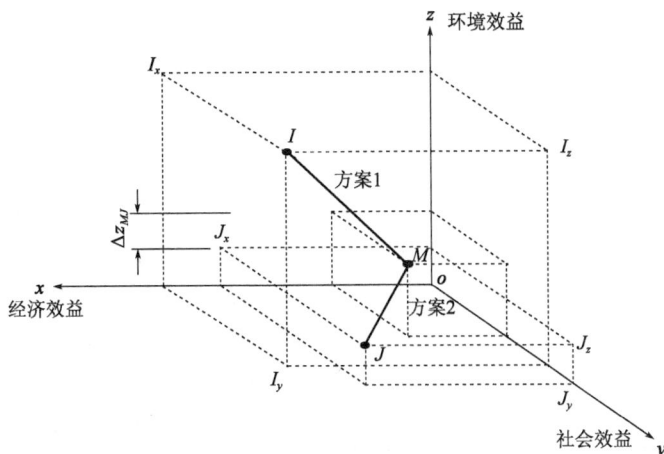

图 4-7 "三效益"协调的帕累托改进分析

将帕累托改进的方法推广到经济效益、环境效益和社会效益三效益协调统一的分析中是合适的。"三效益"可以看作是三维空间,空间中的每一点均代表了社会的福利状态。任何一个项目活动,如果能使经济效益、环境效益和社会效益中至少一种效益有所提高,而其他两种效益至少保持原来的水平,该项活动就符合帕累托改进,这项活动是可行的。如果活动使三效益中的一个或两个效益增加,而使其他两个或一个效益降低,则需要采取补偿措施,由效益增加的一方或几方进行补偿,补偿后净效益仍然为正,这也符合帕累托改进。当然,如果一项活动使三效益中的一个或两个效益增加,而其他两个或一个效益不降低,环境经济系统及资源分配才会趋于最优化,"三效益"才能达到理想的协调统一。

第四节 环保产业与环保融资

产业是社会生产力不断发展的必然结果。环保产业是一个跨产业、跨领域、跨地域,与其他经济部门相互交叉、相互渗透的综合性朝阳产业。发展环保产业是实现生态文明建设和可持续发展的物质基础和技术保障。将多种融资模式与融资方式运用在包括发展环保产业在内的整个环保领域,建立健全绿色金融体系,动员和激励更多社会资本投入到绿色产业,有助于我国经济向绿色化、低碳化转型,有利于加快培育新的经济增长点,加快发展新质生产力。

一、环保产业概述

(一)产业的概念

产业的含义具有多层性。产业经济学认为,产业是提供相近商品或服务、在相同或相关价值链上活动的企业所共同构成的企业集合。简单来说,产业是具有同类属性企业的集合。产业是在人类生产发展的过程中、在社会分工发展的基础上逐步形成和发展起来的一个特殊的集合体,是一个既不属于微观经济范畴也不属于宏观经济范畴的中间体。

从需求角度来说,产业的属性和特征表现为具有同类或相互密切竞争关系和替代关系的产品和服务;从供给角度来说,产业的属性和特征表现为具有类似生产技术、生产过程、生产工艺等特征的物质生产活动或类似经济性质的服务活动。

(二)环保产业的概念

环保产业是随着环保事业的发展而兴起的新兴产业。环保产业是由经济合作与发展组织(简称经合组织,OECD)中的发达国家首先发展起来的。这些国家对环保产业的称呼不尽相同,如日本称为生态产业(Eco-industry),美国称为环境产业(Environment Industry)。称呼虽有差异,但其所阐述的内容基本一致。OECD对环保产业的定义有两种:一种是狭义的定义,认为环保产业是为污染控制和减排、污染清理及废弃物处理等方面提供设备和服务的行业,即所谓的传统环保产业或直接环保产业;另一种是广义的定义,认为环保产业既包括能够在测量、防止、限制及克服环境破坏方面生产提供有关产品和服务的企业,也包括能使污染和原材料消耗量最小化的清洁技术。所以业界对环保产业概念已形成两点共识:一是环保产业的狭义定义被认为是环保产业的核心;二是环保产业的广义定义与全球环境保护的趋势相适应,也将是一种必然的趋势。

在我国,对环保产业的定义基本沿用OECD的定义,也有狭义和广义之分。狭义定义范围的界定与OECD的定义一致,而广义范围的界定则是依据1990年国务院颁布的《关于积极发展环境保护产业的若干意见》(国办发〔1990〕64号)文件,该文件明确规定,环境保护产业是国民经济结构中以防治环境污染、改善生态环境、保护自然资源为目的所进行的技术开发、产品生产、商业流通、资源利用、信息服务、工程承包等活动的总称。环境保护产业是防治环境污染、改善生态环境和保护自然资源的物质基础和技术保障。

环保产业也常称为绿色产业。国际绿色产业联合会(International Green Industry Union,IGIU)关于绿色产业的定义为:绿色产业是指在生产过程中,基于环保考虑,借助科技及绿色生产机制,力求在资源使用上节约以及污染减少(节能减排)的产业。绿色产业已成为经济发展的主色调,而绿色产业的主力军则是环保产业。在我国,"绿色"作为新发展理念之一,对应的绿色发展模式的主要内容为:一是要将环境资源作为社会经济发展的内在要素;二是要把实现经济、社会和环境的可持续发展作为绿色发展的目标;三是要把经济活动过程和结果的"绿色化""生态化"作为绿色发展的主要内容和途径。

由于对环保产业概念、名词的范围和内容进行准确、统一界定存在困难,我国在2001年也开始使用"环境保护相关产业"这一术语。环境保护相关产业是指国民经济结构中为环境污染防治、生态保护与恢复、有效利用资源、满足人民的环境需求,为社会、经济可持续发展提供产品和服务支持的产业。

(三)环保产业的分类

环保产业的范畴广泛,按照不同的目的和要求,可以将其进行多种角度的分类。

1. 按照三种产业划分

环保产业广泛渗透于第一、二、三产业,这是在其他产业的发展中逐步形成并与其他产业共同发展的一种特殊的产业体系。因此,依据三种产业划分的标准,环保产业的内容也相应地划分为第一、二、三产业,如自然资源保护属于第一产业,环保产品的生产属于第二产业,环境咨询等属于第三产业。

2. 按照从事环保的专业化程度划分

环保产业分为专门环保产业和共生环保产业。专门环保产业是指企业的主营业务是开发环保技术、设计环保工程、生产环保产品和提供环保服务。共生环保产业分为两种：一种是主营业务中有但不局限于环保产品、环保技术和环保服务，如机械制造公司除生产环保设备外还生产其他机械制品；另一种是主营业务与环境保护无直接关系，但是其生产的产品和提供的服务对环境无害或少害，如无氟冰箱的生产。

3. 按照环保产业的工作内容和产品划分

环保产业主要有三个方面：一是环保设备（产品）生产与经营，主要是各种污染治理、处置、控制、防护的设备、仪器、药剂等；二是资源综合利用，指将以废弃资源形式回收的各种产品进行综合利用；三是环境服务，指为环境保护提供技术、管理与工程设计和施工等各种服务。

4. 按照环境问题的类别划分

环境问题主要分为环境污染和生态破坏，环境保护活动也形成污染治理和生态资源保护两大领域。相应地，环保产业也可划分为污染防治产业和生态资源保护产业，其中污染防治产业包括污染预防产业和污染治理产业。

5. 按照产品生命周期理论以及产品和服务环境功能划分

环保产业可分为自然资源开发与保护型、清洁生产型、污染物控制型和污染治理型环保产业，这种分类方法有利于进行投入产出分析。产品生命周期与环保产业类型的关系如图4-8所示。

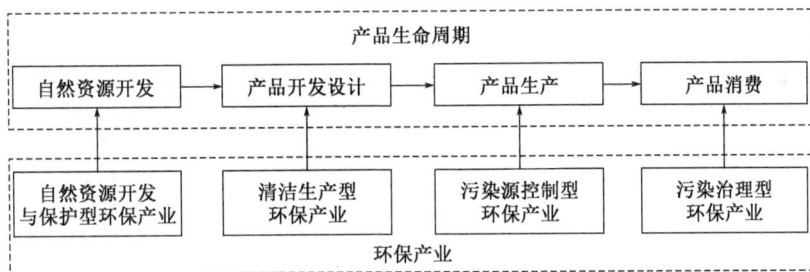

图4-8　产品生命周期与环保产业类型的关系

（四）环保产业的特点

环保产业具有双重性质，既具有环境公益性，也具有经济活动性。环保产业的效益特点是社会效益高于经济效益、间接效益大于直接效益、长期效益重于短期效益。这也决定了环保产业具有不同于一般产业的特点。

1. 环保产业是一个存在正外部性的产业

环保产业的发展给产业以外的行为主体带来了有利的影响，即环保产业在创造经济价值的同时，也带来了广泛的社会效益，同时也产生了良好的环境效益。

2. 环保产业是一个关联性很强的产业

环保产业通过与其他产业的投入产出关系，渗透在国民经济的相关领域，利用自身的特点带动相关产业的技术进步和转型发展。

3. 环保产业是一个具有公益性的产业

环保产业的公益性将环保产业和单纯追求经济效益的人类活动区分开来,尤其在提供环境基础设施和公共环境服务的非竞争性和排他性领域,环保产业的公共产品的特征更加突出。

4. 环保产业是政府行为和市场行为相互作用的产业

环保产业的外部性和公益性决定环保产业的发展必须有政府的调控和干预,受到法规、政策的规范和保障。环保产业的边际利润率低于其他产业,国家对环保产业的鼓励和扶持是有必要的。同时,环保产业要以市场经济为基础,具有经济活动的一般特征。

5. 环保产业是高新技术和环境保护的结合点

高新技术为环境保护提供技术支持,环保产业用高新技术解决人类活动对生态环境造成的损害和破坏,实现经济与环境的协调发展。

二、环保产业经济分析

对环保产业进行经济分析,有助于对环保行业经济运行状况、需求与发展趋势进行分析,为优化环保产业结构、加强政府的宏观决策和企业的微观运营提供依据。

(一)环保产业的结构分析

1. 环保产业结构的合理化

产业结构合理化是指各产业之间有机联系和耦合增强的过程。产业结构合理化的本质是指它的功能性的强弱,或称为聚合质量。产业结构的聚合质量是指产业结构系统的资源转换能力,这是判断产业结构是否合理的关键所在。对于环保产业结构系统来说,这种转换能力体现在环保产业改善环境质量的整体能力,这种整体能力称为环保产业的聚合质量。

提高聚合质量的关键是强化环保产业系统的协调。而系统内各要素相互协调的基本条件是系统结构的有序性和层次性。我国环保产品生产的企业较多,但环保产业系统的有序性和层次性还比较弱,并且环保产业规模小、投资分散、规模效益和产品的技术含量低。提升我国环保产业的发展,首先要调整环保产业的结构,使其合理化。

2. 环保产业结构的高级化

分析环保产业结构的高级化问题,就是重视环保产业结构软化的问题。产业结构软化有两层含义:一是第三产业的比重不断提高;二是整个产业中技术、管理和知识等要素的重要性大大加强。环保产业结构软化是指环保产业中非物质因素的作用越来越大。这些非物质因素也有两层含义:一是指用于治理和改善环境的环保产业技术、管理、信息、服务等因素;二是指完善环境保护的法律法规,加强和提高环境保护的督查管理和全民环保意识等因素。

(二)环保产业的市场分析

1. 环保产业的市场结构分析

产业的市场结构,是指市场经济活动中构成产业市场的各组成部分之间的相互关系,包括卖方之间、买方之间和买卖双方之间的相互关系。这种关系表现在现实的市场中,综合反映出市场的竞争和垄断的关系。影响市场结构的三个主要因素是市场进退障碍、市场集中度和产品差别化程度。

(1)环保产业的市场进退障碍分析。

作为一个新兴的产业,环保产业的市场进退的两大障碍都比较大。一方面,由于环保产业一出现就决定了要解决传统产业和日常生活所废弃的物质和能量,要求环保产业具有较高的技术水平,所以环保产业进入市场的障碍比较大;另一方面,环境保护不能因为某些企业的随意退出而受影响,因此一般环保产业市场退出的障碍也比较大。我国环保产业的市场进入呈现不稳定的发展趋势。许多技术、设备相对落后,小规模环保企业进入市场,并成为环保企业的主体。这些因素的存在要求要深入分析环保产业市场的进退障碍,采取相应措施,调整市场结构。

(2)环保产业的市场集中度分析。

市场集中度是指特定产业的供需集中程度,包括两个方面:买方集中度和卖方集中度。由于我国环保产业还处于发展阶段,所以应着重分析卖方集中度问题。影响卖方集中度的两个直接因素是企业规模和市场容量。首先,当市场容量既定时,企业规模和集中度一般呈正相关的关系。其次,一般来说,市场容量与集中度成反比关系。我国环保产业的可操作市场还较小,环保产业的集中度较低,需要进行包括供给侧等方面的改革来调整环保产业市场集中度。进行环保产业市场集中度分析,是环保产业结构分析的重要内容。

(3)环保产业的产品差别化程度分析。

产品差别化是指同类产品中,不同企业提供的产品具有不同的特点和差异。企业生产差异产品的目的是满足消费者的不同偏好,从而在市场占据有利地位。因此对企业来说,产品差异化是一种非价格竞争的经营手段。环保产品和服务不仅要满足不同消费者的需求,而且还要适应千差万别的自然条件,因此环保产品和服务必须多样化。我国环保企业较多,但环保产品的性质、结构、功能等方面的差别不大,特别是环保产业多偏重产品的生产,而在其他方面如环保技术开发、资源利用、环保咨询、环保工程承包、自然资源保护等还比较弱。所以,提高我国环保产业产品的差别化程度对于优化环保产业市场结构具有重要意义。

2. 环保产业的市场行为分析

市场行为是指企业为了实现其经营目的而根据市场环境的情况采取相应行动的行为,主要包括价格行为、促销行为和企业组织调整行为三方面。

总的来说,环保产业市场行为和市场环境的相互关系表现在市场秩序是否规范,市场运作规则、市场管理手段是否完善,市场管理的有关法律、法规体系是否建立,是否具备强有力的监督管理措施和手段等。这些都是环保产业市场行为分析的主要内容。

(三)环保产业的绩效分析

市场绩效是指市场的运行效率,它是指在一定的市场结构下,由一定的市场行为所形成的价格、产量、成本、利润、产品质量以及在技术进步等创新方面的最终经济成果。评价市场绩效的好坏,主要涉及资源配置效率、市场供求平衡、企业规模效益、科技水平的提高以及社会公平等因素。评价环保产业市场绩效的最终标准是环境污染程度的降低程度和生态环境状况的好转程度。用这些评价因素来衡量我国的环保产业总体市场绩效,可看出我国环保产业总体市场绩效不够理想。环保产品生产和"三废"综合利用构成了我国环保产业的主体,低公害产品的生产出现了良好的发展势头,但环保服务业发展滞后。环保服务业要按照《环境保护部关于发展环保服务业的指导意见》等政策意见,在规范环境污染治理设施运行服务、促进环保服务业发展的政策试点的开展、建立环保服务业监测统计体系、健全环保技术适用性评价验证服务体系、完善消费品和污染治理产品环保性能认证服务、促进环保相关服务和环保服务贸易发展等方面,加强环保产业的绩效分析。

(四)环保产业对经济发展的作用

环保产业是国家加快培育和发展的战略性新兴产业之一,也属于基础产业的范畴,它有着很高的感应度。环保产业的感应度体现在:一方面,该产业在产业链上处于上游产业位置,为其他产业提供重要的支撑,有着较为突出的供给作用;另一方面,其他产业的发展对环保产业有着较强的依赖性和较高的需求,即环保产业的规模、水平、内部结构和运行机制在一定程度上会影响甚至决定其他产业发展的质量和速度,影响整个战略产业演进中结构的合理化和高度化。环保产业对经济发展的带动作用主要表现在以下几个方面。

1. 创造新的经济增长途径

环保产业市场潜力大、成长性能好,是许多国家重点培育和发展的产业,已成为最具潜力的新的经济增长点之一。在环保产业中,清洁技术类产业、清洁产品类产业、环境功能服务类产业从对经济增长的方式上看,与末端控制类产业的不同之处在于它们不以抵御性消费方式来促进经济增长,而以更直接和积极的方式来促进经济增长。

2. 带动非环保产业的增长

由于环保产业对经济系统广泛的渗透性以及经济部门之间固有的供求关联关系,环保产业的发展也带动着它所渗透的产业部门的发展,带动着与环保产业有供求关系的产业部门的发展。这些非环保类产业包括原材料和基础产业部门、制造业部门、轻工业部门以及各类服务业等。

3. 促进经济系统的转型升级

环保产业是以满足环境需求和采用环境安全技术为特征的。在经济总体成本上,高科技的服务业的增长高于制造业;在制造业中,以污染技术为背景的夕阳产业逐步被淘汰和转移,以高科技和环境安全技术为背景的朝阳产业则受到鼓励;在市场上,具有绿色产品特征的商品日益成为消费主流,整个经济朝着绿色经济转型。

随着国家大力实施生态文明建设和高质量可持续发展战略,人民的生活水平得到提升,对环境质量的要求不断提高,对高质量环保产品的需求越来越大。在这种情况下,对环保产业的生产要素加以重新配置,以结构调整推动环保产业向专业化、市场化、现代化转变,已成为我国环保产业发展的方向。

三、环保融资与绿色金融体系

(一)融资与项目融资方式

1. 融资

融资(Financing)是指为项目投资而进行的资金筹措行为。融资有很多种方式,其中,贷款和租赁是两种主要的方式。企业进行融资主要是通过项目来融资,所以融资也常被称为项目融资。

项目融资(Project Financing)是指以项目本身信用为基础的融资,通过项目融资方式融资时,银行只能依靠项目资产或项目收入回收贷款本金和利息。

项目融资有狭义与广义两个方面的概念:狭义的项目融资是通过项目来融资,是以项目的资产、收益做抵押的融资活动;广义的项目融资是一切为了建设一个新项目、收购一个现有项目或对已有项目进行债务重组所进行的融资活动。

环保融资通常是指环保项目融资,主要是指环保企业或相关企业,以及其他经济体和非经济体,为建设和运营环保建设项目进行的融资,也包括为某项环保活动而通过多种方式筹措资金的行为。

2. 项目融资方式

项目融资是与企业融资相对应的,在这种融资方式中,银行承担的风险较企业融资大,如果项目失败了银行可能无法收回贷款本息,因此项目结构往往比较复杂,需要做大量的前期工作。

项目融资与传统的项目贷款是有区别的,下面通过一个例子来说明。假设某公司已经拥有 A、B 两个环保企业,现拟从金融市场上筹集资金建设环保企业 C,可采用两种筹集资金的基本方式。

一是传统的项目贷款方式。集团公司贷来的款项用于建设新的环保企业 C,而归还贷款的款项来源于整个公司的收益。如果环保企业 C 建设失败,该集团公司将原来 A、B 两个环保企业的收益作为偿债的担保,这时贷款方对该集团公司有完全追索权。

二是项目融资方式。一般的项目融资方式是集团公司借来的款项用于建设新的环保企业 C,用于偿债的资金仅限于环保企业 C 建成后经营所获得的收益。如果环保企业 C 建设失败,一种方式是贷款方只能从清理环保企业 C 的资产中收回一部分贷款,除此之外,不能要求该集团公司用别的资金来源归还贷款,这时,贷款方对该集团公司无追索权。另一种方式是在签订贷款协议时,贷款方只要求该集团公司把特定的一部分资产作为贷款担保,这时贷款方对该公司只有有限追索权。也就是说,项目融资是将归还贷款资金的来源限定在特定项目的收益和资产范围之内的融资方式。

项目融资的形式有很多,每一种都有其适用的领域和趋势。其中,项目公司融资是在实践中被广泛采用的项目融资结构,指拟建项目的主办人及投资人先以股权合资方式建立有限责任的项目公司,由项目公司向贷款人协议借款并负责偿债,然后由该项目公司直接投资于拟建项目并取得项目资产权和营业权的项目融资方式,具有结构简单、财务关系清晰的特点。

(二)项目融资的工作程序

项目融资的工作程序一般分为五个阶段。

第一阶段:投资决策分析。其主要内容包括分析拟投资部门和地区的技术、市场、环保等状况,进行项目可行性研究,初步确定投资结构,进行投资决策分析等。

项目投资者在决定项目投资结构时需要考虑的因素很多,主要包括项目的产权形式、产品分配方式、决策程序、债务责任、现金流量控制、税务结构和会计处理等。投资结构的选择将影响到项目融资的结构和资金来源的选择,反过来,项目融资结构的设计在多数情况下也将根据投资结构的安排作出调整。

第二阶段:融资决策分析。其主要内容包括决定是否采用项目融资、选择项目融资方式、明确融资的任务和具体目标要求等。

此阶段项目投资者要决定采用何种融资方式为项目开发筹集资金。是否采用项目融资取决于投资者对债务分担上的要求、贷款资金数量要求、时间要求等方面的综合评价。如果决定采用项目融资作为筹资手段,投资者就需要对项目的融资结构进行研究与设计。

第三阶段:融资结构分析。其主要内容包括评价项目风险因素、评价项目的融资结构和资金结构、修正项目融资结构。

设计项目融资结构的一个重要步骤是完成对项目风险的分析和评估。项目融资的安全性来自两个方面:一是项目本身的经济强度;二是项目之外的各种直接或间接的担保。因此,能否采用以及如何设计项目融资结构的关键,就是要求项目融资顾问和项目投资者一起对项目有关的风险因素进行全面的分析和判断,确定项目的债务承受能力和风险,设计出切实可行的融资方案。

第四阶段:融资谈判。其主要内容包括选择银行等金融机构、发出项目融资建议书、组织贷款银团、起草融资法律文件、进行融资谈判。

在初步确定项目融资方案之后,融资顾问将有选择性地向商业银行或其他金融机构发出参加项目融资的建议书,组织贷款银团,着手起草项目融资的有关协议。这一阶段往往会反复多次,因此,融资顾问、法律顾问和税务顾问在此阶段的作用是十分重要的。

第五阶段:项目融资的执行。其主要内容包括签署项目融资文件、执行项目投资计划、贷款银团经理人监督并参与项目决策、项目风险的控制与管理。

在正式签署项目融资的法律文件之后,融资的组织安排工作就正式结束,项目融资将进入执行阶段。

(三)项目融资的模式

项目融资的模式有很多,也比较灵活,如 BOT、PPP、PFI、ABS、DBFO 等,每一种模式都有其适用的领域和条件,以下重点介绍 BOT 和 PPP 两种模式。

1. BOT 概述

BOT(Building-Operate-Transfer),即建设-运营-移交,BOT 不仅包含了建设、运营和移交的过程,更重要的是,它还是项目融资的一种方式,具有有限追索权的特性。世界银行在《1994年世界发展报告》中指出,BOT 是指政府给予某些公司新项目建设的特许权时,通常采用这种方式,私人合伙人或某国财团愿意自己出资,建设某项基础设施并在一定时期内经营该设施,然后将此设施移交给政府部门或其他公共机构。也就是说,BOT 融资的基本做法是,政府选择一批效益好的工程项目,采取一系列优惠政策,鼓励投资者或私营部门投资建设,然后在一定的优惠期内由投资者经营、管理建成后的项目,待优惠期满后,将项目转交给国家。它是一种新型的工程项目融资和建设方式,多用于基础项目的建设。

BOT 在我国环保产业运用的重要性主要体现在三个方面:一是促进环保产业发展。环保产业作为一项经济活动,采用 BOT 方式可以激活环保产业,促进环保产业的发展和完善;二是补充资金的不足,带来先进技术。采用 BOT 模式,将环保公用事业产业化,解决了财政不足的问题,同时有利于引进先进的技术并学习管理经验,实现资金和技术引进的结合;三是增强竞争意识,有利于发展大型企业。采用 BOT 模式,可以鼓励外资进入环保基础设施建设,同时使国内环保产业转换经营机制、调整产业结构、建立现代企业制度,促进具有国际水平的大型环保产业的产生。

2. PPP 概述

PPP(Public-Private-Partnership),即公共政府部门与民营企业合作模式,简称为"公共私营合作制",是指政府与私人组织之间,合作建设基础设施项目,是一种以各参与方的"双赢"或"多赢"为合作理念的现代融资模式。

PPP 本身是一个意义宽泛的概念,广义的 PPP 泛指公共部门与私人部门为提供公共产品或服务而建立的各种合作关系,可以理解为一系列项目融资模式的总称;而狭义的 PPP 更加强调合作过程中的风险分担机制和项目的物有所值原则。

PPP 模式的发展时间不长,我国在试点的基础上,于 2014 年开始大规模推广 PPP 模式。2015 年 5 月 19 日,中华人民共和国国务院转发了中华人民共和国财政部、中华人民共和国国家发展和改革委员会、中国人民银行《关于在公共服务领域推广政府和社会资本合作模式的指导意见》(简称《指导意见》),要求认真贯彻执行。《指导意见》对 PPP 模式的含义作出了界定,即"政府采取竞争性方式择优选择具有投资、运营管理能力的社会资本,双方按照平等协商原则订立合同,明确责权利关系,由社会资本提供公共服务,政府依据公共服务绩效评价结果向社会资本支付相应对价,保证社会资本获得合理收益。政府和社会资本合作模式有利充分发挥市场机制的作用,提升公共服务的供给质量和效率,实现公共利益最大化"。

在环保领域推广 PPP 模式,是吸引社会资本的重要方式,是提升环境公共服务水平、建设生态文明的重要举措,也是拓宽环境保护投融资渠道、实现社会资本与环境保护需求有效融合的重要途径。中央和地方政府出台了一系列环保 PPP 的政策文件,支持在环保领域积极推广 PPP 模式,促进 PPP 模式在环保产业的健康发展。2014 年中华人民共和国国务院发布的《关于创新重点领域投融资机制鼓励社会投资的指导意见》就对创新生态环保投资运营机制提出了具体的要求。中华人民共和国财政部等部委于 2017 年 7 月印发了《关于政府参与的污水、垃圾处理项目全面实施 PPP 模式的通知》,明确政府参与的新建污水、垃圾处理项目采用 PPP 模式。

(四)绿色金融体系构建

构建绿色金融体系,增加绿色金融供给,是贯彻落实绿色发展理念和发挥金融服务供给侧结构性改革作用的重要举措。

1. 绿色金融概述

绿色金融是指为支持环境改善、应对气候变化和资源节约高效利用的经济活动,即对环保、节能、清洁能源、绿色交通、绿色建筑等领域的项目投融资、项目运营、风险管理等所提供的金融服务。

绿色金融可以促进环境保护及治理,引导资源从高污染、高能耗产业部门流向理念、技术先进的部门。创新性金融制度的安排,可以引导和激励更多社会资本投入绿色产业,同时有效抑制污染性投资,从而有助于利用绿色信贷、绿色债券、绿色股票指数和相关产品、绿色发展基金、绿色保险、碳金融等金融工具和相关政策为绿色发展服务。我国要实现碳达峰和碳中和,绿色金融在平稳实现"3060"目标方面发挥重要作用。

2. 绿色金融体系

绿色金融体系是指通过各种绿色金融工具和相关政策,支持经济向绿色化转型的制度安排。

构建绿色金融体系的主要目的是动员和激励更多社会资本投入到绿色产业中,同时更有效地抑制污染性投资。构建绿色金融体系有助于加快我国经济向绿色化转型、支持生态文明建设,有利于促进环保、新能源、节能等领域的技术进步,加快培育新的经济增长点,提升经济增长潜力。

建立健全绿色金融体系,需要金融、财政、环保等方面的政策和相关法律法规的配套支持,通过建立适当的激励和约束机制解决项目环境的外部性问题。同时,也需要金融机构和金融市场加大创新力度,通过发展新的金融工具和服务手段,解决绿色投融资所面临的期限错配、信息不对称、产品和分析工具缺失等问题。

3. 实施绿色金融的政策与措施

2016 年 8 月,中国人民银行等部委发布了《关于构建绿色金融体系的指导意见》,我国成为全球首个由政府推动并发布政策明确支持"绿色金融体系"建设的国家。

该文件由 9 部分 35 条构成,主要内容包括构建绿色金融体系的重要意义;大力发展绿色信贷;推动证券市场支持绿色投资;设立绿色发展基金,通过政府和社会资本合作(PPP)模式动员社会资本;发展绿色保险;完善环境权益交易市场、丰富融资工具;支持地方发展绿色金融;推动开展绿色金融国际合作;防范金融风险,强化组织落实。

该文件提出了一系列政策、措施,提出要发展新的金融工具和服务手段推动我国绿色金融发展,全方面、全方位、多维度地满足绿色产业发展多层次、多元化的投融资需求。

发展绿色金融体系是促进经济和生态环境协调发展的重要保障,我国绿色金融处于快速发展之中。

第五节　实例分析:区域环境污染治理投资结构分析

区域是一个空间概念。在我国社会经济发展和环境保护事业中,区域体现为全国范围内所属的省(自治区)、市等行政区划,以及流域、经济发展区域等特定的区域。随着我国区域经济和社会的不断发展,区域环境污染问题也越来越突出。加大和优化区域环境保护的投资,是解决区域环境问题的重要保证。为了确定合适的区域环境保护投资数额,充分发挥环境保护的效用,需要对区域环境保护的结构进行分析。由于不同区域在地理位置、环境状况、经济水平等方面存在着较大的差异,在进行环保投资分析之前首先要明确具体的分析对象。下面以陕西省为分析对象,对陕西省环境污染治理投资状况进行实例分析。

一、环境污染治理投资规模结构分析

本实例主要对 2013—2016 年陕西省环境污染治理投资总额及其他相关方面进行分析,陕西省环境污染治理投资状况如表4-5 所示。

2013—2016 年陕西省环境污染治理投资状况 表 4-5

项目	年份			
	2013 年	2014 年	2015 年	2016 年
环境污染治理总投资额/亿元	221.6819	276.3183	241.8911	253.4473
增长率/%	—	24.65	-12.46	4.78
城市环境基础设施建设投资/亿元	141.1093	203.5119	169.8817	190.3342
增长率/%	—	44.22	-11.12	12.04
工业污染防治投资/亿元	41.7562	37.731	29.4856	19.552
增长率/%	—	-9.64	-21.85	-33.69
完成环保验收项目环保投资/亿元	38.8164	26.5076	42.5238	43.5611
增长率/%	—	-31.71	60.42	2.44
陕西国内生产总值/亿元	16205.45	17689.94	18171.86	19165.39
环境污染治理投资占 GDP 比重/%	1.38	1.56	1.33	1.32
GDP 增长率/%	11.00	9.70	7.90	7.60

注：1. 基础数据来源《陕西统计年鉴》。

2. 表中"完成环保验收项目环保投资"即为"建设项目'三同时'环保投资"。

2013—2016 年陕西省环境污染治理投资总额较 2003—2006 年有大幅度增加。党的十八大以来，在生态环境建设方面，党中央谋划开展了一系列根本性、长远性、开创性工作，推动我国生态环境保护从认识到实践发生了历史性、转折性和全局性的变化，生态文明建设取得显著成效。

2003—2006 年间，全国环保投资指数高于陕西省，但在 2014 年、2015 年、2016 年陕西省环保投资指数高于全国环保投资指数，见图 4-9。这说明在 2013—2016 年间陕西省环保投资在其国内生产总值所占比例有了较大提高，在此期间陕西省及全国环保投资指数稳定在 1.50% 左右。

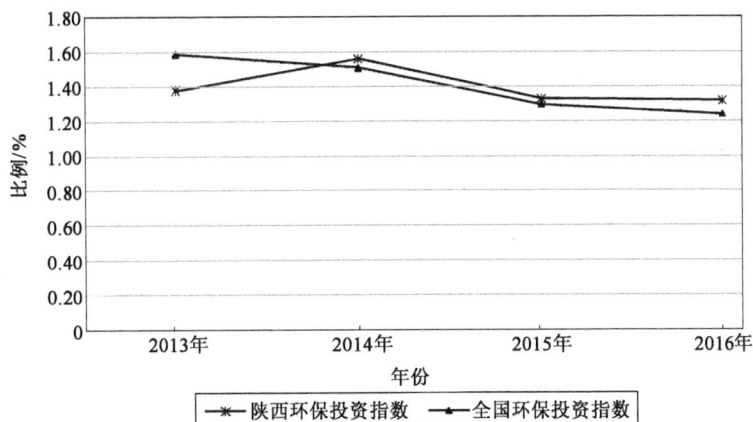

图 4-9 陕西省和全国环保投资指数对比

二、环境污染治理投资使用结构分析

陕西省 2013—2016 年间环境污染治理投资三个使用方向的情况见图 4-10。可以看出，陕西省的环境污染治理投资各分项投资规模变化和三者占环境污染治理投资总额的比例,均保持着比较平稳的态势。

2013—2016 年陕西省环境污染治理投资的重点一直是城市环境基础设施建设投资,四年来,投资额占到环境污染治理投资额的一半以上,最高达到了 71%。在完成环保验收项目环保投资方面基本保持着增长的态势,说明陕西省对建设项目"三同时"环保投资方面十分重视。

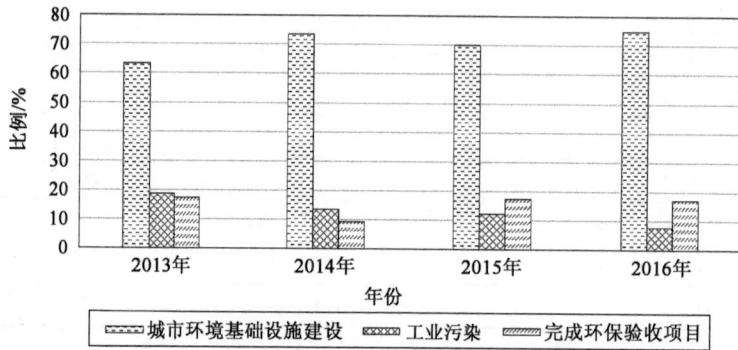

图 4-10 陕西省环境污染治理投资各分项投资比例

三、环境污染治理投资水平分析

人均环保投资既可以用来衡量一个区域环境保护投资的人均水平,也可以用来衡量一个区域环境保护投资的实际状况水平。本实例选取我国(不含港、澳、台)26 个省(自治区)作为与陕西省进行对比分析的对象。表4-6、图4-12 所示的是 2016 年我国 26 个省(自治区)环境污染治理投资规模情况、人均污染治理投资情况。

2016 年我国 26 个省(自治区)及全国环境污染治理投资规模情况　　　　表 4-6

省(自治区)	人口/万	环境污染治理投资总额/万元	人均环境污染治理投资/元
内蒙古	2520	4560000	1809.52
江苏	7999	7656000	957.12
宁夏	675	1012000	1499.26
辽宁	4378	1762000	402.47
浙江	5590	6506000	1163.86
山东	9947	7808000	784.96
河北	7470	3996000	534.94
山西	3682	5257000	1427.76
广东	10999	3675000	334.12
福建	3874	1896000	489.42
吉林	2733	841000	307.72
黑龙江	3799	1736000	456.96
新疆	2398	3128000	1304.42
湖北	5885	4647000	789.63

省(自治区)	人口/万	环境污染治理投资总额/万元	人均环境污染治理投资/元
陕西	3813	3174000	832.42
青海	593	563000	949.41
甘肃	2610	1176000	450.57
海南	917	303000	330.43
河南	9532	3598000	377.47
四川	8262	2904000	351.49
江西	4592	3133000	682.27
广西	4838	2042000	422.08
湖南	6822	2004000	293.76
安徽	6196	4982000	804.07
云南	4771	1458000	305.60
贵州	3555	1184000	333.05
总和(平均)	138271	92198000	666.79

注:1. 环境污染治理投资总额数据来源为《全国环境统计年鉴》。

2. 人口数据来源为《中国统计年鉴》。

在时间序列上,本实例选取 2016 年对比 2006 年进行分析。

从图 4-11 可以看出,2006 年陕西省人均环境污染治理投资量为 109.77 元,低于 26 个省(自治区)人均环境污染治理投资的平均值 167.69 元,在 26 个省(自治区)人均环境污染治理投资中位于第 15 位,基本上处于中后位置。陕西省的环境污染治理投资水平在全国中处于中等水平。

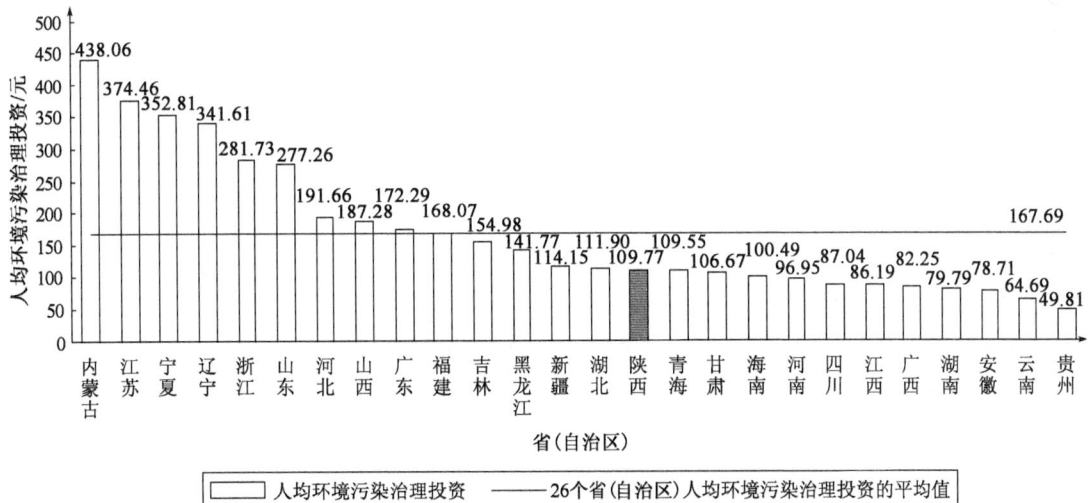

图 4-11　2006 年我国 26 个省(自治区)人均环境污染治理投资情况

时隔十年,对 2016 年这 26 个省(自治区)的人均环境污染治理投资再次进行计算,计算结果仍按 2006 年各省(自治区)人均环境污染治理投资量从高到低的排序表示。从图 4-12 可以看出,2016 年陕西省人均环境污染治理投资量已达到 832.42 元,高于这 26 个省(自治区)

人均环境污染治理投资的平均值707.49元,在26个省(自治区)人均环境污染治理投资的排序中上升到第9位,处在中前位置。这说明,陕西省的环境污染治理投资水平在全国处于中上水平。分析可知2006年后的十年间,陕西省不断加大环保投资,环保投资指数也在不断提高,环境保护工作取得了有效的发展,陕西省整体环境质量状况在不断改善。同时,26个省(自治区)在十年间的人均环境污染治理投资都有大幅增加,其人均环境污染治理投资增长两倍以上。这说明全国环境状况已得到明显改善,生态环境治理明显加强,生态文明建设取得显著成效。

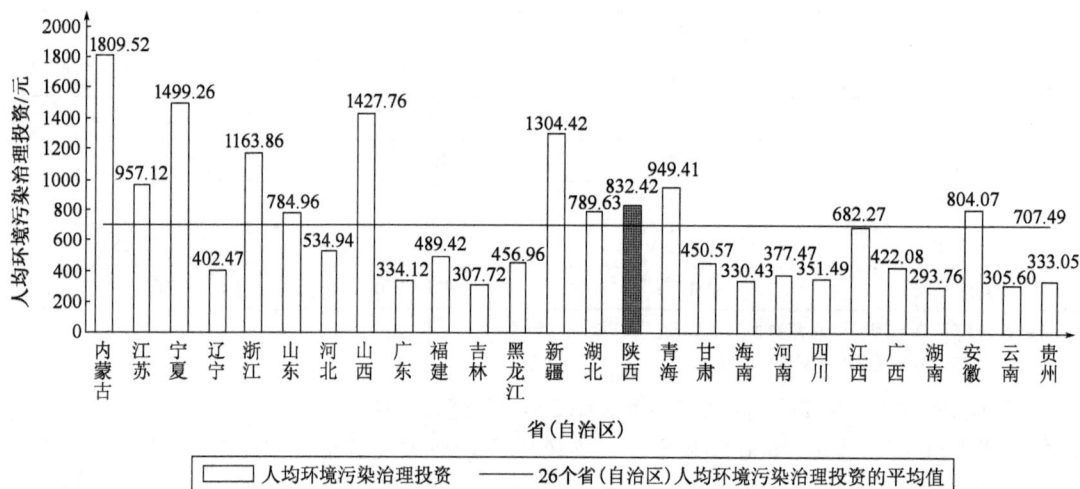

图4-12 2016年我国26个省(自治区)人均环境污染治理投资情况
注:基础数据来自中华人民共和国国家统计局网站,http://www.stats.gov.cn。

复习作业题

1.名词概念解释题

1.1 投资	1.2 固定资产	1.3 环保投资	1.4 直接环保投资
1.5 间接环保投资	1.6 环保投资结构	1.7 环境保护投资指数	1.8 "三效益"
1.9 环境效益	1.10 经济效益	1.11 社会效益	1.12 环保投资效益
1.13 环境保护产业	1.14 绿色金融	1.15 项目融资	1.16 环保融资
1.17 BOT	1.18 PPP		

2.选择与说明题

2.1 以下有关环保投资和环境费用的说法不正确的是(   )。

A.环保投资是计划或用于环境资源治理、恢复和保护的资金

B.环境费用是环境污染和破坏造成的经济损失,以及使环境得到治理、恢复和保护所需的资金

C.总体来说,环保投资大于所需的环境费用

D. 环保投资是国民经济和社会发展固定资产的重要组成费用

选择说明：_____

2.2 下列属于环保投资的有( )。

A. 某化工厂治理生产污水的费用

B. 某地区建设大熊猫自然保护区的费用

C. 某大学研究环保项目所需科研资金

D. 某环保局建设大气监测站的费用

E. 某地区修筑防洪堤坝的费用

选择说明：_____

2.3 下列属于间接环保投资的是( )。

A. 市政排水   B. 污染治理

C. 集中供热   D. 生态保护

选择说明：_____

2.4 环保投资的范围包括( )。

A. 环境污染治理投资

B. 生态建设与防护投资

C. 兴修水利、水土保持、防止旱灾投资

D. 环境保护科学研究投资

E. 环境保护自身能力建设的投资

选择说明：_____

2.5 环保投资特点包括( )。

A. 投资主体的多元化   B. 投资效益的综合性

C. 环境效益的滞后性   D. 投资与收益的一致性

E. 投资效益量化困难性

选择说明：_____

2.6 环保投资指数可以用下列( )式子表示。

A. $\dfrac{环境保护投资}{环境费用} \times 100\%$ B. $\dfrac{环境保护投资}{社会损害费用} \times 100\%$

C. $\dfrac{环境保护投资}{国内生产总值} \times 100\%$ D. $\dfrac{环境保护投资}{环境控制费用} \times 100\%$

选择说明：_____

2.7 环保投资的目的着重强调的是( )。

A. 经济效益和生态效益   B. 环境效益和经济效益

C. 社会效益和经济效益   D. 环境效益和社会效益

选择说明：_____

2.8 环境资源的特征有( )。

A. 环境资源的生产性特征   B. 环境资源的公有性特征

C. 环境资源的脆弱性特征   D. 环境资源的消费性特征

选择说明：_____

2.9　由公式 $E=\dfrac{X}{L}$ 可知,若要提高经济效益,(　　)是可行的办法。

　　A. 在劳动成果不变的情况下,劳动消耗下降

　　B. 在劳动消耗不变的情况下,劳动成果增加

　　C. 劳动消耗与劳动成果均增加,但劳动成果增加的幅度更大

　　D. 劳动消耗和劳动成果均降低,但劳动消耗降低的幅度更大

　　E. 劳动消耗下降,同时劳动成果增加

选择说明：_____

2.10　环保产业内涵丰富,有狭义的定义和广义的定义,对环保产业的称呼也有多种,以下(　　)都是与环保产业相关的称呼。

　　A. 环境产业　　　　　　　　　　　　B. 生态产业

　　C. 绿色产业　　　　　　　　　　　　D. 环境保护相关产业

选择说明：_____

2.11　环保产业广泛渗透于第(　　)产业。

　　A. 一、二　　　　　　　　　　　　　B. 二、三

　　C. 一、三　　　　　　　　　　　　　D. 一、二、三

选择说明：_____

2.12　影响环保产业市场结构的三个主要因素是(　　)。

　　A. 市场进退障碍　　　　　　　　　　B. 市场集中度

　　C. 产品差别化程度　　　　　　　　　D. 市场需求的增长率

选择说明：_____

2.13　项目融资模式有多种,每一种模式都有适用的领域和趋势,比较常见的有(　　)。

　　A. BOT　　　　　　　B. PFI　　　　　　　C. PPP　　　　　　　D. ABS

选择说明：_____

3. 分析论述题

3.1　简述环保投资的特点。

3.2　在我国的环境统计工作中,环境保护投资主要统计的是环境污染治理投资,简述环境污染治理投资。

3.3　环保投资可以在哪些方面取得效益。

3.4　如何用帕累托准则分析"三效益"的关系。

3.5　简述环保产业的特点。

3.6　简述绿色金融体系的构建方法。

4. 计算分析题

4.1　假设我国环境保护投资(环境污染治理投资)2015 年为 8806.3 亿元,国内生产总值为 689052 亿元,我国的环保投资是否起到明显控制污染的作用? 为什么?

4.2　搜集表 4-7 所需人口数据与 GDP 资料,计算各年人均环保投资,计算各年环保投资指数,完成表 4-7 内容,并作图。根据表、图进行相关分析。

表 4-7

我国环境污染治理投资(环保投资)状况表

年份	环保投资/亿元	当年人口数/亿	人均环保投资/元	当年 GDP/亿元	环保投资指数/%
1986 年	73.90				
1987 年	90.90				
1988 年	99.97				
1989 年	102.51				
1990 年	109.14				
1991 年	170.12				
1992 年	205.56				
1993 年	268.83				
1994 年	307.20				
1995 年	354.86				
1996 年	408.21				
1997 年	502.49				
1998 年	721.80				
1999 年	823.20				
2000 年	1060.70				
2001 年	1106.60				
2002 年	1363.40				
2003 年	1627.30				
2004 年	1908.60				
2005 年	2388.00				
2006 年	2567.80				
2007 年	3387.60				
2008 年	4490.30				
2009 年	4525.20				
2010 年	6654.20				
2011 年	6026.20				
2012 年	8253.60				
2013 年	9037.20				
2014 年	9575.50				
2015 年	8806.30				
2016 年	9219.80				
2017 年	9539.00				
2018 年	8987.60				
2019 年	9151.90				
2020 年	10638.90				
2021 年	9491.80				
2022 年	9013.50				

第五章

环境效益费用分析

许多环境物品及其环境质量没有直接的市场价格,这给环境经济分析带来了困难。但是自然环境具有稀缺性、生产性和消费性的资源特征,以及人类活动对环境影响的确切性,使对环境价值进行经济计量成为可能。环境效益费用分析方法是环境经济计量分析的一种主要方法,是效益费用分析的理论和方法在环境保护领域中的应用。本章在对效益费用分析概述的基础上,论述了运用效益费用分析方法对环境损失和环境效益进行经济计量的基本技术路线,重点介绍了环境效益费用分析的具体方法及其应用,并进行了实例分析。

第一节　效益费用分析概述

效益费用分析的理论与方法是伴随着公共事业的发展和公共投资的增加而产生的,它同福利经济学、工程经济学等学科的发展相联系。效益费用分析是以社会的观点和角度分析人类活动的目标和结果,以寻求人类活动最大社会经济福利为目的,选择最有利于优化资源配置方案的一种科学评价体系。

一、效益费用分析

(一)效益费用分析的概念

效益费用分析(Benefit Cost Analysis),简称效费分析(BC 分析),效益费用分析也称费用效益分析(Cost Benefit Analysis),简称费效分析(CB 分析)。效益费用分析是对一项活动所需的费用,与活动所能产生的效益进行对比分析,对活动方案进行评价、选择和决策的一种经济数量分析方法。

效益费用分析主要运用经济学、数学和系统科学等理论,按照一定的程序与准则,分析工程项目、建设规划、社会计划等给社会带来的效益与费用,为决策的形成或进一步改进提供科学依据。

(二)效益费用分析的产生和发展

效益费用分析思想的雏形出现在 17 世纪。1667 年,英国的威廉. 佩蒂爵士在伦敦发现,用于防治瘟疫的公共卫生费用,取得了 1∶84 的费用-效益率。

效益费用分析的思想方法正式产生于 19 世纪。1844 年,法国工程师迪皮发表了《公共工程效用的评价》一文,提出一个公共工程给全社会带来的总效益是这个公共工程项目(Public Works Projects)的净生产量乘以相应市场价格所得的社会效益的下限与消费者剩余之和,这个总效益就是对一个公共项目的效用进行评价的指标。这种思想方法发展成为社会净效益的概念,也成为效益费用分析的基础。

美国颁布的《河流与港口法》《联邦土地开垦法》以及《洪水治理法案》规定:各项工程必须通过效益(无论是谁受益)与费用的比较加以论证。

20 世纪中期,效益费用分析的基本理论和方法形成,被用于政策制定、项目评价、绩效评估等领域。1936 年,美国把效益费用分析方法应用于田纳西河流域工程规划的研究制定中。1950 年,在美国联邦河流流域委员会发表的《内河流域项目经济分析的实用方法》中,第一次把两个独立的学科,即实用项目分析与福利经济学联系起来,显示了效益费用分析服务于公共福利评价的特点。同时福利经济学充实完善了效益费用分析理论,并成为现代效益费用分析理论的基础之一。较为完整的效益费用分析应用是 1965 年美国将其应用于水资源工程的前景评价上。1973 年美国颁布的《水和土地资源规划原则和标准》把效益费用分析的重点放在国民经济发展、环境质量、区域发展和社会福利四个方面的正负效果的评价上。

1970 年,在英国伦敦第三机场的场地选择中,相关研究人员进行了大量的效益费用分析,它几乎对该机场可能的所有效益和费用都进行了量化分析,甚至包括旅客到机场的时间和附近民众所受到的噪声危害等。当时的分析评价指出,有二十所学校和一所医院因暴露于高噪声中而将要关闭。伦敦第三机场的选址经过了多年的研究评价仍难以决策,其主要原因之一是随着时间的推移,环境影响这一问题变得越来越重要。

从效益费用分析的产生过程来看,其一开始是为了评价公共工程项目而提出来的,而现在它已成为普遍使用的评估工具,常被世界银行、联合国和其他国际组织用于项目的评估。

(三)效益费用分析的对象

效益费用分析的对象是全社会,其目标是改善资源分配的经济效果,追求最大的社会经济效益。效益费用分析主要用于对公共工程项目所产生的费用与项目所影响区域全社会所得到的效益进行评价。在对其他类别建设项目进行经济评价中,效益费用分析也是一种常用经济分析方法。

公共工程项目一般指的是非生产性工程项目,它不以项目的自身盈利为主要目的,而是通过为社会提供服务来增加社会效益。

基础设施是公共工程项目的主要组成部分。基础设施是指为社会生产和居民生活提供公共服务的物质工程设施,是用于保证国家及地区社会经济活动正常进行的公共服务系统,是社会赖以生存发展的物质条件,是国民经济和社会发展各项事业发展的基础。完善的基础设施对促进社会经济活动起着巨大的推动作用,但建立完善的基础设施往往需要较长时间和巨额投资。

公共工程项目主要包括以下几个方面的项目。

(1)社会经济服务方面的项目。这方面主要包括铁路、公路、航空、水运、桥梁、隧道、港口等交通运输项目,水利工程项目,电力及供电设施项目,通信项目,城市给排水、供气、供暖等基础设施项目。

(2)科教文卫体发展方面的项目。科教文卫指科学研究、教育、文化、卫生、体育,以及通信、广播电视,还包括出版、文物、档案、气象等事业。这方面的项目有科研院所、学校、博物馆、图书馆、运动场馆、公园,以及各类卫生医疗保健机构等。

(3)自然生态环境保护方面的项目。这方面的项目有污染控制与处理项目,水资源保护、土地资源保护、生物资源保护等,以及野生动植物保护、草原、森林、湿地保护等。

(4)防护方面的项目。这主要是指自然灾害防护,以及战争和其他人为因素防护方面的项目,如防火、防洪、人防等方面的工程项目。

效益费用分析在其发展过程中,在交通水利、文教卫生、城市建设等方面的投资决策中得到了广泛应用,在环境保护领域的应用也在不断加强。效益费用分析主要用于对公共工程项目等非生产性建设项目投资的评价,对于生产性工程项目需要效益费用分析配合财务分析来进行项目的经济分析。

(四)效益费用分析中的效果、效益与费用

效果与效益是两个的紧密相关的概念。效果是指一项活动所产生出的结果与成效;效益是指一项活动实施后通过提高效果所产生的实际成果和利益。效果与效益在本质上是一致的,都反映了所得与所费的关系。在效益费用分析中,首先要分析活动的各种效果。

1.效果

人类活动的效果可分为正效果和负效果,也可以分为直接效果和间接效果。由活动本身产生的效果为直接效果,也称内部效果;由活动对其外部环境与社会产生的非直接效果称为间接效果,也称外部效果。

例如,水利建设项目产生的直接效果是防洪、发电、灌溉农田等,同时也产生了很多间接效果,如水利建设项目的防洪作用,使河流下游发生洪涝灾害的可能性减小,因洪水导致的财产损失及疾病产生的可能性也就减小,生态环境也会得到保护;又如水库的建设,必然导致淹没一些土地,从而使一部分民众成为移民,需要再安置等。所以对水利建设项目进行效果分析,防洪就是正的直接效果,淹没土地就是负的直接效果;因防洪而带来的疾病减少,为正的间接

效果,而因淹没土地使一部分民众成为移民为负的间接效果。

2. 效益

活动实施的效果常用效益来分析,效益的表现类别也很多,如环境效益、社会效益、经济效益;直接效益和间接效益(波及效益);正效益和负效益(损失);量化效益和非量化效益等。

其中直接效益是由活动本身产生的效益,也称内部效益;间接效益主要是指由活动对其外部环境与社会产生的效益,也称外部效益。直接效益、间接效益都有正负之分。

在效益费用分析中,要根据分析所确定的效果,进一步分析明确活动的各种效益及其类别,同时各种效益均应转化为经济效益来进行经济分析。

实施效益费用分析的关键所在和难点所在是如何用货币的形式衡量人类活动的各种效益(包括正效益和负效益)。活动的效果所反映出来的效益,有些可以进行经济计量,有些不易进行经济计量。对于难以直接用货币量化的效益,应尽可能采取技术措施间接货币量化,当然这样经济量化的准确性和有效性会受到很大的限制。

活动的外部效应所产生的一些环境效益和社会效益在经济上计量困难或不可计量,这类效果称为无形效果。对于无形效果所反映出来的不易经济量化的效益称为无形效益。对于这些难以用货币量化的损益可以通过其相关物理量指标的计算来进行分析,其中费用效果分析方法具有较大的实用价值。活动的无形效益也可以进行主观定量分析。

3. 费用

效益费用分析中的费用包括直接费用和间接费用,即内部费用和外部费用。对建成投入使用的项目而言,直接费用是指项目运营所需要的人工费、材料费、机械费、能源费等运行费用,以及固定资产折旧等。间接费用包括两种概念的费用:一种是项目活动对社会、环境造成的损失,另一种是相对于项目间接效益的费用。

图 5-1 所示的是对某一水域水污染治理项目进行的效益费用分析,该项目的实施使该水域的水质有了较大改善。该水域水质的改善使其渔业得到了恢复和更好的发展,因渔业发展良好而建立了一个水产品加工厂。水产品加工厂的运行费用、建设投资折旧是该水产品加工厂的直接费用,也是所分析水域治理项目的间接费用;水产品加工厂产生的直接效益,也是该水域治理项目的间接效益。

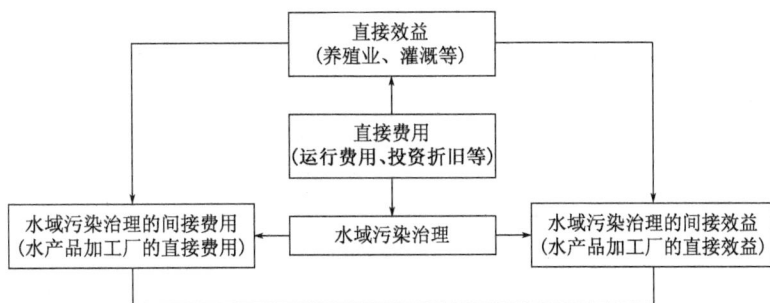

图 5-1 某一水域水污染治理项目效益费用分析

(五)效益费用分析的基本表达式

效益费用分析的基本表达式(主要评价指标)有两个:一是效益费用比(Benefit Cost

Ratio),二是净效益(Net Benefit)。

1.效益费用比

效益费用比简称效费比,一般表达式见式(5-1)。

$$[B/C] = \frac{B - D}{C} \tag{5-1}$$

式中:$[B/C]$——效费比;

　　　B——正效益;

　　　D——负效益;

　　　C——费用。

效费比的特点是能够表示出单位费用所取得的效益,是一个有意义的评价指标。使用效费比的评价法则为:$[B/C] \geqslant 1$,项目可接受;$[B/C] < 1$,项目应放弃。

效费比$[B/C]$也可以有其他表达方式,如式(5-2)所示。这种效费比是将负效益D与费用C一同看作为损失或支出,这种效费比也称为增益-损失效费比,其评价法则同上。

$$[B/C] = \frac{B}{C + D} \tag{5-2}$$

2.净效益

净效益$[B - C]$的一般表达式见式(5-3)。

$$[B - C] = (B - D) - C \tag{5-3}$$

净效益的特点是直接表示出损益状况,概念清晰。使用净效益的评价法则为:$[B - C] \geqslant 0$,项目可接受;$[B - C] < 0$,项目应放弃。

二、环境效益费用分析概述

(一)环境效益费用分析

1.环境效益费用分析的概念

环境效益费用分析(Environmental Benefit Cost Analysis)是效益费用分析的基本原理和方法在环境经济分析中的应用。

环境效益费用分析的基本思路是:在对某项活动进行环境经济分析时,不但要评价其经济效益,还要分析活动对环境和社会产生的影响;在分析其各种效益的基础上,通过一定的经济分析技术手段,将活动的各种效益经济量化,特别是要计算出环境效益与社会效益(包括正效益和负效益)的经济量,以及相关费用;分析该活动的综合效益,对该活动的经济、环境、社会的综合效益与相关费用进行科学合理的综合分析评价,为决策提供依据。

环境效益费用分析作为评价某项活动综合效益的一种环境经济分析方法,得到了广泛的应用,如环境污染及生态破坏的损失评估、各种污染综合治理方案的优化、建设项目环境影响评价、环保投资决策、有关政策的环境经济评价等。对活动的环境效益费用分析可以从国家、地区以及企业的角度进行。

2.环境效益费用分析的发展

美国经济学家哈曼德在1958年出版了《水污染控制的费用效益分析》一书,书中把效益费用分析的原理和方法应用于污染控制,他分析了水污染控制的费用与效益评估的技术原理,在水污染控制的环境管理中得到了应用。

20 世纪 70 年代,一些经济学家开始将效益费用分析应用于环境污染控制决策分析中,对环境质量变化产生的损益进行评价。美国卡特政府规定所有对环境有影响的项目,在环境影响评价中,都必须进行效益费用分析。英国、日本、加拿大等国,也广泛开展了环境领域的效益费用分析研究与应用,效益费用分析开始在环境影响评价中被广泛采用。

20 世纪 80 年代以来,我国在环境效益费用分析的理论、方法和应用上开展了许多研究工作。1984 年,"公元 2000 年中国环境预测与对策研究"课题首次对我国环境污染造成的经济损失进行了计算和分析。2006 年,国家环境保护总局和国家统计局完成的《中国绿色国民经济核算研究报告 2004》,采用了污染损失法和治理成本法计算环境价值量。

由于环境效益费用分析涉及面广,需要的信息量和数据量大,特别是环境与环境问题的复杂性导致对环境质量变化所产生的效益和损失经济计量的复杂性,以及在基础分析方面要求有较多的支持等,所以在环境效益费用分析的研究和应用上还存在不少问题。环境效益费用分析需要在理论和方法上不断发展完善。

(二)环境效益费用分析的基本条件

环境效益费用分析必须具备效益费用分析的基本条件,同时要适应环境、环境问题、环境经济的复杂性、多样性和特殊性等特点。环境效益费用分析的基本条件如下。

1. 可以分析出环境质量变化所产生的损失和效益

人类活动对环境的影响,表现在环境质量的变化。环境质量的变化表现在正、负两个方面。通过分析环境质量的变化,分析在环境资源的生产性、消费性和公有性等方面受到的影响,从而分析活动产生环境质量变化而引起的损失和效益。在分析时,要分析归类出哪些是直接的损失和效益,哪些是间接的损失和效益;哪些是可以经济计量的损失和效益,哪些是难以经济计量的损失和效益。

2. 可以确定出环境损失和效益货币计量的途径

环境质量一般没有直接的市场价格,但是环境资源与人类的经济活动密切联系,这就给环境质量变化所产生的经济损失与效益提供了货币计量的途径。在确定经济计量的途径时,要结合所分析活动的特点,结合活动对环境影响的特征,结合受影响的环境中各种物质元素的具体状况,结合环境资源的特征,结合经济计量的方法思路,找出经济计量环境损失和效益的途径。

3. 可以进行环境资源的替代分析

环境资源的替代是环境效益费用分析中一个间接量化的重要思路和方法。如可以用人工环境来代替自然环境,而构建人工环境的费用可直接采用市场信息进行货币计量。某些生产性环境资源可以进行合理替代,包括同类生产性环境资源和相近生产性环境资源。对于一些难以直接经济计量的损失和效益也可以进行合理替代,利用替代的思想和方法直接根据市场信息进行经济计量,以协助环境效益费用分析的开展。

4. 环境效益费用分析的具体方法针对性要强

由于人类活动的多样性,以及环境的复杂性,不可能对各种问题设计一种环境效益费用分析方法。已经形成的一些不同的环境费用效益分析的具体方法,均有其自身的应用范围和使用条件。在进行环境效益费用分析时,要在通盘分析的基础上,根据不同情况采用不同的方法,选择针对性强的具体分析方法。

(三)环境效益费用分析的基本程序

环境效益费用分析的基本程序如图 5-2 所示。

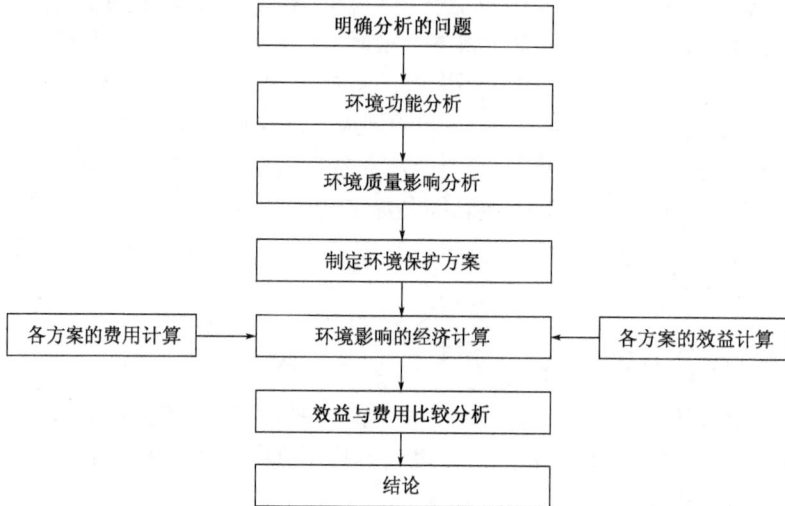

图 5-2　环境效益费用分析的基本程序

1.明确分析的问题

在环境效益费用分析中,首先要明确分析的对象。明确分析对象的性质、规模和所处地域的环境状况和社会状况,明确分析活动所涉及影响的范围,以及分析时间基准和跨度等。确定分析对象存在哪些环境影响,哪些是可能的重要环境影响。例如,某地拟建一化工项目,在它的建设和建成使用过程中会对附近大气和水体环境产生不良影响,所以在分析时,要确定项目对大气和水体的影响程度与范围,为量化项目产生的污染所造成的经济损失作准备。

2.环境功能分析

环境功能是指环境通过自身的结构和特征而发挥的有利作用。人类活动产生的环境问题所带来的各种损失,是由于环境的功能遭到了破坏。因此,要计算环境问题产生的经济损失,首先要弄清楚分析对象所处环境的功能是什么。例如,某项目拟建在河流附近,那么就要分析河流的功能,河流的一般功能有灌溉田地、发展渔业、水源(生产和生活)、航运、防洪、观赏和娱乐等。同样,森林的一般功能有固结土壤、涵蓄水分、调节气候、保护动植物资源、提供木材和林业产品等。环境功能的不同内容和大小强弱因地而异,需要实地测量,进行分析评价,如正常草原的载畜能力为 1.05 头羊$/10000\text{m}^2$。

3.环境质量影响分析

进行环境质量影响分析,就是要调查分析活动所处地域的环境质量状况,分析活动对环境质量所产生的影响和程度。确定环境污染和破坏与环境功能受到的相应损害之间的定量关系,是进行环境经济分析的关键,这种关系称为剂量-反应关系(Dose-Response Relationship)。

引起个体生物学的变化称为效应,引起群体的变化称为反应。人们通常运用效应和反应来说明个体或群体对一定剂量的有害物质的反应。污染物进入机体的剂量,一般用机体的吸收量来表示,其单位常用毫克数表示。污染物对机体所起的作用主要取决于机体对污染物的吸收量。

具有明显剂量-反应关系的污染物,易于定量评定它们的危害性。对机体产生不良或有害生物学变化的最小剂量称为阈剂量(阈值)。低于阈剂量,没有观察到对机体产生不良效应的最大剂量称为无作用剂量。阈剂量或无作用剂量是制定环境质量标准的主要依据。

剂量-反应关系通常可以利用科学实验或调查统计分析得到。在实际工作中多采用污染地区与未被污染地区(对照区),或本地区污染前后进行比较的方法分析环境质量变化造成的影响。例如,大气中 SO_2 浓度大于 $0.06mg/m^3$,对农作物有减产影响,SO_2 对农作物减产系数可参考:当 $SO_2 > 0.06\mu g/m^3$ 时,重度污染将导致粮食减产20%,中度污染减产10%,轻度减产5%。

关于剂量-反应关系特别是一些重要剂量的反应关系还缺乏比较完整的资料,使环境效益费用分析缺乏必要的依据,这也是环境污染损失经济计量的一个难点。

4. 制定环境保护方案

制定环境保护方案,即根据活动对环境质量影响的程度等,制定拟采取环境保护措施的方案。环保措施改善环境功能的效益主要取决于其改善环境的程度。例如,第一个降噪方案可以使声环境降低噪声25dB,而第二个方案可降低20dB,显然第一个方案的降噪效果好于第二个方案,但这只是方案对比的一个主要依据,环保方案的制定还要考虑成本费用等因素。所以,要制定出可行的多个方案,通过多因素的分析、比较、评价,从而确定最优方案。

需要强调的是,在环境效益费用分析中,会涉及环境保护措施的效益。所以,环境保护措施效益在环境与社会方面反映出来的主要是正效益,但环境保护措施中的环境保护设施与设备,在其建设和运行当中也会带来新的污染从而造成新的损失,这个因素在环境效益费用分析中不能被忽略。

5. 环境影响的经济计算(确定费用与效益)

确定费用,首先要确定环境损害在经济方面的损失。也就是要计算出环境污染和破坏的环境损失实物量与货币量,这是环境效益费用分析中的核心工作。要根据具体环境损害的状况,选择合适的、针对性强的计算模型和方法进行分析估算。确定费用,还要计算不同环保方案的费用,环保方案的费用主要包括投资和运行费用。投资和运行费用的计算要相对清楚,具有较好的操作性和较高的准确性,在具体计算中,要按有关规范规定和标准进行。

确定效益,就是计算各环保方案的效益。根据方案可以确定改善环境质量的程度和由此使环境功能改善的状况,计算不同方案对环境改善的效益,这种效益要货币量化。还要计算采用环保方案可能引起的新污染损失,一并纳入环境效益费用分析中。

最后应对计算结果进行分析,对部分结果进行必要的修正,对一些难以进行货币量化的因素予以说明。

6. 效益与费用比较分析

这要求把计算确定出的效益和费用,根据各自形成的具体时间,考虑资金的时间价值,统一进行计算。确定评价指标,如净效益或效益-费用比,再根据评价标准进行分析,最后选择最优的环保方案,或根据不同的目的进行分析评价。

(四)环境经济损失计量的主要过程

从损失的角度进行环境经济损失计量是环境效益费用分析的主要内容。环境经济损失计量是根据环境污染与环境破坏状态进行环境损失的实物量化、经济量化,以及确认的过程。

环境经济损失计量一般包括四类变量:环境状态变量、环境污染与破坏导致的实物型损失变量、实物型损失的货币化变量、货币化损失的确认与计量变量。以这四类变量为基础,形成三个主要的估算过程。

1. 由环境状态计算实物型损失

环境状态分为环境污染状态和生态破坏状态。环境污染状态一般用污染物浓度反映,生态破坏状态一般用生态资源的累积破坏量反映。该计算过程的关键是科学地建立环境状态与其导致的各种实物型损失之间的函数关系。

对于环境污染状态来说,由于每种环境污染的影响是不确定的,有的可能只产生一种影响,有的也可能产生多方面的影响,有的影响还可能相互作用,分清这些影响的关系有利于合理建立函数关系式。环境污染状况与各种实物型损失之间的函数关系可用式(5-4)表示为:

$$F_{ij} = f(D_i, S_i, T_j, P_{ij}) \tag{5-4}$$

式中:F_{ij}——第 i 类环境污染引起的第 j 类实物型损失;

$\quad D_i$——第 i 类环境污染状态的量值;

$\quad S_i$——第 i 类环境标准;

$\quad T_j$——第 j 类实物状态存量;

$\quad P_{ij}$——第 i 类环境污染引起的第 j 类实物的损失的计算参数。

其中,D_i、S_i、T_j 是已知量,P_{ij} 是未知量,P_{ij} 量值的科学确定是构造实物型损失函数的关键。

P_{ij} 的量值主要取决于三个因素。第一,P_{ij} 取决于各环境状态量影响的可分离性,例如,大气污染和水污染都可以造成人体呼吸系统疾病发病率和死亡率的增加,但这两种污染对人体健康造成的影响是可分离的;第二,P_{ij} 取决于上述被分离出来的特定环境污染状态量影响的可测性,可测性越明显,则 P_{ij} 越容易确定;第三,P_{ij} 取决于由所测数据经过统计处理所构造的实物型损失函数的类型,显然,以线性函数、指数函数等表达的实物型损失,其各自 P_{ij} 的意义和量值是不一样的。

所以,构造表征环境污染的实物型损失函数要经过三个步骤:一是将这一环境污染状态量的实物型影响分离出来;二是使这一影响具有相当充分的可测性;三是对可测性数据进行恰当的统计学处理。所以,P_{ij} 这一参数的确定,是环境污染经济损失计算的关键所在,同时也是一个难点。

2. 实物型损失的货币化

实物型损失的合理货币化是保证能够进行环境经济分析的核心环节。这个计算过程应考虑的主要因素有以下几个。

（1）一类实物型损失可能造成多项价值损失，如毁林造成的林木损失、水土流失、生物多样性损失等。

（2）环境污染与生态破坏可能交互地造成价值损失，如水污染会造成农田污染损失，农田污染又会加剧水污染损失等。

（3）实物型损失的价值类型可能是直接价值、间接价值、选择价值或存在价值等，其货币化途径各不相同。

所以，实物型损失是多方面的，这些损失的价值类型不同，它们各自的货币化途径也不同。实物型损失货币化函数可用式（5-5）表示为：

$$M_{jk} = g(F_j, q_{jk}) \tag{5-5}$$

式中：M_{jk}——第 j 类实物损失所体现的第 k 类价值；

　　F_j——第 j 类实物损失；

　　q_{jk}——第 j 类实物的第 k 类价值的价格。

由式（5-5）可知，q_{jk} 的确定是货币化函数建立的核心，这也是造成环境污染经济损失计算困难的另一个原因。在环境效益费用分析中，直接价值损失可以用市场价格来计算，间接价值损失可以用影子价格或替代价格来计算，选择价值和存在价值可由调查评估法得到的意愿型价格来体现。可以看到，影子价格、替代价格、意愿价格越来越受主观意愿的影响，因此 q_{jk} 确定的科学性在很大程度上取决于主观意愿的合理程度。

在实物型损失货币化中，不同的价值计算方法将产生不同程度的误差。一般认为：采用市场价格产生的误差与争议相对较小；采用影子价格和替代价格产生的误差和争议较大；采用意愿型价格产生的误差和争议最大。通常为了较为精确地进行实物型损失货币化，对结果的表述可以不应只是一个简单的数值，而应给出这一结果可能的取值范围。

3. 货币化损失的确认与计量

对货币化损失进行再确认是保证环境经济分析可靠性的一个重要环节。对货币化损失进行再确认时，要对各种环境污染损失、生态破坏损失进行分解与加总。但有些环境损失不可分解，有些环境损失又不具有可加性，这就要求遵循以下原则进行处理。

（1）以某类环境损失的分解形式或加总形式表示的环境成本，其含义应与各自对应的环境收益一致。

（2）确保不重复计算，如环境污染同时造成部分生态破坏，则在计算生态破坏损失时应扣除因环境污染所导致的损失部分。

（3）在分解与加总环境损失时，应保证时空区间选择的同一性。

第二节　环境效益费用分析方法

环境问题错综复杂，所以不可能用一个通用的分析方法对每一类环境损益进行经济量化分析。人们针对不同类别的环境问题及其影响对象，设计出相应的具体分析方法。这些具体方法的基础是环境价值量核算的基本方法，即污染损失法和治理成本法。环境损益货币量化的困难性，使这些方法在具体思路和计算结果等方面存在不足，所以，环境效益费用分析方法需要不断完善，使分析方法更科学、分析过程更符合逻辑、分析结果更客观。

一、环境效益费用分析方法概述

环境经济损益分析的方法主要有直接市场法、替代市场法和调查评估法三类,如图 5-3 所示。每类方法又包括一些具体的分析方法和模型参数,这些方法各有其不同的适用对象和适用范围,在进行环境损益经济量化估算时参考应用。

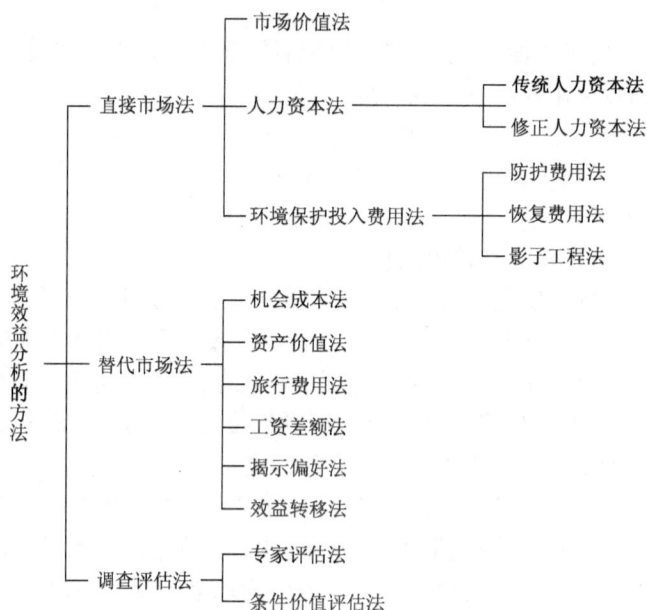

图 5-3 环境效益费用分析的方法

二、直接市场法

直接市场法是指可以直接基于市场价格等信息来估算环境质量变化所产生的环境损益货币量化的分析方法。直接市场法通过环境质量的变化对自然系统或人工系统生产率的影响,以及产品与服务的市场价格来估算环境质量影响的经济价值。直接市场法有如下一些具体的分析方法,以适应不同情况和要求的环境损益经济分析。

(一)市场价值法

市场价值法(Marketing Value Method)又称生产率法,是把环境要素作为一种生产要素,利用市场价格把因环境质量状况的改变而引起产品产量与质量的变化,导致的产值和利润的变化并将其变化计算出来的方法。

市场价值法的基本公式见式(5-6)。

$$L_{市} = \sum_{i=1}^{n} P_i \Delta R_i \tag{5-6}$$

式中:$L_{市}$——环境质量变化引起的经济损失或经济收益的价值;

P_i——某种产品的市场价格;

ΔR_i——某种产品因环境质量变化而增加或减少的产量。

【例 5-1】 某地大气环境中 SO_2 浓度超过对农作物影响的阈值为 $0.06mg/m^3$ 时会引起农

作物减产。设某种农作物被污染的程度为中度污染,该中度污染农作物的亩产 g 为 350kg,其减产百分数 a 为 10% ,污染农田面积 S 为 1000 亩(1 亩 $\approx$ 666.667 平方米),该农作物市场价格 P 为 2.00 元/kg,则大气 SO_2 超标引起的该农作物损失为多少?

解:设该农作物污染前每亩的产量为 m ,污染后每亩的产量为 g ,污染后每亩的减产量为 x ,则 $m = x + g$,那么该农作物减产的百分数 a 为:

$$a = \frac{x}{x + g}$$

则:

$$x = g \times \frac{a}{1 - a}$$

所以:

$$L_1 = P \times S \times g \times \frac{a}{1 - a}$$

$$= 2.00 \times 1000 \times 350 \times \frac{0.10}{1 - 0.10}$$

$$= 77778(\text{元})$$

77778 元是这一地区大气 SO_2 超标引起的农作物损失的最低估计值。反过来说,如果采取某种大气污染控制措施,使 SO_2 不超过其阈值,农作物不减产,则该大气污染控制措施产生的环境经济效益至少为 77778 元。需要说明的是,因污染而导致农作物质量下降的经济损失,以及其他方面的经济损失本例尚未考虑。

市场价值法属于污染损失法,它适用于水土流失、耕地破坏、森林生产能力降低、水体污染、空气污染引起的种植业等污染与破坏的经济分析。

(二)人力资本法

关于环境污染对人的健康、痛苦以及生命评价问题,还没有一个科学合理的评价方法。但在实际中,人们常常给人的健康、生命,以及疾病等确定经济价值。

人力资本法(Human Capital Approach)是指用收入的损失估算由污染引起人的健康损害成本的方法。人力资本法可以评估环境污染对健康损害的经济价值,也可以评估由于采取污染治理与控制措施而有利于人的健康的环境经济效益。人力资本法也称疾病成本法(Cost-of-Illness Method)、收入损失法(Income Loss Method)。

1. 传统人力资本法

传统人力资本法认为一个人的生命价值等于他所创造的价值,就是说一个人的工资收入减去他的消费开支,剩下的就是这个人留给社会的财富。这就意味着当一个人的消耗大于他的产出时,从经济角度来说,他的存在对社会是无益的。当然,这种把人的生命价值经济数量化是不恰当的。

传统人力资本法认为:人得病或过早死亡的社会损失是由社会劳务的部分或全部损失带来的,它等于一个人丧失工作时间的劳动价值和预期收入的现值,如式(5-7)所示。

$$L_人 = \sum_{n=x}^{\infty} \frac{(P_x^n)_1 (P_x^n)_2 (P_x^n)_3}{(1+i)^{n-x}} \cdot F_{n-x} \tag{5-7}$$

式中:$L_人$——人力资本法的损益值;

$(P_x^n)_1$——年龄x的人活到年龄n的概率;

$(P_x^n)_2$——年龄x的人活到年龄n并具有劳动能力的概率;

$(P_x^n)_3$——年龄x的人活到年龄n并具有劳动能力,仍然在工作的概率;

i——贴现率;

F_{n-x}——年龄x的人活到年龄n的未来预期收入。

式(5-7)对某特定区域的成员进行分析时,成员中的家庭主妇、退休的人、丧失劳动能力的人等,所计算的收入现值为负值,即对社会总效益只能产生负值。这种分析结论显然是不能接受的,因此这种计算方法只能作为针对具体分析事项进行相对比较时的参考。

实质上,传统人力资本法是通过市场价格和工资率来确定个人对社会的潜在贡献,并以此估算环境对人体健康的损益。所以,不同环境质量条件下人因生病、死亡等原因而造成对社会贡献的改变量,以此衡量环境污染对人体健康影响所造成的经济损失是一种分析思路。

在实际应用中,通常对传统人力资本法进行改进或修正,改进或修正的人力资本法称为改进人力资本法或修正人力资本法。1982年,改进的人力资本法在美欧疾病控制中心应用于流行病学,用于衡量疾病负担的潜在寿命损失。

2. 修正人力资本法

修正人力资本法是一种对人体健康损失的实用估算方法。修正人力资本法认为,作为生产要素之一的劳动者,在被污染的环境中工作或生活,会诱发疾病或过早死亡,从而耽误工作或完全失去劳动能力,这样不仅不能为社会创造财富,还要负担医疗费、丧葬费等,并需要亲友的护理,耽误了他人的工作时间,产生了"两少一多"(因污染过早死亡、疾病或病休等的劳动者经济收入减少,非医护护理人员收入减少,以及医疗费增多)。

修正人力资本法属于污染损失法,其中的经济损失包括直接经济损失和间接经济损失。直接经济损失包括预防费用、医疗费用、丧葬费用等;间接经济损失包括病人因病耽误工作造成的经济损失、非医务人员护理因护理影响工作造成的经济损失等。修正人力资本法是对人体健康损失$L_人$的估算,如式(5-8)所示。

$$L_人 = L_{人1} + L_{人2} + L_{人3}$$
$$= P \sum_{i=1}^{n} (a_i \cdot S \cdot t_i) + P \sum_{i=1}^{n} (b_i \cdot S \cdot T_i) + \sum_{i=1}^{n} (a_i \cdot S \cdot C_i) \tag{5-8}$$

式中:a_i——污染区某种疾病高于对照区的发病率;

b_i——污染区某种疾病高于对照区的死亡率;

S——污染区覆盖人口;

t_i——某种疾病人均失去劳动时间(含非医务人员护理时间);

T_i——某种疾病死亡人均丧失劳动时间;

P——污染区人均国民收入;

C_i——某种疾病人均医疗费。

式(5-8)包括三部分:第一部分$L_{人1}$为受污染患病者的收入损失;第二部分$L_{人2}$为受污染死

亡者的收入损失；第三部分 $L_{人3}$ 为支出的医疗费。

式(5-8)中的 a_i 与 b_i 称为归因百分比 α，表示环境污染在人发病或死亡发生原因中所占的百分数，是一个基本分析参数。

【例5-2】 某污染区覆盖人口 10000 人，环境未污染前，该区域人口中得某种病的比例为10%，环境污染后该比例为 40%。若得此病，人均失去劳动时间为 100 个工日，非医务人员护理折算到病人人均失去劳动时间为 80 个工日，污染区的人均国民收入为 10000 元，求第一种经济损失 $L_{人1}$。（说明：工日是在工程计量的时候统计人工费的一个依据，一个工日的工作时间为 8 小时。）

解：根据问题可知：

$$a_i = 30\%, t_i = 180 \text{ 工日} = 0.5 \text{ 年}, S = 10000 \text{ 人}, P = 10000 \text{ 元}/(\text{人} \cdot \text{年})$$

则：

$$
\begin{aligned}
L_{人1} &= 10000 \times 30\% \times 10000 \times 180 \\
&= 10000 \times 3000 \times 0.5 \\
&= 5000 \times 3000 \\
&= 1500 (\text{万元})
\end{aligned}
$$

1500 万元是这一地区因某种环境污染引起的患病者收入损失的最低估计值。反过来说，如果采取某种污染控制措施，患病者的数量不增加，则该污染控制措施产生的环境经济效益至少为 1500 万元。

需要注意的是，环境污染引起的人体健康的损失还应包括无法用货币衡量的舒适性损失，这是很难用货币进行度量的病人和非医护护理人员在心理上和精神上造成的损失。

（三）环境保护投入费用法

在许多情况下，对环境质量变化造成的环境损益作出经济价值的评估是困难的，但是环境保护措施费用的计算有据可依，可以直接运用市场价格等信息进行造价计算，其结果可直接用于环境质量变化所产生的环境损益货币量化的估算分析。环境保护投入费用法归类于治理成本法，根据治理成本法的定义与思路，环境保护投入费用法是用环境保护设施的费用来估算环境质量变化而产生损益的经济量化方法。

环境保护投入费用法包括防护费用法、恢复费用法、影子工程法等，而防护费用法和恢复费用法又称工程费用法，影子工程法又称替代工程法、虚拟工程法。

1. 防护费用法

防护费用是指为减小和消除环境污染与破坏的影响，而采取防护措施所需的费用。

防护费用法（Preventive Expenditure Method）是指对防治环境污染与破坏的措施进行相关费用的计算，并作为环境经济损益基本估算值的分析方法。防护费用法的实质是将防护费用作为环境损益的基本估价值。例如，为减小交通噪声影响而采取的降噪措施（如声屏障、双层窗等）的费用，可以作为由于噪声影响而产生的最低经济损失值，该费用反映了宁静环境的隐含价值。由于防护设施的费用是所需要的人工、材料、机械等费用，有相应的计算规范与标准，因此它比较容易计算且结果精确。又因为防护设施的效益与防护费用具有统一性，所以，可用防护费用来度量环保措施所得到的环境效益。防护费用法属于治理成本法，适用于对各种污染与破坏的经济分析与评价,如对水体污染、噪声干扰的治理等,也可用于农田等保护的经济分析。

这里要提到预防性支出法(Preventive Expenditure Approach)。预防性支出法也称为规避行为法(Averting Cost Method)、防护支出法(Protection Expenditure Method)。预防性支出概念为第三章所述的一般防护费用的概念。预防性支出与规避行为通过衡量人们为了防止受到环境质量下降的影响而愿意预先支出费用来规避这种影响,其支出费用为所评估环境物品的货币价值。

预防性支出法,即以人们为了防护环境危害而作出的预防性支出来衡量环境危害最小成本的方法。纳入环境经济分析的一些物品或服务(如空气、声等)没有市场价格,而预防性支出所购买的物品或服务可以用市场价格来衡量。预防性支出法假定人们为了避免环境危害而支付自己能够支付的货币来保护自己,所支付的货币是该环境危害的最低成本。

从广义的角度说,防护费用法包括了预防性支出法。要说明的是,政府与企业防控污染的防护费用与个人的预防性支出存在此消彼长的关系,如果环境污染得到较好的控制,个人的预防性支出就会减少。

2. 恢复费用法

恢复费用是指对因人类活动而受到污染和破坏的资产、财产等,进行恢复或更新所需的费用。

恢复费用法(Recovery Cost Method)也称重置成本法,是指因污染和破坏而使生产性资产和其他财产受到损害,为使其恢复或更新所需费用的评估方法。恢复费用可以作为该环境质量的基本经济价值或损失的最低估计值。

例如,工程建设需要在农田取土,同时要采取措施恢复耕地,恢复耕地所需的费用就是恢复费用,它是因取土造成耕地破坏而引起的经济损失的基本估算值,也是恢复耕地所取得的经济效益的基本估算值。

3. 影子工程法

影子工程是一种假想的替代工程,即在环境被污染和破坏后,拟人工建造一个具有类似环境功能的工程作为该分析对象的替代工程,也称虚拟工程。

影子工程法(Shadow Engineering Method)是恢复费用法的一种特殊形式,是指拟用人工建造一个虚拟环境来替代遭到污染或破坏前的环境,并用这个虚拟环境工程所需的费用来估算所分析对象经济损失的方法。

当环境资源或劳务很难进行估价时,可以采用影子工程法,将难以货币计算的环境价值转换为可计算的经济价值,从而将不易货币量化的问题转化为可量化的问题。

例如,地下水受到污染,水源被污染的经济损失可通过假设使用另一种水源,如打深井或安装自来水系统等进行替代,那么原水源污染的经济损失可以用该虚拟水源费用替代,而且这个虚拟水源费用可根据直接市场法计算。

又如,森林涵养水分的功能所带来的经济收益很难计算出来。利用影子工程法可以假设用与该森林蓄积和涵养水量同等水量的水库所需费用,作为该森林涵养水分的经济收益。

在实际运用时,为了尽可能减少偏差,可以考虑寻找几种替代影子工程,然后选取最符合实际的替代工程或者取各替代工程的平均值进行估算。

三、替代市场法

替代市场法是使用替代物的市场价格来衡量没有市场价格的环境物品价值的一种方法，也称间接市场法。在一些情况下，直接分析某一环境对象的经济价值比较困难，或由于其他原因造成所计算的经济损益失真，但是可以找出具有相关市场信息的该环境物品的替代物或补充物，这样就可以利用该替代物或补充物的市场信息来间接衡量该环境物品的价值，从而间接估算环境质量变化产生的经济损益值。

（一）机会成本法

1. 机会成本的概念

机会成本，又称择一成本，是指因采用某一方案而失去选择其他方案的最大潜在效益。机会成本是与方案选择联系在一起的，只有一种选择时就不存在机会成本。

机会成本是经济分析中的一个重要概念。做一件事往往存在若干种可供选择的方案，而人们只能从中选择一种加以实行。没有采用的方案就不会产生现实的效益，但能分析预测它们的效益。那么没有实际采用方案的潜在效益就成为衡量所采用方案是否合适的经济尺度。机会成本有助于进行理性的决策，也就是说，当作决策时，不仅要考虑得到了什么，而且还要考虑放弃了什么。

例如，某城市有一水源，每天可提供1万吨水，该水可作为工业用水、居民生活用水和城郊农田用水。如果市政府综合考虑，将这每天1万吨水用于居民生活，那么就意味着放弃用于工业和农业的方案，如果用于工业用水的方案取得的经济效益最大，则它就是该水源用于居民生活方案的机会成本。如果这1万吨水被污染了，那么其经济损失可用这1万吨水用于工业所取得的经济效益值来计量。

2. 机会成本分析

机会成本法是指某资源使用的成本可以用所放弃的替代用途的收入进行估算的方法。机会成本法可用于某资源使用方案的环境影响经济损益不能或不易直接估算的情况，或用于该方案所计算出的环境经济损益不能客观反映该资源价值时的经济分析。机会成本法适用于水资源短缺、占用农田等环境资源使用方面的经济分析，也常用于由某项活动产生的环境污染和破坏而带来经济损失的货币估值。

例如，在工程建设中，固体废弃物堆放占用农田而造成农业损失，其损失量可根据堆放固体废物占用耕地面积与每亩耕地的机会成本的乘积求得。同样，因采取了有效措施，减少或避免了固体废弃物占用农田，其产生的经济效益也可通过计算机会成本得出。也就是说，对保护土地资源进行价值分析，不是直接用土地资源当前的收益来计算，而是用该土地资源所放弃的其他用途的最大效益分析其价值。

机会成本的计算公式如式（5-9）所示。

$$L_{机} = \sum_{i=1}^{n} S_i W_i \tag{5-9}$$

式中：$L_{机}$——环境损益机会成本值；

S_i——i 资源的单位机会成本；

W_i——因环境质量变化（或用途变化），i 资源变化的数量。

【例5-3】 某建设工程,其固体废弃物的弃放场地为农田,该废弃物占地100亩,每亩地的机会成本为3000元,则其造成的农业损失为多少?

解:已知:

$$S = 3000 \, 元, W = 100 \, 亩$$

则:

$$L_2 = 3000 \times 100 = 300000(元)$$

(二)资产价值法

这里所说的资产价值主要是指土地、房屋等固定资产的价值。在房地产环境经济分析中,房地产价值所反映出来的房地产价格也称舒适性价格。

资产价值法(Assets Value Method)是把环境质量看作是影响资产价值的一个因素,当影响资产价值的其他因素不变时,以环境质量变化引起资产价值的变化来衡量环境价值的一种经济分析方法。

资产价值法认为房地产周围环境质量的变化会影响个人的支付意愿,进而影响房地产的价格。舒适性是房地产的主要特性之一,所以资产价值法也称舒适性价格法。

运用资产价值法进行分析时,主要进行三个方面工作:一是建立固定资产价值方程;二是进行住户收入分析;三是建立支付愿望方式。具体的两项步骤如下。

1. 建立固定资产价值方程

固定资产价值方程,也称舒适性价值方程,如式(5-10)所示。

$$P = f(b, n, g, \cdots) \tag{5-10}$$

式中:P——固定资产价值或舒适性价格;

b——固定资产特征及内在要素,如房屋结构类型、面积大小、新旧程度等;

n——自然环境要素,如空气质量水平等;

g——社会环境要素,如房屋距工作地、商店、医院、学校的距离等。

式(5-10)称为资产价值函数或舒适性价格函数。针对分析对象,搜集到相关资料,用多变量分析法建立函数关系,求得资产使用特性的舒适性价格。

2. 进行住户收入分析,建立支付愿望方式

资产的价值方程确定以后,通过住户收入分析,了解支付愿望方式,确定对环境质量的支付愿望。

活动引起周围环境质量的变化,附近的房产价格受到影响,由此使人们对房产的支付愿望发生变化,房产损益变化由式(5-11)计算。

$$\Delta B = \sum_{i=1}^{n} P(q_1 - q_2) \tag{5-11}$$

式中:ΔB——因环境质量变化引起房产损益的变化;

P——房产价格或边际支付愿望;

q_1、q_2——活动前后的环境质量水平。

资产价值法在理论上有三个基本假设:一是环境质量的改善可利用个人的支付愿望来说明;二是整个区域可看作一个单独的房屋市场,所有人都掌握选择方案的资料,并可自由选定任何位置的房屋;三是房屋市场处于或接近于平衡状态,并在给定的条件下,选购房子都可获

得最大的效用。这些理论假设在实际使用中受到一定限制,但环境质量已成为影响房地产价格的关键因素之一。

资产价值法多用于环境质量变化对土地、房屋等固定资产价值的影响评估,以及对景观等环境资源的评价。

上述的资产价值法,也称内涵资产定价法(Hedonic Property Pricing Method)、享乐价格法(Hedonic Price Method),是根据人们为优质环境的享受所支付的价格来推算环境质量价值的一种估价方法。内涵资产定价法将享受某种产品由于环境的不同产生的差价,作为环境差别的价值。人们赋予环境的价值可以从他们购买的具有环境属性的商品的价格中推断出来,如对房地产市场进行分析,可以揭示不同的房地产价格与不同的房地产的环境属性。

(三)旅行费用法

环境质量的变化会给旅游资源带来效益上的变化,所以可以估算出环境质量变化造成的旅游资源的经济损益。对旅游资源和环境景观的经济价值评估方法有多种,而旅行费用法是常被用来评价那些没有市场价格的自然与人文景观等环境资源价值的方法。

1. 旅行费用法的概述

旅行费用法(Travel Cost Method,TCM)是一种评价无价格物品的方法,是根据消费者为了获得对自然与人文景观的娱乐享受,通过消费这些环境资源所花费的旅行费用,来评价旅游资源、景观和娱乐性环境物品价值的分析方法。

旅行费用法由美国经济学家哈罗德·霍特林提出,其核心思想是:人们去某一旅游景点的总费用由可变的旅行费用和基本不变的门票价格构成。其中,旅行费用受距离长短的影响,不同距离的游客所需要负担的总费用不同,从而导致愿意到景点旅游的人数也不同。霍特林根据总费用变化所对应的旅游人数变化,得到一条旅游需求曲线,并以此来估算该景点的经济价值。

2. 旅行费用法的基本思路

为了确定旅游消费者对旅游资源隐含价值的评价,假定某环境旅游资源的入场费(门票)和使用费暂不考虑,旅游消费者从各地到这里来观光消费,对该环境资源产品的需求只受到来此地旅行所需费用的限制,这种环境资源的效益可以通过旅行费用进行评价。

旅行费用主要包括交通费、与旅游有关的直接花费及时间费用,以及时间机会成本等。一般来说,距离环境景观最远的旅游消费者旅行费用最高。旅行费用法要评价的是旅游消费者通过消费这些环境产品或服务所获得的效益,或者说是旅游消费者对这些旅游资源的支付意愿。

一般来说,旅游消费者从一个环境景观中获得的效用的价值通常大于其付出的费用,其中的差值就是消费者剩余。旅行费用法假设所有旅游消费者消费该环境物品或服务所获得的总效益是相等的,它等于边际旅游消费者(距离评价地点最远的旅游者)的旅行费用。距离评价地点最远的用户,其消费者剩余最小;而距离评价地点最近的用户,其消费者剩余最大。

所以,旅游支付意愿等于旅游消费者的实际支付与其消费这一环境产品或服务所获得的消费者剩余之和。假设可以获得旅游消费者的实际开支,要确定旅游者支付意愿大小的关键就在于估算出旅游消费者的消费者剩余。也就是说,可以把消费某环境产品或服务的旅行费用与消费者剩余之和当成该环境产品的价格。

适用于旅行费用法评价的环境资源有各种用于观赏、娱乐、休闲的自然景观与人文景观，如自然保护区、山岭、森林、草原、湿地，以及公园、博物馆、遗址、水库等。

3. 旅行费用法的基本分析步骤

应用旅行费用法的主要步骤如下。

(1)确定旅游消费者的出发区域。出发区域的确定要以所要评估的旅游资源为中心，把其周围地区按距离远近分成若干个区域，距离的不断增大意味着旅行费用的不断增加。

(2)调查旅游消费者相关信息。这一步要求在所评估的旅游资源处对旅游消费者进行抽样调查，了解旅游消费者的出发地点、旅行费用和其他相关的社会经济特征信息。

(3)计算旅游率。计算旅游率主要是要计算某一时间内、每一区域内到该环境资源旅游的人数(人次)。

(4)分析旅行费用对旅游率的影响。一般来说，潜在的旅游消费者离旅游资源越远，他们对该环境商品的预期用途或需求越小。在不考虑其他因素时，可以利用旅游消费者的单位时间人数和旅行费用建立一定的需求函数，由此计算出的总费用即代表该环境资源的效益。

根据抽样调查方法，建立旅游率与旅行费用需求函数，如式(5-12)所示。

$$Q = f(C, X_1, \cdots, X_n) \tag{5-12}$$

式中：Q——旅游率；$Q = \dfrac{V}{P}$，其中，V 为根据调查结果推算出的总旅游人数，P 为旅游人数所在区域的人口总数；

C——旅行费用(一般包括交通费用、住宿费用和比不旅游时多消耗的食品等费用)；

X_n——各种社会经济变量(包括年龄、收入、教育水平、交通条件、旅游兴趣等)。

根据对旅游消费者调查的样本资料，用分析出的数据，对不同区域的旅游率和旅行费用以及各种社会经济变量进行回归，求得旅行费用对旅游率的影响。旅游率与旅行费用的回归方程可表示为：

$$Q = a_0 + a_1 C + a_2 X_i + \cdots + a_n X_{n-1} \tag{5-13}$$

通过式(5-13)确定一个旅游需求曲线，它是基于旅游率而不是基于在该场所的实际旅游消费者数量。利用这条需求曲线来估算不同区域中的旅游消费者的实际数量，同时分析这个数量将如何随着入场(门票)费的增加而发生的变化情况，从而获得一条实际的需求曲线，再进一步根据具体情况分析每个区域旅游率与旅行费用的关系。

(5)计算旅游消费者剩余和支付愿望。先假设旅游景点的入场费(门票)不计，则旅游消费者的实际支付就是他们的旅行费用。再通过入场费(门票)增加的影响来确定旅游人数的变化，就可以求得来自不同区域的旅游消费者的消费者剩余。将每个区域的旅行费用加上消费者剩余，就可以得出总的支付愿望，即为该环境资源的经济价值。

通过旅行费用法所计算出的数值仅仅是对该环境资源总体价值中所涉及适于观赏、娱乐、休闲的这部分价值作出的基本估算值，主要体现在环境资源的娱乐收益。旅行费用法虽存在一些限定和不足，但这种方法对评价那些没有市场价格的环境景观价值是可行的。对环境景观的经济价值的评估还可以使用其他一些方法，如直接市场法、揭示偏好法等。

(四)工资差额法

工资差额法(Wage Difference Method,WDM)是利用不同环境质量条件下劳动者工资水平的差异来估算由环境质量变化造成的经济损益的方法。影响工资水平差异的因素有很多,如工作性质、技术水平、风险程度、环境质量(工作条件、生活条件)等,这些因素一般都可以识别。

环境质量状况对个人收入的影响很难估算,但可以用工资水平的差额来估算环境经济的损益。当工资水平的其他影响因素一定时,环境质量的差异就表现在工资水平差异上,即根据工资水平的不同来估算不同环境质量的隐含价值。在实际中,一般采用提高工资的方法来补偿在污染环境中工作的劳动者所可能遭受的损失。例如,化工厂由于存在化学污染的危害,化工厂员工的平均工资水平要高于普通企业员工。

运用工资差额法进行分析评估的基本思路是根据工资水平、环境质量和其他有关影响因素的数据,利用统计方法分析出工资水平与环境质量之间的关系,从而得出避免污染的支付意愿,作为该环境质量的价值。这是工资差额法使用的依据。

需要说明的是,在理论上,运用工资差额法应具备一个基本条件,即存在一个完全竞争的劳动力市场,即劳动者可以自由地选择职业,选择他认为对他收益最大的一项工作。但这个条件在实际中很难实现,同时,如何确定劳动者工资与其工作周围的环境质量之间的关系,也需要进一步研究。

(五)揭示偏好法

在替代市场法应用中,常使用揭示偏好法(Revealed Preference Approach)。带有主观评价的揭示偏好法是依据人们的真实行为来间接推测其偏好,以此来估算环境质量变化导致经济损益的一种方法。

偏好是效用理论的一个概念,是指决策人对收益和风险的态度。决策人对一方案或后果的偏好强烈程度,称为偏好程度。在揭示性偏好研究中,偏好水平的意义是指个体对不同选择或选项的相对倾向程度。

揭示偏好是假设消费者在替代市场中的购买行为反映了他们对不存在现存市场属性的环境物品的偏好。揭示偏好法是通过考察人们与市场相关的行为,对于不存在市场属性的环境资源,通过分析其替代物的市场数据来衡量没有现存市场的环境物品经济价值的方法。

在与环境联系紧密的市场中,人们所支付的价格或所获得的利益,可以间接揭示出人们对环境的偏好,从而估算环境质量变化引起的经济价值变化。

(六)效益转移法

在一些情况下,直接分析某一环境对象的经济价值比较困难,但替代市场法给出一个思路,即找到具有相关市场信息的该环境物品的替代物或补充物,这样就可以间接估算环境质量变化产生的经济损益值。环境效益转移法就是一种典型的替代市场法。环境效益转移法是运用替代的思想,进行效益转移替代,间接分析某一环境对象经济价值的方法。

1.效益转移法的概念

关于效益转移的概念或定义,有多种表述,如效益转移是一种将现有的非市场价值评估结果转移到一个新的研究地的方法;又如效益转移是将一种背景下环境商品和服务产生的价值应用到另一种背景下相似的商品和服务中的方法。

环境效益转移法(Benefit Transfer Method)是基于已有的类似的某区域,在某时的环境经济信息,利用一定的转移手段获取所要评估区域的类似环境产品及服务的环境经济评估方法。环境效益转移法是效益转移法在环境经济领域中的应用。

利用现有的研究结果的区域称为研究区域(Study Site),评价一个新的区域称为政策区域(Policy Site)。效益转移就是将非市场资源的效益值从研究区域转移到政策区域。一般来说,研究区域和政策区域的自然生态特征、环境资源特征、社会经济特征等越相似,效益转移的结果就越真实,反之,效益转移的误差就越大。

资料表明,效益转移法的首次应用是评估美国黑尔斯峡谷由于建造水坝引起的旅游与游憩价值损失。此后,效益转移法多用于旅游资源、景观景区、水资源等自然资源价值的经济分析与评价中。

21世纪初期,效益转移法被看作是评价环境项目效益和成本的重要方法,并开始逐步扩展应用于评价环境质量改变的经济分析中,在空气质量改善、噪声防治、垃圾处理、健康风险管理等多领域进行了环境效益转移评价。

2.效益转移方法的应用条件

应用效益转移法须满足以下条件,以保证环境经济分析的有效性。

(1)政策区域的确定。政策区域的确定首先要符合与研究区域相似的基本要求。政策区域的确定要明确其地理范围、人口规模、单位数量与性质,以及自然环境与社会环境的状况与特点。搜集掌握相应的数据资料,保证分析数据的准确性和精确度等。特别是在评估研究区域中的某个项目时,对政策区域中的类似项目的所有信息都要充分掌握。

(2)研究区域和政策区域相似性要求。研究区域和政策区域应具有较高的相似性,两者的自然环境与社会环境条件相当,环境资源和市场条件类似。要求搜集掌握所要评估的研究区域所需的足够的各类数据与信息,并要求拟转移的政策区域数据与信息的对应性与匹配性。特别是在评估研究区域中的某个项目时,要求确定拟评估项目具体信息与拟评估方法及过程,并分析政策区域中类似项目的评估方法及过程,进而确定两者的相似度与可信度。

四、调查评估法

调查评估法是在缺乏市场价格数据,也不易采用替代市场法等间接市场信息方法时,为了得到经济分析有关数据信息而采用的一类方法。调查评估法是一种客观定量与主观定性综合评估的方法。应用调查评估法的对象有两类:一类是相关专家,另一类是涉及相关环境资源的使用者。根据他们所做的调查,来评估所分析环境资源的价格,从而取得评估环境损益的经济数据。

调查评估法的具体方法也有多种,需要根据实际情况确定采用合适的方法。下面介绍两种常用的方法,即专家评估法和条件价值评估法。

(一)专家评估法

在环境经济分析中,专家评估法是以专家作为收集环境经济信息的对象,利用专家的专业知识、经验和分析判断能力对活动的环境损益进行分析评估的方法。专家评估法可分为专家会议法、专家咨询法、德尔菲法等。

1.专家会议法

专家会议法是指根据确定的活动,既定的内容与目的,按照规定的原则与程序,召集有关方面的专家开会,对某一事项进行评估的方法。与会专家围绕一个主题,如对某项活动环境影响损益进行分析,各自发表意见,并进行讨论,最后达成共识,取得比较一致的预测结果和分析结论。专家会议法有利于交换信息、互相启发、集思广益,发挥专家集体的智慧。但专家会议参与者受到的心理影响比较大,容易受多数人意见和权威人士意见的影响,而忽视少数人可能正确的意见。

2.专家咨询法

专家咨询法是针对所分析的问题,依靠征询相关专家个人意见和判断评估的方法。专家个人咨询法能充分发挥专家个人的专长和作用,受他人影响小,是一种应用方便的方法。但专家咨询法难免有片面性,专家个人判断结果是否合理是决定评估结论质量的关键。

3.德尔菲法

德尔菲法(Delphi Method)是在 20 世纪 40 年代由美国赫尔姆和达尔克首创,经过戈尔登和兰德公司进一步发展而成的。1946 年,兰德公司首次用这种方法用来进行预测,后来该方法被广泛采用。

德尔菲法本质上是一种反馈函询法,即利用函询形式进行专家集体思想交流的方法。德尔菲法一般采用匿名专家个人发表意见的方式,即专家之间不互相讨论,不发生横向联系,只与组织调查人员发生联系。德尔菲法的基本流程是在对所要预测的问题征得专家的意见之后,进行整理、归纳、统计、汇总,再反馈给这些专家,再次征求意见,再集中统计。如果需要再向专家进行反馈,再集中统计,直至取得专家们较为一致的结论,作为预测的结果。德尔菲法具有比较广泛的代表性,较为可靠。在德尔菲法的应用过程中,始终有两类人员在活动:一是预测的组织调查者;二是被选出来的专家。

德尔菲法的具体实施步骤如下。

①按照预测问题所需要的知识业务范围,确定专家。专家人数的多少,可根据预测问题的大小和涉及面的宽窄而定,一般不超过 20 人,但也不可过少。

②向函询专家提出所要预测的问题及有关要求,并附上有关这个问题的所有背景材料,同时补充专家所需要的其他相关材料。

③各个专家根据他们所收到的材料和要求,提出自己的预测意见,并说明自己是怎样利用这些材料并提出预测值的,形成书面答复。

④组织者将各位专家填好的调查表进行汇总整理,进行归类对比,再分发给各位专家,让专家参考比较自己同他人的不同意见,修改自己的意见和判断。

⑤组织者收到第二轮专家意见后,对专家意见再作统计整理,并将信息再反馈给专家,请专家再次权衡和评估,作出新的预测并反馈给专家。

⑥收集专家意见和信息反馈一般要经过三四轮,经过多次反复的预测和反馈,专家们的意见逐步趋于一致,即可作为预测评估的结果。

逐轮收集意见并向专家反馈信息,请专家再次评估和权衡,作出新的预测是德尔菲法的主要环节。德尔菲法同常见的专家会议法和单纯的专家咨询法既有联系又有区别。德尔菲法能较好地运用专家们的智慧,发挥专家会议法和专家咨询法的优点,同时又能避免其不足,它是专家们交流思想和进行预测的一个很好的工具。德尔菲法的主要缺点是过程比较复杂,花费时间较长。

在环境经济分析中,在一些环境损益的经济量化比较困难的情况下,运用好专家评估法,对于科学的定量分析很有帮助。

(二)条件价值评估法

许多环境物品与服务的公共物品特征以及正外部性的存在,使对环境物品和服务的经济价值评估不具备完备的市场评价体系,不能用市场或替代市场法解决,条件价值评估法就成为非市场价值评估技术中应用较为广泛的一种方法。

1.条件价值评估法的概念

条件价值评估法(Contingent Valuation Method,CVM)也称意愿调查法、虚拟市场评价法,是一种基于调查的评估非市场物品和服务价值的方法。条件价值评估法利用效用最大化原理,以得到环境物品或服务的价值为目的,利用调查直接引导出相关物品或服务的价值,所得到的价值依赖于假想或模拟市场和调查方案所描述的物品或服务的性质。

条件价值评估法的核心是直接调查咨询人们对环境物品与服务功能的支付意愿或受偿意愿,如为改善环境质量使用者愿意支付的最大金额,以及环境质量下降时使用者愿意接受赔偿的最小金额。以愿意支付的最大金额,或同意接受的最小赔偿金额,作为评估环境资源或环境质量的货币值。

条件价值评估法是一种模拟市场的投标博弈法,也是一种典型的陈述偏好评估法。这种方法可用于评估环境物品与服务的使用价值和非使用价值,特别是可用于环境物品存在价值的评估。在现实市场中,对无法给出价格的环境物品与服务的经济价值的评估是条件价值评估法的一个重要应用。

条件价值评估法与市场价值法和替代市场法不同,条件价值评估法是基于被调查对象的回答,所以其准确性和适用性也存在较强的不确定性。下面,对条件价值评估法中运用到的一些方法和概念进行说明。

(1)陈述偏好法。陈述偏好即意愿评估。陈述偏好法(Statement of Preference Method)是指在假想市场的情况下,试图用调查技术直接从被调查者的回答中引出所要评价物品和服务的非市场价值的方法。陈述偏好法是一种调查的"直接方法",可以纳入或应用于多种的分析方法之中,如CVM。

需要说明的是,陈述偏好法与前面所述的揭示偏好法不同,揭示偏好法不是调查方法,而是依据人们的真实行为来间接推测其偏好的方法,是一种真实的间接方法。但揭示偏好法也可以纳入或应用于多种的分析方法之中,如替代市场法。

(2)支付意愿。支付意愿(Willingness to Pay,WTP)或称价格意愿,是指消费者接受一定单位的商品所愿意支付的最高价格。支付意愿是消费者对特定物品或劳务的个人主观估价。

虽然支付意愿是一种个人主观估价,但它取决于多种因素,并具有可变性,如经济状况、产品与服务质量、消费者个人状况与特点、环境因素等。所以,支付意愿通常表示为具有相应上限和下限范围的总数。

环境支付意愿的概念表明,人们是否愿意投资于环境保护,取决于他们是否有对环境问题的感受与对环境问题的认识,较强的环境支付意愿会促使人们自觉地增加环境方面的投入。所以,在环境质量公共物品的需求分析和环境经济分析中,支付意愿被广泛应用。根据边际效用递减规律,消费者在一定收入水平下,对享有环境质量的边际支付意愿也符合递减规律,用支付意愿表示的需求曲线是一条向右下方倾斜的曲线。

(3)受偿意愿。受偿意愿,即接受赔偿意愿(Willingness to Accept Compensation,WTA),也称为接受意愿。受偿意愿是指消费者面对环境质量损失或利益受损愿意接受赔偿的额度,一般是消费者可以接受的最低价格。

支付意愿和受偿意愿是条件价值评估法中引导消费者(被调查者)对环境物品的偏好和表征环境物品价值的两类不同尺度。消费者对环境质量改善的支付意愿与环境质量受损的受偿意愿具有差异性。

(4)投标博弈法。投标博弈法是通过对消费者的直接调查,了解消费者的环境支付意愿或他们对环境产品与服务的选择愿望的方法。

投标博弈法对环境公共物品价值的评估主要运用条件价值评估法,是获取环境使用者对环境支付愿望或接受赔偿意愿的一种调查方法。在环境经济分析中,投标博弈法常被用来对舒适性环境资源或没有市场价格的环境物品与服务的价值进行估算。

2.条件价值评估法的基本做法

条件价值评估法通过调查访问,反复应用投标方式,来获取个人对环境的支付意愿或受偿意愿。条件价值评估法的基本做法有两类:第一类是直接询问消费者的支付意愿或受偿意愿(受偿意愿可以视为负值的支付意愿);第二类是询问消费者对某种商品或劳务购买的选择,从中推断出消费者的支付意愿或受偿意愿。

实施条件价值评估法的基本步骤就是投标博弈的基本步骤:调查者(访问者)向环境使用者(受访者、被调查者)详细介绍环境资源、环境物品与服务的数量、质量、使用时期和权限等情况后,提出一个起点标价,询问使用者是否愿意支付,如果回答是肯定的,则逐渐提高标价直到使用者回答为否定为止;或者假定环境受到污染破坏,环境质量下降,询问受访者为避免这种损失愿意支付的最大金额或接受赔偿的最小金额。在实际的应用中,因为受偿意愿的上限很难确定,所以一般用愿意支付的最大金额作为评价的依据。

例如,在某区域拟建一项目,该建设项目的建设和使用会对环境及附近居民产生不良影响,居民有意见。如果采用投标博弈法确定这种损失的货币数量,就要对受影响的居民进行调查和询问,调查询问的基本过程和内容如下。

(1)该项目对环境有影响,如果每年给你10000元作为赔偿金,你是否同意该项目在此地建设? 如果回答"同意",则此问题结束;如果回答"拒绝",则赔偿金额逐步上升,一直到"同意"为止。

(2)该项目对环境有影响,给你付多少钱,你愿意搬出这个区域? 一直询问至"同意"时为止。

(3)为了避免和减小该项目的不良影响,你是否愿意采取一些保护措施,并支付这些措施的费用? 询问至"愿意"为止。

由上述可见,调查受访者为避免环境影响而寻求搬迁至环境质量较好的地方的支付愿望,以及采取防护措施的费用等来评估环境损害的经济损失,具有合理性和可行性。环境使用者的最大支付意愿通常受其个人收入水平、个人对环境状况敏感性等多种因素的限制或影响。所以,在实际工作中,认真进行多种因素的综合分析十分必要。

例如,在对噪声影响进行的环境经济分析中,假定:

N——住户对噪声影响的主观评价;

S——消费者剩余,即支付愿望超过实际市场价格的部分,如实际房租超过房屋市场价格的金额部分;

D——由噪声引起的房地产价格的降低值;

R——搬迁费,包括车辆费等。

一般来说:

如果 $N > S + D + R$,则住户将搬迁到其他地点居住;

如果 $N < S + D + R$,则住户会留在噪声环境中居住,但都愿意接受安装隔声设施相应的费用。

调查评估法的主要困难是它对环境损益的经济度量不是依据实物的计量及市场的价格,而是依靠人的主观评估。所以,评估出的环境损益价值会出现较大偏差及不确定性。采用调查评估法时,要特别注意资料的完整性,调查方式、调查内容设计和受访者反映意见的真实性等问题。

第三节　环境费用效果分析

实施效益费用分析的关键在于如何用货币的形式来衡量由环境质量变化带来的损益,但这在一些情况下较为困难。在实际的环保工作中,对于环境污染与破坏防治,主要体现在环保设施的建设与运营。在环境经济分析中,环境费用效果分析是一种基于环保设施建设、运营费用,以及对其进行效果分析的方法。费用效果分析方法属于治理成本法。

一、费用效果分析基本原理

对于许多难以用货币量化损益的活动,采用费用效果分析方法分析其环保设施的费用与效果,在环境经济分析中有很大的实用价值。费用效果分析是效益费用分析方法的特殊形式,它避开了对活动环境损益进行直接币值量化的困难,从而在环境经济分析中有较大的灵活性和实用性。

(一)费用效果分析的概念

费用效果分析也称费用有效性分析。费用效果分析(Cost Effectiveness Analysis)是对活动的费用与其效果的有效性进行分析的方法。

费用效果分析一般用一些特定的目标或某种物理参数来表示效果,如污染物的排放量、环境质量标准等。这样就可以把注意力集中在如何以最小控制费用,或如何在给定费用前提下寻求最佳的污染控制效果上,而不需要着重寻求控制效果的货币量化。

费用效果分析本身不是一种费用估值技术,但它含有对费用估值的要求,费用效果分析避开了效益或损失货币量化的难点,因而操作较为简便,符合实际工作的要求。

(二)费用效果分析的条件

费用效果分析归类于环保投入费用法。运用费用效果分析方法,应符合以下条件。

(1)有共同的、明确的并可达到的目的或目标。例如,要求将某种环境污染量降到国家规定的污染物排放标准等。

(2)有达到一定目的,或实现既定目标的多种治理措施和方案。例如,在交通建设中,对沿线的学校、住户、单位等采取防治噪声的各种措施,如声屏障、高围墙、双层窗等。

(3)对问题有一个限制的范围。例如,确定费用、时间和要求达到的功能等,使考虑的措施和方案限制在一定的范围内。

二、费用效果分析的方法

在环境污染控制规划中,环保措施效果的确定要从以下两个方面进行综合考虑:一是处理排污量的多少和保护环境空间的大小;二是采取的环保措施能够达到或符合国家环境标准的程度。费用效果分析的基本方法有三种。

(一)最佳效果法

最佳效果法也称固定费用法,它是在费用相同的条件下比较治理环境的方案,从中选出效果最佳方案的方法。

(二)最小费用法

最小费用法也称固定效果法,它是指在达到规定效果的条件下比较各个方案的费用大小,从中选出费用最小方案的方法。

(三)费用效果比法

最佳效果法和最小费用法的前提是"费用相同"和"效果相同"。但在实际中,很难满足两种条件,所以往往采用费用效果比法作为优选方案的准则,如图5-4和表5-1所示的费用效果分析问题。

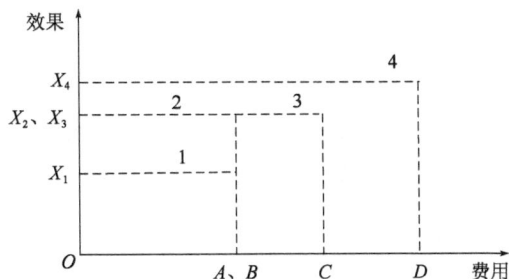

图5-4 环境费用效果分析

环境费用效果分析 表5-1

环保方案	费用	效果
1	A	X_1
2	B	X_2
3	C	X_3
4	D	X_4

方案1与方案2的费用相同,即 $A = B$,但方案2的效果比方案1的大,即 $X_2 > X_1$,显然应选择方案2;对于方案2和方案3,其效果相同,即 $X_2 = X_3$,但方案2的费用 A 比方案3的费用 B 小,显然方案2更优;对于方案2和方案4,要进一步分析,如果方案2和方案4的效果都达到要求(如两种环保措施都可以将某种排污量降到国家环境标准以下),可选择方案2,因为它所需要的费用少;但如果方案4的费用 D 稍大于方案2的费用 B,而其产生的环保效果明显大于方案2,则可考虑选择方案4,因为方案4与方案2的效果增量显著高于其费用增量,它所产生的环境经济效果更加良好。

三、环境费用效果分析方法

(一)搜索法费用效果分析

搜索法费用效果分析,是指对防治环境污染的多个方案,按最小费用、最佳效果,或最优费用效果比进行搜索分析,找出最合理方案的方法。通过搜索法费用效果分析,对各种污染治理方案进行对比分析,可以找出一个经济合理、效果良好、技术可行的方案。

【例5-4】 噪声污染是一种物理污染,它对周围环境的影响直接、快速、明显,人们对噪声污染治理效果通常难以用货币值来衡量,用费用效果分析法进行治理方案选择则更为方便。西安某制药厂的空压机车间紧邻厂区围墙,致使厂区外环境噪声级严重超标,群众反映强烈。为进行噪声治理,设计了三个方案,各方案的降噪量与费用等信息见表5-2。

噪声治理方案及费用效果分析 表5-2

名称	备选方案	费用/万元	降噪效果	费用效果比/(万元/dB)
方案1	车间内吸声与车间外墙隔声窗	20.50	达标,12 dB	1.71
方案2	车间外建隔间墙与车间外墙隔声窗	19.80	达标,10 dB	1.98
方案3	住户居室隔声窗与安装空调	24.50	达标,14 dB	1.75

由表5-2可知,如果只考虑降噪费用,方案2费用最小;如果仅考虑降噪效果,方案3最好。由于各方案费用与降噪效果均不同,用费用效果比作为方案比选依据更合理,方案1费用效果比最小。同时方案1由于车间内采取吸声措施,可以改善工人的工作条件,提高工作效率。因此,该实例最终选择采用方案1作为该噪声治理工程的实施方案。

(二)多目标费用效果分析

进行环境污染控制,在最终决策时,不能只寻求经济效果最优,还要对环境与社会因素、技术和经济可行性等方面进行多目标分析。多目标费用效果分析是建立环保费用与环境目标的函数关系,并与实际的环保技术水平和投资能力进行对比分析,分析评价实际的技术水平和投资能力等对环境质量最低要求的保证程度。

以对噪声防治的分析为例,厂界噪声测量值在60dB以上的企业占多数,而在这一等级之上,人们的工作和生活将受到不利影响,需要对企业进行治理;而道路交通噪声所产生的不良影响范围很广,损失也很大,特别是交通线两侧的单位和住户是交通噪声污染的直接受害者。多目标费用效果分析要求明确对噪声污染的防治需要治理到什么程度,这要考虑人们对环境质量的耐受度和舒适度的基本要求,还要考虑其他因素的影响,如要考虑经过对噪声治理达到标准允许强度所需的治理费用。根据噪声防治的特点,噪声超标值越高,则治理达标的难度越大,污染治理的费用越高,噪声治理费用与超标噪声值之间近似呈幂指数关系,其关系如式(5-14)所示。

$$C = f(x) = a(X_m - X)^b \tag{5-14}$$

式中:C——每户降噪的平均费用;

    x——降噪消减量(dB);

  X_m——未治理时的噪声级(dB);

    X——治理后的噪声级(dB);

a、b——参数,根据对具体问题分析时考虑其他影响因素确定。

在一般情况下,噪声污染对住户影响的噪声治理费用与超标分贝数之间的关系可用噪声治理费用函数曲线表示,见图5-5。根据噪声治理费用函数曲线,可知当超标数为14dB左右时,治理费用不断增长。为此,可根据此曲线适当调整原来的噪声控制标准,从而可以使噪声治理费用降低并能取得较好使用效果。但要根据不同的噪声源对不同对象的影响采取控制措施,在大量调查噪声治理费用的基础上,求出噪声治理的平均费用,然后才能根据此曲线对噪声标准进行适当的调整。同时,要分析可投入噪声治理的投资以及能够采取的技术措施等。在主要的几个方面都可行的情况下,才能对噪声污染进行有效治理。

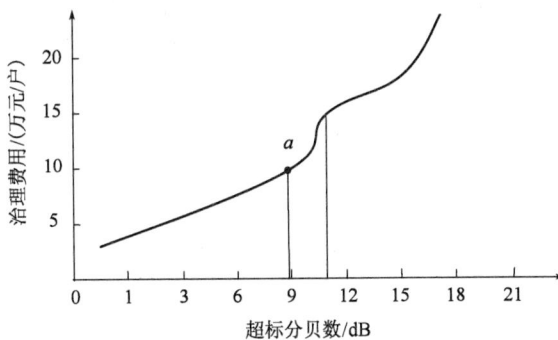

图 5-5 噪声治理费用函数曲线

(三)费用效果灵敏度分析

灵敏度分析是指对一个多变量的函数式,在其他因素不变的情况下,提高或降低其中某一个或几个变量的数值,依次分析其对函数式计算量的影响。费用效果灵敏度分析重点研究当环保措施主要因素发生变化时,其环保效果发生相应的变化,以判断这些因素对环保措施的效果目标的影响程度。

对环境污染控制来说,某项污染控制措施的效果如何,一般受到多个因素的影响,特别是污染控制费用这个因素。因此需要对其进行灵敏度分析,以便在多种污染控制方案中,寻求一种既达到目标又使污染控制费用最少的方案。

例如,对于噪声超标费这一强制性政策,应税噪声的应纳税额为超过国家规定标准分贝数对应的具体适用税额。如何才能在不太影响企业生产的前提下,更好地发挥噪声应纳税的效用,促进生产和生活环境的改善,这对于维持社会经济可持续发展具有重要意义。

按照图 5-5 中的噪声治理费用曲线,可以以曲线斜率较小段作为治理需达标段。在考虑噪声应纳税略高于治理费用的情况下,对该段终点所对应的治理费用制定标准。当噪声超标量处在图中 a 点的附近时,其治理费用的灵敏度很大,则噪声应纳税将对刺激企业进行噪声治理起到很大的促进作用。制定合适的噪声应纳税标准,会有效地促进企业减少排污量,使环境质量得到较大的提高。

对于环境保护的宏观决策分析也可采用费用效果分析方法,如目标逼近环保费用决策分析。对环保投资进行多目标决策分析,不但要考虑国民经济的支付能力、环境质量保护目标、人们对环境质量的基本要求,还要考虑实际具备的工程技术力量和材料、设备等条件,这对环境保护宏观决策分析具有现实意义。

第四节 实例分析:城市环境经济损失分析

本实例以本教材编著者主持的一项科研项目的部分成果作为案例,来对环境经济损失估算方法的应用及其分析过程进行说明。实例数据源于西安市 2002 年相关资料和当时的调查数据。

随着城市化进程的演进,城市的各种环境问题也不断突显,空气污染、水域污染、固体废物污染、噪声污染等都有明显加重。城市环境污染产生的不良后果是多方面的,包括对工业、农业、服务业、交通业、房地产业等行业的影响,以及对城市景观和对市民健康与舒适感的影响等。本实例是针对西安城市环境经济损失进行的分析研究。

由于环境污染波及影响复杂,数据资料搜集与污染经济量化困难等,一些隐性污染很难进行货币量化。所以,本实例所估算的污染损失主要是针对显性要素的可计算部分,并考虑分析计算的可行性和合理性方面的要求,同时忽略了各种影响的交互作用以及间接影响。

本实例是对 2002 年西安市的水、大气、固体废弃物污染引起的经济损失进行的分析估算。城市污染引起的经济损失,其计算公式如式(5-15)所示。

$$TL = WL + AL + SL \tag{5-15}$$

式中:TL——环境污染引起的总经济损失;

WL——水污染引起的经济损失;

AL——大气污染引起的经济损失;

SL——固体废弃物引起的经济损失。

一、水污染引起的经济损失

根据所搜集的资料,对西安市水污染引起的经济损失从四方面进行估算,见式(5-16)。

$$WL = WL_1 + WL_2 + WL_3 + WL_4 \qquad (5-16)$$

式中:WL——水污染引起的经济损失;

WL_1——水污染引起城市供水成本的增加;

WL_2——水污染引起的农业经济损失;

WL_3——水污染引起的景观损失;

WL_4——水污染引起水利生态治理成本的增加。

(一)水污染引起城市供水成本的增加

水污染引起城市供水成本的增加可以根据用水工程的增加,以新建水源投资费用为主要参数,利用工程费用法进行估算。

西安市是资源性缺水地区,其人均水资源占有量仅为全省和全国人均水资源占有量的三分之一和六分之一,急需增加供水工程缓解供水压力。1998年西安市投资兴建的黑河引水工程,使西安市缺水状况得到缓解。引水工程由水库、自流引水暗渠(共计86公里)、曲江水厂(日净水60万吨)、城市配水管网(共计56公里)的配套设施等组成。修建黑河引水工程,可替代城市的部分地下水供给量。2003年黑河引水工程全面竣工,黑河向西安日供水110万吨,水质可达到国家饮用水标准。

根据水污染引起城市供水成本的增加,采用工程费用法计算,黑河引水工程总投资13.12亿元,工程设计寿命 n 为50年,采用2002年金融市场的年利率 R 为10%,则运用等额支付公式计算出投资年费用因子为:

$$投资年费用因子 = \frac{R(1+R)^n}{(1+R)^n - 1}$$
$$= \frac{0.10 \times (1+0.10)^{50}}{(1+0.10)^{50} - 1}$$
$$= 0.1009$$

因此,2002年西安市城市供水成本增加为:

$$13.12 \times 0.1009 = 1.324(亿元)$$

参考《温州市环境污染和生态破坏经济损失研究报告》的研究结果可知,因污染而增加的引水量占40%,即水污染造成的供水成本占工程成本的40%。所以水污染造成的供水成本 WL_1 为:

$$WL_1 = 1.324 \times 40\%$$
$$= 0.530(亿元)$$

(二)水污染引起的农业经济损失

水污染对农业的影响主要是粮食和蔬菜减产及质量下降,从而导致其市场价格降低。水污染对农业造成的经济损失可通过污灌区面积、农作物产量和价格下降的百分数、农作物的市场价格等采用市场价值法进行估算。

西安市污水灌溉区大部分位于西安市北郊未央区境内,灌溉方式以清污混灌为主,零星区域采用纯污水灌溉。由《西安市环境质量报告书(2002)》可知,2002年西安市灌溉污水量约3832.5万吨,平均每公顷灌水量为5250吨,可推算出西安市污水灌溉面积约为10.95万亩。根据农业环境保护研究所20世纪80年代中期对我国37个污水灌溉区38万hm^2污灌农田的调查,污灌农田与清灌农田相比,减产粮食0.8亿kg,平均减产量为210kg/hm^2,即每亩减产14kg。由此推算西安市由于污水灌溉使粮食减产造成的经济损失(2002年粮食平均价格为0.97元/kg)是:

$$10.95 \times 0.97 \times 14 = 148.701(万元)$$

同时,污水灌溉使粮食质量下降,从而导致市场价格降低,参考郑易生《中国环境污染的经济损失估算:1993年》的研究成果,粮食价格下降的百分数为10%,则污灌使粮食质量下降引起的经济损失(西安市2002年粮食平均产量4402kg/hm^2,换算关系:1公顷=15亩,1亩=$\frac{2000}{3}$平方米)为:

$$0.97 \times \frac{4402}{15} \times 10.95 \times 10\% = 311.706(万元)$$

因此,水污染引起的农业经济损失WL_2为这两部分之和,即:

$$WL_2 = 148.701 + 311.706$$
$$= 460.407 （万元）$$
$$= 0.046(亿元)$$

(三)水污染引起的景观损失

水污染影响人们的生活和健康,还会影响城市景观,造成其旅游价值的损失。西安市是我国重要的旅游城市,水污染引起的景观损失不容忽视。

本实例仅对水污染对护城河景观产生的损失进行计算,根据《西安市环境质量报告书(1996—2000)》,"九五"期间,西安市政府投资4.97亿元对护城河进行了清淤和整治,但由于治理得不彻底,护城河的水又再次变黑、变臭。西安市政府决定在"十五"期间对护城河清淤,总投资为2.87亿元。西安市水污染引起的景观损失也可采用工程费用法,工程寿命按5年计算,由于时间较短,则不考虑资金的时间因素,则2002年西安市水污染引起的景观损失WL_3为:

$$WL_3 = \frac{4.97}{10} + \frac{2.87}{5}$$
$$= 1.071(亿元)$$

(四)水污染引起水利生态治理成本的增加

由于没有西安市由水污染引起的生态治理成本增加的统计和相关说明,所以,这部分经济损失WL_4没有列入分析。

综上分析,2002年西安市水污染引起的经济损失为:

$$WL = WL_1 + WL_2 + WL_3 + WL_4$$
$$= 0.530 + 0.046 + 1.071 + 0$$
$$= 1.647(亿元)$$

2002年西安市市区国内生产总值为748.080亿元,则2002年西安市水污染引起经济损失占国内生产总值的比例为:

$$\frac{1.647}{748.080} \times 100\% = 0.22\%$$

此外,水污染对人体健康的影响是明显的,水污染对人体健康的经济损失可通过污染区域与对照区(相对清洁区)某些疾病发病率的对比,采用修正人力资本法计算。由于缺乏一些基础资料,且水污染与发病率增加的剂量-反应关系难以确定,所以,本实例没有对水污染引起人体健康的经济损失进行计算。

水污染的危害是多方面的,水污染造成的经济损失也是多方面的。以上估算的数值比实际水污染造成的环境经济损失要小。

二、大气污染引起的经济损失

西安市大气主要污染物状况见表5-3,从表5-3中可以看出,影响西安市大气环境质量的主要污染物是可吸入颗粒物(PM_{10})和降尘。

2000—2002 年西安市环境空气主要污染物日平均浓度　　　　表5-3

指标	年份			国家二级标准
	2000 年	2001 年	2002 年	
SO_2 年日平均/(mg/m^3)	0.041	0.028	0.024	0.060
NO_2 年日平均/(mg/m^3)	0.040	0.020	0.019	0.080
PM_{10} 年日平均/(mg/m^3)	0.351	0.262	0.165	0.100
降尘/[$t/(km^2 \cdot m)$]	27.830	25.520	28.580	18.00

注:1. 数据来源为《西安市环境质量报告书(2000—2002)》。

2. 2002 年未对 TSP 作常规监测,为可吸入颗粒物(PM_{10})的年日均值。

3. 2002 年以前大气环境质量监测中采用的指标是 TSP,将 TSP 转换为 PM_{10} 的转换关系为 1.0mg/m^3 TSP 相当于0.55mg/m^3 PM_{10}。

根据掌握的资料,对西安市大气污染引起的经济损失从人体健康、农业经济、清洗费用三方面进行估算,见式(5-17),其中忽略了各种影响的交互作用以及间接影响。

$$AL = AL_1 + AL_2 + AL_3 \tag{5-17}$$

式中:AL——大气污染引起的经济损失;

AL$_1$——大气污染引起的人体健康损失;

AL$_2$——大气污染引起的农业经济损失;

AL$_3$——大气污染引起清洁费用的增加。

(一)大气污染引起的人体健康损失的估算

大气污染对人体健康的影响,主要是使呼吸系统疾病的患病率和死亡率增加。根据世界卫生组织的资料,认为长期接触年平均浓度超过 0.1mg/m^3 的烟尘和二氧化硫,或短期接触日平均浓度超过 0.25mg/m^3 的烟尘和二氧化硫,会使呼吸系统疾病加重,大气中烟尘和二氧化硫对居民的影响如表5-4 所示。

大气中烟尘和二氧化硫对居民的影响　　　　表5-4

项目	烟尘/(mg/m^3)	二氧化硫/(mg/m^3)	有害影响
日平均浓度	0.50	0.50	住院率与死亡率增加
日平均浓度	0.25	0.25 ~ 0.50	呼吸系统疾病加重
日平均浓度	0.10	0.10	有呼吸道疾病症状

西安市 2002 年大气中二氧化硫日平均浓度为 0.024mg/m^3,由表 5-5 可知,低于二氧化硫对人体健康产生影响的浓度限值。此外,西安市二氧化氮年日平均浓度也低于国家二级标准,因此西安市 2002 年二氧化硫、二氧化氮对人体健康影响的经济损失可不计。

据研究证明,大气中的颗粒物不仅会引起上呼吸道炎症、肺炎、肺癌,还会引起皮肤病、角膜混浊、结膜炎等疾病。据世界银行《可持续发展指标体系研究》课题组 1999 年研究估计,大气中可吸入颗粒物造成的死亡率和发病率影响的剂量-反应函数关系(PM_{10} 浓度每增加 $1\mu g/m^3$,每 100 万人每年的额外死亡人数、病例数、受限制活动时间)如表 5-5 所示。

PM_{10} 的剂量-效应关系

表 5-5

对健康的影响	单位	额外增加数量
死亡率增加	人/百万人	6
呼吸道疾病门诊率上升	例/百万人	12
急救病例增加	例/百万人	235
受限制活动时间增加	天/百万人	57500
下呼吸道感染/儿童气喘病例增加	例/百万人	23
气喘病例增加	例/百万人	2068
慢性支气管炎病例增加	例/百万人	61

由于我国尚未开展大气污染造成人体健康影响的剂量-反应函数研究,故可采用表 5-6 的结果进行估算。

参考韩贵峰在《西安市大气 TSP 污染的健康损失初步分析》的研究结果,对因 PM_{10} 污染的平均剩余寿命(平均预期寿命减去平均死亡年龄)取值为 5 年。又据《西安市统计年鉴 (2003)》,2002 年西安市市区人口为 497.38 万人,劳动人口率为 51.82%,人均职工年工资为 10709 元,即人均日工资为 40.26 元(法定劳动时间为 266 天)。

PM_{10} 引起人体健康的经济损失由三部分组成,即因死亡造成的工资损失,因病造成的医疗费用支出和因误工造成的工资损失。

1. 因死亡造成的工资损失

受 PM_{10} 污染增加的死亡人数 = 与国家二级标准浓度差 × 额外死亡率 × 大气污染人数

$$= (0.165 - 0.100) \times 1000 \times \frac{6}{10^6} \times 497.38 \times 10^4$$

$$= 1940(\text{人})$$

其中,PM_{10} 浓度需换算成 $\mu g/m^3$,大气污染人数以百万计。

因死亡造成的工资损失 = 增加的死亡人数 × 平均剩余寿命 × 人均年工资

$$= 1940 \times 5 \times 10709$$

$$= 10387.73(\text{万元})$$

2. 因病造成的医疗费用支出

参考韩贵锋《西安市大气 TSP 污染的健康损失初步分析》的研究成果,1995 年西安市市民患气喘、呼吸道感染、慢性支气管炎的医疗费用分别是 50 元、150 元、200 元,根据《陕西省统计年鉴(2003)》可知,陕西省 2002 年居民消费价格指数为 1995 年的 132%,则医疗费用相应调整为 66 元、198 元、264 元。

因病造成的医疗费支出 = 增加的患病人数 × 人均医疗费

$$= 与国家二级标准浓度差 × 额外发病率 × 大气污染人数 × 人均医疗费$$

$$= (0.165 - 0.100) × 1000 × \frac{2068 × 66 + 23 × 198 + 61 × 264}{10^6} × 497.38$$

$$= 5080.48(万元)$$

3. 因误工造成的工资损失

根据蔡宏道《现代环境卫生学》,当人体患呼吸系统疾病时,工作效率下降,但不一定缺勤,即受限制活动时间(天),1 个受限制活动时间(天)相当于 $\frac{1}{4}$ 个因病缺勤天。

因误工造成的工资损失 = 额外缺勤时间(天) × 人均日工资

$$= 与国家二级标准浓度差 × 额外受限制活动时间(天) × \frac{1}{4} ×$$

$$受污染人数 × 劳动人口率 × 人均日工资$$

$$= (0.165 - 0.100) × 1000 × 57500 × \frac{1}{4} × 4.9738 × 0.5182 × 40.26$$

$$= 9695.73(万元)$$

因此,大气污染引起的人体健康损失为:

$$AL_1 = 10387.73 + 5080.48 + 9695.73$$

$$= 25163.94(万元)$$

$$= 2.516(亿元)$$

(二)大气污染引起的农业经济损失

大气污染对农业的影响主要表现在蔬菜和粮食质量和产量下降。根据农作物污染面积,质量和产量下降的百分数,利用市场价值法可估算出大气污染对农作物造成的经济损失。

参考表 5-3 所示的 SO_2 对部分农作物的减产影响,由表 5-4 可知,西安市 2002 年大气中二氧化硫日平均浓度为 $0.024mg/m^3$,低于表 5-1 中引起敏感作物减产的浓度值,因此可认为 2002 年西安市大气中的二氧化硫不会造成农作物的减产,大气污染造成的农业经济损失 AL_2 为零,即:

$$AL_2 = 0$$

(三)大气污染引起清洗费用的增加

由大气污染引起的清洗费用包括家庭清洗费用、车辆清洗费用和建筑物清洗费用等。本实例主要考虑家庭清洗费用和车辆清洗费用两部分。

1. 家庭清洗费用的增加

大气污染引起家庭清洗费用的增加可用人力资本法,按多支出的劳动工价值进行计算。因此,只需要知道受大气污染的程度、受污染的人数和受污染地区居民的平均收入水平,即可估算出大气污染对家庭清洗费用造成的经济损失。目前家庭清洗少部分通过雇佣工完成,并支付清洁费用;大部分则由自己清洗,不需要直接支付工资。但鉴于目前人们对休闲价值认识的提高，因此这种清洗的劳动价值也应该纳入计算。

根据北京的调查，北京市区居民每人每年家庭清洁时间比远郊对照区平均多9天。重庆抽样调查表明，重庆市区每人每年清洗时间为19.2天，远郊农村为7.6天，市区居民每人每年家庭清洗时间比远郊农村约多11天。西安市未开展过类似的调查，可参考北京和重庆的调查结果。由于降尘是造成家庭清洗费用增加的主要原因，而西安市年均降尘浓度高于北京、重庆，所以选择其中的较大值11天作为西安市区与对照区居民家庭清洗时间增加的时间（天）。

家庭清洗一般安排在下班之后，这在过去其机会成本很低。但随着市场经济的发展，人们从事第二职业的比例增加，采用第二职业的平均工资水平7.46元/天[根据《中国统计年鉴（2003）》]来代表其机会成本，城市劳动人口率为51.82%，则增加的家庭清洗费用为：

$$增加的家庭清洗费用 = 受大气污染人数 \times 劳动人口率 \times 第二职业平均工资 \times$$
$$清洗次数增加的时间（天）$$
$$= 497.38 \times 10^4 \times 0.5182 \times 7.46 \times 9$$
$$= 1.730（亿元）$$

2. 车辆清洗费用的增加

降尘不仅使家庭清洗费用增加，还使车辆更容易变脏，导致清洗的周期缩短，需要花费更多的人力、物力，从而增加了清洗费用，车辆清洗费用的增加可用市场价值评估法进行估算。

《烟台市大气环境污染经济损失估算及环境保护对策费用效益分析》对车辆清洗费用与污染引起的清洗次数之间的关系进行了社会调查，得到了系列参数：降尘使车辆清洗次数较对照区每年增加41次，自行车每年增加9次。通过对西安市洗车行业的调查，机动车平均每次每辆清洗费为15元。考虑到西安市的大气污染水平，将烟台的调查结果用于计算西安市降尘带来的经济损失需进行修正，修正系数取为1.1。根据《西安市统计年鉴（2003）》，西安市2002年有机动车206653辆，则大气污染使得车辆清洗费用增加为：

$$增加的车辆清洗费用 = 增加的清洗次数 \times 平均清洗费用 \times 机动车数量 \times 修正系数$$
$$= 41 \times 15 \times 206653 \times 1.1$$
$$= 1.398（亿元）$$

所以，大气污染引起的清洗费用的增加值为：

$$AL_3 = 1.730 + 1.398$$
$$= 3.128（亿元）$$

综上分析，2002年西安市大气污染引起的经济损失为：

$$AL = AL_1 + AL_2 + AL_3$$
$$= 2.516 + 0 + 3.128$$
$$= 5.644（亿元）$$

2002年西安市市区国内生产总值为748.080亿元，则2002年西安市大气污染引起经济损失占国内生产总值的比例为：

$$\frac{5.644}{748.080} \times 100\% = 0.75\%$$

三、固体废弃物引起的经济损失

根据《西安市统计年鉴（2003）》，2002 年底西安市工业固体废弃物历年堆存总量为 422.77 万吨，累计占地面积 156 万 m²。已知 2002 年西安市粮食产量为 4402kg/hm²，平均市场价格为 0.97 元，则 2002 年西安市工业固体废弃物占地造成的农业损失按种粮食计算为：

$$SL = 粮食亩产量 \times 粮食市场价格 \times 受污染农田面积$$

$$= \frac{4402}{15} \times 0.97 \times 156 \times \frac{3}{2000}$$

$$= 66.611（万元）$$

因此西安市 2002 年固体废弃物引起的经济损失为 66.611 万元，占国内生产总值的比例很小。

四、噪声引起的经济损失

噪声污染与大气污染、水污染等有所不同，其损失主要表现在对人身体健康和生活质量的影响方面。噪声对人体健康的影响主要是形成不良的生活和工作环境，影响人的睡眠，严重的噪声则可引起人们身体上和精神上的失调、疲倦和心理压力，还可引起血压升高和心血管疾病的发生。

噪声污染的环境经济损失计量比较困难。由于噪声的特点，其与水污染、大气污染相比，一般造成的可计算经济损失相对较少，但随着人们物质生活水平的提高，人们对于居住区、商业区等噪声环境的要求越来越高，对于噪声控制的"支付愿望"也随之越来越高。因此，噪声污染造成的经济损失将有所增加。由于西安市未进行这方面的调查，缺乏这方面的数据，因此由西安市噪声污染引起的环境经济损失并未计算。

五、环境污染经济损失的结论

对 2002 年西安市水污染、大气污染和固体废弃物污染所造成的经济损失进行估算的结果见表 5-6。

2002 年西安市环境污染经济损失估算结果汇总　　　　　　　表 5-6

损失项目	损失分类		损失数值/亿元	占 GDP 比重/%	人均损失/元	环境代价/（元/万元 GDP）
WL	供水成本增加		0.530	0.220	146.770	97.580
	农业经济损失		0.046			
	景观损失		1.071			
AL	人体健康经济损失		2.516	0.750		
	清洗费用增加	家庭	1.730			
		车辆	1.398			
SL	固体废弃物引起的损失		0.007	—		
TL	环境污染经济损失		7.300	0.980		

综合计算结果,2002 年西安市仅水污染、大气污染、固体废弃物三项造成的经济损失为 7.300亿元,占同期国内生产总值的 0.980%。其中,大气污染和水污染的经济损失最大,分别占国内生产总值的 0.750% 和 0.220%。人均损失为 146.770 元,为发展经济所付出的环境代价(每万元国内生产总值总损失)为 97.580 元。

环境污染损失涉及面较广,由于基础数据的缺乏和一些剂量-反应关系难以确定,如水污染造成人体健康的损失、水污染造成渔业的损失,以及大气污染对林业、畜牧业的损失和农药造成土壤污染等的经济损失未进行计算,所以上述计算值是在已有的不全面的数据基础上得出的计算结果,其计算结果低于 2002 年西安市环境污染造成的实际损失值。

复习作业题

1. 名词概念解释题

1.1 效益费用分析　1.2 公共工程项目　1.3 基础设施　1.4 直接效益

1.5 间接效益　1.6 无形效益　1.7 直接费用　1.8 间接费用

1.9 剂量-反应关系　1.10 环境经济损失计量　1.11 市场价值法

1.12 人力资本法　1.13 防护费用　1.14 恢复费用　1.15 影子工程

1.16 机会成本　1.17 资产价值法　1.18 旅行费用法 1.19 工资差额法

1.20 揭示偏好法　1.21 环境效益转移法　1.22 专家评估法　1.23 条件价值评估法

1.24 费用效果分析

2. 选择与说明题

2.1 关于效益费用分析的说法错误的是(　　)。

　　A. 效益比的特点是单位费用所取得的效益

　　B. 效益比$[B/C] \geq 1$,项目可接受

　　C. 净效益的特点间接表示出损益状况

　　D. 净效益$[B-C] < 0$,项目不可接受

选择说明:＿＿＿＿＿＿＿＿＿＿＿＿＿＿＿＿＿＿＿＿＿＿＿＿＿＿＿＿＿＿＿＿＿＿＿

2.2 对一污染水域进行治理,使该水域的渔业得到了恢复并有了更大发展,因渔业发展而建立了水产品加工厂,在对污染水域进行治理这一问题进行效益费用分析时,不正确概念的是(　　)。

　　A. 水产品加工厂建设和运转费用是对该水域进行污染治理的间接费用

　　B. 水产品加工厂的生产收益是对该水域污染治理的直接效益

　　C. 水污染治理项目的建设投资和运转费用是对该水域污染治理的直接费用

　　D. 该水域环境得到改善,水体可用于灌溉是对该水域污染治理的直接效益

选择说明:＿＿＿＿＿＿＿＿＿＿＿＿＿＿＿＿＿＿＿＿＿＿＿＿＿＿＿＿＿＿＿＿＿＿＿

2.3 固体废弃物堆放在一片农田上,下列属于其产生的直接损失的有(　　)。

　　A. 雨水淋溶引起地下水污染

　　B. 生产、生活用水处理费用增加

C.此片农田不能再种植农作物

D.周围居民因呼吸其散发的废气引起呼吸道疾病

选择说明：＿＿＿＿＿＿＿＿＿＿＿＿＿＿＿＿＿＿＿＿＿＿＿＿＿＿＿＿＿

2.4 以下不属于效益的表现形式的有( )。

    A.正效益和负效益　　　　　　　　B.无形效益和质量效益

    C.环境保护措施的效益　　　　　　D.直接效益和间接效益

选择说明：＿＿＿＿＿＿＿＿＿＿＿＿＿＿＿＿＿＿＿＿＿＿＿＿＿＿＿＿＿

2.5 进行环境效益费用分析必须具备效益费用分析的基本要求是( )。

    A.能找出环境质量变化产生的损失和效益

    B.能找出货币化计量环境损益的途径

    C.能找到环境资源的替代

    D.环境效益费用分析的具体方法针对性要强

选择说明：＿＿＿＿＿＿＿＿＿＿＿＿＿＿＿＿＿＿＿＿＿＿＿＿＿＿＿＿＿

2.6 环境经济损失计量的变量一般包括( )。

    A.环境状态变量

    B.环境污染与破坏导致的实物型损失变量

    C.实物型损失的货币化变量

    D.货币化损失的确认与计量变量

选择说明：＿＿＿＿＿＿＿＿＿＿＿＿＿＿＿＿＿＿＿＿＿＿＿＿＿＿＿＿＿

2.7 把环境要素作为一种生产要素,利用因环境要素改变而引起产品的产值和利润变化来计量环境质量的变化的环境效益分析方法称为( )。

    A.资产价值法　　　　　　　　　　B.市场价值法

    C.机会成本法　　　　　　　　　　D.工资差额法

选择说明：＿＿＿＿＿＿＿＿＿＿＿＿＿＿＿＿＿＿＿＿＿＿＿＿＿＿＿＿＿

2.8 某处地下水受到污染使水源遭到破坏,其损失可以通过假设另找水源进行替代来进行环境效益费用分析的方法属于( )。

    A.市场价值法　　　　　　　　　　B.防护费用法

    C.影子工程法　　　　　　　　　　D.机会成本法

选择说明：＿＿＿＿＿＿＿＿＿＿＿＿＿＿＿＿＿＿＿＿＿＿＿＿＿＿＿＿＿

2.9 运用资产价值法进行分析时,主要进行( )等方面工作。

    A.建立固定资产的价值方程

    B.进行住户收入分析

    C.建立支付愿望方式

    D.了解资产资源的替代

选择说明：＿＿＿＿＿＿＿＿＿＿＿＿＿＿＿＿＿＿＿＿＿＿＿＿＿＿＿＿＿

2.10 下列( )是旅行费用法基本步骤的正确顺序。

①计算消费者剩余和支付愿望　　　　②调查收集旅游消费者相关信息

③计算旅游率和分析旅行费用对旅游率的影响　　④确定旅游消费者的出发区域

    A.②④③①　　　　B.②④①③　　　　C.④②③①　　　　D.④②①③

选择说明：_____

2.11 下列方法属于环境效益分析基本方法中的直接市场法的是(   ),属于替代市场法的是(   ),属于调查评估法的是(   )。

A. 资产价值法 　　　　　　　　　　B. 专家评估法

C. 工资差额法 　　　　　　　　　　D. 投标博弈法

E. 市场价值法 　　　　　　　　　　F. 机会成本法

G. 环境保护投入费用法 　　　　　　H. 修正人力资本法

I. 旅行费用法

选择说明：_____

2.12 下列不属于环境费用效果分析基本方法的是(   )。

A. 最佳效果法 　　　　　　　　　　B. 最小费用法

C. 费用效果比法 　　　　　　　　　D. 综合比较法

选择说明：_____

3. 分析论述题

3.1 简述效益费用分析的研究对象。

3.2 你认为实施效益费用分析的关键是什么? 为什么?

3.3 简述效益费用分析的基本表达式(主要评价指标)。

3.4 简述环境效益费用概念及分析的基本思路。

3.5 简述实施环境效益费用分析的基本条件。

3.6 简述环境效益费用分析的基本程序。

3.7 简述环境效益费用分析的基本方法。

3.8 简述工程费用法的特点,并分析在实际工程中运用该法的可行性和合理性。

3.9 现有三个方案1、2、3,各方案所需费用与对应效果见表5-7。已知 $A > B > C, c > a > b$,如何从环境费用效果分析角度对三个方案进行比选? 请绘图并论述说明。

环境费用效果分析 　　　　　　　　　　　　　　　　　　　　　表5-7

环保方案	费用	效果
方案1	A	a
方案2	B	b
方案3	C	c

3.10 简述调查评估法。

3.11 试运用环境效益费用分析方法分析一个实际问题。

4. 计算分析题

4.1 某地大气中 SO_2 浓度超标,引起该地农作物减产,该地区6000亩农田受到中度污染,农作物亩产为300kg,农作物减产系数为15%,该农作物的市场价格为3.5元/kg,求因 SO_2 超标引起的该农作物的经济损失。

4.2 某污染区覆盖人口20000人,环境未污染前,该区域人口中得某种病的比例为5%,环境污染后该比例为35%,若得此病,人均失去劳动时间为10个工日,非医务人员护理折算到病人人均失去劳动时间为8个工日,污染区的人均国民收入为30000元,求受污染患病者的收入损失。

第六章

环境经济系统分析

环境经济系统分析是把经济与环境及其组成部分作为一个统一的有机整体进行综合分析的科学方法。环境经济系统分析的基本要求是防控环境经济系统弱化、衰退。环境经济系统有大有小，一个国家、一个大区域的环境经济系统是一个大系统，而一个企业、部门或者单项的活动构成的环境经济系统是一个小系统。环境经济系统分析要根据所分析对象的特点，在调查搜集资料与数据的基础上，选择合适的、有针对性的系统分析方法，以数据分析和处理方法为重点，研究系统的发展过程和发展状况。本章在对环境系统污染物排放总量与排放浓度进行联合分析的基础上，重点介绍环境库兹涅茨曲线和脱钩分析方法及其在环境经济系统分析中的应用。

第一节　污染物排放总量与排放浓度联合分析

环境经济系统分析的基础之一是对环境系统的分析。分析环境系统的污染程度要综合考虑污染物的排放总量与排放浓度。污染物排放总量与浓度的联合分析对经济系统所给予环境的影响和环境质量状况的反映更加客观，有助于提出更加具有针对性的防治对策和改善措施。本节论述了环境系统分析中进行污染物排放总量与排放浓度联合分析的重要性及其有关分析方法,介绍了基于 z-score 标准化法和聚类分析法对污染物排放总量和污染物浓度进行的联合分析。

一、污染物排放总量与浓度

(一)污染物排放总量与浓度的定义

1.污染物排放总量

污染物排放总量是指在一定时间段、一定区域内各排污单位排放的污染物的总体数量。具体到某种污染物的排放量而言,其内涵为:在一定时间段、一定区域内排污单位排放某种污染物的总体数量,简称为污染物纯排放量,如废水中的化学需氧量排放量、氨氮排放量。所以,在水污染方面,《中国生态环境状况公报》统计了废水排放总量和废水中具体污染物排放量的数据。显而易见,这两类数据不能用同一个概念来阐述。

对于某种(些)污染物溶于某种物质载体的排放总量,其含义可定义为:在一定时间段、一定区域内排污单位排放的含有某种或某几种超标污染物所负荷载体的物质总体数量,简称污染物排放总量,如废水排放总量、废气排放总量。

2.污染物排放浓度

污染物排放浓度是指在一定时间段、一定区域内排污单位排放的单位负荷污染物载体中所含有的某种或某几种污染物质的量。例如,在废水中,污染物排放浓度指单位废水溶液中所含有的某种或某几种污染物质的量;大气污染物排放浓度单位是单位气体体积中所含有的某种或某几种污染物的量;而在固体废物中,污染物排放浓度指单位固体体积所含有的某种或某几种污染物质的量。

(二)污染物排放总量控制和浓度控制的特征分析

在环境统计工作中,对废水而言,废水排放总量是指含有某种(些)超标污染物的污水总量(通常用吨或 t 表示),污染物排放量是指某种污水中排放的某种(些)污染物的质量(通常用吨或 t 表示),而污染物浓度是指单位废水所含某种(些)污染物的量。

明确污染物排放总量和污染物浓度的概念,是进行排放总量和污染物排放浓度分析,以及在实际工作中进行"双控"的基础。"双控"是指排污单位按排污许可证确定的许可排放的污染物种类、浓度和排放量进行的污染物排放总量控制和污染物排放浓度控制。这就要求排污单位必须依法申领排污许可证,按证排污,且持证守法,排放的污染物浓度和总量不能超过限值。

污染物排放总量控制是指以控制一定时间段、一定区域内排污单位排放的污染物总量为核心的环境管理方法体系。它包含了三个方面的内容,即排放污染物的总量(包括污染物附载体物质的总量和污染物纯排放量),排放污染物总量的地域范围,排放污染物的时间跨度。

污染物排放浓度控制是指以控制污染源排出污染物的浓度数值为重点的环境管理方法体系,其依据为行业污染物排放标准、地方污染物排放标准和国家污染物排放标准。

(三)总量和浓度联合分析的意义

1.总量和浓度单一分析的不足

总量单一分析的不足表现在：一是，总量分析以一个区域为研究对象，因此当该区域总量目标控制在削减或者冻结污染物排放总量时，不能保证区域内任意地点环境质量都达标；二是，总量分析一般以年为周期，其核心内容是在固定时间段内控制污染物排放总量，因此不易监测出在这个固定时间段内的某个时刻污染物的纯排放量，也不能确切掌握在哪个时间段内哪个污染源的污染物排放严重，进而无法提出具有针对性的整治和改善措施。

浓度单一分析的不足表现在：一是，浓度分析主要以污染源为研究对象，因此缺乏对整个区域的分析和管控能力；二是，浓度分析的真实数据是瞬间态，其数据值瞬息万变，而且污染源排污行为在地理位置和排放方式上存在明显差异，不同的地理位置、气象条件和生物群体等对污染物降解和沉积的能力有所不同，所以浓度分析不易反映真实的环境质量。更重要的是，在排放总量达标的情况下，高浓度的污染物质在短时间内连续排放，同样会对环境产生很大的冲击力。

2.总量和浓度联合分析的作用

排放总量与污染物浓度联合分析有助于将面数据和点数据结合起来，将常态数据和瞬态数据融合起来，可以更加客观、准确地掌控环境质量现状。

联合分析有利于排污单位明确其区域内任何时空点环境质量是否真正达标，确切反映真实的环境质量，从而增强政府和社会对整个区域环境状况的分析和管控能力。联合分析有利于提出科学有效、切实可行的管控措施，可以为改善环境质量提供全面、客观的依据。

二、基于 z-score 标准化法的联合分析

这里依据 2014—2019 年全国废水排放总量与污染物的统计数据（不含港、澳、台），以废水排放总量和废水中相关污染物排放浓度为例，介绍基于 z-score 标准化法的联合分析。

(一)数据指标的选取

废水中相关污染物的选择为化学需氧量和氨氮，废水排放总量、化学需氧量和氨氮的数据在环境状况公报中已给出。污染物浓度可以用污染物质量占全部溶液质量的百万分比来表示，其单位为 ppm（百万分比），即 $1ppm = 1mg/kg = 1$ 百 t/亿 t，污染物浓度的计算见式(6-1)。

$$污染物浓度 = \frac{污染物排放量}{污染物所属溶液排放总量} \tag{6-1}$$

选取全国 2014—2019 年废水排放总量、废水中化学需氧量排放量、废水中氨氮排放量的数据，运用式(6-1)，分别计算出化学需氧量浓度和氨氮浓度，具体数据见表6-1。

需要说明的是，污染物浓度包括瞬时浓度和平均浓度。瞬时浓度，是不同时间排出的污染物的浓度；平均浓度，是单位时间（如年、月）内污染物浓度的平均值。表6-1 中所计算出的相关污染物浓度数据，是一年中的平均浓度值。

<table>
<tr><td colspan="6" align="center">**2014—2019 年全国废水排放总量与污染物平均浓度**</td></tr>
</table>

表 6-1

年份	废水排放总量/ 亿 t	废水中化学 需氧量排放量/ 万 t	废水中化学需氧 量排放平均浓度/ (百 t/亿 t)	废水中氨氮 排放量/万 t	废水中氨氮排放 平均浓度/ (百 t/亿 t)
2014 年	716.20	2294.60	320.39	238.50	33.30
2015 年	735.30	2223.50	302.39	229.90	31.27
2016 年	711.10	1046.50	147.17	141.80	19.94
2017 年	699.70	1022.00	146.06	139.50	19.94
2018 年	686.00	584.20	85.16	49.40	7.20
2019 年	672.00	567.10	84.39	46.30	6.89

注:1.数据来源为 2014—2020 年《中国统计年鉴》和《全国环境统计公报》等。

2.化学需氧量和氨氮排放的平均浓度由式(6-1)计算所得。

(二)数据标准化处理与综合计量

从表 6-1 可以看出,废水排放总量和污染物排放平均浓度的数据水平相差很大,如 2014 年废水排放总量为 716.20 亿 t,化学需氧量排放平均浓度为 320.39 百 t/亿 t。对两者现在的指标值直接进行分析,会突出数值较高的指标(废水排放总量)在联合分析中的作用,相对削弱数值水平较低的指标(污染物排放平均浓度)的作用。因此,为了保证结果的科学性、准确性,需要对现有的指标数据进行标准化处理。

数据标准化处理主要包含数据同趋化处理和无量纲化处理两种方式。对废水排放总量和污染物平均浓度进行联合分析,由于两者的单位不同,需先将两者处理为无量纲数据。根据上述分析,选取 z-score 标准化法,具体见式(6-2),对原始数据进行标准化处理,以消除不同数据水平和变量单位对结果的影响。

$$x'_{ij} = \frac{x_{ij} - \overline{x}_j}{S_j} \tag{6-2}$$

式中: x_{ij} ——第 i 年的第 j 个变量的值;

$\overline{x}_j$ ——第 j 个变量的算术平均值;

S_j ——第 j 个变量的标准差;

x'_{ij} ——标准化后的值。

对表 6-1 中 2014—2019 年的废水排放总量、废水中化学需氧量排放平均浓度和废水中氨氮排放平均浓度数据运用式(6-2)进行标准化处理后,形成表 6-2。其中废水排放总量标准化数据为总量污染程度系数,污染物排放平均浓度标准化数据为浓度污染程度系数。将总量污染程度系数和浓度污染程度系数按一定权重求和,可以得到总量与浓度的污染程度系数。

目前控制污染物排放的主要措施是总量控制,但对于污染物排放的控制和监测,既要重视总量,还要兼顾浓度。因此,在确定总量与浓度联合分析的污染程度系数时,其总量赋予权重为 0.60,浓度权重为 0.40。由于表 6-2 涉及化学需氧量和氨氮两个平均浓度,因此化学需氧量和氨氮平均浓度的权重都为 0.20。

采用式(6-3),将表 6-2 中总量和浓度的标准化数据乘以相应的权重,相乘后所得数相加,即得出当前年份的污染程度系数,具体数据见表 6-2 最后一列。

$$x''_{ij} = x'_{ij} \times n_j \qquad (6-3)$$

式中:x'_{ij}——标准化后的值;

n_j——第 j 个变量的权重;

x''_{ij}——赋予权重后第 i 年的第 j 个变量的标准化值。

2014—2019 年全国废水排放总量与污染物平均浓度标准化结果及污染程度　　表 6-2

年份	废水排放总量标准化数据	废水中化学需氧量排放平均浓度标准化数据	废水中氨氮排放平均浓度标准化数据	总量与浓度联合分析所得污染程度系数
2014 年	0.62	1.46	1.31	0.93
2015 年	1.55	1.27	2.03	1.59
2016 年	0.37	−0.35	1.93	0.54
2017 年	−0.18	−0.36	1.93	0.21
2018 年	−0.84	−1.00	0.70	−0.57
2019 年	−1.52	−1.01	0.67	−0.98

从表 6-2 可以看出,总体而言,2014—2019 年水环境污染程度逐渐减轻。

三、废水排放总量和污染物浓度的联合聚类分析

这里以 2017 年全国各省(自治区、直辖市)废水排放总量、废水中化学需氧量和氨氮排放量为研究对象,介绍排放总量和浓度的联合聚类分析。

(一)聚类分析概述

聚类分析是根据研究对象特征对其进行分类的一种多元统计分析技术,是进行初步数据分析的一种重要方法。聚类分析主要用来对大量的样品或变量进行分类,又称群分析、点群分析。从统计学的观点看,聚类分析是通过数据建模,简化数据的一种实用的多变量统计技术。从实际应用的角度看,聚类分析共同是数据挖掘的主要任务之一。聚类分析与回归分析、判断分析共同被称为多元分析的三大实用分析方法。

聚类分析的基本思想是:根据已知数据把性质相近的个体归为一类,使同一类中的个体都具有高度的同质性,不同类之间的个体具有高度的异质性。其分析思路是:计算各观察个体或变量之间亲疏关系的统计量(距离或相关系数),根据某种准则(最短距离法、最长距离法、中间距离法、重心法),使同一类内的差别较小,而类与类之间的差别较大,最终将观察个体或变量分为若干类。分类过程是一个逐步减少同类的类内差异,增加不同类的类间差异的过程。评价聚类效果的指标一般是方差,距离小的样品所组成的类方差较小。

根据分类对象的不同,聚类分析分为样品聚类和变量聚类两类:样品聚类是聚类对样品所作的分类,称为 Q-型聚类;变量聚类是对变量所作的分类,称为 R-型聚类。

由于简洁和效率而得到广泛使用的 K 均值聚类法属于 Q-型聚类,是一种很有效的一种划分聚类算法,是 SPSS 软件中最常用的一种聚类分析方法。K 均值聚类法表示以空间中 k 个点为中心进行聚类,对最靠近它们的对象归类。其基本思想是:计算每个样品到各个中心的距离(欧氏距离),离哪个点近就将这个样品归为哪一类。欧氏距离是一个普遍采用的距离定义,

它是在 m 维空间中两个点之间的真实距离。

从实际应用的角度看,聚类分析能够作为一个独立的工具获得数据的分布状况,观察每一簇数据的特征,集中对特定的聚簇集合作进一步分析。聚类分析应用领域广、研究问题种类多,如不同地区城镇居民收入和消费状况的分类研究、区域经济及社会发展水平的综合评价等。聚类分析也可用于环境保护领域的分析评价,下面运用 SPSS 软件 K 均值聚类法对废水排放总量与污染物浓度进行联合聚类分析。

(二)基于聚类分析的联合分析模型构建

1. 数据指标的选取

2017 年全国各省(自治区、直辖市)废水排放总量、废水中化学需氧量和氨氮排放量数据来自 2017 年各省(自治区、直辖市)环境状况公报、《2017 年中国生态环境统计年报》等。化学需氧量和氨氮的浓度取平均浓度,运用式(6-1),分别计算出化学需氧量平均浓度和氨氮平均浓度,见表 6-3。

2017 年各省(自治区、直辖市)废水排放总量与污染物平均浓度　　　　表 6-3

序号	省(自治区、直辖市)	废水排放总量/亿 t	废水中化学需氧量排放量/万 t	废水中化学需氧量排放平均浓度/(百 t/亿 t)	废水中氨氮排放量/万 t	废水中氨氮排放平均浓度/(百 t/亿 t)
1	北京	13.32	8.18	61.41	0.58	4.35
2	上海	21.20	14.18	66.89	3.70	17.45
3	天津	9.08	9.26	101.98	1.42	15.64
4	重庆	20.07	25.27	125.91	3.49	17.39
5	安徽	23.38	49.56	211.98	5.76	24.64
6	黑龙江	13.81	24.82	179.72	3.77	27.30
7	江西	18.94	51.95	274.29	5.77	30.46
8	广西	19.81	45.59	230.14	4.83	24.38
9	辽宁	23.80	25.36	106.55	4.81	20.21
10	山东	49.99	52.08	104.18	7.99	15.98
11	云南	18.51	33.07	178.66	4.14	22.37
12	宁夏	3.07	10.02	326.38	0.65	21.17
13	甘肃	6.45	13.24	205.27	1.95	30.23
14	福建	23.83	39.49	165.72	5.38	22.58
15	广东	88.20	100.09	113.48	13.75	15.59
16	贵州	11.80	27.25	230.93	3.41	28.90
17	海南	4.41	7.82	177.32	1.09	24.72
18	河北	25.37	48.68	191.88	7.12	28.06
19	河南	40.91	43.07	105.28	6.21	15.18
20	湖北	27.27	51.93	190.43	7.20	26.40
21	湖南	30.06	57.58	191.55	8.30	27.61

序号	省(自治区、直辖市)	废水排放总量/亿 t	废水中化学需氧量排放量/万 t	废水中化学需氧量排放平均浓度/(百 t/亿 t)	废水中氨氮排放量/万 t	废水中氨氮排放平均浓度/(百 t/亿 t)
22	吉林	12.15	17.45	143.62	2.38	19.59
23	江苏	57.52	74.42	129.38	10.12	17.59
24	青海	2.71	5.75	212.18	0.84	31.00
25	山西	13.51	19.52	144.49	3.09	22.87
26	陕西	17.60	19.64	111.59	2.65	15.06
27	四川	36.24	67.51	186.29	7.94	21.91
28	浙江	45.39	41.86	92.22	6.67	14.69
29	内蒙古	10.43	14.97	143.53	1.90	18.22
30	西藏	0.72	2.50	347.22	0.33	45.83
31	新疆	10.13	19.87	196.15	2.27	22.41

2. 分析模型的建立

选取 K 均值聚类分析,对 2017 年各省(自治区、直辖市)废水排放总量和污染物排放浓度进行联合分析。根据各省(自治区、直辖市)废水样品和变量数据总量和浓度的不同特征指标值的差异程度,将研究对象废水分为相对同质的群组。对于如何定量分析废水个体间的差异程度,需要通过计算它们之间的距离来实现。根据计算得出的距离,将所有废水个体进行归类,差距越小的个体越有条件合为一类,差距越大的个体则越容易被归为不同类。同一聚类个体中,计算得出的距离越小,个体之间的差异就越小,反之,则越大。

(1)数据标准化。

由于废水排放总量和污染物浓度的量纲不同,进行分类前需采用式(6-2)对原始数据进行标准化,以消除不同变量单位对聚类结果的影响。

(2)欧氏距离法。

欧氏距离法的具体表达式见式(6-4),可以进一步计算出全国废水中各污染物排放总量和浓度的相似性系数,并按一定阈值标准,以相似性系数最大化为原则,将污染物排放总量和浓度最为相似的省(自治区、直辖市)归为一个类型区。相似性系数的计算见式(6-5)。

$$d_{ij} = \sqrt{\sum_{m-1}(x_{im}-x_{jm})^2} \tag{6-4}$$

$$R_{ij} = \frac{\sum_{m-1}(x_{im}-\overline{x}_i)(x_{jm}-\overline{x}_j)}{\sqrt{\left[\sum_{m-1}(x_{im}-\overline{x}_i)^2\right]\left[\sum_{m-1}(x_{im}-\overline{x}_j)^2\right]}} \tag{6-5}$$

式中:d_{ij}——第 i 个废水样品与第 j 个废水样品间的距离;

x_{im}——第 i 个废水样品第 m 个变量的值;

x_{jm}——第 j 个废水样品第 m 个变量的值;

$\overline{x}_i$——第 i 个废水样品的平均指标;

$\overline{x}_j$——第 j 个废水样品的平均指标;

R_{ij}——变量 x_{im} 与变量 x_{jm} 的相关性系数,即用来表示废水对象分类单位间相似程度的指标。

3. 聚类分析的过程

运用 SPSS 软件对研究数据进行分析,其分析过程主要分为两个部分,具体为:

(1)有效性检验。为确保所选择的数据正确、合理,对已经进行标准化的样本数据进行有效性检验。经检验,31 个样本全部有效。

(2)聚类分析。确定 4 个聚类后,对所有样本进行 K 均值聚类分析,经过 5 次迭代,得出各样本所属的类别,并对每个聚类中样本的个数进行汇总。其中第一类表示环境污染较轻,第二类表示环境污染中等,第三类表示环境污染较重,第四类表示环境污染严重。废水排放总量及化学需氧量、氨氮排放浓度联合分析后各样本的所属类别与距离见表 6-4。

废水排放总量及化学需氧量、氨氮排放浓度联合分析后各样本的所属类别与距离　　表 6-4

所属类别(样本数)	样本序号	样本	距离
第一类(8 个)	1	北京	1.75478
	2	上海	0.70403
	3	天津	0.38769
	4	重庆	0.39979
	9	辽宁	0.72757
	22	吉林	0.75933
	26	陕西	0.16787
	29	内蒙古	0.69015
第二类(17 个)	5	安徽	0.38765
	6	黑龙江	0.47544
	7	江西	1.22370
	8	广西	0.44125
	11	云南	0.61323
	12	宁夏	2.05238
	13	甘肃	0.85522
	14	福建	0.82482
	16	贵州	0.64947
	17	海南	0.82369
	18	河北	0.59398
	20	湖北	0.61428
	21	湖南	0.79120
	24	青海	1.07232
	25	山西	1.00849
	27	四川	1.21449
	31	新疆	0.60677
第三类(1 个)	30	西藏	0
第四类(5 个)	10	山东	0.35632
	15	广东	1.74366
	19	河南	0.85374
	23	江苏	0.39903
	28	浙江	0.67593

(三)计量结果分析

1.排放总量分析

由于目前我国对于环境质量的控制与改善主要以总量控制为着力点,因此,按照废水排放总量由小到大的顺序对表6-3相关内容进行重新排序,结果见表6-5。

废水排放总量升序排列表 单位:亿 t 表6-5

序号	样本	废水排放总量	序号	样本	废水排放总量	序号	样本	废水排放总量
1	西藏	0.72	12	山西	13.51	23	河北	25.37
2	青海	2.71	13	黑龙江	13.81	24	湖北	27.27
3	宁夏	3.07	14	陕西	17.60	25	湖南	30.06
4	海南	4.41	15	云南	18.51	26	四川	36.24
5	甘肃	6.45	16	江西	18.94	27	河南	40.91
6	天津	9.08	17	广西	19.81	28	浙江	45.39
7	新疆	10.13	18	重庆	20.07	29	山东	49.99
8	内蒙古	10.43	19	上海	21.20	30	江苏	57.52
9	贵州	11.80	20	安徽	23.38	31	广东	88.20
10	吉林	12.15	21	辽宁	23.80			
11	北京	13.32	22	福建	23.83			

从表6-5可以看出,我国各地区因所处的自然环境、人文条件、社会经济发展程度,以及资源布局和产业结构等方面的差异,废水排放总量差异相当大。因此,应将我国各省(自治区、直辖市)废水排放量的值与上述因素的关联性进行分析。

2.污染物浓度分析

按照废水中化学需氧量和氨氮排放平均浓度由小到大的顺序对表6-3相关内容进行重新排序,结果分别见表6-6和表6-7。

废水中化学需氧量排放平均浓度升序排列 单位:百 t/亿 t 表6-6

序号	样本	化学需氧量平均浓度	序号	样本	化学需氧量平均浓度	序号	样本	化学需氧量平均浓度
1	北京	61.41	12	内蒙古	143.53	23	新疆	196.15
2	上海	66.89	13	吉林	143.62	24	甘肃	205.27
3	浙江	92.22	14	山西	144.49	25	安徽	211.98
4	天津	101.98	15	福建	165.72	26	青海	212.18
5	山东	104.18	16	海南	177.32	27	广西	230.14
6	河南	105.28	17	云南	178.66	28	贵州	230.93
7	辽宁	106.55	18	黑龙江	179.72	29	江西	274.29
8	陕西	111.59	19	四川	186.29	30	宁夏	326.38
9	广东	113.48	20	湖北	190.43	31	西藏	347.22
10	重庆	125.91	21	湖南	191.55			
11	江苏	129.38	22	河北	191.88			

废水中氨氮排放平均浓度升序排列　　　单位:百 t/亿 t　表6-7

序号	样本	氨氮平均浓度	序号	样本	氨氮平均浓度	序号	样本	氨氮平均浓度
1	北京	4.35	12	吉林	19.59	23	湖北	26.40
2	浙江	14.69	13	辽宁	20.21	24	黑龙江	27.30
3	陕西	15.06	14	宁夏	21.17	25	湖南	27.61
4	河南	15.18	15	四川	21.91	26	河北	28.06
5	广东	15.59	16	云南	22.37	27	贵州	28.90
6	天津	15.64	17	新疆	22.41	28	甘肃	30.23
7	山东	15.98	18	福建	22.58	29	江西	30.46
8	重庆	17.39	19	山西	22.87	30	青海	31.00
9	上海	17.45	20	广西	24.38	31	西藏	45.83
10	江苏	17.59	21	安徽	24.64			
11	内蒙古	18.22	22	海南	24.72			

为了对废水中化学需氧量和氨氮进行浓度分析,需要相关的环境质量标准数据。参考中华人民共和国国家标准《地表水环境质量标准》(GB 3838—2002)有关数据,形成表6-8。

地表水环境质量标准项目标准限值　　　单位:mg/L　表6-8

项目	分类				
	Ⅰ类	Ⅱ类	Ⅲ类	Ⅳ类	Ⅴ类
	标准值				
化学需氧量	15	15	20	30	40
氨氮	0.15	0.50	1.00	1.50	2.00

注:Ⅰ类,主要适用于源头水、国家自然保护区。

Ⅱ类,主要适用于集中式生活饮用水地表水源地一级保护区、珍稀水生生物栖息地、鱼虾类产卵场、仔稚幼鱼的索饵场等。

Ⅲ类,主要适用于集中式生活饮用水地表水源地二级保护区、鱼虾类越冬场、洄游通道、水产养殖区等渔业水域及游泳区。

Ⅳ类,主要适用于一般工业用水区及人体非直接接触的娱乐用水区。

Ⅴ类,主要适用于农业用水区及一般景观要求水域。

将表6-8中的浓度数据和表6-6、表6-7相应数据进行对比时,需根据式(6-6)将表6-8的单位 mg/L 转化为百 t/亿 t,转化后的数据,见表6-9。

$$1\text{mg/L} = 10 \text{ 百 t/亿 t} \tag{6-6}$$

地表水环境质量标准项目标准转化后限值　　　单位:百 t/亿 t　表6-9

项目	分类				
	Ⅰ类	Ⅱ类	Ⅲ类	Ⅳ类	Ⅴ类
	标准值				
化学需氧量	150	150	200	300	400
氨氮	1.5	5	10	15	20

由表6-6和表6-9可知,2017年全国各省(自治区、直辖市)废水中化学需氧量排放浓度情况为:北京、上海、浙江、天津等14个省(自治区、直辖市)废水中化学需氧量排放平均浓度小

于 150 百 t/亿 t,达到国家地表水环境质量Ⅱ类标准;福建、海南等 9 个省(自治区)废水中化学需氧量的平均浓度大于 150 百 t/亿 t 且小于 200 百 t/亿 t,达到国家地表水环境质量Ⅲ类标准;6 个省(自治区)的平均浓度达Ⅳ类标准;宁夏、西藏 2 个自治区的平均浓度达Ⅴ类标准;31 个省(自治区、直辖市)废水中化学需氧量排放平均浓度均未超过Ⅴ类标准限值。

同样,由表 6-7 和表 6-9 可知,2017 年全国各省(自治区、直辖市)废水中氨氮排放浓度情况为:北京市废水中氨氮排放平均浓度达标Ⅱ类标准;浙江达标Ⅳ类标准;陕西、河南、广东等 10 个省(自治区、直辖市)达标Ⅴ类标准;其他 19 个省(自治区)废水中氨氮排放平均浓度均超过 20 百 t/亿 t,废水中氨氮含量超标严重。

3. 联合分析

由表 6-4 可以看出,根据 2017 年全国各省(自治区、直辖市)废水排放总量和污染物浓度的数据值,可以将 2017 年各省(自治区、直辖市)的水环境污染程度分为 4 类。由此,可以看出我国水环境状况总体上处于中等水平,但部分省(自治区、直辖市)的环境状况亟待改善。

同时,可以看出表 6-4 和表 6-5、表 6-6 所得的结论不完全一致。例如,对 2017 年甘肃省相关数据进行分析,得出的结果是:就污染物排放总量进行单一分析,甘肃废水排放量较少,表明其环境污染较轻;就污染物排放浓度进行单一分析,甘肃环境污染较为严重;而联合分析表明,甘肃环境污染相对较轻。这说明,将单一的污染物排放总量或者污染物排放浓度作为环境污染程度的判据是不合适的,污染物排放总量与污染物排放浓度联合分析的结果更为科学、客观。

第二节 环境经济系统的库兹涅茨曲线分析

环境库兹涅茨曲线是库兹涅茨曲线在环境经济分析领域中的应用。本节介绍库兹涅茨曲线与环境库兹涅茨曲线的基本概念,并结合工业"三废"排放量与经济发展的关系论述环境库兹涅茨曲线的分析与应用。

一、库兹涅茨曲线与环境库兹涅茨曲线

(一)库兹涅茨曲线概述

库兹涅茨曲线(Kuznets Curve)也被称为"倒 U 曲线"(Inverted U Curve),是由美国著名经济学家、诺贝尔经济学奖获得者库兹涅茨于 1955 年提出的关于收入分配状况随经济发展过程而变化的一种假说。库兹涅茨曲线是发展经济学中重要的概念,库兹涅茨认为,在经济未充分发展的阶段,收入分配将随着经济发展而趋于不平等,其后,收入分配将经历暂时无大变化的时期,到达经济充分发展的阶段,收入分配趋于平等。库兹涅茨经过对 18 个国家经济增长与收入差距实证资料的分析,得出了收入分配的长期变动轨迹是"先恶化,后改进"的结论。图 6-1 所示的库兹涅茨曲线,其横轴表示经济发展的指标(通常为人均收入),纵轴表示收入分配不平等程度的指标,倒 U 形的曲线关系用以解释经济发展过程中收入差距的变化,即收入分配不平等现象随着经济增长先升后降。

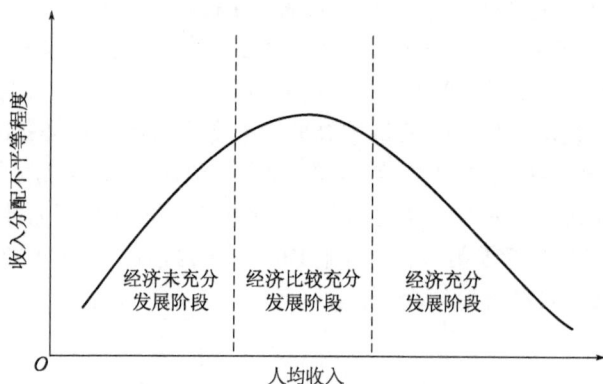

图 6-1　库兹涅茨曲线

库兹涅茨"倒 U 曲线"假说提出后,一些学者就有关"倒 U 曲线"形成的过程、导致"倒 U 曲线"形成的原因,以及收入差距、平等化过程等进行了许多讨论。一些研究者经过计算分析,发现许多国家的国别横断面资料支持"倒 U 曲线"假说,但也有一些国家是"倒 U 曲线"假说的反例。有研究指出,对于"倒 U 曲线"形状最有力的反例就是:作为世界上经济发展水平最高的美国,也是世界上贫富差距最高的几个国家之一。

关于库兹涅茨"倒 U 曲线"假说的适用性问题在不断研究中。其中,一个基本问题是,运用库兹涅茨"倒 U 曲线"进行分析时,其经济周期的合理确定。

经济周期一般是指经济活动沿着经济发展的总体趋势所经历的有规律的扩张和收缩,是国民收入或总体经济活动扩张与紧缩的交替或周期性波动变化。经济周期分为繁荣、衰退、萧条和复苏四个阶段,也称为衰退、谷底、扩张和顶峰,这在图形上显示得更为形象。

经济周期从时间上可分为短周期、中周期、长周期。库兹涅茨曲线是以长周期为基础的。库兹涅茨在经济周期研究中提出了一种为期 15～25 年,平均长度为 20 年的经济周期,被称为"库兹涅茨周期"。其他经济周期理论对经济周期的确定还有几种,如俄国经济学家康德拉季耶夫提出的为期 50～60 年的经济周期等。

库兹涅茨曲线研究的是收入分配状况随经济发展过程而变化的理论,库兹涅茨特别指出,经济增长与收入差距的长期变动轨迹是"先恶化,后改进",所以在运用库兹涅茨曲线进行分析时,这个"长期变动轨迹"的时间长度在 20 年以上较为合适,可以基本反映出实际分析对象的库兹涅茨曲线态势。

在库兹涅茨曲线的基础上,人们还将收入分配引申到经济与社会发展的许多领域,如第二产业中相关"倒 U 曲线"、区域经济发展的"倒 U 曲线"、环境污染的"倒 U 曲线"以及其他领域的库兹涅茨曲线等。

(二)环境库兹涅茨曲线概述

1. 环境库兹涅茨曲线

库兹涅茨曲线假说提出后,也被许多领域用以解释经济发展过程中某些问题先恶化后改善的过程,环境库兹涅茨曲线(Environmental Kuznets Curve,EKC)就是其应用之一。EKC 假说表示在经济发展过程中,环境状况先恶化,而后得到逐步改善。

环境库兹涅茨曲线描述的是,环境质量最初随着人均收入增加而退化,人均收入水平上升到一定程度后环境质量随收入增加而改善,即环境质量与经济发展为倒 U 形关系,如图 6-2 所示。

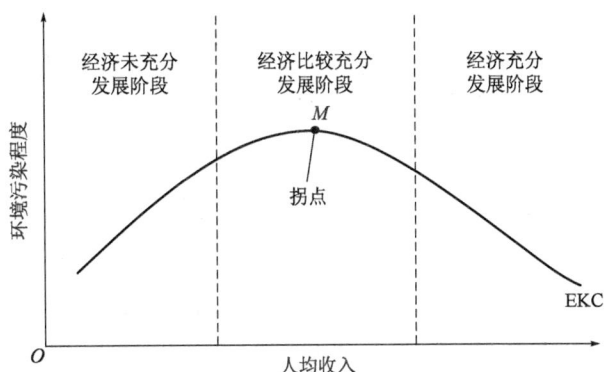

图 6-2 环境库兹涅茨曲线

环境库兹涅茨曲线的横坐标为经济发展阶段,表示经济发展的指标有多种,在图 6-2 中,采用"人均收入"指标,主要针对收入分配不平等程度进行分析。在环境库兹涅茨曲线中,表示经济发展阶段,可以采用"人均收入"指标,也可以采用"人均 GDP"指标,以及其他与环境污染程度分析相关的经济指标。不同经济指标之间具有直接关联性,但采用不同经济指标建立的环境库兹涅茨曲线的分析结果可能存在差异性;结合多个相关经济指标进行环境库兹涅茨曲线分析,可以减小这种差异性。

图 6-2 中纵坐标为环境污染程度,环境污染程度是指人类活动向环境中排放的污染物超过环境自净能力而产生危害的程度。环境污染的种类很多,按环境要素可分为大气污染、水体污染、土壤污染等,所以需要分析的相应环境库兹涅茨曲线的环境污染要素就比较多,这也可能出现分析结果的差异性。这就需要根据具体的分析对象,确定具体污染物的污染程度,以进行环境库兹涅茨曲线分析,从而体现针对性要求。由于环境因子与环境污染的类别很多,可以针对几种主要污染物的污染程度与经济发展的环境库兹涅茨曲线进行分析,再进一步深入地进行对比分析和联合分析。

环境库兹涅茨曲线假说认为,在经济未充分发展阶段,在工业化和城市化过程中容易产生大量的自然资源消耗、环境污染和生态破坏,经济增长和污染程度是正向相关的;在经济比较充分发展阶段,随着经济的不断发展、科学技术的进步、产品与服务范围的扩大,以及发展质量要求和人类环保意识的提高,污染程度会开始降低;在经济充分发展阶段,人们收入水平提高,环保意识、文明意识、高质量发展意识提高,环境保护在经济发展中将具有非常重要的地位,这个阶段的人均收入、人均 GDP 有很大的增加,环境质量将有很大改善并进一步发展。图 6-2 中的 M 点为环境库兹涅茨曲线的拐点,它表示污染程度由随人均收入增长而增加转变为随人均收入增长而减少。

由于环境污染常常是以复合状态存在的,所以单一的环境因子参数不能反映真实的环境污染综合状况,因此采用环境污染指数(Environmental Pollution Index)这一综合指标作为综合环境污染程度的指标进行环境库兹涅茨曲线分析,是比较客观的。应注意的是,各种单一环境参数主要是监测得来的指标值,而环境污染指数是用各种环境参数以某种方法计算归纳出来的一种反映环境受污染综合程度的无量纲数值。所以,对某一区域经济发展与环境污染的关系进行环境库兹涅茨曲线分析时,将单一环境指标与环境污染指数结合使用进行综合分析比较全面客观。

2.环境库兹涅茨曲线的发展

1991年,美国经济学家格罗斯曼和克鲁格首次实证研究了空气质量与人均收入之间的关系,指出了空气污染与人均收入间的关系为"污染在低收入水平上随人均GDP增加而上升,高收入水平上随人均GDP增长而下降",提出经济增长通过规模效应、技术效应与结构效应三种途径影响环境质量。1996年,塞浦路斯的帕纳尤多应用1955年库兹涅茨界定的人均收入与收入不均等之间的"倒U曲线",首次将环境质量与人均收入间的关系称为环境库兹涅茨曲线(EKC)。

EKC假说的提出引起了许多研究者的注意,因为这意味着更高、更好、更充分的经济增长会降低环境污染程度。但EKC曲线也有一些局限性。一是,EKC曲线的研究局限在污染物状况与经济发展之间的关系,而不是整体环境质量与经济发展的关系;二是,EKC曲线在大气污染物(如CO_2)的验证上比较符合,对于积累性较强的污染物(如土壤污染)与经济发展之间的关系不太符合;三是,"倒U曲线"只是污染程度与经济发展关系的一种基本形态,在实际中还存在其他形状的曲线。

二、数据分析概述

(一)数据准备

以环境经济系统为对象进行数据分析,与对其他研究对象进行分析一样,首先需要采集、搜集满足分析所需的数据。数据是进行各种统计、计算、分析、研究所依据的数值。对某一对象进行定量分析的基础之一是收集所需的数据。基础数据一般通过调查、观察、实验等得到,部分数据可以在公开或共享的相关数据库或资料文献中取得。

数据处理是对所采集的各种形式的数据进行加工整理,是进行数据分析的基础,是从大量的原始数据中抽取出满足分析要求的、有价值的信息的过程。这个过程包含对数据的收集、存储、加工、分类、归并、计算、排序、转换、检索等环节。

数据分析是指用适当的统计分析方法对收集来的大量数据进行分析,对数据加以详细研究和概括总结的过程。在实际中,数据分析可帮助人们作出判断,以便采取适当的行动。现在的数据处理、数据管理、数据分析以及各种数据处理方法的应用都离不开软件的支持。

(二)平稳性检验

检验时间序列是否平稳的过程称为平稳性检验。单一变量按时间的先后次序产生的数据称为时间序列数据(Time-series Data)。假定时间序列的基本特性取值,如均值、方差、协(自)方差等是与时间无关的常数,即不随时间发生变化,则称该时间序列是平稳的;反之,这样的时间序列是非平稳的。

平稳分为严平稳和宽平稳。严平稳是一种条件比较苛刻的平稳性定义,它认为只有当序列所有的基本特性都不会随着时间的推移而发生变化时,该序列才能被认为是平稳的。宽平稳也称弱平稳,是使用序列的特征统计量来定义的一种平稳性,它认为只需要序列的一阶矩

(期望)与二阶矩(方差)是随时间平稳不变的,就能保证序列的主要性质近似稳定。

用现有的时间序列数据来推测未来的发展变化,所用时间序列数据的基本特性必须能在包括未来阶段的一个长时期里维持不变,否则,基于历史和现状来预测未来的思路便是错误的。在环境经济系统分析的过程中,所用的数据均为时间序列数据,在进行拟合分析之前要先对其进行平稳性检验。利用 SPSS、Eviews 及 States 等软件可以方便地进行数据平稳性检验。

(三)模型选择

为分析环境污染程度与经济增长之间的相关性,可将环境污染、经济增长等项目用合适的定量指标表示,用合适的函数关系式反映环境指标与经济指标之间的数学关系。常用的函数关系式较多,如一次函数、二次函数、多次函数、指数函数、对数函数等。无论采用哪个函数表达式,都需要统计一定时期内环境指标、经济指标的大量数据资料,经过数理统计、推算、检验后确定。

环境库兹涅茨曲线是倒 U 形曲线,与其他函数表达式相比,在环境库兹涅茨曲线分析中,EKC 基本模型一般基于式(6-7)。该式可以比较客观、恰当地反映环境与经济增长的相互关系,因而应用较为广泛。

$$E = \mu + \beta_1 X + \beta_2 X^2 + \beta_3 X^3 \tag{6-7}$$

式中: E——环境污染程度;

X——经济发展指标,通常为人均收入或人均 GDP;

μ——误差项;

β_1、β_2、β_3——EKC 曲线的基本特征由参数 β_1、β_2、β_3 的值来确定,判定标准见表 6-10。

EKC 曲线特征判定标准

表 6-10

序列	参数	关系
1	$\beta_1 = \beta_2 = \beta_3 = 0$	环境污染程度与经济增长之间没有关系
2	$\beta_1 < 0, \beta_2 = \beta_3 = 0$	环境污染程度与经济增长之间呈单调递减关系,环境污染程度随着经济的发展而减轻,环境质量得到改善
3	$\beta_1 > 0, \beta_2 = \beta_3 = 0$	环境污染程度与经济增长之间呈单调递增关系,环境污染程度随经济的发展而加重
4	$\beta_1 < 0, \beta_2 > 0, \beta_3 = 0$	环境污染程度与经济增长之间呈二次曲线关系,曲线形状呈 U 形,即经济发展程度较低时,环境污染程度随着经济的增长而减轻,环境质量得到改善,当经济发展程度处于较高水平时,环境污染程度随着经济的增长而加重
5	$\beta_1 > 0, \beta_2 < 0, \beta_3 = 0$	环境污染程度与经济增长之间呈二次曲线关系,曲线形状呈倒 U 形,即经济发展程度较低时,环境污染程度随着经济的增长而加重,当经济发展达到一定水平后,即拐点处,环境污染程度随着经济的增长而减轻,EKC 的"倒 U 曲线"的特征符合这类函数关系
6	$\beta_1 > 0, \beta_2 < 0, \beta_3 > 0$	环境污染程度与经济增长之间呈三次曲线关系,曲线形状呈 N 形,环境污染程度随着经济的增长先加重后减轻,再陷入加重境地
7	$\beta_1 < 0, \beta_2 > 0, \beta_3 < 0$	环境污染程度与经济增长之间呈三次曲线关系,曲线形状呈倒 N 形,环境污染程度随着经济的增长先减轻后加重,后又减轻

在对时间序列数据进行拟合的过程中,有时各个数据项的值都很大,因此在不改变时间序列的性质及相关性的前提下,为获得平稳数据,通常会对各指标的时间序列数据取自然对数,以缩小数据的绝对数值,方便计算。这也可以在一定程度上避免伪回归,消除异方差,而且更利于进行 EKC 分析。计算公式见式(6-8)。

$$\ln E = \mu + \beta_1 \ln X + \beta_2 (\ln X)^2 + \beta_3 (\ln X)^3 \tag{6-8}$$

(四)数据拟合

对于纳入分析的众多数据,需要根据分析对象的特点和要求,分析数据的特点和规律等,对数据进行必要的规整,以与所选择的分析模型有较好的关联,这个过程称为数据拟合(Data Fitting)。

数据拟合又称曲线拟合(Curve Fitting),俗称拉曲线,形象地说,拟合就是把平面上一系列的点,用一条光滑的曲线连接起来,由于这条曲线有多种可能,从而就有多种拟合方法。数据拟合是一种把现有数据通过数学方法来代入一条数式的表示方式,以便得到一个连续的函数,与已知数据相吻合。

反映模型拟合优度的重要统计量是决定系数 R^2(Coefficient of Determination),R^2 为回归平方和与总平方和之比。R^2 取值在 0 与 1 之间,无单位,其数值大小反映了回归贡献的相对程度。R^2 越大(即越接近 1),说明模型的拟合效果越好,拟合度越优。

一般拟合的曲线可以用函数表示,根据这个函数的不同,就有不同的拟合名字。如果待定函数是线性,就叫线性拟合或者线性回归,否则叫作非线性拟合或者非线性回归。有些分析对象的数据呈现出不同函数趋势,其待定表达式也可以是分段函数,在这种情况下叫作样条拟合。利用 SPSS、Eviews、MATLAB、Orign 以及 States 等软件都可以进行相关指标的拟合分析。

在环境经济系统的数值分析中,也多用拟合进行相关的分析工作。除拟合以外,还有插值和逼近,它们是数值分析的三大基础工具。简单来说,它们的区别在于:拟合是已知点列,从整体上靠近它们;插值是已知点列并且完全经过点列;逼近是已知曲线,或者点列,通过逼近使构造的函数无限靠近它们。

三、实例分析:环境库兹涅茨曲线的应用分析

根据环境库兹涅茨曲线的主要特点,以西安市"工业三废"与经济发展之间的关系为例,介绍环境库兹涅茨曲线假说的应用。

(一)分析指标与数据

1. 指标选取

运用 EKC 假说分析环境污染程度与经济增长之间的关系,首先要确定合适的反映环境污染程度与经济增长的指标。

环境污染程度是一个综合性指标,它包括水环境污染程度、大气环境污染程度等二级环境污染程度指标,而二级环境污染程度指标又包括许多具体污染因子的污染程度指标。由于环境污染的类别有很多,所以,在进行环境库兹涅茨曲线分析时就需要根据具体的分析对象和需要来确定具体的污染程度指标,以体现其针对性要求。对于环境污染程度综合性指标的体现,

可以在进行所分析污染物的污染程度与经济发展的环境库兹涅茨曲线基础上,进行进一步的综合分析。

这里以西安市"工业三废"排放量与经济增长之间的关系为例介绍环境库兹涅茨曲线的应用,实例采用西安市"人均国内生产总值"指标作为经济指标,进行环境污染程度与经济增长的关系分析。

2. 数据选取

环境库兹涅茨曲线探究的是环境与经济之间的"长期变动轨迹",时间长度在 20 年以上较为合适,可以基本反映出实际分析对象的态势。本实例中,环境质量指标选取西安市2000—2019 年"工业三废"排放量(工业废水排放量、工业废气排放量、工业固废产生量);经济发展指标选取 2000—2019 年人均国内生产总值。对西安市"工业三废"排放量与人均国内生产总值进行环境库兹涅茨曲线拟合分析,所涉及的具体数据见表6-11。

西安市 2000—2019 年各项指标的数据表 表6-11

年份	人均国内生产总值/元	工业废气排放量/十亿 m³	工业废水排放量/百万 t	工业固废产生量/万 t
2000 年	9484	27.5972	91.4500	107.0000
2001 年	10628	27.3981	74.8700	105.0000
2002 年	11831	30.3459	107.0500	118.0000
2003 年	13341	35.3140	112.4600	126.0000
2004 年	15294	42.8311	125.7900	134.0000
2005 年	16406	47.0584	169.6900	125.0000
2006 年	18890	64.2508	163.8900	161.0000
2007 年	22463	114.9411	190.6900	193.0000
2008 年	27794	151.9180	183.0400	220.0000
2009 年	32411	73.7239	131.6800	246.0000
2010 年	38357	79.1560	138.4000	267.2900
2011 年	45561	101.8460	131.4800	279.0000
2012 年	51499	104.3310	102.2373	259.1400
2013 年	57464	84.4110	89.7297	255.7800
2014 年	63794	90.1230	63.3985	252.6600
2015 年	66938	110.8480	52.0356	238.5300
2016 年	71647	103.4460	40.2983	195.9900
2017 年	78368	144.4600	42.4757	190.3000
2018 年	85114	104.0400	41.6340	198.7000
2019 年	92256	106.7300	39.1370	206.6600

注:人均国内生产总值、"工业三废"排放量数据来自 2000—2019 年《西安市统计年鉴》。

(二)实例分析的 EKC 模型构建

本实例应用环境库兹涅茨曲线分析的基本步骤如下:

(1)确定"工业三废"排放量(因变量)、经济增长指标(自变量);

(2)指标数据检验;

(3)建立环境质量指标与经济增长指标的回归方程;

(4)进行回归分析,进行模型拟合度检验,求拐点值;

(5)预测分析环境质量随经济水平变化的发展趋势。

本实例选取 Orign 软件对数据进行曲线回归分析,选取人均国内生产总值指标为自变量、西安市"工业三废"排放量指标为因变量进行回归模拟,根据模型拟合结果,分析曲线特征。

为了避免非平稳数据可能出现的伪回归或伪相关,本实例先对所涉及的自变量及因变量的数据平稳性进行了检验。本次平稳性检验选择在 Eviews 9.0 中进行,依据表 6-11 中的人均国内生产总值及西安市"工业三废"排放量等指标取自然对数后建立时间序列数据,选择 ADF 单位根检验,结果显示四个时间序列数据均为二阶平稳,可以进行回归分析。

(三)西安市"工业三废"排放量与经济增长的 EKC 曲线二次拟合特征分析

在进行 EKC 分析时,应搞清楚 EKC 假说的基本内涵和条件,在此基础上理解和运用 EKC 假说。较为标准的、理想的"倒 U 曲线",不论从理论上还是从实践上来说都是一种理想状态。运用 EKC 假说分析某些问题时,第一,要实事求是,注重数据的真实性;第二,应该有足够的符合分析的时间跨度;第三,总体应符合二次函数的数字曲线特征。局部出现异常的波动是正常的,但要对此进行有针对性的分析说明。

因此,这里首先利用二次函数分析西安市"工业三废"排放量与经济增长的 EKC 曲线特征。分析结果如图 6-3 所示,工业废气排放量、工业废水排放量、工业固废产生量与人均国内生产总值的拟合指数分别为 0.83、0.93、0.90,模型拟合度较好。

如图 6-3a) 所示,西安市人均国内生产总值与工业废气排放量的 EKC 拟合曲线呈倒 U 形,2013—2014 年间为拐点所在区间,2013 年、2014 年人均国内生产总值分别为 57464.00 元、63794.00 元,即总体上表示在 2000—2013 年,工业废气排放量随着经济的增长而递增,2014 年之后出现缓和的势头,但刚处于拐点右侧,说明西安市大气环境质量仍然有待进一步改善。

如图 6-3b) 所示,西安市人均国内生产总值与工业废水排放量的 EKC 拟合曲线均呈倒 U 形,2007—2008 年间为拐点所在区间,2007 年、2008 年人均国内生产总值分别为 22463.00 元、27794.00 元,2008 年之后的工业废水排放量随人均收入的增加而减少,现阶段处于拐点的右侧,表明西安市关于对工业废水的管控比较有效、技术手段相对成熟。

如图 6-3c) 所示,西安市人均国内生产总值与工业固废产生量的 EKC 拟合曲线呈倒 U 形,2011 至 2012 年为拐点所在区间,2011 年、2012 年人均国内生产总值分别为 45561.00 元、51499.00 元,经过 2000—2011 年的探索与实践,2012 年之后的工业固废产生量随人均收入的增加而减少,现阶段处于拐点的右侧,进入协调发展的时间段。将西安市"工业三废"排放量与人均国内生产总值进行二次拟合后的对比情况见图 6-4。

如图 6-4 所示,西安市工业废水排放量与人均国内生产总值的拟合曲线的拐点到达最早,而工业废气排放量、工业固废产生量与人均国内生产总值拟合曲线中的拐点到达较晚,这说明在这三类工业废物中,工业废水排放量控制效果最好。从图 6-4 中也能明显看出在工业废物的污染防治中,针对三种不同废弃物处置的发展进程。

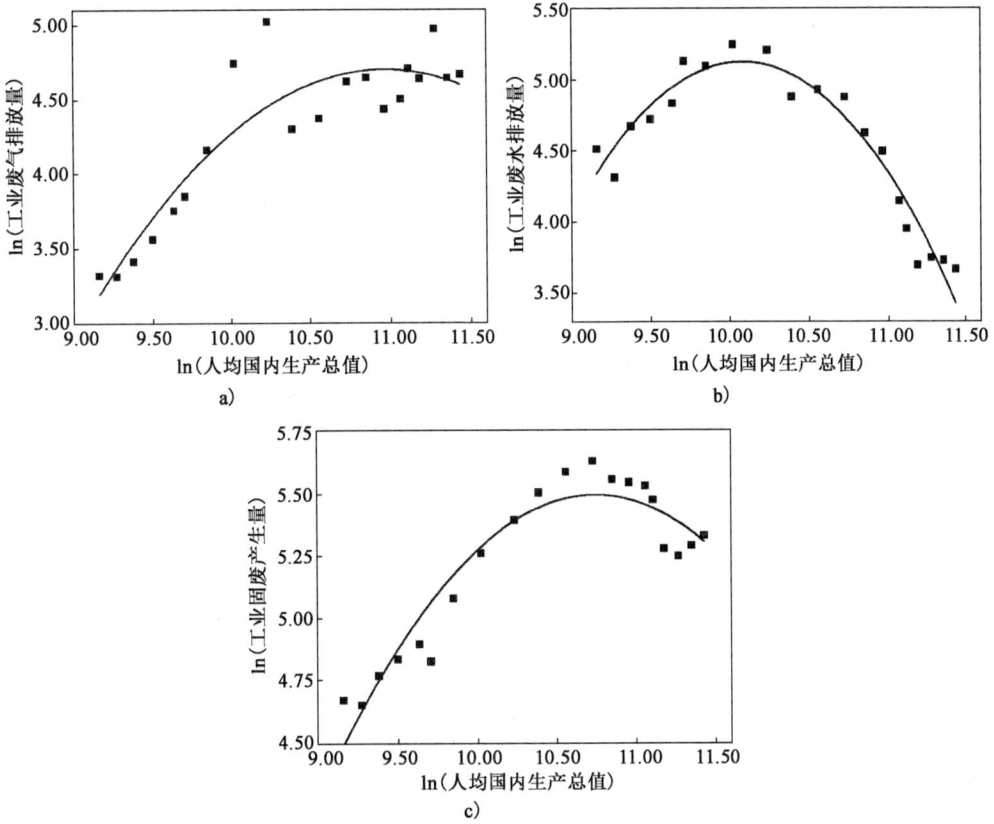

图6-3 西安市"工业三废"排放量与人均国内生产总值的二次拟合特征图

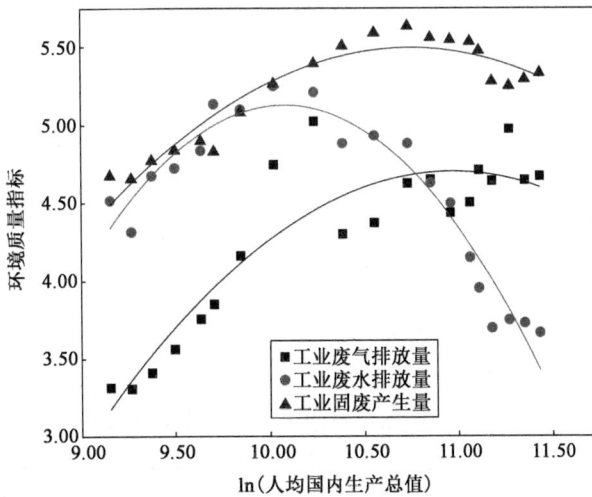

图6-4 西安市"工业三废"排放量与人均国内生产总值的二次拟合特征对比

(四)西安市"工业三废"排放量与经济增长的 EKC 三次拟合特征分析

通常情况下,在利用 EKC 进行分析之前,应先进行"符合度"(符合"倒 U 曲线"的程度)检验。在实际中,典型的"倒 U 曲线"几乎是不存在的,但大致趋势应符合"倒 U 曲线"。因此一般符合"倒 U 曲线"的曲线会存在以下几种情况:一是局部异常波动型,某些影响因素导致局部出现波动,但整体是符合标准 EKC 态势的;二是由于时间跨度不够,拟合的曲线可能是"倒 U 曲线"的左半部分或右半部分,即会出现所谓的"偏左型倒 U"或"偏右型倒 U"。因此,在基本满足符合度和拟合度的条件下,本节再使用三次函数模型拟合分析西安市"工业三废"排放量与经济增长的库兹涅茨曲线特征,以探究不同函数模型对分析结果的影响。

三次函数模型拟合分析结果如图 6-5 所示,工业废气排放量、工业废水排放量、工业固废产生量与人均国内生产总值的拟合分析结果表明,拟合指数分别为 0.84、0.93、0.95,模型拟合度较好,拟合曲线趋势符合"倒 U 曲线",即表明经济发展程度较低时,环境污染程度随着经济的增长而加重,当经济发展达到一定水平后,即拐点处,环境污染程度随着经济的增长而持续改善,符合 EKC 假说的基本内涵和效果。从图 6-4 与图 6-5 可以看出,西安市"工业三废"排放量与经济增长的库兹涅茨曲线的三次拟合特征和二次拟合特征大致相似,拟合曲线趋势均符合"倒 U 曲线",结果同样表明西安市对工业废水排放量的控制效果优于另外两种工业废物。

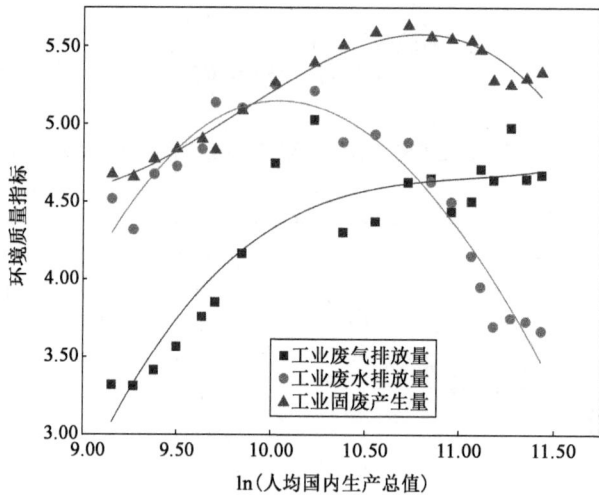

图 6-5 西安市"工业三废"排放量与人均国内生产总值的三次拟合特征对比

本实例通过二次函数、三次函数拟合分析了西安市"工业三废"排放量与经济增长的关系,EKC 研究分析表明:①通过模型拟合度可以看出,二次函数和三次函数均可用于本实例的研究分析;②通过拟合结果分析可知,除了西安市工业废气排放量与人均国内生产总值之间的 EKC 曲线,二次函数和三次函数拟合结果大致相似,结论整体一致;③通过拟合度和符合度的对比选择发现,三次函数模型更适合本实例。

(五)环境污染与经济水平联合分析

由于环境污染的种类很多,因此在 EKC 分析中环境污染程度应该是一个综合性指标。一些研究机构和学者分别针对大气、水体和土壤环境等,设计出对应环境的综合污染指数,以表示该环境要素的综合污染程度或环境质量,这些综合污染指数可以应用于 EKC 分析中,以体现 EKC 假说的特征要求。

"工业三废"的环境污染常常以复合状态存在,所以,在通过 EKC 假说分析单一的环境污染因子和经济发展的关系的基础上,有必要对"工业三废"与经济水平的关系进行联合分析。这里利用环境污染指数这一综合计量指标与人均国内生产总值进行 EKC 联合分析,以补充用单一环境污染因子进行 EKC 分析的不足。因此,在实际分析工作中,在对某一主要污染物的污染程度与经济增长的关系进行 EKC 分析的基础上,需要进一步进行其他相关污染物的 EKC 分析,尽可能对综合环境污染程度进行全面的 EKC 分析。

1. 数据标准化处理

由于表 6-11 中西安市 2000—2019 年工业废气排放量、工业废水排放量、工业固废产生量的数据水平相差很大,单位也不同,若要采用式(6-2)对其进行联合分析,则需对现有的指标数据进行无量纲标准化处理,使其成为无量纲数据。用无量纲数据可以保证综合评价结果的准确性,适合环境污染与经济发展的联合分析。相关数据标准化结果见表 6-12。

污染物排放量标准化结果表 表 6-12

年份	标准化数据		
	工业废气排放量	工业废水排放量	工业固废产生量
2000 年	− 1.482677	− 0.272369	− 1.525233
2001 年	− 1.488079	− 0.616519	− 1.560314
2002 年	− 1.408092	0.051440	− 1.332282
2003 年	− 1.273283	0.163735	− 1.191954
2004 年	− 1.069309	0.440425	− 1.051626
2005 年	− 0.954602	1.351655	− 1.209495
2006 年	− 0.488091	1.231265	− 0.578019
2007 年	0.887377	1.787551	− 0.016708
2008 年	1.890736	1.628760	0.456899
2009 年	− 0.231041	0.562683	0.912964
2010 年	− 0.083642	0.702170	1.286412
2011 年	0.532045	0.558532	1.491817
2012 年	0.599475	− 0.048457	1.143453
2013 年	0.058951	− 0.308077	1.084515
2014 年	0.213945	− 0.854632	1.029787
2015 年	0.776312	− 1.090491	0.781933
2016 年	0.575461	− 1.334122	0.035740
2017 年	1.688365	− 1.288926	− 0.064068
2018 年	0.591579	− 1.306397	0.083276
2019 年	0.664571	− 1.358227	0.222902

2. 数据归一化处理

本实例对衡量环境污染的工业废气排放量、工业废水排放量、工业固废产生量三个指标进行权重赋值,权重占比分别取为0.40、0.40、0.20。将表6-12中的标准化数据,根据所赋权重值进行归一化处理,得出环境污染指数。污染指数越小,说明三种工业废物产生的综合环境污染程度越小;反之,则越大。西安市2000—2019年环境污染指数如表6-13所示。

西安市2000—2019年环境污染指数　　　　　　　表6-13

年份	环境污染指数	年份	环境污染指数	年份	环境污染指数
2000 年	−1.007065	2007 年	1.066630	2014 年	−0.050318
2001 年	−1.153902	2008 年	1.499178	2015 年	0.030715
2002 年	−0.809117	2009 年	0.315250	2016 年	−0.296317
2003 年	−0.682210	2010 年	0.504694	2017 年	0.146962
2004 年	−0.461879	2011 年	0.734594	2018 年	−0.269272
2005 年	−0.083078	2012 年	0.449098	2019 年	−0.232882
2006 年	0.181666	2013 年	0.117253		

3. 西安市人均国内生产总值与环境污染指数的 EKC 分析

本实例选取人均国内生产总值作为经济发展指标,环境污染指数作为环境质量指标,分别采用二次函数、三次函数进行拟合,对比结果发现,二次函数的拟合度为0.45,拟合度较低不符合拟合标准,而三次函数拟合度为0.77,并且整体符合"倒 U 曲线",故采用三次函数进行 EKC 曲线拟合分析更符合本实例。

三次函数模型拟合结果如图6-6所示,从图中可以看出,2009—2010 年为拐点区间,即2000—2009 年经济发展水平相对较低时,环境污染程度随着经济的增长而加重;人均国内生产总值到达转折点(2010 年)后,环境污染程度随着经济的增长而减轻。同时,分析表明西安市环境污染程度与经济发展水平已经进入相对协调的发展阶段,但是在图中 2016—2017 年出现了波动,表明西安市还需进一步加强经济发展与环境保护相协调的力度,增强抗风险的能力。

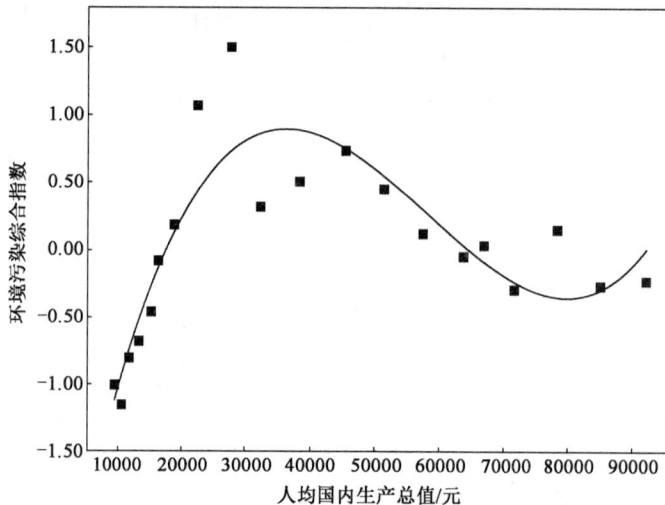

图6-6　经济发展和环境污染指数的 EKC 拟合曲线

从西安市"工业三废"排放量与人均国内生产总值之间的 EKC 分析过程可以看出,在进行 EKC 分析前,不仅要对数据的拟合结果进行符合度检验,还要结合模型拟合度来选择更合适的分析模型。在符合度检验的过程中虽然会出现类似于图 6-6 的拟合情况,该拟合结果与理想的"倒 U 曲线"有一些差异,但是可以认为总体是符合"倒 U 曲线"的,造成图形差异的原因可能是在那个时间段内数据发生了异常,因而需要分析这部分数据异常的原因。

第三节 环境经济系统脱钩分析

脱钩分析是指对具有相应关系的多个量之间是否存在响应关系的分析过程。脱钩分析作为环境经济系统分析的一种方法,对经济发展与环境状况的相对变化关系进行比较,研究环境状况变化是否与经济发展相联系及其联系程度。环境经济系统脱钩分析的评价方式比较规范,评价结果解释力较强,因此应用较广泛。本节主要介绍脱钩分析的概念、类型及原理,并基于 2017—2019 年的相关数据,对经济与污染物排放总量和增量指标进行脱钩分析。

一、脱钩理论概述

(一)脱钩理论的发展

脱钩(Decoupling),是用以形容阻断经济增长与资源消耗或环境污染之间的联系的概念。在经济发展进程的起始阶段,物质能耗与环境污染总量随经济总量的增长而增长,但在以后某个特定的发展阶段出现反向变化,在经济增长的同时,实现物质能耗与环境污染下降,进而以"脱钩"这一术语表示二者关系的阻断。

1966 年查特(Carter)在关于经济发展与环境压力的研究中提出了"脱钩"概念。此后关于脱钩的研究不断发展,形成了脱钩基本理论。2002 年经济合作与发展组织(OECD)给出了基于驱动力-压力-状态-影响-反应(DPSIR)的脱钩评价指标,并给出了评价模型来衡量经济增长与环境的脱钩关系。

2005 年芬兰期货研究中心的塔皮奥(Tapio)在对芬兰的城市交通研究中,分析了经济增长、二氧化碳排放与交通运输量直接的脱钩关系,提出了脱钩弹性的概念,并将脱钩类型加以细化,将脱钩状态分为八种状态。塔皮奥对脱钩状态的划分使分析对象的各种可能的组合状况都可以得到合理界定,也使脱钩理论体系化。

环境经济系统是脱钩理论应用的主要领域之一,主要集中在碳排放、污染物排放、能源消耗与经济发展的脱钩状态分析。

(二)脱钩模型

运用于环境经济领域的脱钩理论是指对经济增长和环境污染相对变化关系的分析。对环境污染与经济增长的相对关系进行分析所构建的脱钩弹性模型为:

$$e = \frac{\Delta d_i}{D_i} \bigg/ \frac{\Delta g_i}{G_i} \tag{6-9}$$

式中:e——脱钩弹性系数;

Δd_i——第 i 种污染物的增加值，$\Delta d = D_t - D_{t-1}$，t 为当期，$t-1$ 为基期；

D_i——第 i 种污染物排放量；

$\dfrac{\Delta d}{D}$——污染物变化率；

Δg_i——GDP 增加值，$\Delta g = G_t - G_{t-1}$，G 为 GDP 值，$\dfrac{\Delta g}{G}$ 为经济变化率。

式(6-9)中的脱钩弹性系数是一定时间范围内污染物排放增长率与经济增长率变化情况的比值，是单位污染物排放增量与单位经济增长量的比值，其大小与正负分别反映了污染物排放与经济增长变化的相对大小关系及变化方向的异同。在环境经济系统中，可以利用该公式对环境经济的协调性进行计算和分析。

（三）脱钩类型

脱钩状态可以分为负脱钩、脱钩和连接三类。其中，负脱钩划分为扩张性负脱钩、强负脱钩、弱负脱钩三种状态；脱钩划分为弱脱钩、强脱钩和衰退性脱钩三种状态；连接划分为增长连接和衰退连接两种状态。在脱钩的八种状态中，强脱钩是实现环境经济系统协调发展的最理想状态，而强负脱钩为最不利状态。当经济总量保持持续增长（$\Delta \text{GDP} > 0$）时，污染物排放的 GDP 弹性越小，脱钩越显著，脱钩程度越高。

脱钩又可以分为相对脱钩和绝对脱钩。相对脱钩是指在经济发展过程中，对环境的压力以及对资源利用以一种相对较低的比率增长。也就是说，经济发展较快，环境压力和资源利用增加得相对较少。绝对脱钩是指在经济发展的过程中对环境压力以及对资源利用的增长率减小。在环境与经济协调发展理念指导下的环境经济系统中，相对脱钩先发生，最终转变为绝对脱钩。环境压力在下降一段时间后再次上升，称为出现了"复钩"状态。"脱钩—复钩—脱钩"是一个反复出现的过程。实现稳定的绝对脱钩需要一个长期的过程。

（四）脱钩八种状态

根据塔皮奥对脱钩状态的划分，基于 Δd、Δg 和 e 值的不同，脱钩的三类八种状态如表 6-14 所示。

塔皮奥对脱钩状态的划分

表6-14

类型	脱钩状态	污染物排放	经济增长	脱钩弹性系数 e
负脱钩	扩张性负脱钩	>0	>0	$e > 1.2$
	强负脱钩	>0	<0	$e < 0$
	弱负脱钩	<0	<0	$0 < e < 0.8$
脱钩	弱脱钩	>0	>0	$0 < e < 0.8$
	强脱钩	<0	>0	$e < 0$
	衰退性脱钩	<0	<0	$e > 1.2$
连接	增长连接	>0	>0	$0.8 \leqslant e < 1.2$
	衰退连接	<0	<0	$0.8 \leqslant e < 1.2$

1. 扩张性负脱钩

污染物排放增量与经济增长增量均为正，二者增速比值 e 大于 1.2，即污染物排放增量远大于经济增长增量。这说明虽然经济发展呈上升趋势,但其发展依然在很大程度上依赖于能源消耗,或以环境污染为代价。

2.强负脱钩

污染物排放增量为正,经济增长增量为负,二者增速比值小于0。该状况下的经济发展与污染物排放均呈不良态势,即使以大幅能源消耗或环境污染为代价,仍未达到经济增长的目的。

3.弱负脱钩

污染物排放增量与经济增长增量均为负,二者增速比值介于0与0.8之间。该状况下的经济发展呈不良态势,即虽然在能源消耗或环境污染方面的治理得到了较显著的效果,但与此同时,经济增长也受到了一定程度的影响,造成了经济的负增长。

4.弱脱钩

污染物排放增量与经济增长增量均为正,二者增速比值介于0与0.8之间,即污染物排放增量略大于经济增长增量。这说明虽然经济发展呈上升趋势,但其发展依然在一定程度上依赖于能源消耗或以环境污染为代价。

5.强脱钩

污染物排放增量为负,经济增长增量为正,二者增速比值小于0。该状况与强负脱钩完全相反,经济发展与污染物排放均呈良性发展态势,即暂时摆脱了以大幅能源消耗或以环境污染为代价来达到经济增长的目的。

6.衰退性脱钩

污染物排放增量与经济增长增量均为负,二者增速比值大于1.2。该状况下的经济发展呈不良态势,即虽然在能源消耗或环境污染方面的治理得到了显著的效果,但与此同时,经济增长也受到了较大程度的影响,造成了经济的负增长。

7.增长连接

污染物排放增量与经济增长增量均为正,二者增速比值介于0.8与1.2之间,即污染物排放增量略大于经济增长增量。说明虽然经济发展呈上升趋势,但其发展依然在一定程度上依赖于能源消耗或以环境污染为代价。

8.衰退连接

污染物排放增量与经济增长增量均为负,二者增速比值介于0.8与1.2之间,即虽然能源消耗或环境污染的治理效果显著,但与此同时,经济增长受到了较大程度的影响,造成了经济的负增长,于是该状况下的经济发展呈不良态势。

二、基于总量与增量的脱钩分析

(一)总量与增量数据及分析

1.总量数据与总量分析

总量即总的数量,一般指未经处理的原始数据。在进行环境经济系统分析时,总量一般为统计值,如各省(自治区、直辖市)的环境状况公报及全国统计年鉴中的统计数据。

总量分析是指对某一研究对象的总量指标与数据及其变动规律进行分析。对于宏观经济与环境问题的分析研究大多数是基于总量数据的。总量分析主要是对研究对象总体结构及总体状况的分析,其分析结果对把握全局具有重要作用。但总量分析也有局限性,主要表现在往往忽视个量对总量的影响上。

个量研究主要以单个活动主体为研究对象,在假定其他条件不变的前提下研究微观个体的行为和活动,其特点是把一些复杂的外在因素排除掉,突出个体的现状和特征。个量研究可以将某一个体的具体情况和局部特征表现得很清楚,但也有局限性,如难以注意到宏观经济对个量关系或个体经济与环境行为的影响等。

2. 增量数据与增量分析

增量即数据增加量,增量数据是指总量数据通过差值处理后得到的数据。增量分析是通过对某一研究对象不同时期的数据作差,根据差值分析其变化情况的一种方法,即通过增量数据进行的分析。这种方法将各研究对象发展的差异性考虑在其中,通过增量分析研究对象动态变化的情况。基于增量数据的分析可以体现各研究主体的发展情况,通过自身纵向比较及与其他研究主体的横向比较,客观反映自身发展的协调性程度。增量分析是环境经济系统分析中的一个重要方面。增量分析具有总量分析所不具有的特点,其不足在于从宏观上把握样本的整体情况具有一定的局限性。

3. 总量分析与增量分析的关系

总量分析与增量分析二者有着互为补充的关系。在环境经济系统分析中,无论是采用总量分析还是增量分析,其目的都是通过对不同地区污染物指标以及经济发展指标数据的分析,来对各地区环境经济发展的协调性进行分析比较。总量分析是增量分析的基础,增量分析是总量分析的补充和完善,是总量分析的动态性体现。总量分析与增量分析二者相辅相成,都是进行环境经济分析的重要基础。

(二)基于总量与增量的脱钩分析模型

脱钩分析的数据模型包括基于总量的数据模型与基于增量的数据模型。

其中,基于总量数据的模型见式(6-9),利用其可以在环境经济系统中构建经济增长与环境污染的相对关系脱钩弹性模型,从而对环境经济协调性进行分析。

基于增量数据的脱钩模型见式(6-10),式(6-10)由式(6-9)演化而来。

$$\text{Ie} = \frac{\Delta \text{Id}_i}{|\text{ID}_i|} \bigg/ \frac{|\Delta \text{Ig}|}{|\text{IG}|} \tag{6-10}$$

式中:Ie——增量脱钩弹性系数;

ΔId_i——第 i 种污染物的增加值,$\Delta \text{Id} = \text{ID}_t - \text{ID}_{t-1}$,$t$ 为当期,$t-1$ 为基期;

ΔIg——GDP 的增加值,$\Delta \text{Ig} = \text{IG}_t - \text{IG}_{t-1}$,$t$ 为当期,$t-1$ 为基期;

$|\text{ID}_i|$——第 i 种污染物排放增量的绝对值,$\dfrac{\Delta \text{Id}}{|\text{ID}|}$ 为污染物排放增量变化率;

$|\text{IG}|$——GDP 增量的绝对值,$\dfrac{\Delta \text{Ig}}{|\text{IG}|}$ 为经济增量变化率。

基于增量数据的判别标准与基于总量数据的判别标准一致。

式(6-10)选用"$\dfrac{\Delta \mathrm{Id}}{|\mathrm{ID}|}$"作为污染物排放增量变化率。该分式的分子 $\Delta \mathrm{Id} = \mathrm{ID}_t - \mathrm{ID}_{t-1}$，$t$ 为当期，$t-1$ 为基期，它的大小代表污染物排放增量的变动值的大小，正负号代表变动的方向，为"正"说明由基期到当期污染物排放增量增加，为"负"说明由基期到当期污染物排放增量减小，即分子 $\Delta \mathrm{Id}$ 的正负号本身就可以正确反映增量的变动方向。该式的分母 $|\mathrm{ID}|$ 代表污染物排放增量的值，ID 也具有正负号，但当它是负号时会使整个分式的正负号发生变化，导致分子对变动方向的正确反映失灵，因此在分母上添加绝对值，能够避免 ID 值的正负影响整个分式的正负，保证分子正负号对变动方向的正确反映。

三、实例分析：污染物排放量和国内生产总值的脱钩分析

(一)数据分析与处理

以污染物排放和国内生产总值的脱钩分析为例，对比分析基于总量数据与增量数据的脱钩分析过程及结果差异。选取 2019 年、2018 年及 2017 年全国 31 个省(自治区、直辖市)的废水中 COD(化学需氧量)排放量、废气中 SO_2(二氧化硫)排放量、ISW(工业固体废弃物)产生量以及 GDP 的数据进行分析。各指标的原始统计值数据见表 6-15，数据来源于 2017—2020 年的《中国统计年鉴》。

各省(自治区、直辖市)国内生产总值与污染物排放量统计值数据　　表 6-15

样本	GDP/亿元			COD 排放量/t			SO_2 排放量/t			ISW 产生量/万 t		
	2019 年	2018 年	2017 年	2019 年	2018 年	2017 年	2019 年	2018 年	2017 年	2019 年	2018 年	2017 年
安徽	37113.98	30006.82	27018.00	341898	346137	323910	151022	162673	20.97	16571	15470	14068
北京	35371.28	30319.98	28014.94	42523	45771	39907	1923	2672	0.47	690	694	702
福建	42395.00	35804.04	32182.09	251571	265208	260653	125363	108541	11.78	9418	8254	7132
甘肃	8718.30	8246.07	7459.90	59521	67253	72248	112916	125510	14.44	6485	6007	6094
广东	107671.07	97277.77	89705.23	634809	644257	674766	120421	150979	19.72	10111	9112	8214
广西	21237.14	20352.51	18523.26	327265	321709	326426	95139	100645	11.58	10278	9769	9284
贵州	16769.34	14806.45	13540.83	124235	122059	121203	233695	325519	40.70	12734	12186	10671
海南	5308.93	4832.05	4462.54	44885	49507	51539	6874	8092	1.23	609	490	474
河北	35104.52	36010.27	34016.32	223795	238104	276088	286938	343238	40.22	32744	32100	33981
河南	54259.20	48055.86	44552.83	251854	270020	288546	104387	122672	16.44	24965	20362	17579
黑龙江	13612.68	16361.62	15902.68	158746	155305	165490	134919	146077	22.74	9799	10371	8754
湖北	45828.31	39366.55	35478.09	267614	290363	311144	116785	120808	18.07	13368	11528	10744
湖南	39752.12	36425.78	33902.96	312184	306978	308940	191311	229439	22.82	7510	6127	6016
吉林	11726.82	15074.62	14944.53	76547	80633	78922	98374	89586	15.70	5362	6419	6222
江苏	99631.52	92595.40	85869.76	474120	488016	530343	284552	316826	38.32	13610	13023	13610
江西	24757.50	21984.78	20006.31	322158	316764	319477	227079	249420	32.17	13049	12129	12405
辽宁	24909.45	25315.35	23409.24	131080	134615	162960	263087	321171	39.57	22621	22717	23262
内蒙古	17212.53	17289.22	16096.21	58859	65888	74076	352399	363324	39.79	42671	36671	34841
宁夏	3748.48	3705.18	3443.56	90086	91807	86938	125031	130635	16.00	6423	6091	5291

样本	GDP/亿元			COD 排放量/t			SO₂ 排放量/t			ISW 产生量/万 t		
	2019 年	2018 年	2017 年	2019 年	2018 年	2017 年	2019 年	2018 年	2017 年	2019 年	2018 年	2017 年
青海	2965.95	2865.23	2624.83	19677	21984	20233	43211	46471	6.08	15603	13851	16082
山东	71067.53	76469.67	72634.15	275674	292047	316890	281511	341254	47.25	32129	29995	28484
山西	17026.68	16818.11	15528.42	109176	112776	114607	228640	281887	41.44	52037	48294	43475
陕西	25793.17	24438.32	21898.81	98411	103173	112871	143261	147216	19.90	14846	13619	12894
上海	38155.32	32679.87	30632.99	55625	62097	65181	7517	11103	1.46	1826	1792	1789
四川	46615.82	40678.13	36980.22	329426	326261	325638	188160	191690	26.38	18722	16708	15221
天津	14104.28	18809.64	18549.19	37759	41727	44278	17831	19027	2.37	1968	1874	1602
西藏	1697.82	1477.63	1310.92	18234	17646	18674	3372	3550	1.25	3238	2624	760
新疆	13597.11	12199.08	10881.96	165363	185345	195976	238603	275089	34.63	12176	11375	11794
云南	23223.75	17881.12	16376.34	110621	107678	112363	235755	247365	26.49	20797	19767	17115
浙江	62351.74	56197.15	51768.26	206215	217482	232839	77820	86948	11.40	5722	5720	5652
重庆	23605.77	20363.19	19424.73	51504	53631	55717	74962	91741	12.89	2730	2658	2496

注：1. 表 6-15 中 GDP 表示各地区年度生产总值，来自国家统计局公布的各地区年度生产总值。

2. 表 6-15 中 COD、SO₂、ISW 排放量数据来自 2017—2020 年的《中国统计年鉴》等。

在总量数据基础上，对数据进行作差处理，得到各指标不同时间区间的增量数据，见表 6-16。

各省（自治区、直辖市）GDP 与污染物排放量增量数据　　　　　表 6-16

样本	ΔGDP/亿元		ΔCOD/t		ΔSO₂/t		ΔISW/万 t	
	2019 – 2018	2018 – 2017	2019 – 2018	2018 – 2017	2019 – 2018	2018 – 2017	2019 – 2018	2018 – 2017
安徽	7107.16	2988.82	−4239	22227	−11651	162652	1101	1402
北京	5051.30	2305.04	−3248	5864	−749	2672	−4	−8
福建	6590.96	3621.95	−13637	4555	16822	108529	1164	1122
甘肃	472.23	786.17	−7732	−4995	−12594	125496	478	−87
广东	10393.30	7572.54	−9448	−30509	−30558	150959	999	898
广西	884.63	1829.25	5556	−4717	−5506	100633	509	485
贵州	1962.89	1265.62	2176	856	−91824	325478	548	1515
海南	476.88	369.51	−4622	−2032	−1218	8091	119	16
河北	−905.75	1993.95	−14309	−37984	−56300	343198	644	−1881
河南	6203.34	3503.03	−18166	−18526	−18285	122656	4603	2783
黑龙江	−2748.94	458.94	3441	−10185	−11158	146054	−572	1617
湖北	6461.76	3888.46	−22749	−20781	−4023	120790	1840	784
湖南	3326.34	2522.82	5206	−1962	−38128	229416	1383	111
吉林	−3347.80	130.09	−4086	1711	8788	89570	−1057	197
江苏	7036.12	6725.64	−13896	−42327	−32274	316788	587	−587
江西	2772.72	1978.47	5394	−2713	−22341	249388	920	−276

样本	ΔGDP/亿元		ΔCOD/t		ΔSO₂/t		ΔISW/万 t	
	2019－2018	2018－2017	2019－2018	2018－2017	2019－2018	2018－2017	2019－2018	2018－2017
辽宁	－405.90	1906.11	－3535	－28345	－58084	321131	－96	－545
内蒙古	－76.69	1193.01	－7029	－8188	－10925	363284	6000	1830
宁夏	43.30	261.62	－1721	4869	－5604	130619	332	800
青海	100.72	240.40	－2307	1751	－3260	46465	1752	－2231
山东	－5402.14	3835.52	－16373	－24843	－59743	341207	2134	1511
山西	208.57	1289.69	－3600	－1831	－53247	281846	3743	4819
陕西	1354.85	2539.51	－4762	－9698	－3955	147196	1227	725
上海	5475.45	2046.88	－6472	－3084	－3586	11102	34	3
四川	5937.69	3697.91	3165	623	－3530	191664	2014	1487
天津	－4705.36	260.45	－3968	－2551	－1196	19025	94	272
西藏	220.19	166.71	588	－1028	－178	3549	614	1864
新疆	1398.03	1317.12	－19982	－10631	－36486	275054	801	－419
云南	5342.63	1504.78	2943	－4685	－11610	247339	1030	2652
浙江	6154.59	4428.89	－11267	－15357	－9128	86937	2	68
重庆	3242.58	938.46	－2127	－2086	－16779	91728	72	162

注:表 6-16 中数据均为增量,即两年数据之差。

根据表 6-15、表 6-16 的数据,以 2019 年的 GDP 与 SO₂ 排放量为例进行初步分析,按照总量增序作出图 6-7、图 6-8。图 6-7、图 6-8 分别为 2019 年各地区 GDP 和 SO₂ 的总量与增量的对比分析图。

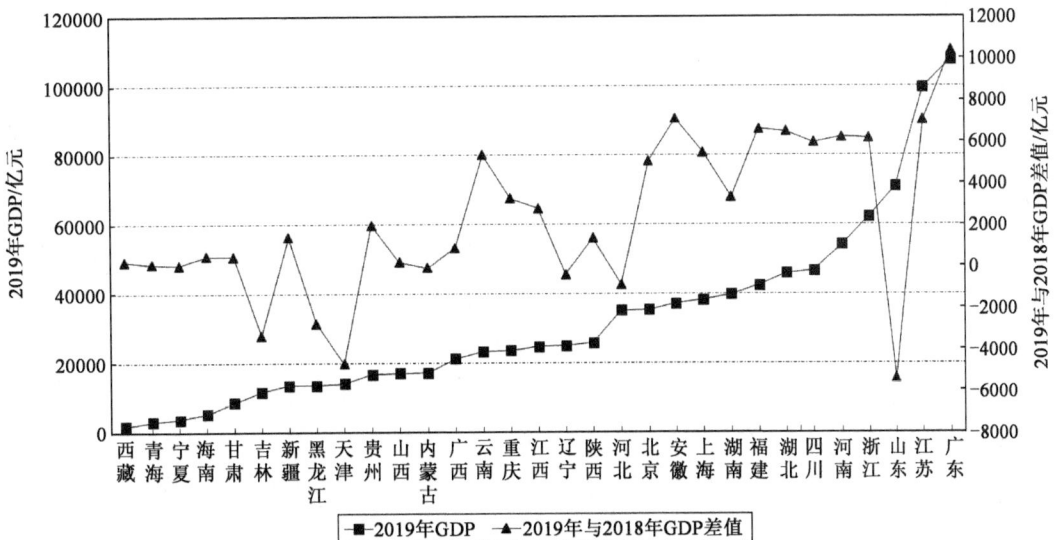

图 6-7 2019 年各地区 GDP 总量与增量分布

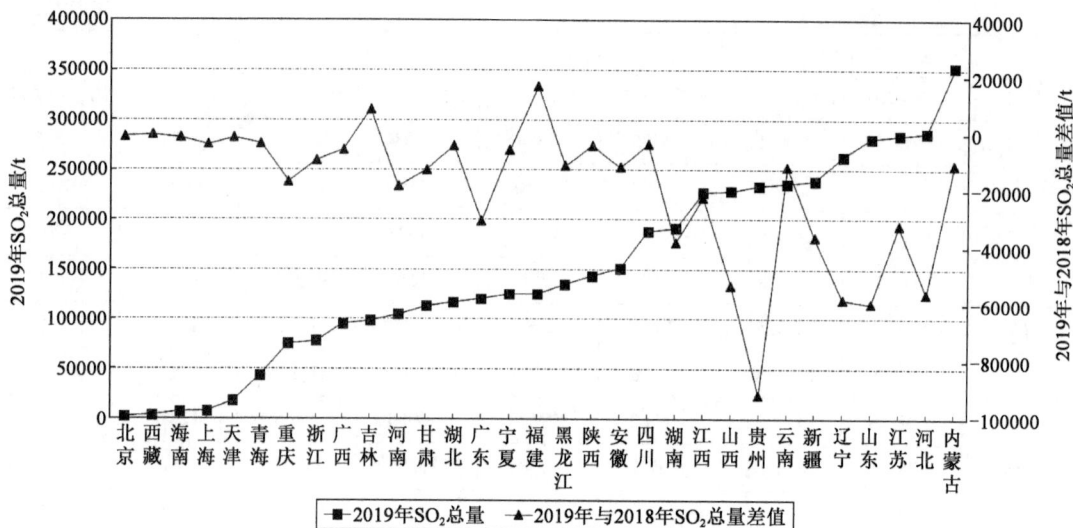

图 6-8　2019 年各地区 SO₂ 总量与增量分布

由图 6-7、图 6-8 可以看出,不同指标在图中的变化是不一样的。由图 6-7 可知,各地区 GDP 的总量与增量变化总体上呈正相关,说明各地区的经济增长为稳中向上的趋势。由图 6-8可知,各地区污染物指标 SO₂ 的总量与增量变化呈现明显的负相关,说明各地区的 SO₂ 的增量基本呈降低的趋势,而经济增长为稳中向上的趋势。从全国的总体情况来看,各个地区的环境经济协调性呈现一定的地域差异,四川、山东、江苏的经济总量较大而污染物排放量的增量较低,说明这些地区在经济发展和环境治理方面领先于全国其他地区。从以上分析可以看出,总量分析只是绝对量分析,可以看出不同指标在不同地区的同一时间节点的大小,增量分析则反映出不同指标在一段时间内的发展趋势,可以弥补总量分析的不足,从而对环境经济的整体性作出更加客观科学的分析判断。

(二)脱钩类别分析

对各地区 2019 年经济增长与污染物排放的数据指标进行计算分析,计算 2019 年总量 e 值及 2019 年增量 e 值。其中,在对污染物指标的数据进行处理时,对废水中化学需氧量增速、废气中二氧化硫排放量增速以及工业固体废弃物产生量增速分别赋予 0.4、0.4、0.2 的权重,相关结果见表 6-17。

2019 年各地区经济增长与环境污染脱钩状态分析　　表 6-17

样本	污染物		经济		e 值		发展评价	
	总量增速	增量增速	总量增速	增量增速	总量脱钩弹性	增量脱钩弹性	基于总量	基于增量
安徽	−0.023	−8.536	0.191	0.579	−0.118	−14.731	强脱钩	强脱钩
北京	−0.188	−2.749	0.143	0.544	−1.313	−5.056	强脱钩	强脱钩
福建	0.057	−2.707	0.155	0.450	0.365	−6.009	弱脱钩	强脱钩
甘肃	−0.082	−4.291	0.054	−0.665	−1.511	6.455	强脱钩	衰退性脱钩
广东	−0.088	−1.464	0.097	0.271	−0.909	−5.395	强脱钩	强脱钩

续上表

样本	污染物		经济		e 值		发展评价	
	总量增速	增量增速	总量增速	增量增速	总量脱钩弹性	增量脱钩弹性	基于总量	基于增量
广西	−0.006	−6.962	0.042	−1.068	−0.155	6.520	强脱钩	衰退性脱钩
贵州	−0.142	−1.928	0.117	0.355	−1.209	−5.428	强脱钩	强脱钩
海南	−0.073	−3.108	0.090	0.225	−0.813	−13.805	强脱钩	强脱钩
河北	−0.100	−1.392	−0.026	−3.201	3.881	0.435	衰退性脱钩	弱负脱钩
河南	−0.062	−2.996	0.114	0.435	−0.543	−6.883	强脱钩	强脱钩
黑龙江	−0.036	−4.817	−0.202	−1.167	0.179	4.128	弱负脱钩	衰退性脱钩
湖北	−0.020	−12.330	0.141	0.398	−0.144	−30.961	强脱钩	强脱钩
湖南	−0.036	−2.072	0.084	0.242	−0.433	−8.578	强脱钩	强脱钩
吉林	−0.025	−4.482	−0.285	−1.039	0.088	4.314	弱负脱钩	衰退性脱钩
江苏	−0.048	−3.108	0.071	0.044	−0.686	−70.430	强脱钩	强脱钩
江西	−0.019	−4.004	0.112	0.286	−0.166	−13.978	强脱钩	强脱钩
辽宁	−0.100	1.131	−0.016	−5.696	6.134	−0.199	衰退性脱钩	强负脱钩
内蒙古	−0.032	−13.496	−0.004	−16.556	7.193	0.815	衰退性脱钩	衰退连接
宁夏	−0.015	−11.537	0.012	−5.042	−1.319	2.288	强脱钩	衰退性脱钩
青海	−0.055	−6.350	0.034	−1.387	−1.608	4.579	强脱钩	衰退性脱钩
山东	−0.095	−2.419	−0.076	−1.710	1.255	1.415	衰退性脱钩	衰退性脱钩
山西	−0.092	−2.771	0.012	−5.183	−7.507	0.535	强脱钩	弱负脱钩
陕西	−0.014	−14.791	0.053	−0.874	−0.264	16.915	强脱钩	衰退性脱钩
上海	−0.234	−1.665	0.144	0.626	−1.628	−2.660	强脱钩	强脱钩
四川	0.018	−21.745	0.127	0.377	0.140	−57.645	弱脱钩	强脱钩
天津	−0.059	−7.284	−0.334	−1.055	0.178	6.902	弱负脱钩	衰退性脱钩
西藏	0.030	−7.683	0.130	0.243	0.229	−31.631	弱脱钩	强脱钩
新疆	−0.096	−3.298	0.103	0.058	−0.937	−56.986	强脱钩	强脱钩
云南	0.001	−8.200	0.230	0.718	0.004	−11.415	弱脱钩	强脱钩
浙江	−0.069	−10.664	0.099	0.280	−0.696	−38.034	强脱钩	强脱钩
重庆	−0.101	−2.844	0.137	0.711	−0.734	−4.003	强脱钩	强脱钩

（三）基于总量与增量的脱钩分析

从全国总体情况来看,大部分地区在2019年的环境经济发展基本实现了脱钩,说明近年来各地区发展的环境经济协调性状态整体较好。例如,北京、上海等多数地区,其2019年脱钩状态为强脱钩,基本摆脱经济增长以环境污染为代价的发展模式,向绿色发展模式迈进;与此同时,还存在一些未脱钩地区,如黑龙江、吉林、天津等。

结合增量脱钩弹性系数分析,大部分地区也基本实现了脱钩,如北京、广东、海南等地,其增量脱钩状态为强脱钩,说明发展趋势良好。但也存在部分地区发展趋势不乐观,如青海的发展状态,基于 2019 年统计数据分析的结果表现为强脱钩,但基于增量数据分析的结果表现为衰退性脱钩,说明其 2019 年环境经济协调性较好但发展趋势不佳;又如,山西省的发展状态,基于 2019 年统计数据分析的结果表现为强脱钩,但基于增量数据分析的结果表现为弱负脱钩,说明该地区的环境经济协调性模式还未稳定。各地区发展仍存在差异性和不稳定性。

各地区 2019 年脱钩弹性及增量脱钩弹性如图 6-9 所示,图 6-9 可结合 2019 年脱钩弹性及增量脱钩弹性对各地区发展质量作进一步分析。

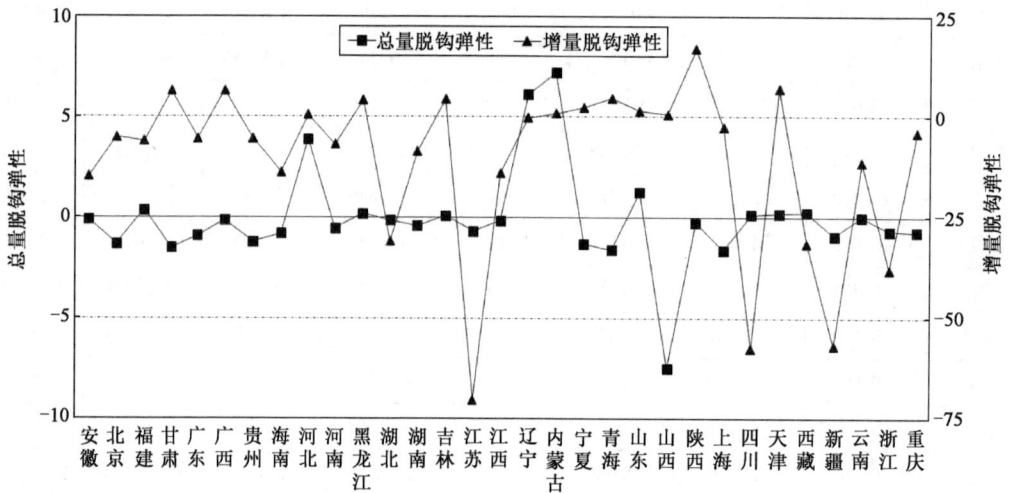

图6-9　2019 年各地区总量脱钩弹性及增量脱钩弹性对比

全国各地区在 2019 年的脱钩弹性系数值总体存在一定程度的波动,而 2019 年增量脱钩弹性系数值差异性比 2019 年总量脱钩弹性系数更显著,也存在数值水平在全国较突出的地区。如山西省,其总量脱钩弹性值最小,且为强脱钩,分析其原因,该省在 2019 年的污染物排放开始初步得到有效控制,但同时其经济增长速度在全国处于较低水平,其"强脱钩"是"相对脱钩"。所以在分析脱钩状态时,不应仅简单注重脱钩弹性数值及评价结果,还应综合分析其污染物排放增量及经济增长增量,从而对各地区环境与经济的协调性作出客观系统的评价。

(四)脱钩分区与分类

2019 年各地区的脱钩状态按两个脱钩弹性值指标进行分类,结果如图 6-10 所示。

图 6-10 反映了全国 31 个省(自治区、直辖市)的脱钩分区情况。总体脱钩状态优劣为:处于纵轴(环境压力)右侧的四区域均优于左侧四区域,而左右两侧的协调性依据箭头方向依次减弱。经过脱钩分析可以看出,依据各省(自治区、直辖市)的相关环境污染数据和经济增长数据,全国各地区发展状态已经基本摆脱负脱钩以及脱钩连接阶段,说明各地区的环境和经济增长已基本协调,发展经济已基本摆脱以大幅环境污染为代价的模式;但在各地区达到环境经济基本协调的基础上,根据增量脱钩弹性系数,各地区发展趋势仍存在一定的差异性。

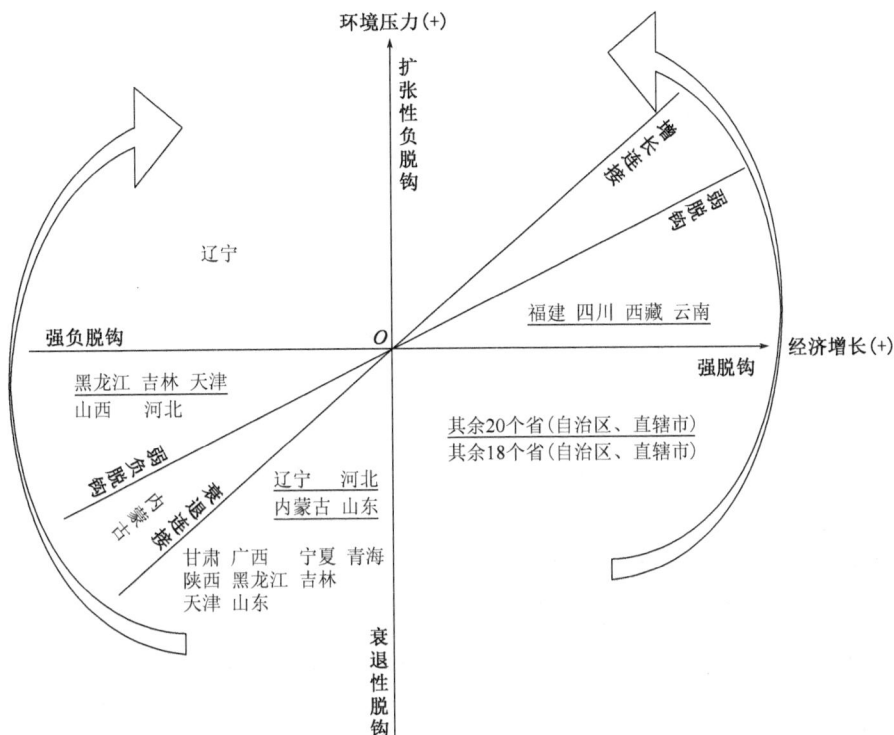

图 6-10　2019 年各地区脱钩弹性及增量脱钩弹性分区图

注:加粗黑色字体表示 2019 年各地统计值脱钩状态分类;黑色字体表示 2019 年各地统计值增量脱钩状态分类。

综合脱钩弹性系数及增量脱钩弹性系数,全国 31 个省(自治区、直辖市)可分为以下三种类型。

(1)"双脱型"。"双脱型"指根据脱钩弹性系数和增量脱钩弹性系数,经济增长与污染物排放量均属于脱钩的状态。根据脱钩程度大小,"双脱型"又可进一步分为"双强脱型""单强脱型""双弱脱型",其中的"单强脱型"又可进一步分为"状态单强脱型"和"增量单强脱型"等。2019 年我国大部分地区集中在"双脱型"中的"单强脱型"和"双强脱型",即根据 2019 年统计数据,该类地区环境经济协调性状态较好,且其增量脱钩弹性系数值大于脱钩弹性系数值,说明其发展的协调性有继续保持的趋势。

(2)"单脱型"。"单脱型"指根据脱钩弹性系数和增量脱钩弹性系数,环境经济增长与污染物排放状态及发展趋势中有一者脱钩,另一者未脱钩。根据脱钩程度大小,"单脱型"又可进一步分为"状态单脱型"和"增量单脱型",其中"状态单脱型"又可进一步分为"状态强单脱型"和"状态弱单脱型","增量单脱型"又可进一步分为"增量强单脱型"和"增量弱单脱型"。该类地区环境经济协调性状态较好,但根据增量数据,其发展趋势不佳,说明环境经济系统协调性和发展趋势有待进一步稳定及提高。

(3)"未脱型"。"未脱型"指根据脱钩弹性系数和增量脱钩弹性系数,环境经济系统状态及发展趋势均未脱钩。该类地区环境经济协调性及环境经济系统发展趋势均不佳,说明该类地区环境经济系统的整体性发展亟待提高和加强。

结合图 6-10 及其分析论述,按照脱钩弹性系数及增量脱钩弹性系数,按照三种类型对 31 个省(自治区、直辖市)环境经济系统的状况及其发展进行归类,脱钩类型细分后结果如图 6-11 所示。

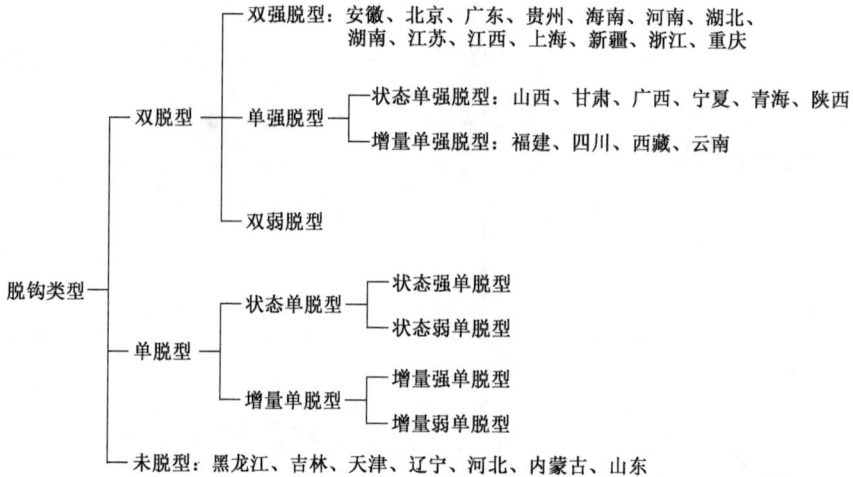

图6-11　2019年各地区脱钩类型所属类别

通过分析可得,地区所在地理位置、产业类型等是影响分析结果的重要因素。全国大部分地区属于"双强脱型"及"单强脱型"类别,基于总量与增量的分析,大部分地区已脱钩,说明大部分地区在分析时间段内,环境经济发展状态较好。"未脱型"省(自治区、直辖市)集中在东北地区,东北的黑龙江、吉林、辽宁及其西部的内蒙古地区经济增长动力还不充分。北京、浙江等属于"双强脱型"地区,在经济增长已经达到较高层次的基础上,走绿色发展道路,环境经济发展趋势已经处于强脱钩范围。在新时代的发展过程中,我国应以绿色发展理念为指导,实现经济增长动力的多元化,大力发展低碳低污染产业,推进发展方式向质量效益型、环保节约型转变,走绿色、低碳、循环的高质量发展道路,稳定地实现经济增长与环境污染的脱钩。

复习作业题

1. 名词概念解释题

1.1　环境经济系统分析　　1.2　污染物排放总量　　1.3　污染物排放浓度

1.4　"双控"　　　　　　1.5　库兹涅茨曲线　　　1.6　环境库兹涅茨曲线

1.7　脱钩　　　　　　　　1.8　脱钩分析　　　　　1.9　脱钩弹性系数

2. 选择与说明题

2.1　多元分析的三大实用分析方法不包括(　　)。

　　　A. 聚类分析　　　　B. 回归分析　　　　C. 判断分析　　　　D. 计量分析

选择说明：_____

2.2　塔皮奥在对芬兰的城市交通研究中,分析了经济增长、二氧化碳排放与交通运输量直接的脱钩关系,提出了脱钩弹性的概念,并将脱钩类型加以细化,将脱钩状态分为(　　)种类型。

　　　A. 6　　　　　　　B. 7　　　　　　　C. 8　　　　　　　D. 10

选择说明：_____

2.3 脱钩包括( )几种类型。

    A. 负脱钩　　　　　B. 强脱钩　　　　　C. 脱钩连接　　　　　D. 弱脱钩

选择说明：_____

2.3 环境库兹涅茨曲线反映了经济发展与环境污染程度关系的变化。根据图6-2,发达国家环境污染水平于 M 点以后发生转变的原因可能是( )。

    A. 经济发展快速减慢　　　　　　　B. 工业技术进步

    C. 环保投入增加　　　　　　　　　D. 产业结构调整

选择说明：_____

2.5 以下不属于关于总量分析和增量分析关系描述的是( )。

    A. 目的都是通过对不同地区指标数据的分析,来对各地区发展情况进行分析比较

    B. 总量分析与增量分析各有优势与不足,二者是互为补充的关系

    C. 增量分析是总量分析的基础,总量分析是增量分析的补充和完善,是增量分析的动态性体现

    D. 总量分析与增量分析二者相辅相成,都是进行环境经济分析重要基础

选择说明：_____

3. 分析论述题

3.1 在进行环境经济系统分析时,如何选择系统分析方法?

3.2 为什么要对污染物排放进行总量和浓度的联合分析?

3.3 简述环境库兹涅茨曲线假说。

3.4 简述对环境库兹涅茨曲线所涉及的经济发展指标及环境污染程度指标的理论。

3.5 脱钩可以分为几大类? 分别阐述其含义。

4. 计算分析题

4.1 根据表6-18中数据,作出工业废气中 SO_2 排放量与人均国内生产总值的散点图,并进行 EKC 曲线拟合,根据散点图与拟合曲线进行分析。

近20年人均国内生产总值及工业废气中 SO_2 排放量统计　　　　表6-18

序号	年份	人均国内生产总值/元	工业废气中 SO_2 排放量/万 t	序号	年份	人均国内生产总值/元	工业废气中 SO_2 排放量/万 t
1	2001 年	8717	1567.0	11	2011 年	36403	2017.2
2	2002 年	9506	1562.0	12	2012 年	40007	1911.7
3	2003 年	10666	1791.4	13	2013 年	43852	1835.2
4	2004 年	12487	1891.4	14	2014 年	47203	1740.4
5	2005 年	14368	2168.4	15	2015 年	50251	1556.7
6	2006 年	16738	2234.8	16	2016 年	53783	770.5
7	2007 年	20505	2140.0	17	2017 年	59592	529.9
8	2008 年	24121	1991.3	18	2018 年	65534	446.7
9	2009 年	26222	1865.9	19	2019 年	70078	395.4
10	2010 年	30876	1864.4	20	2020 年	71828	253.2

注:表中,人均国内生产总值数据来自国家统计局,污染物排放数据来自《全国环境统计公报》。

4.2 表6-19为我国某市2018—2020年有关经济指标及污染物排放指标,试根据所给数据计算该市2018年总量脱钩弹性及增量脱钩弹性,并分析该市有关经济指标及污染物排放指标属于哪种脱钩类别。

某市生产总值与污染物排放量统计值数据　　　　　　　　　　　　　表 6-19

年份	生产总值/亿元	COD/t	SO_2/t	ISW/万 t
2018 年	8499.41	319521	82011	198.70
2019 年	9399.98	423516	105756	206.65
2020 年	10020.39	316523	88509	183.07

第七章

环境建设项目经济评价

建设项目是指按一个总体规划或设计进行建设的,由一个或若干个互有内在联系的单项工程组成的工程总和。环境建设项目是以环境保护和生态建设为主要目的的建设项目。在污染的预防与治理、生态的保护与修复等环境保护的各个领域,环境建设项目发挥着重要作用。环境建设项目虽然以环境保护为主要目的,但是任何建设项目都是需要投资的,其建设与运行都需要人力、物力和财力作保障。论证环境建设项目时,在分析其环境效益和社会效益的同时,同样要进行经济分析与评价。本章在对建设项目可行性研究与项目经济评价概述的基础上,重点对项目经济评价基本方法进行分析论述。

第一节　建设项目可行性研究与经济评价概述

建设项目可行性研究是项目前期的一项重要工作,是项目决策科学化的重要手段。项目经济评价是项目可行性研究的组成部分和重要内容,也是项目可行性研究报告的重要组成部分。

一、项目可行性研究概述

(一)项目可行性研究的概念

项目可行性研究(Feasibility Study)是对拟建项目在技术与经济、环境与社会等方面是否可行所进行的科学分析,对项目建设的合理性和可行性进行论证和全面、科学的评价。

在建设程序中,项目可行性研究是项目建设前期决策阶段一个的重要环节,其基本任务是为建设项目的投资决策提供科学、可靠的依据。开展项目可行性研究的目的是实现项目决策科学化、制度化、民主化,提升建设项目科学决策的水平,提高项目的经济效益和综合效益,促进国民经济与社会发展的健康运行。项目可行性研究的应用涉及技术科学、经济科学、管理科学和环境科学等多学科的理论与手段,已形成一整套系统、科学的可行性研究分析评价方法。

(二)项目可行性研究的内容

起初的项目可行性研究主要针对技术与经济两个方面,随着社会的发展,建设项目决策的要求不断提高,项目可行性研究的内容也在不断充实完善。如今,在分析、论证项目在技术、经济方面可行性的同时,也要对项目所影响区域的环境与生态、社会与人群等进行分析论证。

项目可行性研究要回答以下问题。

(1)建设的必要性,即项目在国民经济建设中或国内外市场上是否完全必要。

(2)技术的合理性,即项目在技术上是否可行,在工艺、技术、设备、效率和资源利用等方面是否合理。

(3)经济的效益性,即项目在经济上是否有效益,在财务上能否盈利。

(4)建设的保证性,包括建设资金的筹集方法和渠道,需要的人力、物力和资源,以及建设周期等方面有无把握、是否可靠。

(5)环境的和谐性,即项目是否对生态环境产生影响,能否保证项目与环境的和谐统一。

(6)社会的稳定性,即项目在建设前期、建设期、运营期能否保证项目影响区域的社会稳定,促进社会的高质量发展。

项目可行性研究报告与项目环境影响评价报告、项目社会稳定评估报告等,共同构成了建设项目可行性决策的主要系统文件。

(三)项目可行性研究的特点

项目可行性研究一般具有以下几个特点。

(1)前期性。项目可行性研究是对项目投资决策的分析研究,是项目建设前期工作的主要内容之一。

(2)预测性。项目可行性研究是对拟建项目的产品与服务需求、投资、成本、盈利、环境效益、社会效益的分析预测,而不是对已建成项目的实际情况的分析。

(3)全面性。项目可行性研究是对拟建项目在技术与经济、环境与社会等各个方面的合理性和可行性等进行的全面论证与评价。

(4)不确定性。项目可行性研究的对象、条件、因素等与实际状况可能存在差异,所以其结论具有不确定性。

项目可行性研究需要多领域的专业人员进行广泛、深入的调查研究,采用科学的方法分析、计算、论证,科学、客观、公正地得出项目可行或不可行的结论,为项目正确决策提供充分的科学依据。

(四)项目可行性研究的作用

由于项目可行性研究对项目的实施进行了定量、定性的科学论证,涉及的方面很广,经过批准的项目可行性研究报告,在项目筹建和实施的过程中,可以发挥重要作用。

(1)项目可行性研究是建设项目投资决策和编制设计任务书的依据。设计任务书是项目投资决策的文件,它是根据项目可行性研究推荐的最佳方案进行编制的。

(2)项目可行性研究是国家与地方有关部门编制建设规划的依据,同时项目可行性研究是对固定资产投资实行调控管理、编制发展计划、固定资产投资、技术改造投资的重要依据。

(3)项目可行性研究可以作为银行贷款的依据。项目可行性研究中详细计算了项目的财务、经济效益、贷款清偿能力、偿还期等。因此,建设项目贷款要以项目可行性研究报告为依据。

(4)项目可行性研究可作为与建设项目有关的各部门、各单位制定、签订有关协作条件、协议、合同的依据。

(5)项目可行性研究可作为项目进行工程设计、设备订货、施工准备等基本建设前期工作的依据。项目可行性研究报告是编制设计文件、开展设计工作、进行建设准备工作的主要依据。

(6)项目可行性研究可作为安排项目的计划和实施方案,进行项目所需的设备、材料订货等工作的依据。

(7)项目可行性研究可作为审查项目对环境影响的依据。同时,项目可行性研究也可作为对项目社会稳定风险进行评估的依据。

(8)项目可行性研究是项目考核和项目后评价的重要依据。

二、项目经济评价概述

项目经济评价是对拟建项目的经济合理性进行计算、分析、论证,提出结果性结论的全过程。项目经济评价的目的在于最大限度地提高投资效益,同时将风险降到最低。

(一)项目投资方案

任何一个拟建的项目都可以看作一种投资方案。分析、比较和评价拟建项目的经济效果,要根据项目在其寿命期内的现金流量计算有关判据,以此来分析评价项目的经济效果。在第三、四章中介绍了成本与投资的相关概念,这里从项目经济评价的角度,对有关概念再进行一些论述。

1.项目总投资

项目总投资是指为完成项目建设,在建设期(预计或实际)投入的全部费用总和。项目总投资主要由以下几部分构成。

(1)建设投资,包括土地购置、设备购置、建筑工程、安装工程等方面的费用。

(2)流动资金投资,主要用于项目运营初期的原材料采购、人工成本、水电费等日常经营开支。这部分资金在项目投产前就要预先垫付,投产运营后逐年回收。

(3)建设期利息,指项目建设期间因融资、贷款产生的利息支出。这部分费用在项目建设期逐年分摊,但在项目投产运营后逐渐转化为收益。

(4)铺底流动资金,指为了保证项目初期正常运营所需的最小限额的流动资金。

217

(5)预备费,包括基本预备费和涨价预备费。基本预备费用于应对项目实施过程铺底流动资金,不包含在项目总投资额之内,但在项目评估时需进行考虑。

2. 生产成本

生产成本由直接材料成本、直接人工成本和制造费用三部分组成。

直接材料成本包括原材料、辅助材料、备品备件、燃料及动力等成本。

直接人工成本可用工资额和福利费等计算,生产人员的工资、补贴等为直接工资,福利费为其他直接支出。

制造费用是指生产过程中使用的厂房、机器、车辆及设备等设施及机物料和辅料,它们的耗用一部分通过折旧方式计入成本,另一部分通过维修、定额费用、机物料耗用和辅料耗用等方式计入成本。

固定资产在使用中会逐渐磨损和贬值,使用价值逐步转移到产品中去,这种伴随固定资产损耗发生的价值转移称为固定资产折旧。转移的价值以折旧的形式计入成本,通过产品销售以货币的形式回到投资者手中。

3. 生产经营收益

生产经营收益是指企业在生产经营过程中所获得的经济收益,是企业通过建成投入的项目生产和销售产品和服务所获得的收益。生产经营收益可以是实物资产,也可以是货币资产。

4. 项目投资经济效果

项目投资经济效果是投资过程中所耗费的或垫支的资金与所取得的有用成果的对比关系,是投资项目实施过程中所获得的投资回报与效益。项目投资经济效果是评价项目投资是否有效、收益是否达到预期的重要指标。项目投资效果通过经济效益、社会效益和环境效益来描述,如项目投资的经济效益是指在项目运营期间所创造的价值和收入,可用项目的净收益、收益率、投资回收期等指标评价。

(二)项目经济评价类别

项目经济评价包括企业经济评价和国民经济评价。

项目的企业经济评价,也称财务评价,是从企业角度出发,在现行价格(或可预测价格)的基础上评价项目的投资经济效果的经济分析;项目的国民经济评价是从国家的角度出发,以理论价格为基础,对项目进行经济效果评价,同时进行其他效果评价的经济分析。

一般来说,如果一个项目在这两方面的经济评价都是可行的,则应该肯定该项目。当两者矛盾时,项目的取舍取决于项目的国民经济评价。如果企业经济评价认为该项目不可行,而国民经济评价认为可行,则可采取一些政策性的保护措施等,使企业经济评价认为项目可行;如果企业经济评价认为该项目可行,而国民经济评价认为不可行,原则上应否定该项目,或在可能时重新考虑方案,进行再设计。此外,生产性项目还应考虑非经济的因素,如环境保护。而非生产性项目主要是满足人民物质、文化与福利等方面需要的项目,如环境建设项目以环境保护为主要目的。

企业经济评价和国民经济评价在方法上有相似之处,但也有许多区别。我国对项目的企业经济评价,通过多年理论探讨和实践,在内容和方法上比较成熟。而项目的国民经济评价,由于在理论、方法和参数上涉及的方面较多,因而更复杂一些,有些问题还有待进一步研究。

(三)项目方案经济评价划分

投资方案的经济评价,一般包括三个方面的评价问题。

1. 单方案评价

一个建设项目只制定了一个投资方案,称为单方案。对于单方案,直接评价其在经济上的可行性和合理性,为投资决策提供依据。单方案评价也被称为最终评价。

2. 多项互斥方案比较

一个建设项目制定了两个及两个以上的投资方案,称为多项互斥方案。多项互斥方案可以互相替代,但只能选一个方案。一般来说,多项互斥方案中的每一个方案均应通过单方案评价,认为可行,才能进行相互间的比较,通过经济分析选出最优方案。多项互斥方案比较也称过程比较。多项互斥方案比较是项目经济评价的主要方式。

3. 多项独立方案评价

多项独立方案是指多个建设项目各自所对应的方案,它们之间不是互斥的,而是独立的。对多项独立方案进行经济分析比较,要求将这些项目的实施顺序,在经济方面进行项目排队。

以上三个方面的问题实际上是一回事,都要通过对各个方案的经济比较(单方案实际上是与零方案比较),作出最经济合理的决策。

(四)项目经济评价方法划分

按照是否考虑资金时间因素划分,项目经济评价方法分为静态评价方法和动态评价方法。不考虑资金的时间因素的方法为静态评价方法,考虑资金的时间因素的方法为动态评价方法。在项目经济评价中,根据项目的特点,分析深度和实际需要,既可采用动态评价方法,也可采用静态评价方法,还可两者并用。一般来说,只有考虑了资金的时间因素,投资经济效果的评价才是合理的。但当项目规模小、寿命期短,或对方案进行粗略分析时,静态评价方法由于更为简便,所以具有一定的适应性。

(五)项目经济评价效果划分

建设项目投资方案的比较,既可以按照各个方案的全部经济因素计算其整体经济效果(也称绝对经济效果),来进行项目整体的经济分析和评价;也可以不考虑相同因素,仅就不同因素计算其局部经济效果(或称比较经济效果),进行项目局部的经济分析和评价。

第二节 资金等值计算

资金等值是指在时间因素的作用下,不同金额的资金在不同的时间点具有相等的实际经济价值。资金等值计算就是利用资金等值的概念,将不同时间发生的资金量换算成在某一相同时刻发生的资金量,然后进行进一步计算的过程。

一、资金的时间价值

(一)资金的增值性

【例7-1】 某企业计划对某环保项目进行投资,现拟定了甲、乙两个投资方案,初始投资均为1000万元,实现的利润总额相同,只是每年获得的利润不同,见表7-1,该企业应选择哪个方案?

甲、乙两方案的投资、收益情况表　　　金额单位:万元　　表7-1

年末	甲方案	乙方案
0	−1000	−1000
1	+1200	+300
2	+800	+800
3	+300	+1200

注:"−"表示投资,"+"表示收益。

解:如果其他条件相同,从直觉上看甲方案比乙方案好。这是因为甲方案比乙方案得益早,早得到的资金可以用来再投资而产生新的价值。所以,在评价项目的投资效果时,不仅要考虑项目整个发展过程中各种资金的大小,还要考虑各种资金发生的时间。

把钱存入银行也可使资金增值,虽然在一段时间内存款人失去了使用这些资金的权利,但按时间的长短存款人取得了一定的利息作为补偿。由于投资项目要承担风险,所以其盈利目标要比资金存入银行得到的利息高。如果可以增值的资金没有增值,就等于损失了本来可以得到的资金。因此,研究经济活动必须研究资金和时间的关系。

(二)资金时间价值的几个概念

1. 本金

本金(Principal)是一项经济活动开始时的投资额或借存款额。

2. 利息

利息(Interest)是使用资金的报酬,是货币在一定时期内的使用费。需要说明的是,一般把银行存款获得的资金增值称为利息,而把资金投入建设生产的资金增值称为盈利或净收益。利息和盈利(净收益)是资金时间因素的绝对尺度。

3. 利率

利率(Interest Rate)是每单位时间增加的利息与本金的比值,用百分比表示,即:

$$利率 = \frac{每单位时间增加的利息}{本金} \times 100\% \tag{7-1}$$

利率反映了资金随时间变化的增值率,在本金一定的情况下,利息的大小由利率决定。利率是衡量资金时间因素的相对尺度。在投资活动中,这个相对尺度称为收益率或盈利率。

4. 计息周期

表示利率的时间单位,称为计息周期或计息期。计息周期可以是年、季、月等。

5. 单利与复利

单利是仅按本金计算的利息或收益;复利是按本利和计算的利息或收益。从表7-2可以看出,当利率(表7-2中的利率表示年利率)越高,计息周期数越多时,单利与复利的利息额差别越大。

单利与复利的比较　　　　　　　金额单位:元　　　表7-2

周期/年	单利				复利			
	本金	利率	利息	本利和	本金	利率	利息	本利和
1	100	20%	20	120	100	20%	20	120
2	100	20%	20	140	120	20%	24	144
3	100	20%	20	160	144	20%	28.80	172.80
4	100	20%	20	180	172.80	20%	34.56	207.36

6. 等值

应用利率来考虑资金的时间因素,便产生了等值概念。等值(Equivalence)是不同数量的资金在不同时间存在着一定的等价关系,这种等价关系称为资金等值。例如,现借入100元,年利率为20%,一年后要偿还的本利和为120元(100 + 100 × 20%),即现在的100元与一年后的120元实际经济价值是相等的。

影响资金等值的主要因素是资金数额的多少、资金发生时间长短、利率(收益率)的大小。等值的概念是分析、比较、评价不同时期资金使用效果的重要依据,是经济分析的基本出发点。

二、经济分析基本参数和现金流量图

(一)基本参数

在经济分析中,一般要涉及五个基本参数。

1. 利率 i(Interest Rate)

在分析不同经济对象或不同经济目的时,i 也称为收益率。在经济分析中,如不作特别说明,i 均指年利率,其意义为一年内利息与本金之比。在实际经济分析过程中,i 的概念要弄清楚,如利率和收益率是有区别的,利率在某一时期内为固定值,而收益率是一个变数。例如,投资100万元,一年后收回110万元,其收益率为10%,如果收回120万元,其收益率为20%。

2. 期数 n(Period Number)

期数即计算周期数,其意义为在某一个时期内计算利息的次数。在经济分析中,n 一般指年数,即以年为计息单位。当 n 为确定值时,可能是指时间的久暂,也可能是指时间坐标上的某一时点,在不同的场合具有不同的含义,要根据具体的经济分析确定。

3. 现值 P(Present Worth)

现值一般是指发生在所要分析的投资系统期初的本金(投资额)。但在具体的分析计算过程中,有时 P 也可看作该投资活动以某一时点为基准时间的价值,这时的 P 也称为时值,即在某一时间点的资金数量。

4. 终值 F(Future Worth)

终值是在一定利率 i 的条件下,经过若干次计息以后,投资系统期末的资金额,即期初现值 P 所具有的本利和或总收入。在一个投资系统中,F 值恒大于 P 值。F 与 P 的关系为:P + 利息 = F,F - 利息 = P。同样,在具体分析计算过程中,F 也可作为该项投资系统某一时点的价值,即时值。

5. 等额年值 A(Annual Worth)

年值为 n 次(年)支付系列中的一次支付,而等额年值为 n 次(年)等额支付系列中的一次支付。A 一般发生在各计息期期末。由于一般计息期单位为年,故通常称为年值或年金。

在经济分析中,现金流量值都设定在计息期期初或期末,多按发生在期末处理,但要视实际情况而定。在经济分析中,这五个基本参数,一般一定会出现四个参数,且其中一个参数是未知的,应求出这个未知参数。在这五个基本参数中,利率 i 是核心,它是经济分析决策的重要依据。

(二)现金流量图

1. 现金流量

一项投资活动在一定时期内必然要发生相应的支出和收入,把一项投资活动看作一个独立系统,从活动开始到结束,资金的收入与支出叫作现金流量。而投资系统在某一时间阶段内的净现金流量是指该时间阶段内现金流量的代数和,即:

$$净现金流量 = 现金流入 - 现金流出 \tag{7-2}$$

2. 现金流量图

现金流量图是用来反映一项经济活动在其寿命期内,现金收入和现金支出的简化图示。利用现金流量图可以把经济活动的现金收支情况直观表示出来,这样不但可以清楚地表明问题的情况,而且可以方便地判断用什么方式来进行分析计算。现金流量图是正确进行经济计算的基础。现金流量图的作图方法如下:

(1)水平轴表示时间标度。时间由左向右推移,每一格代表一个时间单位(计息单位),一般为年。

(2)垂直箭线表示现金流量的方向。一般箭头向下表示现金流出(投资等),箭头向上表示现金流入(收入)。在计算中收入冠以"+"号,支出冠以"-"号。箭头的长短与现金流量大小大体成比例。

需要说明的是,在绘制现金流量图时,一定要弄清楚问题中的时间和现金流量图中的时间,并保持一致,这样才不至于发生错误,如在某年初、某年末、某年等。

【例7-2】 某人现存入银行 1000 元,以后每年存入银行 500 元,其中第五年年末存入银行 1000 元,若年利率为 10%,绘制出他的存款累计至 10000 元时需要多少年的现金流量图。

解:【例7-2】的现金流量图如图 7-1 所示。

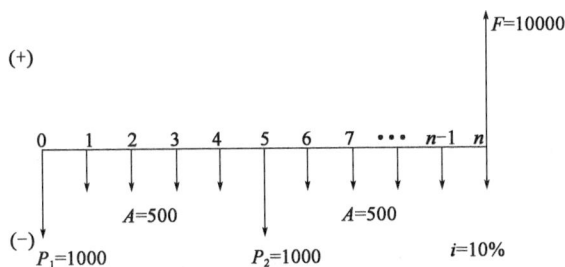

图 7-1 【例 7-2】的现金流量图

三、利息公式和等值计算

单利法(Simple Interest Method)与复利法(Compound Interest Method)是两种计算利息或收益的基本方法。

(一)单利法

单利法是以本金为基础计算资金利息的一种方法,它在一定程度上反映了资金的时间因素,是一种有限考虑资金时间因素的方法。其公式为:

$$F = P(1 + ni) \tag{7-3}$$

【例 7-3】 某环保工程项目贷款 1000 万元,贷款年利率为 5%,5 年后一次结清,单利计息,5 年后偿还贷款数额是多少?

解: 已知:

$$P = 1000 \text{ 万元}, i = 5\%, n = 5 \text{ 年}$$

则:

$$
\begin{aligned}
F &= P(1 + ni) \\
&= 1000 \times (1 + 5 \times 0.05) \\
&= 1250 (\text{万元})
\end{aligned}
$$

所以,5 年后偿还贷款数额为 1250 万元。

(二)复利法

复利法是以本金和逐期加利为基础计算资金利息的方法。复利法反映了资金的时间因素,也符合客观实际。在经济分析中,根据现金的不同支付方式,有两类六个基本复利计算公式。

1.一次支付公式

一次支付是指在一项经济活动的寿命期内,在期初有一现金流入,在期末有一现金流出的方式,或者相反。这是最简单的一种现金流量方式,其现金流量图如图 7-2 所示。

一次支付系列公式有两个,即一次支付复利终值公式和一次支付复利现值公式,一般简称为复利终值公式和复利现值公式。

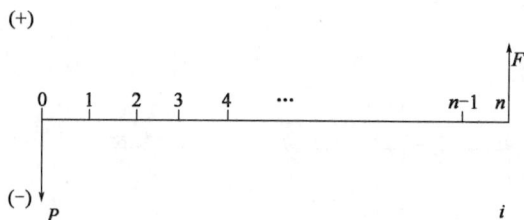

图7-2　一次支付系列现金流量图

（1）复利终值公式。

代数式为：

$$F = P(1+i)^n \tag{7-4}$$

规格化式为：

$$F = P(F/P, i, n) \tag{7-5}$$

在复利终值公式中，P、i、n 已知，求终值 F。

在式（7-4）中，$(1+i)^n$ 称为"一次支付复利终值因子（系数）"，$(1+i)^n$ 常用一种规格化符号来表示，即 $(F/P, i, n)$，所以式（7-4）也可用规格化式（7-5）表示。

【例7-4】　某人今存入银行 2000 元，年利率 15%，在第 8 年年末可以取出多少钱？

解：已知：

$$P = 2000\ \text{元}, i = 15\%, n = 8\ \text{年}$$

则：

$$
\begin{aligned}
F &= P(1+i)^n \\
&= 2000 \times (1 + 0.15)^8 \\
&= 6118\ (\text{元})
\end{aligned}
$$

上面的计算比较麻烦，为了简化计算，可以应用已编制好的"复利因子表"查出相应因子的数值，这样进行简捷计算。如在本例中可查出 $(F/P, 15\%, 8)$ 值为 3.0579，代入式（7-5）可得：

$$
\begin{aligned}
F &= P(F/P, i, n) \\
&= 2000(F/P, 15\%, 8) \\
&= 2000 \times 3.0579 \\
&= 6118\ (\text{元})
\end{aligned}
$$

即在第 8 年年末可以取出 6118 元。

（2）复利现值公式。

由复利终值公式 $F = P(1+i)^n$ 变换得到的复利现值公式为：

$$P = F\left[\frac{1}{(1+i)^n}\right] \tag{7-6}$$

其规格化式为：

$$P = F(P/F, i, n) \tag{7-7}$$

在复利现值公式中，F、i、n 已知，求现值 P。

式（7-6）中的 $\dfrac{1}{(1+i)^n}$ 称为"一次支付复利现值因子"，规格化符号为 $(P/F, i, n)$。一般把未来的金额按某个利率折算成现值的过程称为"折现"或"贴现",此时这个利率称为"折现率"或"贴现率";把$\dfrac{1}{(1+i)^n}$称为"折现系数"或"贴现系数"。

【例7-5】 若年利率为12%,现在存入多少钱,才能在3年后从银行取出5000元。

解:已知:

$$i = 12\%, n = 3 \text{ 年}, F = 5000 \text{ 元}$$

则:

$$
\begin{aligned}
P &= F\left[\frac{1}{(1+i)^n}\right] \\
&= 5000 \times \left[\frac{1}{(1+0.12)^3}\right] \\
&= 5000 \times 0.7118 \\
&= 3559(\text{元})
\end{aligned}
$$

或:

$$
\begin{aligned}
P &= F(P/F, i, n) \\
&= 5000(P/F, 12\%, 3) \\
&= 5000 \times 0.7118 \\
&= 3559(\text{元})
\end{aligned}
$$

即现在存入3559元,3年后可取出5000元。

2.等额多次支付公式

在投资系统中,连续在若干期期末出现收或支等额的资金,这种系列称为等额支付系列,如图7-3所示。等额多次支付公式有四个,即年金终值公式、偿债基金公式、年金现值公式、资金回收公式。

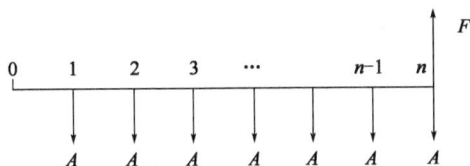

图7-3 等额多次支付系列年金终值的现金流量图

(1)年金终值公式。

年金终值公式对应的现金流量图如图7-3所示:

代数式:
$$F = A \times \left[\frac{(1+i)^n - 1}{i}\right] \tag{7-8}$$

规格化式:
$$F = A(F/A, i, n) \tag{7-9}$$

式(7-8)、式(7-9)全称为"等额多次支付系列复利终值公式",当利息周期的单位为年时,该公式常称为"年金终值公式"。

其中,$\dfrac{(1+i)^n - 1}{i}$称为"年金终值因子",规范化符号为$(F/A, i, n)$表示。

【例7-6】 某企业计划在4年内为某环保项目筹集资金,每年年末存款30万元,年利率8%,到第4年年末可取得多少资金?

解:已知:

$$n = 4 \text{ 年}, A = 30 \text{ 万元}, i = 8\%$$

由复利因子表查得:

$$(F/A, 8\%, 4) = 4.5061$$

则:

$$
\begin{aligned}
F &= A(F/A, 8\%, 4) \\
&= 30 \times 4.5061 \\
&= 135.18 (\text{万元})
\end{aligned}
$$

即到第 4 年年末可取得 135.18 万元。

(2)偿债基金公式。

为了在若干年后得到一笔资金 F,从现在起每年年末应存储的等额资金 A 的现金流量图如图 7-3 所示,其公式为:

代数式: $$A = F\left[\frac{i}{(1+i)^n - 1}\right] \tag{7-10}$$

规格化式: $$A = F(A/F, i, n) \tag{7-11}$$

其中,$\dfrac{i}{(1+i)^n - 1}$ 称为偿债基金因子,规格化符号为 $(A/F, i, n)$。

【**例 7-7**】 某企业贷款建一环保项目,5 年后需偿还 1500 万元,计划在 5 年内每年年末等额分批偿还,若年利率为 6%,每年的偿还额是多少?

解:已知:

$$n = 5 \text{ 年}, F = 1500 \text{ 万元}, i = 6\%$$

则:

$$
\begin{aligned}
A &= F(A/F, i, n) \\
&= 1500(A/F, 6\%, 5) \\
&= 1500 \times 0.1774 \\
&= 266.1 (\text{万元})
\end{aligned}
$$

即每年的偿还额为 266.1 万元。

(3)年金现值公式。

现在投入多少钱 (P),在利率为 i 的条件下,能在 n 年内每年年末等额收回资金 A 的现金流量图如图 7-4 所示。年金现值公式为:

代数式: $$P = A\left[\frac{(1+i)^n - 1}{i(1+i)^n}\right] \tag{7-12}$$

规格化式: $$P = A(P/A, i, n) \tag{7-13}$$

式(7-12)、式(7-13)的全称应为"等额多次支付系列复利现值公式",当计息期单位为年时,公式常称为"年金现值公式"。其中,$\dfrac{(1+i)^n - 1}{i(1+i)^n}$ 称为年金现值因子,规格化符号为 $(P/A, i, n)$。

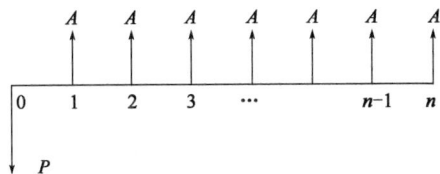

图7-4 等额多次支付系列年金现值的现金流量图

【例7-8】 如果年利率为7%,现在存入银行多少钱,可以在以后6年内每年年末取出1000元。

解:已知:

$$i = 7\%, n = 6 \text{ 年}, A = 1000 \text{ 元}$$

则:

$$
\begin{aligned}
P &= A(P/A, i, n) \\
&= 1000 \times (P/A, 7\%, 6)
\end{aligned}
$$

若从复利因子表中可直接查出$(P/A, 7\%, 6) = 4.7663$,代入计算即可。若所用的表中没有7%的因子值,可查出临近的6%、8%的对应因子值,并可近似认为呈线性变化。

有:

$$(P/A, 6\%, 6) = 4.9173, (P/A, 8\%, 6) = 4.6229$$

$$(P/A, 7\%, 6) = \frac{4.9173 + 4.6229}{2} = 4.7701$$

则:

$$
\begin{aligned}
P &= 1000 \times 4.7701 \\
&= 4770.1 (\text{元})
\end{aligned}
$$

即现在应存入银行4770.1元。

(4)资金回收公式。

若以年利率i投入一笔资金P,计划在今后n年内于每年年末回收等额资金,其现金流量图如图7-4所示。资金回收公式为:

代数式:
$$A = P \times \left[\frac{i(1+i)^n}{(1+i)^n - 1}\right] \tag{7-14}$$

规格化式:
$$A = P(A/P, i, n) \tag{7-15}$$

式(7-14)中的$\frac{i(1+i)^n}{(1+i)^n - 1}$称为"资金回收因子",它是经济分析中一个很重要的因子,其规格化符号为$(A/P, i, n)$。

【例7-9】 某拟建环保工程计划投资150万元,投资后的5年内回收完这笔资金,若年利率为6%,求每年的回收额。

解:已知:

$$P = 150 \text{ 万元}, i = 6\%, n = 5 \text{ 年}$$

则:

$$
\begin{aligned}
A &= P(A/P, i, n) \\
&= 150 \times (A/P, 6\%, 5) \\
&= 150 \times 0.2374 \\
&= 35.61 (\text{万元})
\end{aligned}
$$

即每年回收额为 35.61 万元。

应当注意的是,年金现值公式和资金回收公式所对应的现金流量图中,现值 P 比等额系列支付中的第一个 A 早一个计息期发生。

3.复利因子相互间的关系

复利因子相互间的关系如表 7-3 所示。

复利因子间的关系 表 7-3

系列	因子名称	代数式	规格化符号	关系
一次支付系列	复利终值因子	$(1+i)^n$	$(F/P,i,n)$	互为倒数
	复利现值因子	$\dfrac{1}{(1+i)^n}$	$(P/F,i,n)$	
等额多次支付系列	年金终值因子	$\dfrac{(1+i)^n-1}{i}$	$(F/A,i,n)$	互为倒数
	偿债基金因子	$\dfrac{i}{(1+i)^n-1}$	$(A/F,i,n)$	
	年金现值因子	$\dfrac{(1+i)^n-1}{i(1+i)^n}$	$(P/A,i,n)$	互为倒数
	资金回收因子	$\dfrac{i(1+i)^n}{(1+i)^n-1}$	$(A/P,i,n)$	

复利因子间的一个重要关系是:资金回收因子等于偿债基金因子与利率之和,即:

$$(A/P,i,n) = (A/F,i,n) + i \tag{7-16}$$

4.基金利息公式的综合应用

【例7-10】 某企业用 10 万元购置一台环保设备,以后 4 年每一年约需维修费 2000 元,再后 4 年每一年需维修费 3000 元,设备寿命为 9 年,残值为 1 万元,求该投资系统的终值和等额年值。$i=4\%$。

解:该问题是考虑成本的问题,其现金流量图如图 7-5 所示。

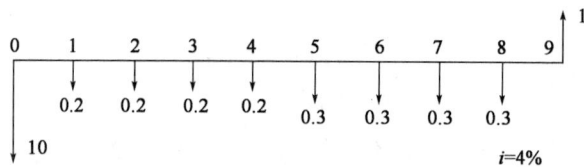

图 7-5 【例 7-10】的现金流量图

则:

$$\begin{aligned}
F &= [0.2(P/A,4\%,8)+10](F/P,4\%,9)+(0.3-0.2)(F/A,4\%,4)(F/P,4\%,1)-1 \\
&= (0.2\times6.7327+10)\times1.4233+0.1\times4.2465\times1.04-1 \\
&= 15.5912(万元)
\end{aligned}$$

有:

$$\begin{aligned}
A &= F(A/F,4\%,9) \\
&= 15.5912\times0.0945 \\
&= 1.4734(万元)
\end{aligned}$$

在一些经济分析问题中,需要求出收益率 i 或投资回收期 n 等,此时可根据利息公式利用插入方法进行反算。

【**例 7-11**】 根据【**例 7-2**】绘制出的现金流量图,计算某人存款累计至 10000 元需要多少年。

解:参考图 7-1 给出的现金流量图。

$$P = 1000 + 500(P/F,10\%,5) + 500(P/A,10\%,n) - 10000(P/F,10\%,n)$$
$$= 1000 + 500 \times 0.6209 + 500 \times (P/A,10\%,n) - 10000 \times (P/F,10\%,n)$$
$$= 1310.45 + 500 \times (P/A,10\%,n) - 10000 \times (P/F,10\%,n)$$

令:

$$n_1 = 9$$

有:

$$P_1 = 1310.45 + 500 \times 5.7590 - 10000 \times 0.4241$$
$$= 4189.95 - 4241$$
$$= -51.05$$

令:

$$n_2 = 10$$

有:

$$P_2 = 1310.45 + 500 \times 6.1446 - 10000 \times 0.3855$$
$$= 1310.45 + 3072.3 - 3855$$
$$= 527.75$$

由插入法:

$$n = n_1 + \frac{(n_2 - n_1)(Pw_1 - Pw)}{Pw_1 - Pw_2}$$
$$= 9 + \frac{(10 - 9) \times (-51.05 - 0)}{-51.05 - 527.75}$$
$$= 9 + 0.09$$
$$= 9.1(年)$$

故需经 9.1 年,某人的存款可累计至 10000 元。

在很多工程经济问题中,常会遇到某些现金流量每年均有变化,这种情况称为不等额多次支付现金流量,对于不等额多次支付现金流量,视其有无规律性分为一般不等额多次支付系列和等差支付系列。等差支付系列是指现金流量的增加额或减少额都相等的支付系列,其相应的等值计算公式,这里不作介绍。

四、名义利率和实际利率

(一)名义利率和实际利率的概念

当利率所标明的计息期单位与实际所采用的计息期单位一致时,这种利率为实际利率。实际利率是指计息期的利率,也称为有效利率,如"年利率为 12%,每年计息一次",这个 12% 就是实际利率。

当利率所标明的计息期单位与实际所采用的计息期单位不一致时,就产生了名义利率的概念。一般来说,利率为年利率,而实际计息周期小于一年(如季、月等),此时,这种年利率就称为名义利率,也称虚利率、非实效利率,如"年利率为12%,每月计息一次",这个12%就是名义利率。

在不存在通货膨胀的一般情况下,实际利率比名义利率高,一年中计息的次数越多,则实际利率比名义利率越高。在实际计息计算中不用名义利率,在进行经济分析时,名义利率和实际利率互相没有可比性,应先将名义利率转化为实际利率后再进行比较。

(二)名义利率和实际利率的关系

1. 离散式复利

按期(年、季、月)计息的方法称为离散式复利,也称为间断式复利。

如果名义利率为 r,一年中计息 m 次,则每年计息的利率为 $\frac{r}{m}$,有:

$$F = P\left(1 + \frac{r}{m}\right)^m$$

利息为:

$$P\left(1 + \frac{r}{m}\right)^m - P$$

根据利率定义:

$$i = \frac{P\left(1 + \frac{r}{m}\right)^m - P}{P}$$
$$= \left(1 + \frac{r}{m}\right)^m - 1 \tag{7-17}$$

对于上式:当 $m = 1$ 时,$i = r$;当 $m > 1$ 时,$i > r$。

【例7-12】 有两家银行愿向某环保企业提供贷款,其中甲银行的年贷款利率为12.6%,一年计息一次,乙银行的年贷款利率为12%,每月计息一次,复利计息。该企业应选择哪家银行?

解:统一化成实际利率进行比较选择。

甲银行的实际利率为12.6%,则乙银行的实际利率为:

$$i = \left(1 + \frac{0.12}{12}\right)^{12} - 1 = 12.68\%$$

故应选择甲银行。

2. 连续式复利

按瞬间计息的公式称为连续式复利。在这种情况下,复利可在一年中按无限多次计算,则年实际利率为:

$$i = \lim_{m \to \infty}\left[\left(1 + \frac{r}{m}\right)^m - 1\right]$$

由于:

$$\left(1 + \frac{r}{m}\right)^m = \left[\left(1 + \frac{r}{m}\right)^{\frac{m}{r}}\right]^r$$

而:

$$\lim_{m \to \infty} \left(1 + \frac{m}{r}\right)^{\frac{m}{r}} = e$$

则:

$$i = \lim_{m \to \infty} \left[\left(1 + \frac{r}{m}\right)^{\frac{m}{r}}\right]^r - 1$$
$$= e^r - 1 \qquad\qquad (7\text{-}18)$$

终值公式为:

$$F = P(1 + i)^n$$
$$= P(1 + e^r - 1)^n$$
$$= Pe^{nr} \qquad\qquad (7\text{-}19)$$

【例7-13】 如果以 1000 元投资,按年利率 6%,连续复利计算,满 5 年将得到多少?

解:已知:

$$P = 1000 \text{元}, r = 6\%, n = 5 \text{年}$$

则:

$$i = e^r - 1$$
$$= 2.718^{0.06} - 1$$
$$= 0.0618$$
$$F = 1000 \times (1 + 0.0618)^5$$
$$= 1000 \times 1.3498$$
$$= 1349.8 (\text{元})$$

或

$$F = Pe^{nr}$$
$$= 1000 \times 2.718^{5 \times 6\%}$$
$$= 1349.8 (\text{元})$$

从理论上说,连续式复利充分反映了资金的运动,每时每刻都在增值,但在经济分析中多采用离散式复利。

五、基准收益率

基准收益率(Benchmark Yield),是企业、行业或投资者所确定的、可接受的投资项目最低标准的收益水平,即必须达到的预期收益率,是投资决策的重要经济参数。基准收益率表明投资决策者对项目资金时间价值的估价,是评价和判断投资方案在经济上的可行性的依据。

在建设项目经济分析中,进行动态和静态分析评价会得出对应的动态基准收益率和静态基准收益率。一般不作说明时,基准收益率指动态基准收益率,常用 $i_{\text{基}}$ 表示;静态基准收益率一般称为投资效果系数 R,是反映项目获利能力的静态指标。

基准收益率的确定既受客观条件的限制,又受投资者主观愿望的影响。基准收益率定得太高,可能会使经济效益较好的方案被拒绝;定得太低,则可能会接受过多的方案,而其中一些方案的经济效益不好。建设项目的效益应考虑综合效益,即在考虑经济效益的同时,也要考虑社会效益和环境效益。所以,在确定基准收益率时,要考虑建设项目的类型、特点等,综合多种因素确定。

第三节 项目经济评价基本方法

按照是否考虑资金时间因素划分,项目经济评价方法分为动态评价方法和静态评价方法。在项目经济评价中,根据项目的特点,分析深度和实际需要,可采用动态评价方法、静态评价方法,或两者并用,一般以动态分析为主、静态分析为辅。项目经济评价是一项专业性强的工作,应遵循效益与费用计算口径,以及评价方法对应一致的原则。本节介绍项目经济动态评价方法和静态评价方法。

一、动态评价方法

动态评价方法是考虑了资金时间因素的经济评价方法。动态评价方法有现值法、年值法、终值法、收益率法和回收期法等具体评价方法。

(一)现值法

现值法(Present Worth Method,PWM)是将投资方案整个寿命期的一切现金收入与支出均折算为现值,按现值加以评价的方法。现值法是项目经济分析中最常用的一种方法。

1. 计算公式

现值法计算公式的一般形式为:

$$PW = \sum_{t=0}^{n} F_t(P/F,i,t) = \sum_{t=0}^{n} F_t(1+i)^{-t} \qquad (-1 < i < +\infty) \tag{7-20}$$

为计算方便,一般采用式(7-21),见图7-6所示的现金流量图。

$$PW = \pm P_0 \pm \sum_{t=1}^{n} F_t(P/F,i,t) \pm A(P/A,i,n) \tag{7-21}$$

式中:PW——某项经济活动在整个寿命期的现金流量折为期初的现值;

F_t——第 t 年的现金流量;

t——现金流量发生的年序号;

n——经济分析年限;

i——基准收益率;

P_0——现值;

A——等额年值。

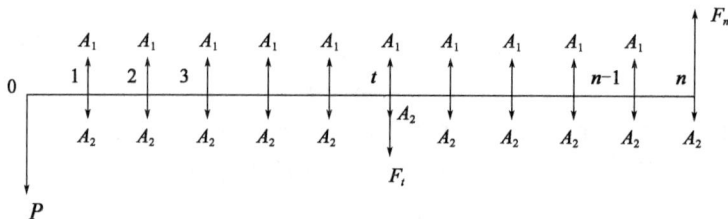

图7-6 现金流量图

2.现值的相关概念

(1)成本现值。

用现值法分析问题时,如果不同方案的收入均相同,或只需要考虑支出部分,则在计算中只计算支出部分,不计算收入部分(残值除外),就是只按成本进行对比分析,只按成本计算的现值称为成本现值,对应的评价方法称为成本现值法,也称费用法。

(2)净现值。

如果所分析问题的支出部分和收入部分均需计算,那么该投资系统的全部现金流量均需折算为现值,其代数和称为净现值(Net Present Value,NPV)。用净现值作为经济评价的判据,这种方法称为净现值法。

(3)净现值指数。

如果比较两个及以上的方案,各方案投资和收益不同,就可用净现值 NPV 作为判据来评价,也可进一步用净现值指数 NPVR 来分析单位投资的净现值。一般来说,NPVR 大的方案,其经济效益更好。净现值指数 NPVR 由式(7-22)计算:

$$NPVR = \frac{NPV}{PI} \tag{7-22}$$

式中:NPV——考察期内的净现值;

PI——总投资的现值。

3.方案评价

(1)单方案评价。

对单一方案用现值法来判断它是否可行,其评价法则为:如果收入记为正,支出记为负,则按基准收益率可算出投资方案在寿命期内现金流量的总现值 PW,如果 PW≥0,则该方案可行,如果 PW<0,则方案不可行。

【例7-14】 某企业计划用33.5万元购置一台环保设备,其寿命为6年,每年的收益为12万元,每年的维护费为2.5万元,残值为3万元,如果基准收益率为15%,该方案是否可行?若基准收益率为20%,方案又是否可行?

解:该问题的现金流量如图7-7a)所示,在现金流量的数量上,图7-7a)等效于图7-7b)。

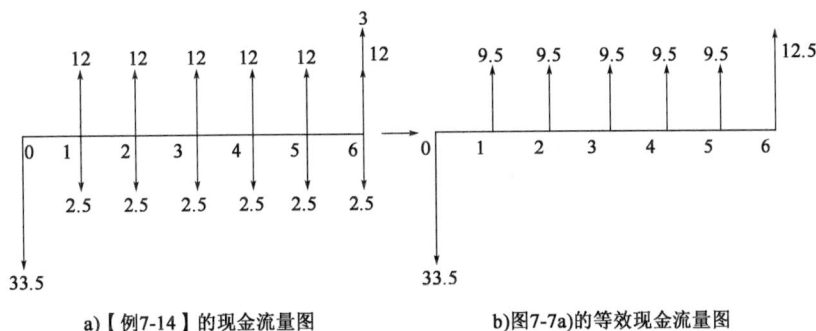

a)【例7-14】的现金流量图 b)图7-7a)的等效现金流量图

图7-7 【例7-14】的现金流量图

则该方案的现金流量折算成现值为:

$$PW = -33.5 + 9.5(P/A,i,5) + 12.5(P/F,i,6)$$

当 $i_\text{基} = 15\%$ 时：

$$PW = -33.5 + 9.5(P/A, 15\%, 5) + 12.5(P/F, 15\%, 6)$$
$$= -33.5 + 9.5 \times 3.3522 + 12.5 \times 0.4323$$
$$= -33.5 + 31.8459 + 5.4308$$
$$= 3.7767(万元) > 0$$

在此条件下，可购置这台环保设备，在抵销完总成本费后，还有 3.7767 万元的收入。

当 $i_\text{基} = 20\%$ 时：

$$PW = -33.5 + 9.5(P/A, 20\%, 5) + 12.5(P/F, 20\%, 6)$$
$$= -33.5 + 9.5 \times 2.996 + 12.5 \times 0.3349$$
$$= -0.85175(万元) < 0$$

则说明该方案不可行，即收入不能抵销完总成本费用。

（2）多方案比较。

一个投资方案的现值是否大于 0，决定了该方案是否可行。在比较多方案优劣时，其评价法则为：如果各方案的收入皆相同，则在计算分析时可省略收入，只计算支出（成本），在这种情况下，现值小的方案为优；如果需同时计算收入和支出（收入大于支出），在这种情况下，现值大的方案为优。

【例 7-15】 某环保企业准备购买一种设备，已知甲、乙两个厂家都生产性能相同的这种设备，如基准收益率定为 12%，该企业应选哪个厂家的产品？有关数据见表 7-4。

投资方案对比表　　　　　　　　　　　表 7-4

项目	甲厂机械	乙厂机械
初始投资/万元	9.5	12.6
年维修费/万元	3.4	2.8
残值/万元	0.7	1.2
寿命/年	10	10

解： 该问题的现金流量图如图 7-8 所示。两个厂的设备性能和寿命相同，可近似认为它们的收益相同，则只比较其成本。

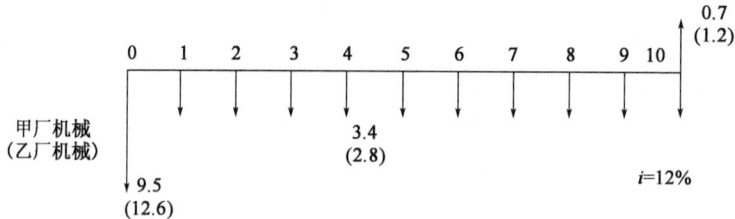

图 7-8 【例 7-15】的现金流量图

则：

$$PW_\text{甲} = 9.5 + 3.4(P/A, 12\%, 10) - 0.7(P/F, 12\%, 10)$$
$$= 9.5 + 3.4 \times 5.6502 - 0.7 \times 0.322$$
$$= 28.49(万元)$$
$$PW_\text{乙} = 12.6 + 2.8 \times 5.6502 - 1.2 \times 0.322$$
$$= 28.03(万元)$$

因为 $PW_乙 < PW_甲$,说明乙厂设备的成本现值小,则应选用乙厂生产的设备。

(二)年值法

年值法(Annual Worth Method,AWM)是将投资方案整个寿命期的所有现金收入与支出转化为等额年值(年值用 AW 表示),按等额年值加以分析评价的方法。年值法和现值法是等效的,评价结论是一致的。

在年值法中,同样可根据具体情况,将分析方法分为成本年值比较法和净年值法(Net Annual Value,NAV)。成本年值比较法也常称为最小费用法。

年值法的计算公式一般有三种形式,在分析中根据不同目的与需要选用。

(1)等额年值残值偿债基金法,其计算公式为:

$$AW = -P(A/P,i,n) + F(A/F,i,n) + A \tag{7-23}$$

(2)等额年值残值现值法,其计算公式为:

$$AW = [-P + F(P/F,i,n)](A/P,i,n) + A \tag{7-24}$$

(3)等额年值资本回收与利息法,其计算公式为:

$$AW = (-P + F)(A/P,i,n) - Fi + A \tag{7-25}$$

【例7-16】　某环保项目可采用的投资方案有两种,见表7-5,预期利率8%,比较两种方案的优劣。

甲、乙两方案投资对比表　　　　　　　　　　　　表7-5

项目	方案甲	方案乙
一次投入/万元	50	75
年经营费/万元	14	31
残值/万元	4	6
寿命/年	7	10
年收入/万元	35	54

解:现金流量图如图7-9所示。

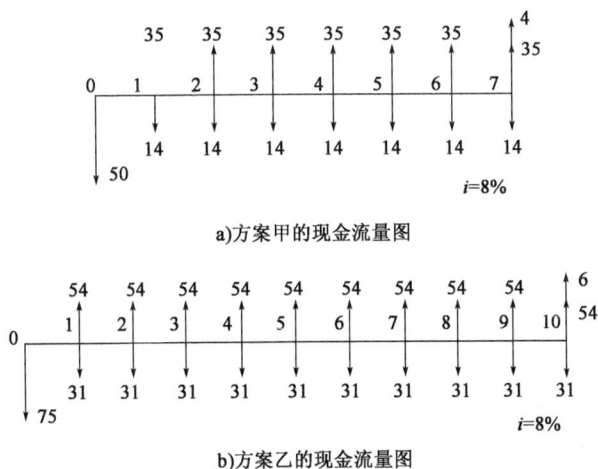

a)方案甲的现金流量图

b)方案乙的现金流量图

图7-9　【例7-16】的现金流量图

采用残值现值法计算 $AW_甲$：

$$AW_甲 = [-50 + 4(P/F,8\%,7)](A/P,8\%,7) + 35 - 14$$
$$= [-50 + 4 \times 0.5835] \times 0.1921 + 21$$
$$= -9.1566 + 21$$
$$= 11.84(万元)$$

采用残值偿债基金法计算 $AW_乙$：

$$AW_乙 = -75(A/P,8\%,10) + 6(A/F,8\%,10) + 54 - 31$$
$$= -75 \times 0.1490 + 6 \times 0.069 + 23$$
$$= -10.761 + 23$$
$$= 12.24(万元)$$

$AW_乙 > AW_甲$，所以方案乙优于方案甲。

(三)投资收益率法

投资收益率法是评价投资方案的一种主要方法,投资收益率法包括内部收益率法和外部收益率法,内部收益率法应用广泛。

1. 投资收益率概述

(1)投资收益率。

投资收益率是指投资的利润率或回报率,一般以年度百分比来表达。按是否考虑资金时间因素,投资收益率分为动态投资收益率和静态投资收益率。

动态投资收益率考虑了资金的时间价值因素,是反映投资项目获利能力的动态评价指标。动态投资收益率本身是一个折现率,是指项目计算期内各年净现金流量现值累计等于零时的折现率。动态投资收益率包括内部收益率(Internal Rate of Return,IRR)和外部收益率(External Rate of Return,ERR)。

静态投资收益率是评价投资方案盈利能力的静态指标,是指项目的年利润总额或年平均利润总额与项目总投资的比率,一般是指在项目达到设计一定生产能力后一个正常年份的年净收益总额与项目投资总额的比率,表明在项目正常生产年份中,单位投资每年所创造的年净收益额。

(2)内部收益率。

内部收益率 IRR 是指投资方案的资金流入现值总额与资金流出现值总额相等,即净现值等于零时的折现率。内部收益率的经济含义可以理解为项目对所占用资金的一种恢复能力,这种能力使在项目的寿命期内,占用资金刚好恢复完全。内部收益率越高,一般来说,方案的经济性越好。内部收益率是衡量项目投资的常用指标。

在项目经济评价中,根据分析层次的不同,内部收益率有财务内部收益率(FIRR)和经济内部收益率(EIRR)之分。

(3)外部收益率。

外部收益率 ERR 是指投资方案原始投资额的终值与各年的净现金流量按基准收益率或设定的折现率计算的终值之和相等时的收益率。

ERR 和 IRR 的计算都是基于再投资假设,即投资项目生命期内新产生的现金流(区别于初期投资)全都用于再投资。但不同的是,外部收益率是假定再投资的收益率等于基准收益率或设定的收益率。外部收益率的经济含义也可以理解为项目对所占用资金的一种恢复能力。

2. 内部收益率的经济含义

内部收益率是指建设项目在建设和生产服务年限内,所有现金流量的累计和(一般指净现金流量)等于零时的收益率,常用 $i_内$ 表示。根据内部收益率的概念,$i_内$ 必须满足下列公式:

$$PW_{(i内)} = \sum_{t=0}^{n} F_t (1 + i_内)^{-t} = 0 \qquad (-1 < i_内 < +\infty) \qquad (7\text{-}26)$$

由于现值法、年值法和终值法等效,所以内部收益率也满足:

$$Aw_{(i内)} = 0, Fw_{(i内)} = 0$$

假定一家企业用 100 万元购置一套环保设备,寿命为 5 年,各年的现金流量如图 7-10a)所示,已求得内部收益率 $i_内 = 10\%$。那么这 $i_内 = 10\%$ 表明,所占用的资金在 10% 的利率情况下,在其寿命终了时可以使占用资金刚好全部恢复,恢复过程见图 7-10b),$(F/P, 10\%, 1) = 1.10$。

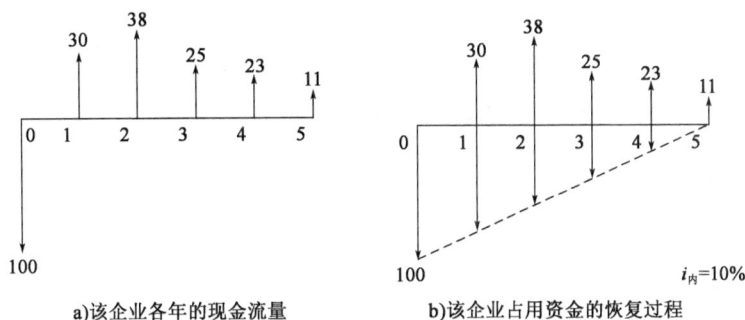

a)该企业各年的现金流量　　　b)该企业占用资金的恢复过程

图 7-10　该企业各年的现金流量及资金恢复过程

如果在第 5 年年末的现金流量不是 11 万元,而是 15 万元,那么按 10% 的利率,到期末,除恢复占用资金外,还有 4 万元的剩余,为了使所占用的资金到期末刚好恢复,则其内部收益率要高于 10%。

3. 内部收益率的计算方法

内部收益率的计算方法实质是现值法、年值法和终值法的反算法,$i_内$ 为待求值。直接采用式(7-26)计算内部收益率是烦琐的,会带来诸多不便。在实际计算时,内部收益率的计算一般采用式(7-27),结合试算法与插入法求得。

$$PW_{(i内)} = \pm P_0 \pm \sum_{t=1}^{n} F_t(P/F, i_内, t) \pm A(P/A, i_内, n) = 0 \qquad (7\text{-}27)$$

内部收益率法的评价法则如下。

对单方案的最终评价,若求得的内部收益率大于或等于基准收益率,则项目在经济上是可行的,即 $i_内 \geq i_基$;否则,是不可行的。

对多方案进行比较评价时,如果是对多项独立方案进行评价,可以直接比较各方案的 $i_内$ 大小;如果是对互斥多方案进行评价,一般不能直接比较各方案的 $i_内$ 大小,而要用增额投资收益率作为评价判据。

【例 7-17】　某环保项目的现金流量如表 7-6 所示,求其内部收益率。

某环保项目现金流量表

表 7-6

年末	1	2	3	4	5	6	7	8
现金流量/万元	−1000	−1000	500	500	500	500	500	500

解: 现金流量图如图 7-11 所示。

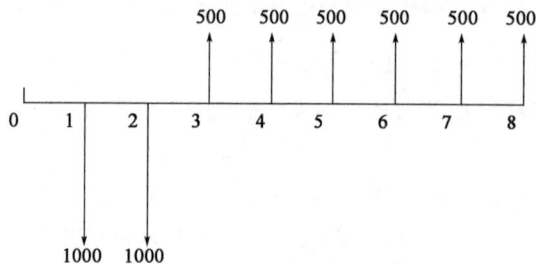

图 7-11 【例 7-17】的现金流量图

设 $i_1 = 10\%$,则净现值为:

$$PW(i_1) = -1000[(P/F,10\%,1) + (P/F,10\%,2)] + 500(P/A,10\%,6)(P/F,10\%,2)$$
$$= -1000 \times (0.9091 + 0.8265) + 500 \times 4.3553 \times 0.8265$$
$$= -1735.6 + 1797.87$$
$$= 62.27（万元）$$

$PW(i_1) > 0$,说明 $i_内$ 比 10% 大。

再设 $(i_2) = 12\%$,有:

$$PW(i_2) = -1000[(P/F,12\%,1) + (P/F,12\%,2)] + 500(P/A,12\%,6)(P/F,12\%,2)$$
$$= -1000 \times (0.8924 + 0.7972) + 500 \times 4.1114 \times 0.7972$$
$$= -1689.6 + 1638.8$$
$$= -50.8（万元）$$

$PW(i_2) < 0$,说明 $i_内$ 比 12% 小。

可见 $i_内$ 在 10% 与 12% 之间,由插入公式:

$$i_内 = i_1 + \frac{|(i_2 - i_1)PW(i_1)|}{|PW(i_1)| + |PW(i_2)|} \tag{7-28}$$

得:

$$i_内 = 10\% + \frac{|(12\% - 10\%) \times 62.27|}{62.27 + 50.8}$$
$$= 10\% + 1.11\%$$

一般试算用的两个相邻的高低利率之差,以不超过 2% 为宜,最大不超过 5%,这样可以保证精度,减少误差。

计算出方案的 $i_内$,与相应的 $i_基$ 比较,得出评价结论。

4. 增额投资收益率法

对互斥多方案的比较采用收益率法时,须用增额投资收益率作为判据。所谓增额投资收益率,一般指两两互斥方案现金流量差额的内部收益率,记为 $i_增$。增额投资收益率法评价法则为:若 $i_增 > i_基$,投资大的方案为优;反之,则投资小的方案为优。

【**例 7-18**】 某企业计划投资一个城市污水处理厂,现拟定三个方案 A_1、A_2、A_3,有关数据见表 7-7。假设基准收益率为 15%,利用投资收益率法进行方案选择。

某污水处理厂投资方案   金额单位:万元   表 7-7

年末	方案			
	A_0	A_1	A_2	A_3
0	0	-5000	-8000	-10000
1~10	0	1400	1900	2500

解:对于互斥多方案,应用投资收益率法进行选择时,应采用增额投资收益率法。

首先,把方案按照初始投资的大小由小到大进行排序,在【**例 7-18**】中,A_0 方案为不投资的零方案,所谓不投资是指把资金投放到其他机会上而不投到所分析的方案上。假设一个零方案是为了方案比较有一个基准。当然不设零方案也可以,直接进行方案比较。

其次,按投资小大顺序依次进行两两方案比较,投资大的方案与投资小的方案比较。如在本例中,先是 A_1 方案与 A_0 方案相比,使增额投资($A_1 - A_0$)的净现值(或年值、终值)等于零,求其现金流量差额的内部收益率 $i_{增(A_1-A_0)}$,注意是投资大的方案现金流量减去投资小的方案现金流量。

则:

$$(-5000 - 0) + (1400 - 0)(P/A, i, 10) = 0$$

有:

$$i_{增(A_1-A_0)} = 25\%$$

增额投资收益率法评价法则为:若 $i_增 > i_基$,投资大的方案为优;反之,则投资小的方案为优。

由于 $i_{(A_1-A_0)} > i_基$,则 A_1 方案优于 A_0 方案,A_1 方案可作为临时最优方案,淘汰 A_0 方案,再进行 A_2 方案与 A_1 方案的比较:

有:

$$-8000 - (-5000) + (1900 - 1400)(P/A, i, 10) = 0$$

得:

$$i_{(A_2-A_1)} = 10.5\%$$

因:

$$i_{(A_2-A_1)} < i_基$$

则 A_1 方案优于 A_2 方案,淘汰 A_2 方案。

然后进行 A_3 方案与 A_1 方案的比较:

有:

$$-10000 - (-5000) + (2500 - 1400)(P/A, i, 10) = 0$$

得:

$$i_{(A_3-A_1)} = 17.6\% > 15\% (i_基)$$

则 A_3 方案为最优方案,淘汰 A_1 方案。

如果后面还有其他比较方案,如此再进行下去。

5. 内部收益率与净现值的关系

内部收益率 IRR 是一个效率型指标,既反映了投资额的回收能力,又反映了投资的使用效率。内部收益率是由项目现金流量计算出来的,所以内部收益率的突出优点是在计算时不须事先给定基准收益率。当外生的基准收益率不易准确确定时,内部收益率可以较容易判断项目的取舍,所以投资方案经济分析中内部收益率更受重视。

净现值 NPV 是一个价值型指标,其含义明确,易于理解。净现值是基准收益率的函数,并且随着基准收益率的增大而减小。内部收益率与基准收益率的大小无关。但是采用 NPV 与 IRR 对投资方案进行评价时,它们的评价结论均受基准收益率大小的影响,其中内部收益率是以基准收益率为判别标准的。

净现值和内部收益率指标都隐含了投资项目的各年净现金流量全部用于再投资的假说。净现值指标假设项目各年净现金流量(净收益)均按基准收益率再投资,内部收益率则假设投资项目各年净现金流量(净收益)均按内部收益率再投资。一般情况下,项目各年投资净收益是很难再按该项目的内部收益率再投资的,所以内部收益率的再投资假设是牵强的。因此,一般情况下,净现值和内部收益率对投资方案的评价结论一致,但是,当对互斥多方案进行评价时,净现值和内部收益率指标可能产生不一致的结论,其原因正是两种方法再投资假设的不同。

影响项目方案评价的因素有很多,单靠一个指标的评价作用是有限的,需要诸多指标相互配合综合分析评价。因此,项目可行性研究中的经济评价强调选用多个指标相互补充,如净现值、净现值指数、净年值、内部收益率、投资回收期等,综合分析评价,科学进行决策。

(四)投资回收期法

投资回收期(Payback Period,PP)也称返本期,是指用投资方案所产生的净收入补偿原投资所需要的时间,即项目投资可在某年内收回。投资回收期是反映一个项目对所占用资金清偿能力的重要指标。

1. 计算公式

投资回收期可用 m 表示,其计算公式为:

$$PW_m = \sum_{t=0}^{m} F_t (1+i)^{-t} = 0 \tag{7-29}$$

式中:i——预定利率(如基准收益率等);

F_t——第 t 年的现金流量。

在实际计算时采用:

$$PW_m = \pm P_0 \pm \sum_{t=1}^{m} F_t(P/F,i,t) \pm A(P/A,i,m) = 0 \tag{7-30}$$

投资回收期法的评价法则为:对于单方案,$m \leq m_标$(标准投资回收期)时,方案可行;对于多方案,原则上应采用增额投资回收期来评价,如有 A、B 两个方案,A 方案投资大,B 方案投资小,则当 $m_{增(A-B)} \leq m_标$时,投资大的 A 方案为优,否则投资小的方案为优。

2. 评价方法

【例 7-19】 某投资系统的现金流量如图 7-12 所示,其投资回收期为多少?

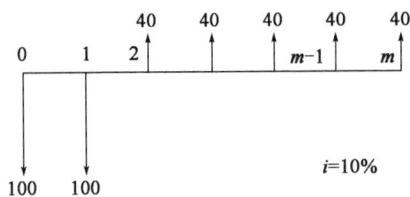

图 7-12 【例 7-19】的现金流量图

解:用现值法计算该问题的投资回收期 m。

有:

$$\mathrm{PW}_m = -100 - 100 \times 0.9091 + 40 \times (P/A, 10\%, m)$$
$$= -190.91 + 40 \times (P/A, 10\%, m)$$
$$= 0$$

则:

$$(P/A, 10\%, m) = 4.7728$$

当 $m = 6$ 时,$(P/A, 10\%, 6) = 4.3553$;

当 $m = 7$ 时,$(P/A, 10\%, 7) = 4.8684$。

有:

$$m = 6 + \frac{(7-6) \times (4.7728 - 4.3553)}{4.8684 - 4.3553}$$
$$= 6 + 0.814$$
$$= 6.814(年)$$
$$\approx 6 年 10 个月$$

所以,如果 $m_标$ 大于 6 年 10 个月,则该方案可行。

【例 7-20】 有两种投资方案:甲方案的总投资为 1000 万元,估计每年净收益为 230 万元;乙方案的总投资额为 1400 万元,估计每年净收益为 300 万元。试计算两个方案的投资回收期,并选择最优方案。设定年利率为 6%,标准投资回收期为 8 年。

解:按现值法计算回收期。

甲方案:

$$0 = -1000 + 230(P/A, 6\%, m_甲)$$

则:

$$(P/A, 6\%, m_甲) = \frac{1000}{230} = 4.35$$

求得:$m_甲 = 5.2(年)$。

乙方案:

$$0 = -1400 + 300(P/A, 6\%, m_乙)$$

则:

$$(P/A, 6\%, m_乙) = \frac{1400}{300} = 4.67$$

求得:$m_乙 = 5.6(年)$。

两个方案的投资方案回收期均小于标准投资回收期(8 年),说明两个方案均可行,但最优方案要用增额投资回收期来选择,即求出投资大的乙方案对甲方案的增额投资回收期,然后进行评价。

则:

$$0 = -(1400 - 1000) + (300 - 230)(P/A, 6\%, m)$$

$$(P/A, 6\%, m) = \frac{400}{70} = 5.71$$

求得: $m_{(乙-甲)} = 7.2(年)$。

因为 $m_{(乙-甲)} < m_标$,所以投资大的乙方案为优。

衡量投资回收期长短的判据,不同项目有所区别,生产性项目投资回收期较短,基础设施项目投资回收期则较长,一般可参考本行业历史资料及有关情况制定本行业的标准投资回收期。投资回收期易于理解,但它只反映项目的偿还期限,没有考虑在此以后项目的经济效益,所以用它来作为评价项目的判据是不全面的,有时可能作出不正确的选择,需与其他评价指标结合使用。

二、静态评价方法

静态评价方法不考虑资金的时间价值,即 $i = 0$。静态方法简便易行,能较快得出评价结论,但其不能反映项目寿命期间的全面情况。静态评价方法多用于小型项目评价,或用于项目初步筛选方案,精确度不高。静态评价方法的主要指标有以下几种。

(一)投资效果系数

投资效果系数 R 又称静态投资收益率,是指项目达到设计规模正常生产年份的年净现值与投资之比,即

$$R = \frac{N}{I} \times 100\% = \frac{S - C - T}{I} \times 100\% \tag{7-31}$$

式中: N——净现值;

　　I——项目总投资额;

　　S——年销售收入;

　　C——年经营成本;

　　T——年税金。

投资效果系数是反映建设项目获利能力的静态指标,表示单位投资的净效益。其评价法则为:若投资效果系数≥标准投资效果系数(静态投资基准收益率),项目在经济上可行;反之,则不可行。

【例7-21】 某拟建环保项目的总投资额为800万元,计划设计规模正常生产年份的年销售为300万元,年经营成本为130万元,年缴纳税金为30万元,计算该项目的投资效果系数。

解:已知:

$$I = 800 万元, S = 300 万元, C = 130 万元, T = 30 万元$$

则：

$$R = \frac{S-C-T}{I} \times 100\%$$

$$= \frac{300-130-30}{800} \times 100\%$$

$$= 17.5\%$$

如果静态投资基准收益率小于 17.5%,则该项目可行;如果静态投资基准收益率大于 17.5%,则该项目不可行。

(二)静态投资回收期

静态投资回收期有"包括建设期的投资回收期"和"不包括建设期的投资回收期",在具体项目的经济评价中,应结合具体要求进行确定。

静态投资回收期(PP)与投资效果系数互为倒数关系,其计算公式为：

$$PP = \frac{I}{N} = \frac{1}{R} \tag{7-32}$$

如【例 7-21】的投资回收期为：$PP = \frac{800}{140} = 5.7$(年)。

静态投资回收期的评价法则为：静态投资回收期小于或等于标准投资回收期,即 $PP \leqslant PP_标$,项目在经济上可行;反之,则不可行。

当年净收益不等时,常用累计净现金流量来计算投资回收期,即求出当满足式(7-32)或式(7-33)时的 PP。

$$\sum_{t=1}^{P} N_t - I = \sum_{t=1}^{P} (S_t - C_t - T_t) - I = 0 \tag{7-33}$$

式中,S_t、C_t、T_t 分别为第 t 年的销售收入、经营成本和税金,N_t 为第 t 年的净收益。

【例 7-22】　某环保项目投资方案如表 7-8 所示,求其投资回收期。

某环保项目投资方案　　　　金额单位:万元　　表 7-8

项目周期(年)		投资额	年收益	年末累计净现值
建设期	1	−550		−550
	2	−700		−1250
	3	−350		−1600
生产期	4		350	−1250
	5		370	−880
	6		390	−490
	7		420	−70
	8		450	+380

解:该项目的年末累计净现值从第 8 年变为正值,则：

$$\sum_{t=1}^{7} N_t = 0+0+0+350+370+390+420 = 1530 < I = 1600(万元)$$

$$\sum_{t=1}^{8} N_t = 0+0+0+350+370+390+420+450 = 1980 > I = 1600(万元)$$

用插入法：

$$投资回收期 = \left[\begin{array}{c}累计净现金流量\\开始出现正值年份\end{array}\right] - 1 + \frac{上年累计净现金流量的绝对值}{累计净现金正值年份的净收益} \quad (7\text{-}34)$$

解得：

$$PP = 8 - 1 + \frac{70}{450} = 7.16(年) \approx 7\,年\,2\,个月$$

(三)追加投资效果系数

对两个及以上方案进行经济效果比较时，不能简单用各自方案的投资效果系数的大小来评价，而要用追加投资效果系数(静态增额投资收益率)来评价。以两个方案的经济效果比较为例，在对两个方案进行分析比较时，应根据不同情况进行分析。

(1)两个方案的投资和年成本相同，但收益不同(假设质量相同)，这种情况下很容易判别出方案的优劣。

(2)如果两方案的产量和质量都相同，这时只需比较成本，成本小者为优。具体来说，在成本中，两方案投资相同但年成本不等，或者年成本相同但投资不同，在这种情况下选择方案也比较容易。

(3)两方案的产量和质量相同，方案 1 比方案 2 的投资多，而方案 1 的年成本比方案 2 小，这是一般性的情况。对于这种情况，需要计算其追加投资效果系数 $R_{追}$，如式(7-35)所示：

$$R_{追} = \frac{\Delta C}{\Delta K} = \frac{C_2 - C_1}{K_1 - K_2} \quad (7\text{-}35)$$

式中：ΔK、ΔC——追加投资、追加投资利润(节省的成本)；

$\qquad K_1$、K_2——对比方案的投资额，$K_1 > K_2$；

$\qquad C_1$、C_2——对比方案的年成本，$C_1 < C_2$。

追加投资效果系数是指一个方案比另一个方案所减少的投资，抵偿所增加的年成本的指标值。其评价法则为：若 $R_{追} > i_{基}$，则投资方案大的为优；否则，投资小的方案为优。

【例7-23】 某拟建环保项目有三个投资方案，见表7-9，设基本收益率为22%，用静态评价方法比较优劣。

某环保项目投资方案 金额单位：万元 表7-9

现金流量	方案		
	A	B	C
投资	200	240	300
年成本	40	30	20
年收入	100	100	100

解：分析比较时，首先按由小到大的原则对方案投资进行排序，然后用投资大的方案与投资小的方案相比。

有：$R_{(B-A)} = \dfrac{40 - 30}{240 - 200} = \dfrac{10}{40} = 25\% > 22\%$（B 方案优于 A 方案）；

$R_{(C-B)} = \dfrac{30 - 20}{300 - 240} = \dfrac{10}{60} = 16.7\% < 22\%$（B 方案优于 C 方案）；

故方案 B 为优。

又：$R_{(C-A)} = \dfrac{40-20}{300-200} = \dfrac{20}{100} = 20\% < 22\%$（A 方案优于 C 方案）；

则 B 方案为最优方案，A 方案排第二，C 方案排最后，即 B—A—C。

而各方案自身的投资效果系数为：

$$R_A = \frac{100-40}{200} = 30\%, \quad R_B = \frac{100-30}{240} = 29\%, \quad R_C = \frac{100-20}{300} = 26.7\%$$

各方案的 R 均大于 22%，说明三个方案均可行，但排序不同，为 A—B—C，所以说多方案评价不能用各方案自身的 R 进行排序。

(4)若对比方案产量不同，可采用单位投资和单位成本进行计算，其追加投资效果系数为：

$$R_{追} = \frac{\dfrac{C_2}{Q_2} - \dfrac{C_1}{Q_1}}{\dfrac{K_1}{Q_1} - \dfrac{K_2}{Q_1}} \tag{7-36}$$

式中：Q_1、Q_2——对比方案的产量；

C_1、C_2——对比方案的成本；

K_1、K_2——对比方案的投资。

如在【例 7-23】中，若 B 方案的年产量为 100，C 方案的年产量为 110，则有：

$$R_{(C-B)} = \frac{\dfrac{30}{100} - \dfrac{20}{110}}{\dfrac{300}{110} - \dfrac{240}{100}} = \frac{13}{36} = 36\% > 22\%$$

则此时 C 方案为优。

(四)追加投资回收期

追加投资回收期也称静态增额投资回收期，是指投资较大的方案用其每年经营成本的节约额，来补偿其投资增额部分所需要的时间。追加投资回收期 $P_{追}$ 与追加投资效果系数互为倒数，计算公式为：

$$P_{追} = \frac{\Delta K}{\Delta C} = \frac{K_1 - K_2}{C_2 - C_1} = \frac{1}{R_{追}} \tag{7-37}$$

追加投资回收期的评价法则为：当 $P_{追} < P_{标}$ 时，应选择投资较大的方案；反之，则选择投资较小的方案。

如在【例 7-23】中：

$$P_{(B-A)} = \frac{240-200}{40-30} = \frac{40}{10} = 4(年)$$

如果 $P_{标} = 3.5$ 年，则 B 方案优于 A 方案。

第四节 项目经济评价的不确定性分析

项目经济评价所采用的数据多数来自预测和估算，同时常缺乏足够的信息资料，所以项目存在不确定因素。对项目未来情况不能作出精准的预测，项目实施后的实际情况难免与预测情况有差异,这种差异也使项目经济评价不可避免地带有不确定性。不确定性有时会给项目带来风险,所以,在对项目进行常规经济评价后,要对项目进行经济评价的不确定性分析。

一、不确定性分析概述

不确定性分析是对项目在建设与使用过程中可能出现的各种事先无法预测和控制的因素变化与影响所进行的分析与评价。不确定性分析要尽量弄清和减小不确定因素对经济评价的影响,从而提高项目经济评价的有效性和风险防范能力,提高项目投资决策的科学性和可靠性。

通过对项目不确定因素的分析及变化的综合分析,可以指出具体的评价结果或修改方案的建议和意见,作出比较切合实际的方案评价,对项目的技术经济效果和投资决策是否可接受作出评价。同时,通过不确定性分析,还可以预测项目方案对某些生态环境与社会经济风险的影响,减小不确定因素对项目综合效益的影响,从而评价项目的可行性和稳定性。

不确定性分析主要包括盈亏平衡分析、敏感性分析和风险分析。盈亏平衡分析主要针对生产性的项目,适用于财务评价。敏感性分析和风险分析可同时用于财务评价和国民经济评价。一般做法是,先进行盈亏平衡分析,再实施敏感性分析,必要时再进行风险分析。

二、盈亏平衡分析

(一)盈亏平衡分析概述

盈亏平衡分析(Break Even Analysis,BEA)是对产品的成本、业务量(产量、销售量、工作量等)和利润间的关系进行分析的方法。盈亏平衡分析在一定的市场、生产能力条件下,研究项目成本与收益平衡的关系,广泛应用于决策分析中,以判断投资方案抗风险能力的大小。

由于产品的成本相当一部分是固定成本,产品批量如果小,则单位产品摊到的固定成本就高,从而成本就高。而当单位产品的销售价格一定时,产品批量小到一定程度以下,单位成本将高于产品销售价格,从而生产是亏本的。只有产品批量大到一定程度以上时,单位成本低于产品销售价格,生产才是盈利的。

盈利与亏本分界的产品批量点称为盈亏平衡点(Break Even Point,BEP),找出盈亏平衡点的过程即为盈亏平衡分析。

盈亏平衡点的表达值有多种,可用绝对值表示,也可用相对值表示。盈亏平衡点的绝对值有实物产量、单位产品售价、单位产品可变成本,以及年总固定成本等。盈亏平衡点的相对值有生产能力利用率等,其中,以产量和生产能力利用率表示盈亏平衡点值的应用更为广泛。

根据生产成本及销售收入等与产量(销售量)之间是否呈线性关系,盈亏平衡分析可进一步分为线性盈亏平衡分析和非线性盈亏平衡分析。这里主要介绍线性盈亏平衡分析的方法。

(二)线性盈亏平衡分析

进行盈亏平衡分析,须将生产成本分为固定成本和可变成本。在特定的条件下,企业产品的成本函数是线性的。

1. 基本方程

线性盈亏平衡分析有以下三个基本方程:

（1）成本费用方程。

$$C_T = C_F + C_V = C_F + C_n \times N \tag{7-38}$$

（2）销售费用方程。

$$S' = P \times N(1 - t') \quad （考虑税金） \tag{7-39}$$

$$S = P \times N \quad （不考虑税金） \tag{7-40}$$

（3）利润费用方程。

利润为销售收入与成本之差：

$$\begin{aligned} E &= S' - C_T \\ &= P \times N \times (1 - t') - C_F - C_n \times N \\ &= [P(1 - t') - C_n] \times N - C_F \end{aligned} \tag{7-41}$$

或

$$E = (P - t - C_n) \times N - C_F$$

式中：C_T——总成本；

C_F——总固定成本；

C_V——总可变成本；

C_n——单位产品可变成本；

N——总产量（销售量），产品不滞销时，产量与销售量近似相等；

S——销售收入；

S'——扣除销售税金后的销售收入；

t'——销售税率；

t——单位产品的销售税金，$t = P \times t'$；

P——单位产品售价。

由式（7-41）可知，影响利润的因素有五个，即总固定成本 C_F，单位产品可变成本 C_n，单位产品售价 P，总产量（销售量）N 和销售税率 t'。

2. 盈亏平衡点的确定

当盈亏平衡时，收入应与支出相等，即扣除销售税金后的销售收入 S' 等于总成本 C_T，由式（7-38）和式（7-39）可得 $C_T = S'$，即

$$C_F + C_n \times N' = P \times N'(1 - t')$$

则产量的盈亏平衡点 BEP（产量）为：

$$\begin{aligned} N' &= \frac{C_F}{P(1 - t') - C_n} \\ &= \frac{C_F}{P - C_n - t} \end{aligned} \tag{7-42}$$

式中：N'——盈亏平衡产量（最低经济产量）；

t——单位产品的销售税金，$t = P \times t'$。

盈亏平衡时，利润为 0，则也可由式（7-41），令 $E = 0$ 求出 BEP。

式（7-42）表示的是绝对值产量的 BEP，把式（7-42）两边除以设计产量（额定产量）N_0，则得到以生产量能力利用率表示的相对值的 BEP，见式（7-43）。

BEP（生产能力利用率）：

$$\frac{N'}{N_0} = \frac{C_F}{N_0(P - C_n - t)}$$

$$= \frac{C_F}{S - C_V - T} \tag{7-43}$$

式中：T——年销售税金，$T = N_0 \times t$；

N_0——设计产量(额定产量)。

公式变换：

$$S = P \times N_0$$
$$C_V = C_n \times N_0$$

盈亏平衡点还可用其他形式表示。

BEP(盈亏平衡点单位产品销价)：

$$P' = \frac{C_F}{N_0} + C_n + t \tag{7-44}$$

BEP(盈亏平衡点单位产品可变成本)：

$$C_n' = P - t - \frac{C_F}{N_0} \tag{7-45}$$

BEP(盈亏平衡点总固定成本)：

$$C_F' = N_0(P - C_n - t) \tag{7-46}$$

相应的盈亏平衡点相对值有：

$$\frac{P'}{P} = \frac{1}{P}\left(\frac{C_F}{N_0} + C_n + t\right) \tag{7-47}$$

$$\frac{C_n'}{C_n} = \frac{1}{C_n}\left(P - t - \frac{C_F}{N_0}\right) \tag{7-48}$$

$$\frac{C_F'}{C_F} = \frac{N_0(P - C_n - t)}{C_F} \tag{7-49}$$

如果用 1 减去盈亏平衡点的相对值，便可得到各预测值的允许降低率和允许增加率。

3. 盈亏平衡图

盈亏平衡分析也可以用盈亏平衡图进行。现以产量的 BEP 为例，介绍盈亏平衡图做法。

以横坐标表示年产量，纵坐标表示总成本或总销售费(税后)，将成本费用方程和销售费用方程在坐标中作图，图中共有 3 条线，如图 7-13 所示。

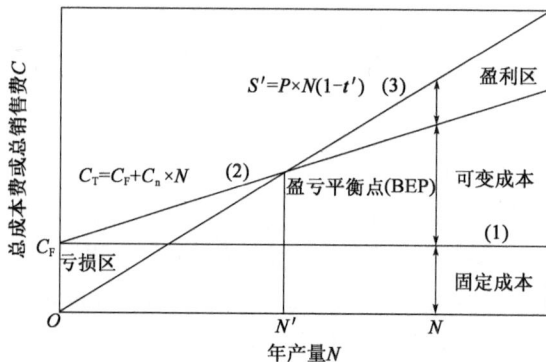

图 7-13 盈亏平衡图

（1）固定成本线：它表示总成本中的固定成本费用部分，为一条在纵轴面上截距为 C_F 的水平线。

（2）总成本线：它表示在不同产量时的总成本，是一条纵轴上截距为 C_F，斜率为 C_n 的斜线。

（3）总销售线：它表示在不同产量时的总销售收入，是一条通过原点，斜率为 P 的直线。

总成本线与总销售线的交点即盈亏平衡点（BEP）。与盈亏平衡点相对应的产量即盈亏平衡产量 N'，在此产量以下为亏损区，在此产量以上为盈利区。总销售线与总成本线的垂直距离为在不同产量时企业的损益值。

从图 7-13 中可以看出，盈亏平衡点越低，盈利区越大，项目盈利的机会越大，亏损的风险就越小。

【例 7-24】 某企业生产某种环保产品，设计年产量为 10000 件，每件产品的销售价格为 60 元，每件产品交付的税金为 10 元，单位可变成本为 25 元，年总固定成本为 11 万元。试求盈亏平衡点的量值和允许降低（增加）率。如果该企业每年期望获利不少于 10000 元，则产量应不低于多少？

解： 已知：$N = 10000$ 件，$P = 60$ 元/件，$t = 10$ 元/件，$C_n = 25$ 元，$C_F = 110000$ 元。

则：

$$N' = \frac{C_F}{P - C_n - t} = \frac{110000}{60 - 25 - 10} = 4400（件）$$

$$P' = \frac{C_F}{N} + C_n + t = \frac{110000}{10000} + 25 + 10 = 46（元/件）$$

$$C_n' = P - t - \frac{C_F}{N} = 60 - 10 - \frac{110000}{10000} = 39（元/件）$$

$$C_F' = N(P - C_n - t) = 10000 \times (60 - 25 - 10) = 25（万元）$$

将计算所得的各种方式表示的盈亏平衡点的量和允许降低（增加）率列入表 7-10 中。

从表 7-10 可以看出，当其他条件不变时，产量可允许降低到 4400 件，低于这个产量，项目就会发生亏损，即此项目在产量上有 56% 的余地。同样，在售价上也可降低 23% 而不致亏损。单位产品可变费用允许上升到 39 元/件，即比原来的 25 元/件上升 56%；年度总费用最高允许到 25 万元，即可允许上升 127%。

盈亏平衡点的量和允许降低（增加）率　　表 7-10

项目	产量	售价	单位可变费用	年固定费用
BEP（以绝对值表示）	4400 件	46 元/件	39 元/件	25 万元
BEP（以相对值表示）	$\frac{N'}{N} = 44\%$	$\frac{P'}{P} = 77\%$	$\frac{C'}{C_n} = 156\%$	$\frac{C_F'}{C_F} = 227\%$
允许降低（升高）率	$1 - 44\% = 56\%$，降	$1 - 77\% = 23\%$，降	$1 - 156\% = -56\%$，升	$1 - 227\% = -127\%$，升

由式（7-41）可知利润费用方程：

$$E = [P(1 - t') - C_n]N - C_F$$

$$E = (P - t - C_n)N - C_F$$

则根据题**【例 7-24】**所给条件，可得利润：

$$E = (60 - 10 - 25) \times 10000 - 110000 = 140000（元）$$

如果企业每年期望获利不少于 100000 元,则相应产量不低于:

$$N = \frac{E + C_F}{P - t - C_n}$$

$$= \frac{100000 + 110000}{60 - 10 - 25}$$

$$= 8400(件)$$

(三)方案比较中的盈亏平衡分析

在两项或两项以上的互斥方案比较中,如果甲方案的固定成本大于乙方案的固定成本,而乙方案的可变成本又大于甲方案的可变成本,即 $C_{F甲} > C_{F乙}$,$C_{V甲} < C_{V乙}$,这时可先求出这些方案的盈亏平衡点,再根据盈亏平衡点决定方案的取舍。

如果方案的成本或收益为某一变量的函数,最合理的办法是将成本或收益写成函数式,对这些方案进行损益平衡分析,再作出取舍决策。

【例 7-25】 某企业欲购置一台环保设备,有两种型号可供选择,见表 7-11,设定年利率为 10%,试作出决策。

甲、乙两方案费用对比表

表 7-11

方案	甲:自动化机械	乙:非自动化机械
购置费	2300 元	8000 元
经营费	12 元/h	24 元/h
维修费	3500 元/件	1500 元/年
残值	4000 元	0
产量	8t/h	6t/h
寿命	10 年	5 年

解: 该题的关键是求出盈亏平衡点产量。

(1)设该企业每年生产产品 x 吨,则:

甲型号:每年生产 x 吨产品,共需经营费:

$$12 \times \frac{1}{8}x = \frac{3}{2}x(元)$$

式中:$\frac{1}{8}x$——生产 x 吨产品所需的时间,h。

乙型号:每年生产 x 吨产品,共需经营费:

$$24 \times \frac{1}{6}x = 4x(元)$$

(2)用年值法求两个方案的年值成本。

甲型号:

$$AW_甲 = 2300(A/P,10\%,10) - 4000(A/F,10\%,10) + 3500 + \frac{3}{2}x$$

$$= 6992 + 1.5x$$

乙型号：

$$AW_{乙} = 8000(A/P,10\%,5) + 1500 + 4x$$
$$= 3610 + 4x$$

（3）令 $AW_{甲} = AW_{乙}$，求 x，即年值成本相等处的盈亏平衡点产量。

则：

$$6992 + 1.5x = 3610 + 4x$$

得：$x = 1353$（t/年）。

所以，如果工厂的年产量小于 1353t，应该购置非自动化机械；大于 1353t，应该购置自动化机械。

盈亏平衡图如图 7-14 所示，图中，（1）为非自动化乙方案总成本线，（2）为自动化甲方案总成本线，（3）为自动化甲方案固定成本线，（4）为非自动化乙方案固定成本线。

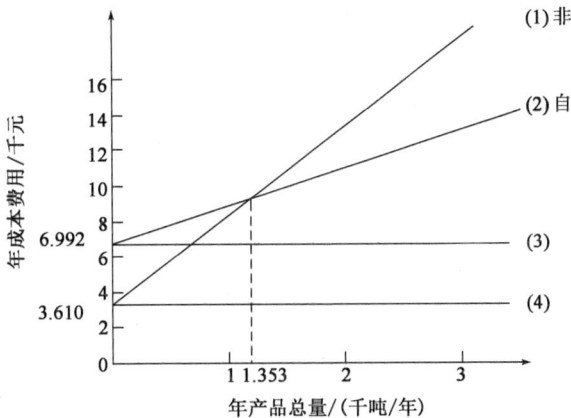

图 7-14 【例 7-25】的盈亏平衡图

三、敏感性分析

（一）敏感性分析概述

敏感性分析（Sensitivity Analysis）也称灵敏度分析，是研究建设项目主要因素发生变化时，项目经济效益发生的相应变化，并判断这些因素变化对项目经济指标影响程度的方法。敏感性分析是项目经济评价中常用的分析不确定性的方法之一。敏感性分析用于财务评价时，称为财务敏感性分析；敏感性分析用于经济评价时，称为经济敏感性分析。

敏感性分析就是要找出项目的敏感性因素。可能发生变化的因素被称为敏感性因素。从多个不确定性因素中逐一找出对投资项目经济效益指标有重要影响的敏感性因素，并分析、测算其对项目经济效益指标的影响程度和敏感性程度，进而判断项目承受风险的能力。根据每次变动因素数量的不同，敏感性分析可分为单因素敏感性分析和多因素敏感性分析。一般进行敏感性分析所涉及的敏感性因素有产品产量、产品售价、可变成本、固定资产投资、建设期、外汇汇率等。

敏感性分析的作用主要有：

（1）可以使决策者了解不确定因素对项目评价指标的影响，从而提高预测的准确性；

（2）可以启发评价者对那些较为敏感的因素重新进行分析研究，以提高预测的可靠性；

（3）可以用于方案选择，用敏感性分析区别出敏感性大或敏感性小的方案，以便在经济效益相似的情况下，选择敏感性小即风险小的方案；

（4）在项目规划阶段，用敏感性分析可以找出乐观和悲观的方案，从而提供最现实的要素组合。

（二）单因素敏感性分析

单因素敏感性分析是指每次只变动一个因素，而其他因素保持不变时所进行的敏感性分析。

因素的变化可以用相对值或绝对值表示。相对值是使变化的因素从其原始取值变动一个幅度，如 $\pm 10\%$，$\pm 20\%$ 等。绝对值是使变化的因素从原始取值变化一个量，如产品售价 ± 10.00 元等。根据计算出的不同因素相对变化对经济评价指标影响的大小，可以得到各个因素的敏感性程度排序。

在项目经济评价中，一般是对项目内部收益率或净现值等经济评价指标进行敏感性分析，必要时也可对投资回收期等进行敏感性分析。敏感性分析要求求出导致项目由可行变为不可行的不确定因素变化的临界值。

临界值可以通过敏感性分析图求得。敏感性分析图的具体做法如下。

（1）将不确定因素变化率作为横坐标；

（2）将某个评价指标，如内部收益率、净现值等作为纵坐标；

（3）由某种不确定因素的变化可以得到某个评价指标，随之变化的曲线称为敏感性曲线；

（4）每条曲线与基准收益率线的交点称为该不确定因素变化的临界点，该点对应的横坐标为不确定因素变化的临界值，即该不确定因素允许变动的最小幅度，或称极限变化，不确定因素的变化超过了这个极限，项目就由可行变为不可行；

（5）将这个幅度与估计可能发生的变化幅度进行比较，若前者大于后者，则表明项目经济效益对该因素不敏感，项目承担的风险不大。

敏感性分析的计算和绘图比较麻烦，借助 Excel、SPSS、Crystal ball 等软件可以方便地处理这些问题。

【例 7-26】 某企业计划对某环保项目进行投资，预计初始投资为 100 万元，平均使用寿命为 10 年，残值不计，年度收入为 95 万元，年度支出为 75 万元。基准收益率为 8%。当初始投资、年度收入、年度成本等参数发生变化时，试对内部收益率的影响进行敏感性分析。

解：（1）计算基本方案的内部收益率（用净现值法）。

则：

$$-100 + (95 - 75)(P/A, i, 10) = 0$$
$$(P/A, i, 10) = 5$$
$$i = 15\%, (P/A) = 5.0188$$
$$i = 20\%, (P/A) = 4.1925$$

有：

$$i_{内} = 15\% + 5\% \times \frac{5.0188 - 5}{5.0188 - 4.1925}$$

$$=15\% + 0.114\%$$

$$=15.11\%$$

（2）计算考虑不确定因素变化后的内部收益率，见表 7-12。

考虑不确定因素变化后的内部收益率   表 7-12

序号	不确定因素	基本方案	变化率 （变化后数值）	内部收益率	平均增减	
					+1%	−1%
1	投资	100 万元	+10.00%（110 万元）	12.71%	−0.24%	
			−10.00%（90 万元）	18.14%		0.30%
2	年度收入	95 万元	+10.00%（104.5 万元）	26.89%	1.18%	
			−10.00%（85.5 万元）	0.90%		−1.42%
3	年度成本	75 万元	+10.00%（82.5 万元）	4.29%	−1.08%	
			−10.00%（67.5 万元）	24.47%		0.94%

（3）绘制敏感性分析图。

敏感性分析图如图 7-15 所示。

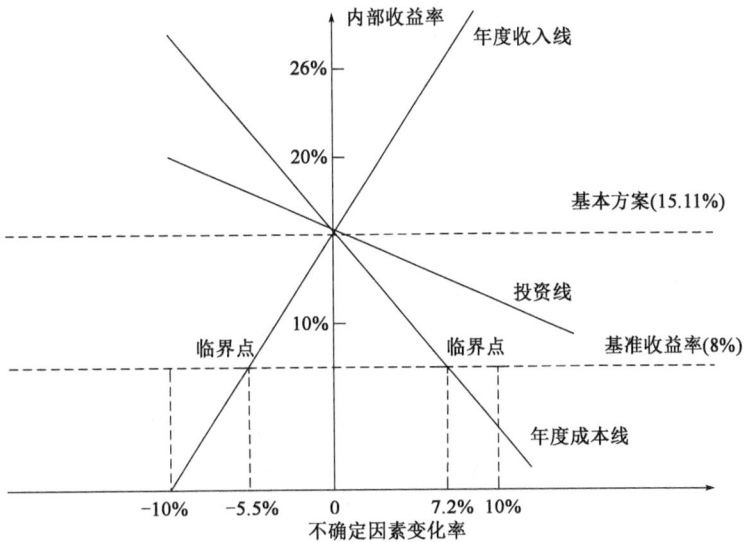

图 7-15　**【例 7-26】**的敏感性分析图

从图 7-15 中可以看出，内部收益率随不同的不确定因素变化而发生的变化可分别用三条线表示，即年度收入线、投资线和年度成本线。年度收入发生的变化对内部收益率的影响比较稳定。当基准收益率定为 8% 时，年度收入降低约 5.50% 时达到临界点，此时的内部收益率等于基准收益率，如果年度收入再降低，则内部收益率将低于基准收益率，项目由可行变为不可行。同时，当年度成本增加约 7.20% 时达到临界点，若年度成本再增加时，项目由可行变为不可行。

表 7-12 中列有三种不确定因素每变动 ±1% 时，对内部收益率影响的平均值，如果认为曲线近似为直线变化，则平均值相当于直线变化的斜率，它可为决策者提供一个较为直观的概念。

敏感性分析可以找出影响项目经济效益的关键因素,使项目评价人员将注意力集中到这些关键因素上,必要时可对某些最为敏感的关键因素重新预测和计算,并在此基础上重新进行经济评价,以减少投资的风险。

(三)多因素敏感性分析

单因素敏感性分析在计算某特定因素变动对经济评价的影响时,假定其他因素不发生变动。但在实际中,常会出现两个或两个以上的因素同时变动的情况,所以,必要时要进行多因素敏感性分析,以反映项目承担风险的整体状况。

进行多因素敏感性分析的假设条件是同时变动的因素相互独立。在单因素敏感性分析图中,一次改变一个因素的敏感性分析可以得到一条曲线——敏感性曲线;而在两个因素同时变化时的双因素敏感性分析图中,可以得到一个敏感性面。

四、风险分析

如前所述,敏感性分析有助于确定项目的主要不确定因素,确定该因素对项目评价指标的敏感性,但敏感性分析不能预测这一因素发生和变化的可能性,以及在预计的可能性之下,该因素对评价指标影响程度的大小。例如,两个同样敏感的因素,在一定的不利变动范围内,可能一个发生的概率大,另一个发生的概率小。显然,发生概率大的因素给项目带来的影响大,发生概率小的因素则影响小,甚至可忽略不计,这样的问题就需要进行风险分析。

(一)风险分析概述

风险分析(Risk Analysis)或概率分析(Probability Analysis)是通过分析项目实际情况与预期指标之间的偏差程度,来评价风险因素及发生概率和项目风险承受能力的不确定性的分析方法。

1. 风险的概念

风险是指产生损失的不确定性,是损失发生的可能性。这里的损失是指对各种主体产生不利的严重影响,可能性是指客观事物存在或者发生的机会,这种可能性可以用概率来衡量。例如,损失风险事件发生的概率为0,表明没有损失的机会,风险不存在是一种确定性的事件;概率为1,表明风险的存在也是一种确定性的事件;而风险损失可能性意味着损失事故发生的概率区间为0~1,表明风险的不确定性。

2. 风险因素识别

风险因素是指促使某一特定风险事故发生或增加其发生的可能性又或扩大其损失程度的原因或条件,它是造成损失的内部和外部的原因。例如,对于项目建设阶段而言,风险因素是指工程风险因素、环境风险因素、经济风险因素等内外部因素。

风险因素识别是指对活动和事物面临的各种风险加以分析、判断、归类的过程。对于建设项目而言,项目内部与项目所在区域的外部,以及与项目建设使用有密切关联的要素,均是风险因素的来源,因此,需要认真分析识别。风险因素属于什么类别,所有可能的风险在一定时期和某一特定条件下是否客观存在,存在的条件是什么,以及损害发生的可能性等,都是在风险因素识别阶段应回答的问题。

3. 风险评价

风险评价是指在风险识别的基础上,对风险发生的概率、损失程度,结合其他因素进行的综合分析评估。风险评价通过针对评估对象所收集的大量数据、信息,运用数理统计及其他科学方法进行数量分析,估计和预测风险发生的概率、风险损失概率和损失期望的预测值等。根据风险和发生风险事故的可能性及危害程度,衡量风险的等级程度,并决定采取相应的措施。

4. 风险处理

风险处理是指经过风险识别和风险评价后,为实现风险管理目标而采取的行动。根据风险评价结果,选择最佳的风险处理方法与技术实施风险处理,是风险管理的关键。在决策时,既要针对实际的风险因素,又要考虑单位的资源配置情况,还要注意各种风险处理方法的效用与可行性。

(二)风险分析方法

风险分析方法是指为实现风险管理目标所采取的必要的、有效的手段,是实现风险管理目标的保障。

风险分析的作用在于正确估计项目的风险承受能力,从而提高项目决策的可靠性和正确性。具体体现在:一是通过定量与定性方法进行风险分析,区分主要风险和次要风险,以较准确地确定项目各种风险因素产生和风险事故发生的状况与程度,让决策者和管理者更准确地认识风险,加强风险管理。二是能反映各种风险对活动目标的不同影响,使目标规划与计划的结果更合理、更可靠,在此基础上制定的目标规划更合理、计划更具可行性。

风险是一个实际结果偏离预期结果的概率事件,其偏离与偏离量的概率可以用数理统计等方法进行计算分析。风险分析的方法有很多,常用的风险定量分析方法主要有敏感性分析法、决策树分析法、相互影响矩阵分析法、蒙特卡洛模拟法和期望值法等。

敏感性分析法用于考察某个因素的变化会对目标产生多大的影响,确定哪些风险对项目影响最大。在概率不被精确掌握的情况下,敏感性分析可以帮助识别模型中重要的参数(概率和结果),对决策分析至关重要。

决策树分析法是一种从结果到原因逻辑分析事故发生的有向过程,遵循逻辑学的演绎分析原则,以树形结构将多种风险进行图解推导的一种方法。决策树分析可以作为一种预测性分析的方法,进行预测性分析的关键点有两个:对于决策节点进行有效分类,决策节点的发生概率分析。

相互影响矩阵分析法又称交叉概率法,是利用相互影响矩阵,解决各预测事件相互作用和相互影响的问题,从而比较正确地进行预测的一种方法。例如,可以将项目风险从风险严重性和风险可能性两个维度进行矩阵分析,根据不同等级的风险维度,计算出风险系数。采取不同的应对策略能够针对可能发生的风险,提前作预防策略和预防措施。

蒙特卡洛模拟法是一种依据统计理论,利用计算机来研究风险发生概率或风险损失效值的计算方法,是一种高层次的风险分析方法,主要用于评估多个非确定性的风险因素对项目总体目标所造成的影响。

(三)建设项目风险分析

建设项目风险是风险的组成部分之一。建设项目风险是指项目在建设期及使用期的全过程中存在的可能导致项目损失的各种不确定因素。建设项目的风险因素是多样的,不确定因素也不会单独存在,而常以多个因素同时存在的形式对建设项目产生一定程度的作用。存在的风险不确定因素越多,项目风险越大,造成损失的可能性越大。

项目从决策、建设到使用的全寿命周期内,风险都会存在于项目全过程、各阶段、各环节中,而风险的有效规避只能在有限的空间和时间内改变风险的存在和发生的条件,降低其发生的频率,减轻损失程度,完全消除风险是不可能的。

一些项目风险发生的概率和损失程度是通过科学分析方法来计算的,这种方法还可以评估项目风险可能产生的影响。项目风险可根据各种可变参数的概率分析,用某一效益指标的不利值来评价项目所承担的风险大小,如用 $PW \leqslant 0$, $AW \leqslant 0$ 等发生的概率来度量。项目经济评价中的风险分析可变参数,一般包括现金流量、贴现率、寿命期等。这些参数一般是统计独立的。如果能预先确定这些参数的概率分布,将它们加以归并,便可得到效益指标的概率分布。

复习作业题

1. 名词概念解释题

1.1 环境建设项目	1.2 项目可行性研究	1.3 项目经济评价	1.4 资金等值
1.5 现金流量	1.6 单利法	1.7 复利法	1.8 实际利率
1.9 名义利率	1.10 基准收益率	1.11 现值	1.12 终值
1.13 等额年值	1.14 现值法	1.15 年值法	1.16 内部收益率
1.17 投资回收期	1.18 不确定性分析	1.19 盈亏平衡点	1.20 敏感性分析
1.21 风险分析			

2. 选择与说明题

2.1 项目可行性研究是项目( )的一个重要环节。

    A. 建设前期   B. 建设期   C. 竣工验收期   D. 使用期

    选择说明:＿＿＿＿＿＿＿＿＿＿＿＿＿＿＿＿＿＿＿＿＿＿＿＿＿＿＿

2.2 投资方案的经济评价,一般包括( )等方面的评价问题。

    A. 单方案评价   B. 多项互斥方案比较

    C. 多项独立方案评价   D. 多项兼容方案分析

    选择说明:＿＿＿＿＿＿＿＿＿＿＿＿＿＿＿＿＿＿＿＿＿＿＿＿＿＿＿

2.3 工程经济分析中,项目总投资通常包括( )。

    A. 建设投资   B. 维持运营投资   C. 流动资金投资

    D. 修理费用投资   E. 建设期利息

    选择说明:＿＿＿＿＿＿＿＿＿＿＿＿＿＿＿＿＿＿＿＿＿＿＿＿＿＿＿

2.4 影响资金等值的因素有( )。

    A. 资金运动的方向   B. 资金的数量

    C. 资金发生的时间   D. 利率(或收益率)的大小

E. 现金流量的表达方式

选择说明：＿＿＿＿＿＿＿＿＿＿＿＿＿＿＿＿＿＿＿＿＿＿＿＿＿

2.5 现金流入、现金流出和净现金流量统称为(　　)。

A. 现金投资　　　　B. 现金管理　　　　C. 现金流量　　　　D. 现金收入

选择说明：＿＿＿＿＿＿＿＿＿＿＿＿＿＿＿＿＿＿＿＿＿＿＿＿＿

2.6 下列关于资金时间价值的说法中，正确的有(　　)。

A. 在单位时间资金增值率一定的条件下，资金使用时间越长，资金时间价值就越大

B. 在其他条件不变的情况下，资金数量越多，资金时间价值越少

C. 在一定的时间内，等量资金的周转次数越多，资金的时间价值越少

D. 在总投资一定的情况下，前期投资越多，资金的负效益越大

E. 在回收资金额一定的情况下，在离现时点越远的时点上回收资金越多，资金时间价值越小

选择说明：＿＿＿＿＿＿＿＿＿＿＿＿＿＿＿＿＿＿＿＿＿＿＿＿＿

2.7 当名义利率一定，按月计息时，实际利率(　　)。

A. 大于名义利率　　　　　　　　B. 等于名义利率

C. 小于名义利率　　　　　　　　D. 不确定

选择说明：＿＿＿＿＿＿＿＿＿＿＿＿＿＿＿＿＿＿＿＿＿＿＿＿＿

2.8 已知年名义利率为10%，每季度计息1次，复利计息，则年实际利率为(　　)。

A. 10.47%　　　　B. 10.38%　　　　C. 10.25%　　　　D. 10.00%

选择说明：＿＿＿＿＿＿＿＿＿＿＿＿＿＿＿＿＿＿＿＿＿＿＿＿＿

2.9 在计算净现值时，i 一般采用(　　)。

A. 银行存款利率　　B. 银行贷款利率　　C. 投资利润率　　D. 基准收益率

选择说明：＿＿＿＿＿＿＿＿＿＿＿＿＿＿＿＿＿＿＿＿＿＿＿＿＿

2.10 下列各项中，属于投资决策静态评价指标的是(　　)。

A. 净现值　　　　B. 内部收益率　　　　C. 投资效果系数　　　D. 净现值指数

选择说明：＿＿＿＿＿＿＿＿＿＿＿＿＿＿＿＿＿＿＿＿＿＿＿＿＿

2.11 从许多不确定因素中找出敏感因素，并提出相应的控制对策的方法是(　　)。

A. 盈亏平衡分析　　B. 敏感性分析　　C. 概率分析　　D. 量、本、利分析

选择说明：＿＿＿＿＿＿＿＿＿＿＿＿＿＿＿＿＿＿＿＿＿＿＿＿＿

2.12 下列分析方法中，可同时用于财务评价和国民经济评价的是(　　)。

A. 单因素敏感性分析　　　　　　B. 多因素敏感性分析

C. 线性盈亏平衡分析　　　　　　D. 非线性盈亏平衡分析

E. 风险分析

选择说明：＿＿＿＿＿＿＿＿＿＿＿＿＿＿＿＿＿＿＿＿＿＿＿＿＿

3. 分析论述题

3.1 简述可行性研究的特点。

3.2 可行性研究的内容要回答哪些问题？

3.3 简述项目经济评价类别。

3.4 为什么要进行项目经济评价的不确定性分析？

3.5 简述内部收益率、净现值及其关系。

3.6 为什么环保建设项目也要进行经济评价?

4.计算分析题

4.1 某城市拟建一垃圾焚烧发电厂,现制定了两个投资方案,使用期寿命均为30年。方案1预算投资3500万元,预计每年有收入950万元,每年需支出350万元,期末残值为200万元;方案2预算投资2500万元,预计每年有收入700万元,每年需支出200万元,期末残值为150万元。设基准收益率为10%,要求进行两个投资方案前15年的经济分析,绘制现金流量图并比较两个方案的优劣。

4.2 某企业拟投资某环保项目,预算投资为1000万元,平均使用寿命为15年,残值不计,年度收入为850万元,年度支出为670万元。设基准收益率为10%。试就初始投资、年度收入、年度成本等参数发生变化时,对内部收益率的影响进行敏感性分析。

第 八 章

环境保护经济手段与经济政策

环境保护手段与环境经济政策是协调社会经济发展与环境保护关系的重要方式和有效措施。科学有效地完善和应用各种环境经济手段与政策,建立环境保护手段与政策体系,对于实施可持续发展战略,推动高质量发展,实现环境效益、经济效益和社会效益的统一具有重要意义。本章在对环境保护手段及其体系进行概述的基础上,重点对环境经济手段和环境经济政策进行阐述与分析。

第一节　环境保护手段

随着社会经济的发展和环境保护意识的加强,环境保护手段在不断充实与完善。多种环境保护手段在加强环境保护中发挥重要作用。各种环境保护手段功能不同,应用于具体对象所产生的效果也可能不同,但由于各种手段之间是相互联系、相互补充的,因此形成了综合运用于环境保护与经济发展工作的环境保护手段体系。

一、环境保护手段概述

环境保护手段是指为实现环境保护目标,而对管理对象所采取的必需的、有效的方法与措施。环境保护基本手段主要有 7 种,即法律手段、行政手段、经济手段、技术手段、教育手段、参与手段、投资手段,这 7 种手段构成了环境保护手段体系,如图 8-1 所示。

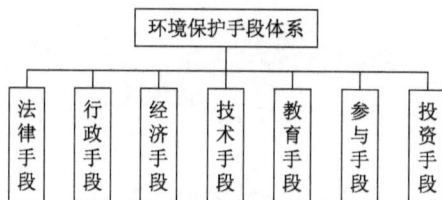

图 8-1 环境保护手段体系

(一)法律手段

法律手段是指国家通过立法、执法,对环境保护进行规范,对社会各组成单位自身的环境行为进行监督和约束的一种手段。法律手段的特点在于它的权威性和强制性。我国已初步形成由国家宪法、环境保护法、环境保护单行法、环境保护相关法、地方性环境保护法规等组成的环境保护法律体系。法律手段是环境保护的根本手段和根本保证,是其他环境保护手段的支撑和保障。

但在环境保护的具体工作中,单独运用法律手段存在一定的局限性,如法律手段对环境问题的解决需要经历一个法定的过程,这就可能造成环境问题的延迟解决。

(二)行政手段

行政手段是国家职能的体现。环境保护行政手段是指国家根据法律法规赋予的权力,以命令、指示、规定等形式直接作用于管理对象,对环境保护实施行政决策和管理的一种手段。行政手段通常包括制定和实施环境标准、颁布和推行环境政策等。行政手段一方面表现在从行政管理的对象到管理的内容都是具体的;另一方面表现在实施行政手段的具体方式、具体方法因对象、目的和时间的变化而有所侧重上。行政手段的特点是规范性、强制性,是环境保护的关键措施。但行政手段受行政部门和个人主观因素影响较大,有时会表现出一定程度的随意性。

(三)经济手段

经济手段是指利用经济利益的关系,使环境保护的要求体现为与经济利益密切相关的政策和措施,用经济方法促进环境保护的一种手段。经济手段要求管理者依据国家环境保护和经济法规、政策,运用价格、成本、利润、税收、保险、收费和罚款等来调节各方面的利益关系,规范人们的行为。例如,环境税、排污许可证交易制度、污染损失赔偿等就属于环境保护中的经济手段。经济手段的特点是贯彻物质利益原则和市场机制。利用经济杠杆与市场机制,通过一系列的经济手段,可引导行为主体加强环境保护,促使其在经济利益和环境保护之间寻求可持续发展的模式。但经济手段的有效实施依赖于一定条件,如市场的完全程度等。

(四)技术手段

技术手段是指管理者为实现环境保护目标需要,采取多种科学技术方法的一种手段,包括环境治理与环境管理的科学技术,也包括环境保护的生产技术方法等。技术手段是环境保护的科技工具,其特点是先进性、规范性。先进性技术是指既能提高生产率又能把对环境的污染和对生态的破坏控制到最低程度的技术。环境保护技术政策是国家在一定时期内指导推广环境保护最佳实用技术的应用。规范性是指在技术手段应用中必须严格遵循技术的要求和规范。先进的环保技术手段及其运用是保护环境和实现高质量可持续发展的基础与保障。但技术手段的有效性要依靠科学技术的发展和专业人才的支持。

(五)教育手段

教育手段是指运用各种形式开展环境保护普及教育和专业教育,以增加大众的环境保护知识,培养环境保护专业人才,提高全社会的环保意识的一种手段。例如,各种环保岗位培训、专业环境教育、公众环境教育等就属于环境保护中的教育手段。教育手段是环境保护的基础,其特点是具有普及性和专业性。教育手段通过各种方式为实现环境保护的科学管理、人才培养、社会监督打下良好的基础。环保意识是衡量社会进步和文明程度的重要标志,但人们环保意识的形成和提高是一个累积的过程,这决定了环保教育具有后效性的特点。因此,加强宣传教育,努力提高全民环保意识是一项长期的任务。

(六)参与手段

参与手段也称社会手段,是指广大民众和社会单位直接参与环境保护与环境管理的相关工作,促进经济工作、环境保护工作的决策与实施科学化、民主化的一种手段。参与手段是环境保护的重要保障,其特点是社会性、参与性。环境是全体公民所共有的,保护环境要依靠全体公民的力量。通过教育手段培养公众参与意识是环境保护的社会基础,也是对公众环境权的保障。环境保护的公众参与需要不断完善,其有效性需要得到加强。因此,要使用参与手段,需要进一步完善公众参与制度,畅通公众获取环境信息及参与环境保护的渠道,不断扩大环境保护的群众基础,切实加强环境保护的社会监督。

(七)投资手段

投资手段是指合理、有效地投入和使用环保投资,使环境保护的物质基础得到保证的一种手段。投资手段是环境保护的重要条件,其特点是基础性、有效性。从环境管理的角度来说,环保投资规模的确定、融资渠道的拓展、投资去向的分配、投资有效性的保证等,都是环境保护的主要工作。加强投资手段在环境保护手段体系中的建设和运用,可有效提高环境管理效率。投资手段与经济手段是有区别的,一是目的不同,经济手段是为了促使污染单位降低排污、清洁生产,投资手段则是为了使环保投资效益最大化;二是方式不同,经济手段主要通过税收、收费等方式要求企业承担部分环境成本,投资手段则通过多种方式来提高环保资金使用效率;三是条件不同,经济手段要通过市场经济规律来发挥作用,投资手段则要依靠环境保护管理部门的运作来发挥作用。

二、环境保护手段体系

一个科学、完善的环境保护手段体系,是一个以协调经济与环境和谐发展为目标,能够预防、治理和控制环境污染与破坏,并结合各种环境保护手段的功能和特点,使各种手段紧密结合、合理有序、综合应用的整体。环境保护手段体系中的各种手段是相互联系、相互补充的,而且每种手段都有其主要作用。环境保护手段体系将各种环境保护手段有机结合和使用,从而平衡经济效益、环境效益和社会效益,促进经济、环境、社会和谐发展。

(一)环境保护手段体系的层次

环境保护的 7 种手段,在环境保护手段体系中的作用及承担的角色有所侧重。环境保护手段体系呈现出层次性,其中,法律手段、行政手段和经济手段为其内层手段,技术手段、教育手段、参与手段、投资手段为其外层手段,如图 8-2 所示。环境保护手段体系的内层手段是具体实施环境管理的主体手段,是环境保护的核心工作;体系的外层手段,是实施环境保护的基础手段,对体系内层作用的发挥及环境保护目标的实现起保障和支撑作用。

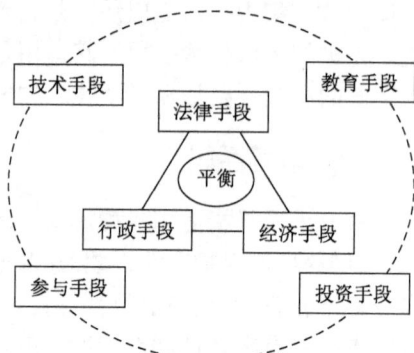

图 8-2　环境保护手段体系层次

(二)环境保护手段体系内层手段的特点

1. 直接性

直接性表现为环境保护手段体系的内层手段发挥直接的作用。法律手段和行政手段通过法律法规和行政命令直接控制环境污染和生态破坏,经济手段将经济杠杆的作用与控制环境污染和生态破坏紧密联系。

2. 高效性

直接性决定了环境保护手段体系中内层手段作用的高效性。法律手段、行政手段和经济手段都是各项管理工作依据的主要手段,其权威性、高效性在环境保护和环境管理工作中得到了充分的体现。

3. 重要性

法律、行政、经济是支撑一个国家、一个社会良性运行的主要因素。法律是维持社会稳定的准则,行政是社会体制运行的保证,经济是社会前进的动力。所以,法律手段、行政手段和经济手段对于加强环境保护工作具有重要的作用。

(三)环境保护手段体系外层手段的特点

1. 基础性

环境保护手段体系外层手段的基础性体现在:一是教育手段和参与手段对提高公众自主性环保意识,提高环境管理水平有基础性作用;二是技术手段和投资手段对加强环境保护起到资金保障和技术支持的基础作用。

2. 间接性

环境保护手段体系外层手段的间接性主要是针对环境保护对象来说的。对于具体的环境保护对象,应用外层手段能起到的直接控制处理环境问题的作用有限,它是配合并通过环境保护手段体系内层手段来发挥作用的。

3. 渐进性

环境保护手段体系外层手段作用的有效发挥,相对于内层手段来说需要更长时间的积累。外层手段的作用是渐进的。一般来说,对于具体的环保工作,外层手段起不到立竿见影的效果,其效果具有滞后性。但是持续渐进地增强社会整体环保意识、提高环境保护投入是支持内层手段作用有效发挥的基础。

(四)环境保护手段体系内外层手段之间的相互作用

1. 外层手段对内层手段的作用

(1)决策支持和外部监督。

社会公众通过参与手段为环境行政的决策和工作计划提供依据,同时促进环境管理部门政务的公开,促进环境保护行政部门依法依规行政,对环境管理起到有效的监督作用。

(2)群众基础和环保氛围。

一方面,普及性环境教育能在社会中形成良好的群众基础和环保氛围,有利于促进环境管理各种手段的运用;另一方面,公众通过对环保知识的学习,加强参与环境保护的积极性,有利于环境保护各项工作的有效实施。

(3)技术支撑和经济基础。

行政手段、经济手段有效执行的关键之一是环境保护技术水平的提升,这对于内层手段的实施具有重要的支撑作用。另外,拓展环保投资主体和资金来源渠道,可以为环境管理各项工作提供经济基础,保障人力、物力等条件的落实。

2. 内层手段对外层手段的作用

环境保护手段体系的内层手段是外层手段的依据。内层手段直接作用于环境保护的任务和目标,但内层手段需要根据自身工作向外层手段提供相应指导,给予外层手段具体要求。内层手段通过环境法规的引导、行政命令的指示以及经济策略的导向,指导外层手段的作用方向,使外层手段的方向更明确。

第二节　环境保护经济手段

环境保护经济手段是指为实现环境保护目标,利用经济手段对管理对象所采取的使其外部不经济性内部化的方法与措施。在实践过程中,环境保护经济手段不断丰富,其重要作用可以通过环境税、排污权交易、生态补偿,以及绿色金融、使用者收费、环境补贴、绿色采购等不同经济手段来实现,以下对环境保护的一些主要经济手段进行阐述。

一、环境税

税收是国家为向社会提供公共产品、满足社会共同需要,按照法律规定,强制、无偿地参与社会产品分配,以取得财政收入的一种规范形式。税收作为政府用以调节经济活动的一种重要工具和政策手段,被许多国家用于环境保护,并被许多国家作为税制改革的一个重要政策目标。

(一)环境税概述

1. 环境税的概念

环境税(Environmental Taxation)一般指环境保护税,是一种以保护环境为目的,针对污染和破坏环境的特定行为课征的税种。环境税是把环境污染与生态破坏的社会成本,内化到生产成本和市场价格中,再通过市场机制来分配环境资源的一种经济手段。例如,利用征收环境税的经济手段矫正市场自发调节下的资源配置失灵现象;采取对排污者征税的手段解决排污者的私人净收益和社会净收益之间的不匹配问题,同时引导生产者和消费者生产并消费低污染或无污染的产品,从而达到解决环境问题的目的。环境税的基础是英国经济学家庇古提出的庇古税理论。

环境税也被称为生态税(Ecological Taxation)、绿色税(Green Tax),根据税收手段在环境保护领域的应用,环境税有狭义和广义之分。

狭义的环境税是指以保护环境为目的,针对污染、破坏环境的特定行为课征专门性税种,即独立型环境税。独立型环境税主要是根据污染者付费原则,对开发、使用和保护环境资源的单位和个人,按其对环境资源的开发利用、污染和破坏程度、环境保护程度进行征收或减免的一种税收,主要有二氧化碳税、水污染税、噪声税、固体废物税、垃圾税等。独立型环境税是比较典型的污染排放税。

广义的环境税是在税收体系中与环境保护和资源保护利用有关的税收和政策的总称,包括独立型环境税、与环境相关的资源能源税和税收优惠政策(融入性环境税),以及一些政策目标虽非环境保护但在实施中能够起到环境保护目的的税收。在环境税收制度中,其他与环境相关的税种和税收政策通常作为必要的辅助内容,配合独立型环境税共同发挥环境保护作用。

2. 环境税的实施要点

我国为保障环境保护税法的顺利实施,制定了相关的实施条例,细化征税对象、计税依据、税收减免、征收管理的有关规定,进一步明确界限、增强可操作性。其要点主要包括以下内容。

纳税人:是指直接向环境排放应税污染物的企事业单位和其他生产经营者。

征税对象:包括大气污染物、水污染物、固体废物和噪声等主要污染物。

征税原则:实行"多排多缴、少排少缴、不排不缴"的原则。

税额调节:授权地方政府在法定税额标准上下限之间提出具体的适用税额。

征税目的:促使排污单位承担必要的污染治理与环境损害修复成本,引导其提升环保意识,减少污染物排放,从而推进生态文明建设。当然,征收环境税以筹措环保资金也是目的之一。

(二)环境税的发展

1. 国外开征环境税的概况

一些国家在环境保护实践中开征了环保税,但因各国国情、经济发展水平、环境状况不同,环保税政策与具体实施方面也存在较大差异。例如,欧盟国家制定了对能源及其产品实行多重征税和差别征税的政策,拥有较为全面的环保税体系;芬兰于1990年率先宣布对各种燃料及电力行业征收碳税,这是全球第一个通过开征碳税来控制二氧化碳排放的国家;法国征收的与环保相关的税种涉及石油产品消费税、碳税、能源税、运输税、污染税和资源税等;荷兰设立的仅以环境保护为目标的税种就已经细化到噪声污染税、垃圾污染税、水污染税、大气污染税、排污税、燃料税等。

此外,北美洲和亚洲部分国家也拥有较全面的环保税体系。美国国会于1971年引入一个关于在全国范围内向环境排放硫化物征税的议案,此后,美国政府逐步把税收手段引进环保领域;在加拿大的税收体系中,基于环境的税费主要分为碳税、特定消费税、特定产品税、排污收费;日本环境税主要根据对环境造成的负荷(化石能源中的碳含量)进行征税,从2012年10月1日起,日本开始对石油、天然气等化石燃料征收"地球温暖化对策税"。

2. 中国环境税的发展

环境保护税是我国第一个专门为环境保护而设立的绿色税种,也是我国首个明确以环境保护为目标的独立型绿色税种。

2005年开始的税制改革,提出利用税收优化资源配置并实施费改税,环境税由此进入我国的政策议程。2008年,财政部、国家税务总局和环境保护部提出了环境税收制度设计方案及配套改革措施。2009年,国务院批转发展改革委《关于2009年深化经济体制改革工作意见的通知》,提出加快理顺环境税费制度,研究开征环境税。2011年,国务院发布《国务院关于加强环境保护重点工作的意见》,明确了实施环境保护的经济政策,积极推进环境税费改革,适时开征环境税。2013年,环境税方案被上报至国务院。

经全国人民代表大会常务委员会审议,《中华人民共和国环境保护税法》于2016年12月25日通过,于2018年1月1日起实施。《中华人民共和国环境保护税法》是以"税负平移"为原则、以污染排放税为实质的法律。

《中华人民共和国环境保护税法》实施后,我国税收体制分为6类18个税种。在对税收手段增加宏观调控、保护环境的职能后,就形成了广义环境税的概念。在18个税种中,除独立型环境税外,与环境相关的税种还包括资源税、消费税等,同时在其他一些税种中也制定与环境保护相关的税收规定,如增值税、企业所得税、车辆购置税、关税等。

3. 中国税收体制的绿色化

我国税收体制绿色化的推进主要表现在对现有税收政策进行绿色化改进上。一是利用税收调节方式来实施调控,通过在现有税制中增设相关政策达到调控行为的目的,如设置增值税税收优惠政策、企业所得税减免优惠政策等鼓励引导环境保护行为;二是消除不利于环境的税收优惠和补贴,如对"两高一资"(高能耗、高污染、资源性)产品加征出口关税,以减小对环境的影响;三是将环境因素融入现有税种,进行环境与生态保护的税收调控,如在资源税、城镇土地使用税、耕地占用税、城市维护建设税、消费税、车辆购置税、关税中考虑环境因素,提高税收在环境保护方面的调控作用。

(三)环境税的效应

开征环境税会带来一系列的效应,包括环境效应、社会效应、经济效应等。从经济角度来说,对于企业,环境税依据外部不经济性将私人成本和社会成本同时纳入企业成本;对于政府,环境税增加了治理环境的财政收入;对于个人与社会,环境税使其从增加的消费成本中得到环境改善的福利。

1. 环境税对污染排放水平的影响

(1)环境成本与最优污染水平。

在经济学中,边际成本指的是每一单位新增(减少)生产的产品(或者购买的产品)带来的总成本的增量(减少量)。这个概念表明每一单位产品的成本与总产品量有关。在环境经济学中,边际治理成本可以理解为边际治理费用,即在一定的污染削减水平下增加削减单位污染物所需要的费用。

在本教材第三章第一节图 3-2 所示的环境费用曲线中,相关内容指出:环境费用曲线的最低点 M 为污染控制经济效果最佳点,也称为最优控制水平。在类似的图 8-3 中,横轴代表污染物排放量,纵轴代表污染成本。曲线 MAC 表示边际治理成本曲线,其向右下方倾斜,意味着随着污染物排放量的不断增加,每单位量污染物所造成的治理成本不断减少,即边际治理成本逐步减少。

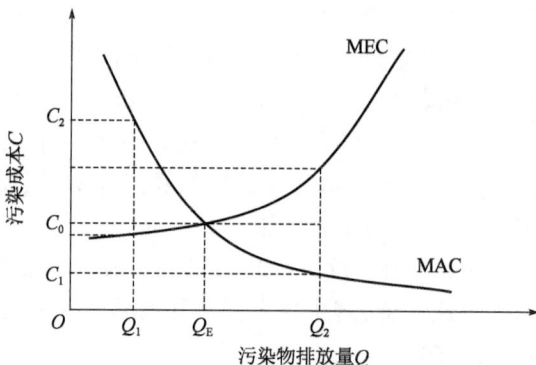

图 8-3　污染成本与最优污染水平

曲线 MEC 表示边际损害成本,也称边际外部成本,其向右上方倾斜,意味着随着污染物排放量的不断增加,每单位量污染物所造成的损害成本不断增加,即边际损害成本逐步增加。

治理成本与损害成本之和为社会总成本。环境管理的目的不仅是将污染水平控制在最低水平,更重要的是要将环境污染造成的社会总成本控制到最低。

企业生产产品追求其利润最大化,即只要边际私人纯收益大于 0,企业扩大生产规模就会有利可图。

在环境管理不严格的情况下,企业出于利润最大化的动机,会提高排放水平(如 Q_2 点),降低边际治理成本。同时,企业扩大生产产生的环境污染,迫使社会为此支付外部成本。随着污染物排放量的增加,边际损害成本不断增加,造成较高的社会总成本。

在环境管理过于严格的情况下,企业迫于压力会缩小生产规模,从而减少污染物的排放量(如 Q_1 点),但这时边际治理成本增加,也会造成较高的社会总成本。

根据以上分析,在环境管理不严格和过于严格的情况下,都会造成较高的社会总成本的支出。

从图 8-3 中可以看出,曲线 MAC 与 MEC 相交的点为污染物排放量经济效果最佳点,当污染物排放量达到 Q_E 时,边际治理成本等于边际损害成本,此时社会总成本最小,所以该点被称为污染物的最优污染水平。

所谓最优污染水平是指,当社会总成本最小时,其边际治理成本等于边际损害成本,此时的污染物排放量为最优污染水平,也是社会经济综合效益最大的污染物排放水平。从纯收益的角度来看,最优排污水平指经济活动产生最大社会净效益时的污染水平,即边际私人净效益与边际外部成本相等时的污染水平,同时相应的经济活动水平成为最优经济活动水平;从成本角度来看,最优排污水平指经济活动产生的污染总成本(污染损害成本和污染控制成本)最低时的污染水平,即边际污染物所造成的边际外部损失等于避免这些损失的边际成本时的污染水平。

这里需要注意三点:一是边际治理成本与边际损害成本存在此消彼长的关系;二是最优污染水平是一个平衡问题,它随着社会经济与技术发展水平的变化而变化;三是企业排污行为是否对环境造成影响,首先取决于环境自身是否有足够的承受力。

(2)环境税与最优污染水平。

征收环境税对污染物排放量影响的几何分析模型如图 8-4 所示。图中 MNPB 代表边际私人纯收益,MEC 代表边际外部成本,这两条曲线相交于 E 点,在与 E 点对应的污染物排放量 Q_E 水平下,边际私人纯收益与边际外部成本相等。所以,Q_E 为最优污染水平。

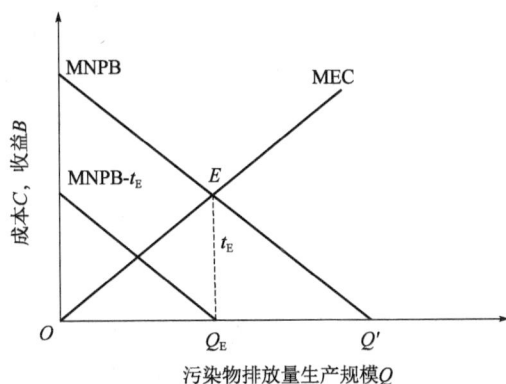

图 8-4 环境税对污染物排放量的影响

企业为了追求最大限度的私人纯收益,希望将生产规模扩大到 MNPB 线与横轴的交点 Q' 处。如果政府强制性地向排污生产者征收一定数额的环境税,生产者的私人纯收益就会减少,MNPB 线的位置、形状以及它与横轴的交点也会发生变化。假定政府根据生产者的污染物排放量,对每一单位污染物排放量征收特定数额 t_E 的环境税,使 MNPB 线向左平移到 MNPB-t_E 线的位置,与横轴恰好相交于 Q_E 点。这说明,在政府的干预以及生产者追求利益最大化的条件下,最有效率的情况是将生产规模和污染物的排放量控制在最优污染水平上。

在实际中,对最优污染水平和达到最优污染水平时的边际私人纯收益的估计,都会存在误差,有时误差还相当大。但只要环境税的征收有助于使污染物排放量接近最优污染水平,这种经济手段就可以促进污染物减排,并促进外部不经济性内部化的实现。

(3)环境税与污染治理成本。

图 8-4 有一个隐含前提,就是当政府征收环境税时,企业只能在缴纳环境税和缩小生产规模这两种方案中作出选择。但事实上,在考虑自身经济利益的情况下,企业还可能作出购买和使用污染物处理设施,并在扩大生产规模的同时将污染物的排放量控制在最优污染水平附近的选择,这也是政府实施环境税的目的之一。所以,当政府征收环境税时,企业面临着三种选

择:缴纳环境税、减产、追加投资购买和使用污染物处理设备。企业面对这三种可能性的最优决策,如图8-5所示。

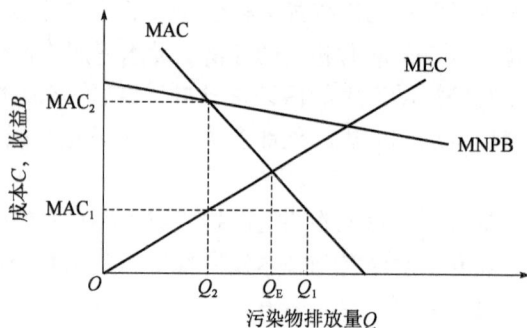

图8-5 不同污染控制水平对企业决策的影响

在采用环保设备进行污染治理时,图8-5中横轴仅代表污染物的排放量;MEC线代表边际外部成本曲线,MNPB线代表在企业没有安装环保设备,其污染物排放量随生产规模的扩大而同比例增加的条件下,企业的边际私人纯收益曲线。MAC线代表污染治理的边际成本曲线,MAC_1线和MAC_2线则代表污染物排放量为Q_1和Q_2条件下的边际治理成本。

由于存在通过治理污染来减少污染物排放的可能性,企业的决策和环境税的征收标准都会发生变化。在图8-5中Q_2点的右侧,企业的边际私人纯收益高于边际治理成本,在这一区间,企业出于利润最大化的动机会治理污染,而不是缩小生产规模。而在原点O到Q_2点这一区间,即Q_2的左侧,企业的边际治理成本高于边际私人纯收益,从自身经济利益考虑,企业宁愿选择减产也不选择治理污染。

当存在购买和安装环保设备的第三种选择时,最优污染水平以及环境税的征收标准,可以根据MAC与MEC两条曲线的交点来决定。从图8-5中可以看出,为了防止企业为追求利润最大化而将污染物的排放量增加到超过Q_E的程度,从而带来社会成本的增加,需要根据Q_E对应的边际治理成本来确定环境税的征收标准,从而促使企业从自身利益考虑,将污染物排放量控制在Q_E的水平上。

根据MAC线和MEC线的交点来确定环境税的征收标准,与根据MNPB线与MEC线的交点来确定环境税的征收标准相比,后者具有一个显著的优点,即大大减少了政府和企业在掌握信息方面的差距,从而减小了非对称信息对政府作出有关环境税征收标准决策所产生的误差,使决策更具可操作性。原因在于:对于前者而言,私人纯收益属于企业的营业秘密,政府在这方面所掌握的信息远远少于企业;对于后者而言,从事生产和安装环保设备的企业乐于向社会公布有关设备的性能和经济效益等方面的资料。

2.环境税的税负分担

(1)税负与税负分担。

税负也称税收负、税收负担率,是指因国家征税而造成的一种经济负担。税负是国家税收对社会经济产生影响的结果,是国家税收所反映的经济分配关系的一个表现方面。具体来说,税负是指纳税人应履行纳税义务而承受的一种经济负担。

一般来说,从绝对额考察,即纳税人应支付给国家的税款额,是指税收负担;而从相对额考察,即纳税人的应纳税额与其计税依据价值的比率,是指税收负担率(税负率)。税负率这个比率通常用来比较各类纳税人或各类课税对象的税收负担水平,因而是国家研究制定和调整税收政策的重要依据。

在税收体系中,税负分担是指不同个体或群体承担税收的程度和方式。不同个体或群体主要包括个人、企业、政府。税负分担的方式和程度直接影响个体和群体的经济状况和福利水平。因此,合理的税负分担是一个重要问题,需要在公平和效率的基础上进行调整。

个人作为一个国家的公民,通过工资薪金、个人所得、消费税等方式承担税收责任。个人税负分担的公平性和效率性,往往关系到整个社会的稳定和可持续发展。企业是经济活动的重要主体,通过企业所得税和其他相关税种承担税收责任。企业税负分担的公平性和效率性,对于经济的发展和竞争力的提升具有重要的影响。政府作为国家财政的主要管理者,通过征收各种税种来获取财政收入,用于公共事业建设、社会福利和经济发展等方面。

税负分担的原则是指在实现公平和效率的前提下,确定个体和群体承担税收责任的方式和程度。常见的税负分担原则包括以下几点。

纵向平等原则:税负应该根据个人或企业的经济能力来确定。收入较高或利润较大的个体或企业,应该承担相对较高的税收责任;而收入较低或利润较小的个体或企业,应该承担相对较低的税收责任。

横向平等原则:在同一经济活动中,不同个体或企业应该享受相同的税收待遇。相同的经济活动,不论是个人还是企业,应该承担相同的税收责任。

动态公平原则:税负分担应该考虑个体或企业的动态变化。如果个体或企业的经济能力发生变化,税负分担应该相应进行调整,以实现公平和效率的平衡。

(2)税负分担的弹性分析。

消费者和生产者各自承担的税负是由需求曲线和供给曲线的交点(市场均衡点)及其相对弹性决定的。价格弹性用来衡量需求或供给对价格变动的反应程度。

供给弹性和需求弹性反映了市场参与者对价格变化的敏感程度。供给弹性衡量了生产者对价格变化的敏感程度,需求弹性衡量了消费者对价格变化的敏感程度。所以税负的分担比例取决于供给弹性和需求弹性,会根据供求关系的相对价格弹性而发生变化。

当供给弹性大于需求弹性时,消费者将承担更大部分的税收负担;当需求弹性大于供给弹性时,生产者将承担更大部分的税收负担。也就是说,如果需求曲线相对于供给曲线缺乏弹性,税收将更多地转嫁于消费者;如果供给曲线相对于需求曲线缺乏弹性,税收将更多地转嫁于生产者。

需求弹性和供给弹性对税负转嫁的影响涉及两方面的问题。

一是对于需求弹性来说,如果某商品需求缺乏弹性,即需求方对价格不太敏感,在征税的情况下,生产者就把多数税收转移给消费者,而对需求量影响较小。相反,如果需求富有弹性,价格小幅度提高,需求量就有较多的减少,那么生产者就无法把税收转嫁给消费者,只能自己承担。

二是对于供给弹性来说,供给弹性大的商品,生产者可灵活调整生产数量,最终可在所期望的价格水平上销售商品,因而所纳税款可以作为价格的一个组成部分转嫁给消费者。

在实践中,影响需求和供给的弹性因素较多。需要注意的是,在分析供需关系和税负分担时,需要考虑多个因素并进行综合分析。

3.环境税对不同主体的影响

环境税的实施对不同主体的经济效果影响是不同的,如图8-6所示的几何分析模型。在图8-6中,横轴代表某种产品的市场需求量,纵轴表示其价格。假如对代表性生产者征收的税额 t 等于他所造成的边际损害成本,则对于整个行业的征税额就是所有生产者单位产品征税额的总额。征税会使行业的供给曲线由 S 移动到 S',意味着产品出售到市场后,税收由生产者和消费者共同分担。

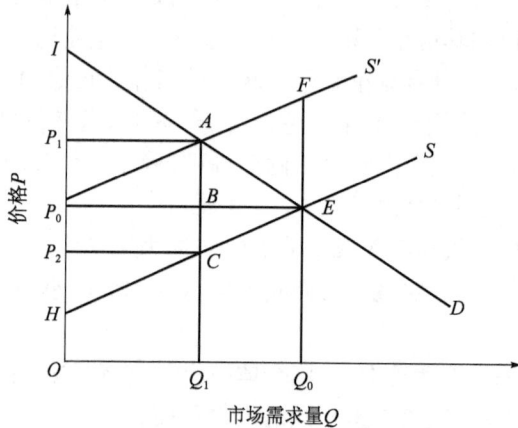

图8-6 环境税的实施对不同主体的影响

为了分析税收手段对不同主体的效应,需要使用消费者剩余和生产者剩余这两个概念。在本教材第二章第二节中,已对此概念进行了论述。

(1)对生产者的影响。

征税前生产者剩余是价格线 $P = P_0$ 以下、供给曲线 S 以上的三角形的面积,即三角形 P_0EH 的面积。征税以后,产品的总产量由原来的 Q_0 降到 Q_1,生产者剩余为三角形 P_2CH 的面积,则生产者剩余的增量为梯形 P_0P_2CE 的面积。这个梯形面积包括两部分:一是矩形 P_0P_2CB 的面积,这是生产者对政府税收的贡献;二是三角形 BCE 的面积,这是生产者为减少有污染的产出的损失。这里用 ΔPS 表示生产者剩余的增量,生产者剩余的增量可以按式(8-1)计算。

$$\Delta PS = -(\square P_0P_2CB + \triangle BCE) \tag{8-1}$$

式中:ΔPS——生产者剩余的增量;

$\square P_0P_2CB$——矩形 P_0P_2CB 的面积;

$\triangle BCE$——三角形 BCE 的面积。

(2)对消费者的影响。

征税前消费者剩余是价格线 $P = P_0$ 以上、需求曲线 D 以下的三角形的面积,即三角形 P_0EI 的面积。征税以后,产品的总产量由原来的 Q_0 降到 Q_1,消费者剩余为三角形 P_1AI 的面积,则消费者剩余的增量为梯形 P_0P_1AE 的面积。这个梯形面积包括两部分:一是矩形 P_0P_1AB 的面积,这是消费者对政府税收的贡献;二是三角形 ABE 的面积,这是消费者为减少污染所付出的代价。这里用 ΔCS 表示消费者剩余的增量,消费者剩余的增量可以按式(8-2)计算。

$$\Delta CS = -(\square P_0P_1AB + \triangle ABE) \tag{8-2}$$

式中:ΔCS——消费者剩余的增量;

$\square P_0 P_1 AB$——矩形 $P_0 P_1 AB$ 的面积;

$\triangle ABE$——三角形 ABE 的面积。

(3)对政府的影响。

通过强制性的税收手段,政府获得了税收,其数量是矩形 $P_1 P_2 CA$ 的面积。其中,矩形 $P_0 P_2 CB$ 是来自生产者剩余的损失,矩形 $P_0 P_1 AB$ 是来自消费者剩余的损失。

(4)对环境的影响。

因为征税税率是按照单位产品所造成的社会损失来计算的,即每减少一个单位的产出,就可以带来相当于 t 的环境收益。征税使产量从 Q_0 减少到 Q_1,则环境收益就等于四边形 $AFEC$ 的面积,且四边形 $AFEC$ 的面积恰好为三角形 AEC 面积的两倍。

(5)对整个社会净收益的影响。

以上四个方面的总和即为税收手段对整个社会的净收益,用 ΔWS 来代表社会净收益,则社会净收益可以按式(8-3)计算。

$$\begin{aligned} \Delta WS &= \square P_1 P_2 CA + 2\triangle AEC - (\square P_0 P_2 CB + \triangle BEC) - (\square P_0 P_1 AB + \triangle ABE) \\ &= 2\triangle AEC - (\triangle BEC + \triangle ABE) \\ &= \triangle AEC \end{aligned} \tag{8-3}$$

式中:ΔWS——社会净收益;

$\square P_1 P_2 CA$——矩形 $P_1 P_2 CA$ 的面积;

$\triangle AEC$——三角形 AEC 的面积;

$\square P_0 P_2 CB$——矩形 $P_0 P_2 CB$ 的面积;

$\triangle BEC$——三角形 BEC 的面积;

$\square P_0 P_1 AB$——矩形 $P_0 P_1 AB$ 的面积;

$\triangle ABE$——三角形 ABE 的面积。

三角形 AEC 的面积就是对产生外部不经济性的企业实施征税的社会净收益。由此分析可以看出,对产生污染的企业征收环境税,不仅可以使社会获得正的净效益,还能兼顾有污染产品和无污染产品的社会公平性。如果对无污染的产品也进行征税,那么从社会净效益来看,其表现为一种损失,损失的数量是三角形 AEC 的面积。主要原因在于,对有污染产品征税和对无污染产品征税所得到的社会净收益中存在着环境收益的差异。对有污染产品征税可以产生 2 个三角形 AEC 面积的环境收益,对无污染产品征税则不产生环境收益。所以,征收环境税不仅可以得到效率上的提高,还可以促进社会公平,既保证了无污染产品的价格优势,又使有污染产品的税收由生产者和消费者共同分担,间接地刺激他们选择生产或消费"环境友好"的产品。

(四)环境税的功能

环境税的功能是指作为一项环境经济手段,环境税所发挥的作用。其主要功能有以下几点。

1.有利于增强对排污者的经济刺激性

通过征收环境税,给排污者施加一定的经济刺激,将促使排污者积极治理污染,如图 8-7 所示。

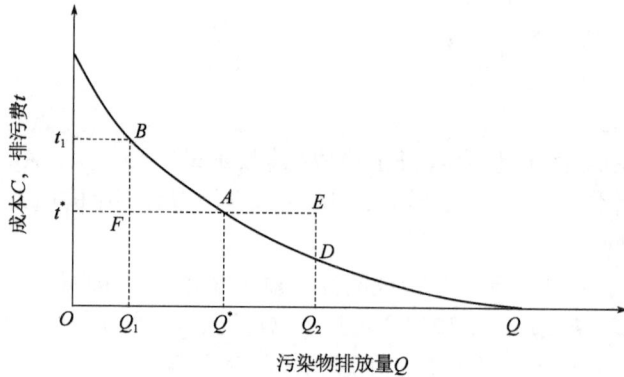

图 8-7　环境税的作用

在图 8-7 中,曲线代表排污者的边际污染治理费用。污染治理的目的就是在达到环境和经济目标的前提下,使污染治理的费用与缴纳环境税之和最小。图中 t^* 为最优的环境税收标准,Q^* 为与之相对应的污染物排放量。此时,排污者缴纳的环境税(图中矩形 Ot^*AQ^* 的面积)与污染治理费用(图中 AQ^*Q 的面积)之和最小。

从图 8-7 中还可以看出,环境税的标准越高,其刺激污染者降低污染排放水平的作用越大,同时产生强大的市场竞争力,推动企业改进环保设备和技术。若把环境税征收标准从 t^* 提高到 t_1,则对于同一污染源,污染物排放量会降低到 Q_1。一定的环境税收标准会刺激排污者将污染控制在一个最优的污染治理水平。治理水平过高或过低,都将使排污者的环境费用增加。与最优治理水平 Q^* 相比,当治理水平过高,即 $Q_1 < Q^*$ 时,排污者将多支付的费用为图中 ABF 的面积;当治理水平过低,即 $Q_2 > Q^*$ 时,排污者将多支付的费用为图中 ADE 的面积。

2.有利于提高经济有效性

相对于执行统一的排污标准管理手段,环境税能以较少的费用达到排放标准,如图 8-8 所示。

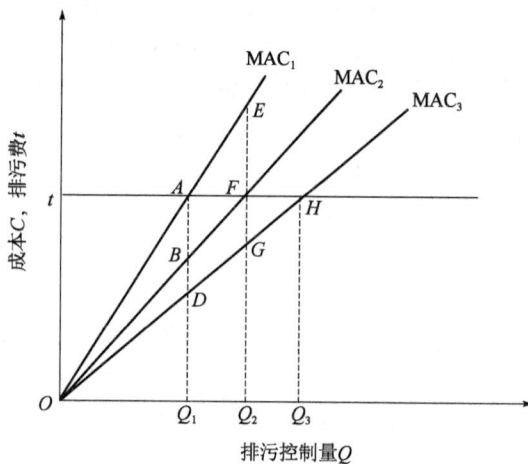

图 8-8　环境税与统一的强制排污标准效率比较

假定某一产品的生产企业只有三家,图中 MAC_1、MAC_2、MAC_3 分别代表这三家企业生产这种产品的边际治理成本曲线。由于这三家企业在污染治理中采用了不同的控制技术,所以三家的边际治理成本曲线不同。对于同样的污染控制量如 Q_1,三家企业所支付成本的情况是:企业 1 为 A,企业 2 为 B,企业 3 为 D,成本大小排列为 $A > B > D$。为简化分析,假定政府的削减目标是 $3Q_2$,并假设线段 $Q_1Q_2 = Q_2Q_3$,且 $Q_1 + Q_2 + Q_3 = 3Q_2$。

从图 8-8 中可以看出,企业 1 的治理成本最高,排污控制量最少;企业 3 的治理成本最低,排污控制量最多;企业 2 的治理成本和排污控制量均居中。如果政府制定统一的环境标准,强制所有的企业分别削减到相当于 Q_2 的污染物排放量,三家企业的边际治理成本将分别达到 E、F、G。但如果政府通过设定环境税 t 来达到污染物削减目标 $3Q_2$,则三家企业将会根据各自的治理费用,在缴纳环境税和主动治理污染之间进行权衡,根据总成本最小化原则,选择不同的污染控制水平。例如,对企业 1 来说,污染控制量从零增加到 Q_1,治理污染成本要比缴纳环境税便宜,而当污染控制量超过 Q_1 时,环境税则比较划算。为了比较在统一执行标准和环境税情况下的总成本,需要计算 MAC 曲线以下的面积。

执行排污标准:总治理成本 $= OEQ_2 + OFQ_2 + OGQ_2$。

其中,OEQ_2 为三角形 OEQ_2 的面积,代表企业 1 未被征收环境税时的污染治理成本;OFQ_2 为三角形 OFQ_2 的面积,代表企业 2 未被征收环境税时的污染治理成本;OGQ_2 为三角形 OGQ_2 的面积,代表企业 3 未被征收环境税时的污染治理成本。

执行环境税:总治理成本 $= OAQ_1 + OFQ_2 + OHQ_3$。

其中,OAQ_1 为三角形 OAQ_1 的面积,代表企业 1 被征收环境税后的污染治理成本;OFQ_2 为三角形 OFQ_2 的面积,代表企业 2 被征收环境税后的污染治理成本;OHQ_3 为三角形 OHQ_3 的面积,代表企业 3 被征收环境税后的污染治理成本。

两者之差:$(OEQ_2 + OFQ_2 + OGQ_2) - (OAQ_1 + OFQ_2 + OHQ_3) = Q_1AEQ_2 - Q_2GHQ_3$。

其中,Q_1AEQ_2、Q_2GHQ_3 分别为四边形 Q_1AEQ_2、Q_2GHQ_3 的面积。

由此可知,因为 $Q_1AEQ_2 > Q_2GHQ_3$,所以,达到同样的排污控制量,执行环境税比单纯执行强制性排污标准的成本要低。

3. 有利于筹集环保资金

环境税的一项重要功能是筹集环保资金,环境税的实施提升了环保资金筹集的刚性。环保税设置了上限和下限,如大气和水污染物的税额下限为排污费每污染物当量 1.2 元和 1.4 元的标准,上限则设定为下限的 10 倍,且环境税将全部纳入地方财税收入,从而为环境保护提供稳定的资金来源。

4. 有利于优化资源配置

征收环境税可以促进外部不经济性内部化,矫正环境资源配置中的市场失灵,控制并引导环境资源的合理配置,逐步实现产业转型及经济结构调整,进而优化环境资源的配置。

(五)中国环境税的实施

根据《中华人民共和国环境保护税法》的规定,其所附《环境保护税税目税额表》《应税污染物和当量值》规定的大气污染物、水污染物、固体废物和噪声四类污染物,按月计算,按季度申报缴纳环境保护税。

1.环境税征收的有关概念

(1)污染当量。

污染当量是根据各种污染物或污染排放活动对环境的有害程度、对生物体的毒性以及处理的技术经济性,规定的有关污染物或污染排放活动的一种相对数量关系。为了简化和统一征税计算方法,污染当量的概念被引入,并应用于水污染和大气污染征税计算中。

(2)污染当量值。

污染当量值是表征不同污染物或污染排放量之间的污染危害和处理费用相对关系的具体值,单位以千克(kg)计。

以水污染为例,以污水中1kg最主要污染物化学需氧量(COD)为基准,对其他污染物的有害程度、对生物体的毒性以及处理的费用等进行研究和测算,结果是0.5g汞、1kg COD或10m³生活污水排放所产生的污染危害和相应的处理费用是基本相等的。废气则以大气中主要污染物烟尘、二氧化硫为基准,按照上述类似的方法得出其他污染物的污染当量值。

(3)污染当量数。

污染当量数就是污染当量的数量,无量纲。对于某种污染物,其污染当量数可以按照式(8-4)计算。

$$污染当量数 = \frac{排放量}{污染当量值} \tag{8-4}$$

其中:

$$排放量 = 排放浓度 \times 介质的体积 \tag{8-5}$$

2.应税污染物的计税依据与应纳税额的确定

(1)应税大气污染物的计税依据,按应税大气污染物排放量折合的污染当量数确定。无论是有组织排放还是无组织排放的应税大气污染物,均应按规定计算征收环境保护税。应税大气污染物的应纳税额,等于大气污染物的污染当量数乘以具体适用税额。

(2)应税水污染物的计税依据,按应税水污染物排放量折合的污染当量数确定。应税水污染物以每一排放口为计算单位。应税水污染物的应纳税额,等于水污染物的污染当量数乘以具体适用税额。

(3)应税固体废物按照固体废物的排放量确定计税依据。固体废物的排放量为纳税人当期应税固体废物的产生量减去当期应税固体废物的合规储存量、合规处置量、合规综合利用量后的余额。应税固体废物的应纳税额,等于固体废物的排放量乘以对应税目的具体适用税额。

(4)应税噪声按照超过国家规定标准的分贝数确定计税依据。应税噪声的应纳税额为超过国家规定标准分贝数所对应的具体适用税额标准,如超标1~3dB,每月350元;超标4~6dB,每月700元;超标7~9dB,每月1400元;等等。一个单位边界上有多处噪声超标,根据最高一处超标声级计算应纳税额;当沿边界长度超过100m有两处噪声超标,按照两个单位计算应纳税额。

3.应税污染物排放量的计算方法

《中华人民共和国环境保护税法》第十条规定,应税大气污染物、水污染物、固体废物的排放量和噪声的分贝数,按照下列方法和顺序计算:

(1)纳税人安装使用符合国家规定和监测规范的污染物自动监测设备的,按照污染物自动监测数据计算。

（2）纳税人未安装使用污染物自动监测设备的，按照监测机构出具的符合国家有关规定和监测规范的监测数据计算。

（3）因排放污染物种类多等原因不具备监测条件的，按照国务院生态环境主管部门规定的排污系数、物料衡算方法计算。

（4）不能按照该法第十条第一项至第三项规定的方法计算的，按照省、自治区、直辖市人民政府生态环境主管部门规定的抽样测算的方法核定计算。

二、排污权交易

排污权交易也被称为"买卖许可证制度"，是一项重要的环境保护经济手段。排污权交易通过为排污者确立排污权（这种权利通常以排污许可证的形式表现），建立排污权市场，利用价格机制引导排污者的决策，履行污染治理责任，以实现环境容量的高效配置。

（一）排污权交易概述

1. 排污权

排污权（Pollution Rights），也称"排放权"，即排放污染物的权利，是指排污者通过环境保护监督管理部门分配或拍卖的方式获取一定的污染物排放权，并在确保该权利的行使在不损害其他公众环境权益的前提下，依法享有的向环境排放污染物的权利。

"排污权"这个概念是经济学家戴尔斯（John Dales）于1968年提出的。戴尔斯认为，政府可以在专家的帮助下，把污染物分割成一些标准单位，然后在市场上公开标价出售一定数量的"排污权"。购买者购买一份"排污权"则被允许排放一个单位的废物。一定区域出售"排污权"的总量要以充分保证区域环境质量能够被人们接受为限。如果一时难以达到人们接受的限度，可以将"排污权"数量的出售逐年减少，直到达到该限度。政府有效地运用其对环境这一商品的产权，使市场机制在环境资源的配置和外部性内部化的问题上发挥最佳作用。

排污权的有偿使用和交易是指在污染物排放总量控制指标确定的条件下，通过"污染者付费"原则，利用市场机制的调节作用及环境资源的特殊性，建立合法的污染物排放权利，并赋予这种权利商品属性，以此来对污染物排放量加以控制，从而达到减少排污量的目的。

2. 排污权交易

排污权交易（Pollution Rights Trading）是指在一定区域内，在污染物排放总量不超过允许排放量的前提下，区域内的各污染源之间可以进行排污权的买卖，从而在区域内实现排污权的再分配，逐步促进排污权的优化分配，进而达到节能减污降碳、保护环境的目的。排污权交易的思想来源于科斯定理，科斯定理在环境问题上最典型的应用就是排污权交易。

排污权交易是实现社会总成本最小这一目标的经济手段。只有当排污权的市场价格与企业的边际治理成本相等时，企业的费用才会最小。市场交易的最终结果是通过调节污染治理水平，让所有企业的边际治理费用相等，并使边际治理费用等于排污权的市场价格，从而满足有效控制污染的边际条件，以最低治理费用实现环境质量目标。

排污权交易允许拥有排污权的经济主体在市场中进行排污权的买卖，通过市场手段进行排污权的重新配置。市场中的部分企业通过技术改造和加装环境保护设备节约下来的污染排放权利,成为一种可以用于交易的有价资源,它们既可以在不同的排污主体之间进行市场交易,又可以将这部分权利储存起来以满足自身扩大发展的需求。同时,市场中新增污染源和无力减排的主体将不得不按照市场价格,在市场中购买排污权。

排污权交易的实质体现在:第一,排污权交易是环境资源商品化的体现;第二,排污权交易是排污许可证制度的市场化形式,排污者依照法律、法规的有关规定从生态环境主管部门获得的从事排污活动资格的一种制度;第三,排污权交易是总量控制的一种措施,排污权总量控制的约束性指标是刚性的,不能超过生态环境主管部门根据环境保护目标制定的某一污染物的排放总量。

3. 排污权交易市场

排污权交易市场是由相关各方参与交换的系统场所,是一个由人为规定而形成的排污权交易基础设施,是以市场为基础的环境经济制度安排。排污权交易市场分为一级市场和二级市场。

在排污权交易一级市场中,参与主体为政府和排污企业,一级市场交易是政府与企业之间的交易,且政府处于主导地位。一级市场由政府控制,以有偿占用排污权的形式向排污单位分配排污指标,也就是基于公平目标的排污配额指标分配一级市场。

在排污权交易二级市场中,参与主体主要为企业,二级市场交易是缺少排污指标的企业和排污指标富余的企业之间进行自由买卖的交易。二级市场是具有不同边际治污成本的企业进行交易的场所,其交易的动力是企业之间的不同治污成本。通过市场的作用将富余排污权进行有偿转让,最终实现环境容量资源的最佳优化配置。二级市场旨在提高减排效率,降低污染减排的全社会成本,也就是基于效率目标的环境容量资源配置二级市场。

从排污权交易市场结构看,排污权交易一级市场主要解决排污许可证的分配问题,二级市场主要解决排污许可证在企业之间的流通问题。一级市场是二级市场的基础,二级市场是一级市场的目的,只有在二级市场中,才能实现环境资源优化配置这一排污权交易的目的。一级市场主要解决公平问题,二级市场主要解决效率问题,两者在实施手段、参与主体、风险大小、作用效果等方面具有较大的差别。

4. 排污权交易的方式

从交易双方的关系看,我国排污许可证的交易方式有以下几种类型。

(1)点源与点源间的排污权交易。

点源间的排污权交易是指排污指标富余的排污单位将一部分排污指标有偿转让给需要排污指标的排污单位,这是我国排污权交易的主要方式。

(2)点源与面源间的排污权交易。

点源与面源间的排污权交易是指某一排污单位(点源)与某一区域(面源)之间的排污交易。如1997年,天津市拟建两个电厂,但已没有污染物排放指标,两个电厂分别拿出1200万元向政府购买排污权,所缴款额用于城市综合治理。

(3)点源与环保部门间的排污权交易。

点源与环保部门间的排污权交易是排污权交易的一种特殊形式,即排污单位向环保部门购买所需的排污许可证。

(二)排污权交易的特点

排污权交易手段相对于强制性管理手段的特点体现在以下几点。

1.有利于污染治理成本最小化

排污权交易充分利用市场机制的调节作用,使价格信号在环境保护和生态建设中发挥基础性作用,以实现对环境容量资源的合理利用。排污权交易的结果是使全社会总的污染治理成本最小化,同时使各经济主体的利益最大化。

2.有利于政府宏观调控

实施排污权交易有利于政府宏观调控,主要表现在三个方面:一是有利于政府调控污染物的排放总量,政府可以通过排污权的核定、发放、拍卖以及买入或卖出排污权来控制一定区域内污染物排放总量,从而对环境质量变化作出及时反应;二是必要时可以通过增发或回购排污权来调节排污权的价格,进而刺激不同治理成本的经济主体作出相应决策;三是可以减少政府在制定、调整环境标准方面的投入。

如图 8-9 所示,新排污者进入交易市场,将会使排污权的需求曲线从 D_0 移到 D_1。为了保证环境质量,政府不会增加排污权总量,排污权供给曲线仍为 S_0。此时,排污权供小于求,其价格从 P_0 上升到 P_2。如果新排污者购买排污权,或安装使用污染处理设备控制污染,成本最小化仍然得以实现。如果政府认为由于新排污者的进入,有必要增加排污权总量,便可以发放更多的排污权,排污权供给曲线右移至 S_2。此时排污权供大于求,价格下降到 P_1。如果政府认为需要严格控制排污总量,那么政府也可以进入市场买进若干排污权,使市场中可供交易的排污权总量减少,供给曲线左移至 S_1,排污权价格上升到 P_3。这样一来,政府就可以通过市场操作来调节排污权的价格,从而影响各经济主体的行为。

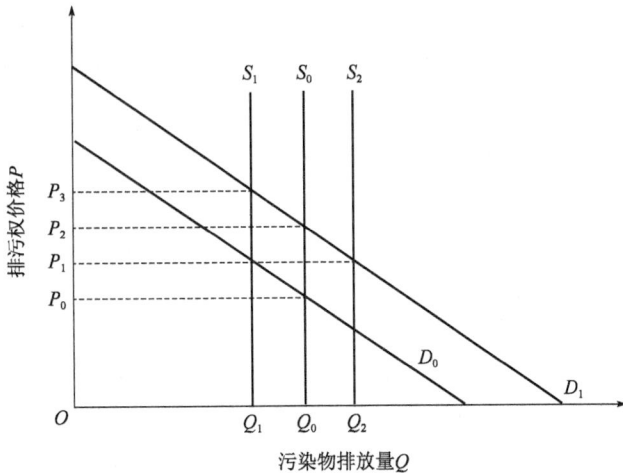

图 8-9 排污权的供求变化与其价格关系

3.有利于促进企业的技术进步

排污权交易提供给排污企业一种机会,即通过技术改革、工艺创新来减少污染物的排放量,将剩余的排污权拿到市场上交易,或储存起来以备今后企业发展使用。而那些技术水平低、经济效益差、边际成本高的排污企业自然会被市场淘汰。同时,技术进步可以进一步降低边际治理成本,如图 8-10 所示。在排污权价格为 P 时,排污企业改进减污技术,由于技术进步,边际治理成本降低,MAC 调整为 MAC′,同时,污染物的削减量从 OQ_1 增加到 OQ_2。

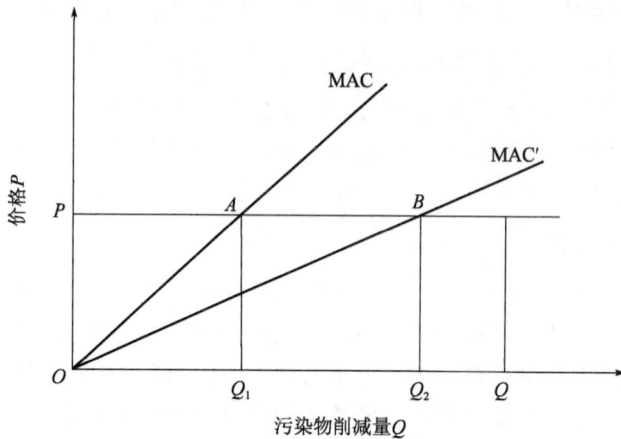

图 8-10　治理技术的改进对排污权交易的影响

4.具有更好的有效性和灵活性

排污权交易的实施使在分配允许排放量时,以卖方多处理来补偿买方少处理,从而使区域的污染治理更加经济有效。此外,排污权交易直接控制的是污染物的排放总量而不是价格,当经济增长或污染治理技术提高时,排污权的价格会按市场机制自动调节到所需水平,具有很强的灵活性。

5.有利于总量控制的实施

排污权交易能够在既定的总量控制目标下,通过排污权交易市场,进行污染治理任务的重新分配,并最终促使污染治理行动主动发生在边际治理成本最低的污染源上,既从总体上降低了污染物的治理成本,又促进了具有新污染源的行为主体积极提高污染物的治理技术,以获得进入排污市场的权利。

6.有利于为非排污者参与环境管理提供平台

排污权交易允许环保组织和公众参与到排污权交易市场中,从他们自身利益出发,买入排污权,但此后既不排污也不卖出,从而表明他们希望提高环境标准的意愿。

(三)排污权交易的效应

排污权交易会带来一系列的效应。关于排污权交易的环境经济效应,一般从污染减排、能源利用以及经济增长方面加以分析。通过排污权的交易,企业追求成本费用最小化,有利于资源的优化配置,这不仅加快了企业转型升级的步伐,也实现了企业、经济、社会与环境都得到改善的目的。

1.微观效应

假设每个污染源都有一定的排污初始授权(q_i^0),那么所有污染源初始授权的总和在数量上等于或小于允许的排污总量。设第 i 个污染源未进行任何污染治理时的污染排放量为 $\overline{Q}_i$,选择的治理水平为 l_i,根据企业追求的成本费用最小化原则,可建立该污染源决策的目标函数,见式(8-6)。

$$(C_{Ti})_{min} = C_i(l_i)_{min} + P(\overline{Q}_i - l_i - q_i^0) \tag{8-6}$$

式中：$(C_{Ti})_{min}$——治理水平为l_i时的最小总治理费用；

$C_i(l_i)_{min}$——治理水平为l_i时的最小治理成本；

P——污染源为得到一个排污权愿意支付的价格，或可以将一个排污权出售给其他污染源的售出价格；

$\overline{Q}_i$——第i个污染源未进行任何污染治理时的污染排放量；

l_i——企业选择的治理水平；

q_i^0——企业的排污初始授权。

对式(8-6)求导，令$\dfrac{dC_{Ti}}{dl_i}=0$，可以得到第i个污染源目标函数的解，如式(8-7)所示。

$$\frac{dC_i(l_i)}{dl_i} - P = 0 \tag{8-7}$$

式(8-7)表明，只有当排污权的市场价格与企业的边际治理成本相等时，企业的费用才会最小。市场交易的最终结果是污染源通过调节污染治理水平，使所有企业的边际治理费用都相等，并等于排污权的市场价格，从而满足有效控制污染的边际条件，以最低治理费用实现环境质量目标。

排污权交易产生的微观效应如图8-11所示。图8-11中，$\Delta_1 + \Delta_2 = \Delta_3$。分析前假设：

(1)整个市场由污染源甲、乙、丙企业构成，交易只能在三者之间进行；

(2)污染源甲、乙、丙企业的边际治理成本曲线分别为MAC_1，MAC_2，MAC_3；

(3)根据环境质量标准，要求共削减排污量$3Q$，政府按等量原则将排污权初始分配给三个污染源。削减任务使甲、乙、丙三家排污单位持有的排污许可证比它们现有的污染排放量平均分别减少了Q。

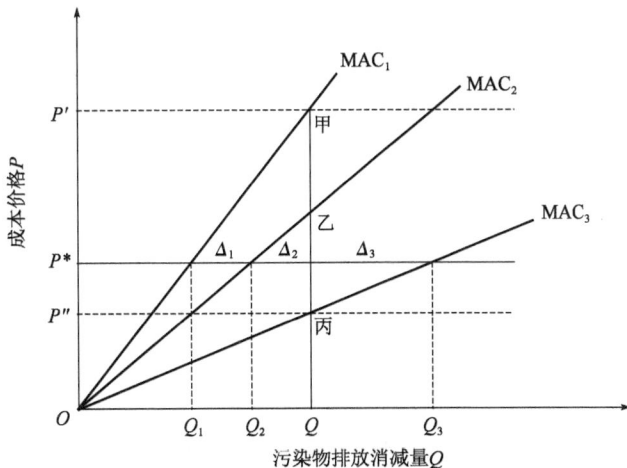

图8-11 排污权交易微观效应图

情况一：排污权的市场价格是P'，由于P'高于乙、丙两企业将污染物排放量削减Q时的边际治理成本，因而乙、丙两企业都愿意多治理，少排污，从而出售一定的排污权获益。但价格P'相当于甲企业将污染物排放量削减Q时的边际治理成本，对甲来说，既然现有的排污许可

证只要求它削减 Q 数量的污染物排放量,而这一部分污染物的边际治理成本又低于 P',那么甲企业就没有必要去购买更多的排污权。这样一来,市场中就只有卖方而没有买方,排污交易无法进行。

情况二:排污权的市场价格是 P'',由于 P'' 低于甲、乙两企业将污染物排放量削减 Q 时的边际治理成本,因而甲、乙两企业都愿意购买一定数量的排污权。但价格 P'' 等于丙企业将污染物排放量削减 Q 数量时的边际治理成本,对于丙企业来说,进一步削减自己的污染物排放量,并将相应的排污权以 P'' 的价格出售是不合算的,因此丙企业不会出售排污权。这样一来,市场中就只有买方而没有卖方,排污交易也无法进行。

情况三:排污权的市场价格是 P^*,由于 P^* 低于甲、乙两企业将污染物排放削减量分别从 Q_1、Q_2 进一步增加的边际治理成本,所以对两家企业来说,将自己的污染物排放削减量从 Q 减少到 Q_1、Q_2,并从市场上购买 Δ_1、Δ_2 数量的排污权是有利可图的;对于丙企业,P^* 相当于它将污染物排放量削减到 Q_3 数量时的边际治理成本($Q_3 > Q$),所以丙企业愿意出售 Δ_3 数量的排污权。交易前提是 $\Delta_1 + \Delta_2 = \Delta_3$,排污权供求平衡。

而排污权交易市场最常见的情况是,排污权的市场价格位于 P'、P^* 或 P^*、P'' 之间,这时排污权的买方和卖方都存在,但排污权市场需求量 $\Delta_1 + \Delta_2$ 小于或大于 Δ_3,则排污权的市场价格将下降或上升直至达到 P^*。

从对图 8-11 的分析中可看出排污权市场价格的产生过程,同时还证明只有在所有污染源的边际治理成本都相等的情况下,减少指定排污量的社会总费用才会最小的结论。

2. 宏观效应

排污权交易产生的宏观效应见图 8-12 所示。图中 S 曲线和 D 曲线分别代表排污权供给曲线和需求曲线;MAC 曲线和 MEC 曲线分别代表边际治理成本曲线和边际外部成本曲线。

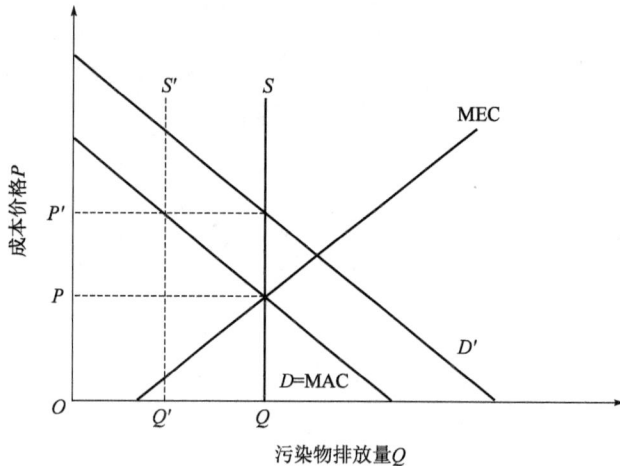

图 8-12 排污权交易宏观效应示意图

从图 8-12 可以看出排污权供给曲线和需求曲线的特点:由于政府发放排污许可证的目的是保护环境而非营利,所以排污权的总供给曲线 S 是一条垂直于横轴的直线,表示排污许可证的发放数量不会随着价格的变化而变化;由于污染者对排污权的需求取决于其边际治理成本,所以,可以将图中的边际治理成本曲线 MAC 看成排污权的总需求曲线 D。

当市场主体发生变化时,通过市场调节作用可以使排污权的总供求重新达到平衡。污染源的破产,使排污权市场的需求量减少,需求曲线左移,排污权市场价格下降,其他排污者则将多购买排污权,少削减污染物的排放量,在保证总排放量不变的前提下,尽量地减少过度治理,从而节省了控制环境质量的总费用。新污染源的加入,使排污权的市场需求增加,需求曲线 D 向右移到 D',总供给曲线保持不变,因而每单位排污权的市场价格就上升至 P'。如果新排污者的经济效益高,边际治理成本低,只需要购买少量排污权就可以使其生产规模达到合理水平并盈利,那么该排污者就会以 P' 的价格购买排污权,而那些感到不合算的排污者则不会购买。显然,这对于优化资源配置是有利的。

(四)排污权交易的实施条件

1.法律保障

排污权交易的有效实施,必须有一个强有力的法律保障体系。建立该体系需要通过法律法规定义和明晰相关环境资源有偿使用的权益,从而建立环境资源有关权益分配机制、交易市场规则的法律保障,使这一经济手段具有法律权威,以减少交易过程中的任意性、非规范性。

2.技术条件

计算和确定环境容量和排污权总量,在遵守"污染者负担"原则的前提下合理地分配排污权等,需要有相应的技术手段的支持。

3.有效的监督管理

政府必须建立并实施有效的制约机制,对排污者的排污行为和公务人员的行为进行有效的监督和管理,防止人为因素对交易市场产生不良影响。

4.完善的市场条件

只有具有竞争性的市场,存在大量潜在的排污许可证的买者和卖者,才能使排污许可证交易能够正常运行。另外,由于排污权的价格由市场决定,且从长远角度来看,其价格呈上升趋势,所以要采取措施,防止出现垄断排污权市场的现象。

(五)中国排污权交易实施概况

1987 年,我国开始试行水污染物总量控制。1988 年,国家环境保护局发布的《水污染物排放许可证管理暂行办法》(于 2007 年 10 月 8 日失效),规定:"水污染排放总量控制指标,可以在本地区的排污单位间互相调剂。"

1990 年,我国试行大气污染物总量控制,1991 年,国家环境保护局在 16 个城市进行了排放大气污染物许可证制度的试点。1994 年,我国开始在所有城市推行排污许可证制度。

2001 年,亚洲开发银行和山西省政府启动了"SO_2 排污权交易机制"项目,在国内首次制定了比较完整的 SO_2 排污许可交易方案。2002 年,在山西等 7 省市,开展二氧化硫排放总量控制及排污权交易试点工作。

2007 年,财政部和国家环境保护总局选择电力行业和太湖流域开展排污权交易试点。2007 年 3 月,武汉光谷产权交易所建立排污权交易平台,首次尝试把排污权交易引入产权交易市场。

2014 年,国家出台《国务院办公厅关于进一步推进排污权有偿使用和交易试点工作的指导意见》，明确排污权有偿使用与交易政策改革方向，规定试点地区应于2015年底前全面完成现有排污单位排污权的初次核定。2015年，财政部、国家发展改革委、环境保护部联合发布了《排污权出让收入管理暂行办法》。

全国各省（自治区、直辖市）一般采用排污权有偿使用这一政府出让方式（一级市场）或排污权交易（二级市场）的方式开展排污权有偿使用和交易。截至2018年8月，一级市场征收排污权有偿使用费累计117.7亿元，在二级市场累计交易金额72.3亿元。

为了推动各类环境权交易的实施，我国相继建立一批排污权交易试点平台，如表8-1所示。

国内主要排污权交易平台概况 　　　　表8-1

交易平台名称	成立时间	业务范围
嘉兴市排污权储备交易中心	2007年	中国首家排污权储备交易机构，为COD和SO_2排污权的地区性二级市场交易提供服务
北京环境交易所	2008年	为节能减排环保技术、节能指标、COD和SO_2等排污权益的二级市场交易提供服务，并为温室气体减排提供信息服务，是全国性的CDM服务平台
上海环境能源交易所	2008年	通过环境能源权益交通管理系统，为COD和SO_2等环境能源领域权益的二级市场交易提供服务
湖北环境资源交易所	2009年	COD、SO_2、碳排放等，面向华中地区的区域性交易平台
广州碳排放权交易所	2009年	作为全国第一家以"碳排放权"命名的交易机构，依法开展碳排放权、碳汇、节能减排技术和节能量交易
深圳排放权交易所	2010年	开展主要污染物排污权交易、总量控制下的碳排放权交易试点和自愿减排交易、低碳金融创新服务，开发低碳金融产品，以及低碳咨询综合服务
四川联合环境交易所	2011年	主要开展碳交易、用能权交易、排污权交易、水权交易、矿业及资源服务以及绿色金融服务
重庆碳排放权交易所	2014年	主要开展碳排放权的配额交易、核证自愿减排交易和碳中和综合服务咨询业务

（六）中国碳排放权交易概况

碳排放权交易已成为我国排污权交易机制中的一个重要内容。碳排放权交易是指运用市场机制，把二氧化碳排放权作为一种商品，允许企业在碳排放交易规定的排放总量不突破的前提下，进行二氧化碳排放权的交易，以促进环境保护的一种重要环境经济手段。

碳排放权过去没有成本、价格等商品属性，而如今碳排放从某种程度上已变成一个生产要素，从观念上让企业、社会认识到排放二氧化碳需要支付额外成本。

2011年，国家发展改革委批准了北京等7个省市开展碳排放权交易试点。试点地区出台了有关政策文件，启动了各自的碳市场，成立了碳排放权交易所，全面启动碳排放权交易。2015年，7个省市碳交易量大幅增加，7个试点省市总计成交量3263.9万吨，成交额8.36亿元。

2016年，国家发展改革委办公厅印发了《关于切实做好全国碳排放权交易市场启动重点工作的通知》，部署全国协同推进碳市场建设工作。2017年，以发电行业为突破口，国家发展改革委印发了《全国碳排放权交易市场建设方案（发电行业）》，启动了全国碳排放权交易工作，参与主体是发电行业年度排放达到2.6万吨二氧化碳当量及以上的企业或者其他经济组织,包括其他行业自备电厂。

2021 年 7 月 16 日,中国碳排放权交易正式开市,这是全球规模最大的碳市场。当天的启动仪式按照"一主两副"的总体架构,在北京、湖北和上海同时举办。经全天 4 个小时实时交易,成交量 410 万吨、成交金额 21023 万元,收盘价 51.23 元/吨,单日涨幅 6.73%。

2024 年 1 月 5 日,国务院通过了《碳排放权交易管理暂行条例》(简称《条例》),《条例》自 2024 年 5 月 1 日起施行。《条例》是我国应对气候变化领域的第一部专门的法规,首次以行政法规的形式明确了碳排放权市场交易制度,具有里程碑意义。《条例》重点就明确体制机制、规范交易活动、保障数据质量、惩处违法行为等诸多方面作出了明确规定,为我国碳市场健康发展提供了强大的法律保障,开启了我国碳市场的法治新局面,对实现我国"双碳"目标和推动全社会绿色低碳转型具有重要的意义。

三、生态补偿

生态环境保护补偿制度作为生态保护制度的重要组成部分之一,是落实生态保护补偿权责、调动各方参与生态保护积极性、推进生态文明建设的重要手段。这里对我国生态补偿及其相关内容进行概述。

(一)生态补偿概述

1.生态补偿的概念

生态补偿(Eco-compensation)是以保护和可持续利用生态系统服务为目的,以经济手段为主调节相关者利益关系,促进补偿活动、调动生态保护积极性的各种规则、激励和协调的制度安排。具体来说,它是指国家或社会主体之间约定对损害生态环境的行为向生态环境开发利用主体进行收费,或向保护生态环境的主体提供补偿性措施,并将所征收的费用或提供补偿性措施的费用通过约定的某种形式,转移到因生态环境开发利用或保护生态环境而自身利益受到损害的主体的过程。

生态补偿有狭义和广义概念之分。狭义的生态补偿主要是指对生态系统和自然资源保护所获得效益的补偿,以及破坏其所造成损失的赔偿;广义的生态补偿既包括狭义的生态补偿,也包括对治理环境污染的补偿,以及对造成环境污染的主体收费。

生态补偿的理论基础主要有自然资本论、外部性理论和公共物品理论等。其中,自然资本论主张在传统的人造资本、金融资本、人力资本之外,还存在着自然资本,它是由自然资源、生命系统和生态构成的。世界银行将土地、水、森林、石油、煤炭、金属及其他矿产都界定为自然资本。而生态补偿属于典型的正外部性的范畴,但却未得到受益者的补偿。自然资源、生态环境及其所提供的生态系统服务功能具有公共物品的属性,也会产生过度使用及"搭便车"现象,因此,必须通过生态补偿制度平衡相关利益者之间的利益失衡状态。

2.生态补偿制度与机制

生态补偿制度是以改善或恢复生态功能为目的,以调整保护或破坏环境的相关利益者的利益分配关系为对象,具有经济激励作用的一种制度。具体来说,生态补偿制度以从事对生态环境产生或可能产生影响的生产、经营、开发、利用者为对象,以生态环境整治及修复为主要内容,以经济调节为手段,以法律为保障,以防止生态环境破坏、促进生态系统良性发展为目的的新型环境管理制度。例如,在森林营造培育、自然保护区和水源区保护、流域水土保持、水源涵养、荒漠化治理等生态修复与还原活动中,对生态环境系统造成的符合人类需要的有利影响,由国家或其他受益的组织和个人进行价值补偿的制度就属于生态补偿制度。

生态补偿机制是以保护生态环境、促进人与自然和谐为目的,根据生态系统服务价值、生态保护成本、发展机会成本,综合运用行政和市场手段,调整生态保护和建设相关各方之间的利益关系,建立生态补偿标准体系,以及生态补偿的资金来源、补偿渠道、补偿方式和保障体系的运行方式。

生态补偿机制的建立以内化外部成本为原则,对保护行为的外部经济性的补偿依据是为改善生态服务功能所付出的额外的保护与建设成本,以及为此而牺牲的发展机会成本;对破坏行为的外部不经济性的补偿依据是恢复生态服务功能的成本和因破坏行为造成的被补偿者发展机会成本的损失。

为探索建立生态补偿机制,一些地区积极开展工作,研究制定了一些政策,取得了一定成效。但存在的问题是对生态补偿原理性探讨较多,针对具体地区、流域的实践探索较少,尤其是缺乏经过实践检验的生态补偿技术方法与政策体系。因此,有必要通过在重点领域开展试点工作,来探索建立生态补偿标准体系,以及生态补偿的资金来源、补偿渠道、补偿方式和保障体系,为全面建立生态补偿机制提供方法和经验。

3. 生态补偿制度与机制建立的必要性

2012 年,党的十八大报告提出,"加强生态文明制度建设""建立反映市场供求和资源稀缺程度、体现生态价值和代际补偿的资源有偿使用制度和生态补偿制度"。

2013 年,党的十八届三中全会对深化生态文明体制改革作出了明确部署:加快生态文明制度建设,健全自然资源资产产权制度和用途管制制度,划定生态保护红线,实行资源有偿使用制度和生态补偿制度,改革生态环境保护管理体制。

2017 年,党的十九大报告提出要"严格保护耕地,扩大轮作休耕试点,健全耕地草原森林河流湖泊休养生息制度,建立市场化、多元化生态补偿机制"。

2022 年,党的二十大报告提出建立生态产品价值实现机制,完善生态保护补偿制度。

建立生态补偿制度与机制是落实新时期环境保护工作任务的迫切要求。2021 年,中共中央办公厅、国务院办公厅印发了《关于深化生态保护补偿制度改革的意见》(简称《意见》)。《意见》进一步厘清了生态保护补偿的政府和市场权责边界,明确了政府主导有力、社会参与有序、市场调节有效的生态保护补偿体制机制;进一步完善了生态保护补偿分类体系和转移支付测算办法,兼顾了生态系统的整体性、系统性及其内在规律和不同生态环境要素保护成本;进一步强化了生态保护补偿的治理效能,界定了各方权利义务,实现了受益与补偿相对应、享受补偿权利和履行保护义务相匹配。《意见》是"十四五"关于生态保护补偿制度改革的重要文件。立足新发展阶段,贯彻新发展理念,构建新发展格局,《意见》在生态补偿机制建设长期实践基础上,对未来 15 年生态保护补偿制度进行了全局谋划和系统设计,清晰描绘出我国生态保护补偿制度改革路线图。

(二)生态补偿的基本原则

1. 破坏者付费与保护者受益原则

破坏生态环境会产生外部不经济性,破坏者应该支付相应的费用;保护生态环境会产生外部经济性(外部效益),保护者应该得到相应的补偿。

2. 受益者补偿原则

在生态建设与保护中,会有更多的人受益。因此,受益者必须支付相应的费用,作为环境生态建设和保护者的补偿,以激励人们更好地保护生态环境。

3. 公平性原则

所有人都有平等地利用生态环境资源的机会。公平性既包括代内公平,也包括代际公平。

4. 政府主导与市场推进原则

生态补偿涉及面广,需要发挥政府和市场两方面的作用。政府发挥主导作用,如制定生态补偿政策、提供补偿资金、加强对生态补偿政策的监督管理等。同时需要发挥市场的力量,通过市场的力量来推进生态补偿制度。

(三)生态补偿基本内容

1. 生态补偿主体

生态补偿机制中要明确生态补偿主体。"谁开发、谁保护,谁破坏、谁恢复,谁受益、谁补偿,谁污染、谁付费"中的"谁",是指依照法律的规定有进行生态补偿的权利能力或负有生态补偿职责的国家、国家机关、法人、其他社会组织及自然人。有时生态补偿机制可能涉及多个主体,因此应因事制宜,明确特定的补偿责任主体,多个主体则应量化责任。

生态补偿机制中要落实受益主体。"谁受损、谁受益",应落实受益主体。有多个受损主体的,应量化其利益;有多个受损方面的,应全面覆盖受损的各个方面。落实受益主体有利于防止存在补偿利益虚化、未补偿到真正受损者等问题。

2. 生态补偿主要工作内容

在我国生态保护与管理中,生态补偿工作内容主要有以下几个方面:一是对生态系统本身保护(恢复)或破坏的成本进行补偿,如对重要生态用地要求"占一补一";二是利用经济手段对破坏生态的行为予以控制,将经济活动的外部成本内部化;三是对保护生态环境和生态系统的投入或放弃发展机会的损失的经济补偿;四是对具有重大生态价值的区域或对象进行保护性投入等,包括重要类型(如森林)和重要区域(如西部)的生态补偿等。

3. 生态补偿的基本方式

根据补偿的具体支付方法,生态补偿的方式分为:一是货币补偿,如补偿金、税费减免或退税、开发押金、补贴、财政转移支付、贴息和加速折旧、复垦费等;二是实物补偿,如给予受偿主体一定的物质产品、土地使用权以改善其生活条件,增强其生产能力;三是智力补偿,向受偿主体提供智力服务,如给予受偿主体生产技术或经营管理方面的咨询服务,增强其生产经营能力;四是政策补偿,即各级政府给予其管辖范围内的社会成员某些优惠政策,使受偿者在政策范围内享受优惠待遇;五是项目补偿,即给予受偿者特定生态工程或项目的建设权,如生态移民、异地开发等。

4. 生态补偿的标准

生态补偿主要补偿两个部分,即生态服务功能的价值、环境治理与生态恢复的物化成本。生态补偿一般是经济性的补偿,通常以货币价值方式进行衡量。

生态补偿的标准是生态补偿的关键要素之一。由于分类方法不同,生态补偿可以有多种分类。根据生态补偿标准的确定方式,划分为两类:一是核算法,二是协商法。核算法是以生态环境治理成本(生态环境保护投入)和生态环境损失(生态服务功能价值)评估核算为基础,确定生态补偿标准的方法;协商法是指生态补偿法律关系中的利益相关者之间就生态补偿的范围和数额进行磋商、谈判从而确定其标准的方法。

对于生态保护补偿的标准核算,主要有两种方法:一是对生态服务功能进行价值评估,二是对生态服务功能提供者的机会成本损失进行核算。前者由于测算数额巨大,难以直接作为生态补偿的依据;后者旨在把生态保护和建设的直接成本连同全部或部分机会成本补偿给生态服务功能的提供者,使其可以获得足够的动力参与生态保护,从而使其他社会成员可以继续享有生态系统提供的服务,因此后者在国内外运用较为普遍,具有可行性。

5. 生态补偿资金的来源

生态补偿资金的来源主要包括三类。

一是中央政府对生态保护地区地方政府,以及省级地方政府对辖区内生态保护地区的下级地方政府的财政转移支付,又称纵向补偿转移支付。

二是生态受益地区地方政府对生态保护地区地方政府的财政转移支付,又称横向补偿转移支付,或地方"政府间市场"补偿转移支付。其中,生态受益地区主要是指从维护和创造生态系统服务价值等生态保护活动中获益,并通过开发利用环境和自然资源取得经济利益的地区。生态保护地区主要是指为维护和创造生态系统服务价值投入人力、物力、财力或者发展机会受到限制的地区。

三是社会范围内以市场规则为基础的生态系统服务提供与购买支付。据此,可以构建将财政转移支付与市场化付费服务相结合的生态补偿资金机制框架。

四、其他经济手段

以上论述了环境保护的几种主要经济手段,在环境保护的实践探索和理论研究中,还有其他经济手段,共同作用于防治环境污染,保护生态环境。

(一)绿色金融

绿色金融是指为改善生态环境、应对气候变化、节约并高效利用资源的经济活动,是对各个绿色领域的项目所提供的金融服务。绿色金融通过自身活动引导各经济主体注重自然生态平衡,注重引导金融活动与环境保护、生态平衡协调发展。常见的绿色金融产品包括绿色信贷、绿色保险、绿色证券、绿色债券、绿色基金、碳金融产品等金融工具。

1. 绿色信贷

绿色信贷是环保部门和银行联手旨在保护环境,抵御环境违法行为,促进节能减排,规避金融风险的信用贷款经济手段,是我国应用较早的一类环境经济手段。

中国工商银行于 2007 年 9 月率先出台了《关于推进"绿色信贷"建设的意见》,提出要建立信贷的"环保一票否决制",即对不符合环保政策的项目不发放贷款。2013 年 12 月,环境保护部、国家发展改革委、中国人民银行、银监会四部委联合发布了《企业环境信用评价办法(试行)》,指导各地开展企业环境信用评价,帮助银行等市场主体了解企业的环境信用和环境风险,作为其审查信贷等商业决策的重要参考。

2014年,银监会发布《绿色信贷统计制度》以及《绿色信贷实施情况关键评价指标》,明确了12类节能环保项目和服务的绿色信贷统计范畴,并对其形成的年节能减排能力进行统计,将包括标准煤、二氧化碳减排当量、节水等7项指标考核评价结果作为银行业金融机构准入、工作人员履职评价和业务发展的重要依据。

截至2023年年末,21家主要银行绿色信贷余额达到27.2万亿元,同比增长31.7%,成为我国银行业金融机构的主要业务之一。我国的绿色金融已走在全球前列。

2. 绿色保险

绿色保险又称为环境责任保险、生态保险等,是进行环境风险管理的一项保障手段。2022年中国银保监会办公厅《关于印发绿色保险业务统计制度的通知》,对绿色保险下了定义,"绿色保险,是指保险业在环境资源保护与社会治理、绿色产业运行和绿色生活消费等方面提供风险保障和资金支持等经济行为的统称"。

有效运用绿色保险工具,对于促使经济主体加强环境风险管理,减少污染事故发生,迅速应对污染事故,及时补偿、有效保护受害者权益方面,可以产生积极的效果。为了进一步加强监管统筹引领,实现绿色保险可统计可监测,提升绿色保险政策制定的有效性和针对性,自2022年12月开始,各保险公司开始试报送绿色保险业务的全国数据,绿色保险业务统计制度进入实质性实施阶段。这将进一步推动绿色保险高质量发展,从而更好地发挥绿色保险在落实国家生态文明建设等方面的积极作用。

3. 绿色证券

2008年,国家环境保护总局联合中国证监会等,在绿色信贷、绿色保险的基础上,正式发布了一项新的环境经济政策,即绿色证券。绿色证券,即证券的绿色化,是指公司发行证券之前必须经过环保核查的环境经济手段。

绿色证券机制的运行,从企业的直接融资渠道方面对其生产决策和环境行为进行引导,遏制高耗能高污染产业的扩张,采取包括资本市场初始准入限制、后续资金限制和惩罚性退市等内容的审核监管制度。在上市融资和上市后的再融资等环节进行严格限制,为环境友好型企业的上市融资提供便利条件。

2017年,中国证监会与环境保护部签署《关于共同开展上市公司环境信息披露工作的合作协议》,旨在构建以环境信息强制性披露为核心的绿色证券监管制度。构建新型绿色证券监管体系首先要厘清各类主体的权利与义务,一方面同证券发行注册制改革相衔接,坚持市场导向;另一方面基于绿色金融的"金融与环保"双重属性,协调做好环保和金融之间的有效结合与融合。

4. 绿色债券

债券是一种金融契约,是政府、企业、银行等债务人为筹集资金,按照法定程序发行并向债权人承诺于指定日期还本付息的有价证券。绿色债券是指将所得资金专门用于资助符合规定条件的绿色项目的债券工具。

2015年,中国人民银行发行绿色金融债券公告以及绿色债券界定标准,支持开发性银行、政策性银行、商业银行、企业集团财务公司以其他依法设立的金融机构申请发行绿色金融债券。国家发展改革委发布的《绿色债券发行指引》明确了节能减排技术改造项目,为绿色债券的界定提供了标准指引。2021年,中国人民银行、国家发展改革委、证监会联合印发《绿色债券支持项目目录(2021年版)》,绿色债券支持项目涉及节能环保产业、清洁生产产业、清洁能源产业、生态环境产业、基础设施绿色升级、绿色服务六大类。

5.绿色基金

绿色基金是指针对绿色低碳经济发展,环境优化改造项目而建立的专项投资基金,旨在通过资本投入促进节能减排事业发展。

党的十八届五中全会明确提出,要加快发展绿色金融,设立绿色发展基金。国家"十三五"规划纲要将"设立绿色发展基金"写入其中,从宏观战略规划层面为绿色发展基金的建立提供了保障。

国家绿色发展基金是目前国内唯一一个环保领域国家级基金,2020年,国家绿色发展基金正式启动运营。2020年7月15日,国家绿色发展基金股份有限公司在上海市揭牌运营,首期募资规模达885亿元,其中,中央财政出资100亿元。基金重点投资污染治理、生态修复和国土空间绿化、能源资源节约利用、绿色交通和清洁能源等领域。

6.碳金融产品

碳金融泛指所有服务于限制温室气体排放的金融活动,包括直接投融资、碳指标交易和银行贷款等。

碳金融与碳交易相互依存、相互促进,碳交易是碳金融发展的前提和基础,碳金融是碳交易发展的助推剂。一般来说,只有碳交易市场发展到一定规模,拥有一定的合格主体和健康的风险管控机制后,碳金融市场才得以发展。

碳金融产品是指基于碳排放权的交易或投资工具,是以碳配额和碳信用等碳排放权益为媒介或标的的资金融通活动载体。2022年4月12日,《碳金融产品》行业标准(JR/T 0244—2022),由中国证券监督管理委员会公布。碳金融产品标准的制定,有利于促进建立全国统一的碳排放权交易市场和有国际影响力的碳定价中心,有利于有序发展碳远期、碳掉期、碳期权、碳借贷、碳债券、碳资产证券化和碳基金等碳金融产品,更有利于促进各界加深对碳金融的认识,帮助各类相关机构识别、运用和管理碳金融相关的产品,引导金融资源进入绿色领域,推动实体经济低碳转型。

(二)使用者收费

使用者收费是指在使用环境资源或污染物集中处理设施时,向环境资源的使用者,污染物的收集、治理设施的使用者收取费用的制度安排。使用者收费是一种普遍采用的经济手段,主要用于城市固体废弃物和污水收集、处理方面,一般根据使用者排入设施的污染物的数量和质量进行收费。通过收费手段的实施,反映环境与资源的价值,同时引导公众实施环境保护与节约资源的行为。

1.城市污水收费

对污水实行使用者收费制度,一般用来解决污水处理厂和泵站管网等的运行费。根据环境经济学理论,污水处理成本是制定污水处理费收费标准的基础。一般来说,污水处理收费应能够补偿排污管网和污水处理设施的运行成本。

各国在执行时的收费方式和费率不尽相同,主要有两种方式:一是按水量收费,主要适用于生活污水;二是按水质水量收费,综合考虑污水的体积和污染强度来确定不同类型污水的收费标准,一般针对工业污水。

1997年6月,财政部等四部门联合印发了《关于淮河流域城市污水处理收费试点有关问题的通知》,规定从1997年开始征收污水处理费。在全国范围开征城市生活污水处理费。截至2005年底,全国有475个城市开征污水处理费,但当时收费标准低,一般为0.1~0.5元/m³污水。

2014年12月,财政部等印发《污水处理费征收使用管理办法》,统一全国对污水处理费的征收,推进"污染者付费+财政补贴"的模式保障污水处理费来源,对征收标准予以明确规定,明确污水处理收费标准要覆盖污水处理的全成本。

2015年1月,国家发展改革委、财政部、住房城乡建设部联合发布《关于制定和调整污水处理收费标准等有关问题的通知》,明确污水处理收费标准应按照"污染付费、公平负担、补偿成本、合理盈利"的原则,综合考虑本地区水污染防治形势和经济社会承受能力等因素进行制定和调整。2016年底前,城市污水处理收费标准原则上每吨应调整至居民不低于0.95元,非居民不低于1.4元。收费标准要补偿污水处理和污泥处置设施的运营成本并合理盈利,各地可制定差别化的收费标准。

2015年10月,中共中央、国务院发布了《关于推进价格机制改革的若干意见》,进一步明确并指出,要"探索建立政府向污水处理企业拨付的处理服务费用与污水处理效果挂钩调整机制"。从各地实践来看,逐步上调、差别收费、第三方治理、完善定价机制是污水处理收费的发展趋势。截至2016年6月底,在全国36个大中城市中,居民污水处理收费标准在0.5元/m³与1.7元/m³之间;非居民收费标准在0.5元/m³与3元/m³之间,平均为1.17元/m³。

2. 城市垃圾收费

根据污染者负担原则,所有垃圾产生者都应承担相应的费用。因此,对垃圾处理实行使用者收费,其费率应根据收集与处理成本来确定。国内外对此项收费主要采取两种方式:一是根据废弃物的实际体积,采用统一的收费率收费;二是根据废弃物的体积、类型收费。

我国城市生活垃圾的处理问题突出。一些城市从20世纪90年代开始探索城市生活垃圾处理费的征收方式,主要采用定额收费制,按统一费率每月征收垃圾处理费用。

2002年6月,国家发展计划委员会等四部委发布了《关于实行城市生活垃圾处理收费制度促进垃圾处理产业化的通知》,规定全面推行生活垃圾处理收费制度。垃圾处理费收费标准应按补偿垃圾收集、运输和处理成本,合理盈利的原则核定,生活垃圾处理费应按不同收费对象采取不同的计费方法,并按月计收。一些省市积极探索新的征收方式,如广东省中山市采用"水消费量折算系数法"进行垃圾处理的费用征收,直接以用水量计征垃圾处理费,并委托供水部门在征收水费时一并代收,取得较好的效果。截至2005年,全国有260个城市实行了垃圾处理收费制度。

2017年3月,国家发展改革委、住房城乡建设部发布《生活垃圾分类制度实施方案》,方案推出46个试点城市先行实施生活垃圾强制分类。《生活垃圾分类制度实施方案》提出按照"污染者付费"原则,完善垃圾处理收费制度,探索按垃圾产生量、指定垃圾袋等计量化、差别化收费方式促进分类减量。截至2016年底,全国已有145个城市开征城市生活垃圾处理费。

2018年6月,国家发展改革委出台《关于创新和完善促进绿色发展价格机制的意见》,提出全国城市及建制镇要全面建立生活垃圾处理收费制度,同时探索建立农村垃圾处理收费制度。国家发展改革委鼓励各地创新垃圾处理收费模式,提高收缴率。这是国家层面首次明确提出垃圾计量收费模式。收费模式细分为:对非居民用户推行垃圾计量收费,并实行分类垃圾与混合垃圾差别化收费等政策,提高混合垃圾收费标准;对具备条件的居民用户,实行计量收费和差别化收费,加快推进垃圾分类。

(三)环境补贴

环境补贴是指政府采取干预手段将环境成本内在化,给予企业以激励其进行环境保护或污染削减活动的多种形式的财政支付,通过对企业进行各种补贴,以帮助企业进行环保设施设备、环保工艺改进的一种政府行为。

环境补贴手段是一种基于经济主体行为的经济激励政策,是减少环境损害的市场手段,借此来调整外部性导致的价格信号失真和资源配置低效问题。环境补贴主要有两种类型:排污削减设备补贴和污染减排补贴。

环境补贴采取的形式主要有支付现金、赠款、软贷款、税收激励和减免豁免、政府环境保护投资或政府以优惠利率提供贷款等。环境补贴可被视为一项机会成本,污染者选择排放一单位污染物,实际等于放弃了减少这一单位排污量所能得到的补贴量。

环境补贴作用体现在以下几个方面。

(1)有利于促进环境保护。环境补贴通过外部收益内部化或补偿外部成本削减,激励生产者持续地提供正外部性效益或减少负外部性损失,使环境资源或服务的价格尽量逼近其真实价格,从而实现环境资源的有效配置。

(2)有利于优化产品结构。政府对生产绿色产品、环境成本内在化的企业给予一定的财政补贴,这种激励机制有利于企业提高环保意识、提升环保技术、加快绿色产品的开发、优化产品结构。例如,在汽车行业,2015年,财政部、科技部等部委发文,对纳入"新能源汽车推广应用工程推荐车型目录"的纯电动汽车、插混合动力汽车和燃料电池汽车的消费者,依据节能减排效果,并综合考虑生产成本、规模效应、技术进步等因素给予补贴。

(3)有利于推动环保产业的发展。实施环境补贴,设立绿色产品开发专项基金,为环保产业提供优惠贷款等,有利于推进环保产业的发展,能够有效地提高资源利用率。

(4)有利于突破绿色贸易壁垒。绿色壁垒作为一种市场准入障碍,是指进口方通过制定严格的环保技术标准、复杂的卫生检疫制度或采用绿色环境标志、绿色包装制度,对某些外国商品的进口采取的限制行为,是国际贸易中一种新的非关税壁垒。实施环境补贴,可以帮助企业实现资源成本内在化,从而缩小与发达国家在环境技术水平上的差距,帮助那些能够生产科技含量高、附加值高、消耗低、污染少、达到有关国际标准的产品出口,更好地在出口方面突破发达国家的绿色贸易壁垒。

(四)绿色采购

绿色采购是指在采购活动中,推广绿色低碳、环境保护、资源节约、安全健康、回收循环等理念,优先采购和使用节能、节水、节材等有利于环境保护的原材料、产品和服务的行为。

绿色采购主要是指政府绿色采购制度。政府采购作为国家宏观调控的一种方式,是实现国家战略目标的重要手段之一,也是世界各国为实现自身战略目标所采取的通常做法。政府绿色采购是指政府通过庞大的采购力量,优先购买和使用符合国家绿色认证标准的产品和服务的采购活动,从而促进企业环境行为的改善,并对社会的绿色消费起到推动和示范作用。

政府绿色采购制度的作用体现在：一是政府绿色采购刺激提高企业的管理水平和技术创新水平，弥补企业进行绿色低碳技术创新的正外部性；二是政府绿色采购相当于政府对被采购企业的隐形担保，能够让被采购企业易于融资；三是政府绿色采购创造的需求为绿色产业获得优势地位提供了一个驱动因素，可以培养扶植一大批绿色产品和绿色产业，有效地促进绿色产业的发展。

2002年，第九届全国人民代表大会常务委员会第二十八次会议通过《中华人民共和国政府采购法》，并于2014年进行第一次修订，该法明确提出政府采购应当有助于实现国家的经济和社会发展政策目标，包括保护环境。

2014年，商务部、环境保护部、工业和信息化部联合发布《企业绿色采购指南（试行）》，指导企业实施绿色采购，构建企业间绿色供应链，旨在通过引导、推动企业实施绿色采购，倒逼原材料、产品和服务的供应商不断提高环境管理水平，促进企业绿色生产，带动全社会绿色消费，逐步引导和推动形成绿色采购链。

2017年，财政部下发《关于印发〈节能环保产品政府采购清单数据规范〉的通知》，要求逐步提高节能环保产品政府采购清单执行工作的规范化程度。

政府绿色采购制度在不断完善中，与政府绿色采购制度相关的法律法规不断充实，政府绿色采购力度不断加大、绿色采购效率不断提升、绿色采购绩效评价不断加强。

（五）押金-退款

押金-退款手段是指对可能引起污染的产品征收一项额外的费用（押金），当产品废弃部分回到储存、处理或循环利用地点达到避免环境污染的目的后，退还押金的一种经济手段。从经济学角度，当消费某产品的边际社会成本高于边际私人成本时，可以采用强制干预手段以矫正这种偏差，可对每单位消费量征收一定数额的押金，在分配、流通和消费以及处理处置环节各部分主体按照要求减少污染物的排放，就退还押金。

采用押金-退款手段有利于资源的循环利用和削减废弃物数量，同时这种手段在实施过程中可以防止一些有毒、有害物质进入环境。从国外押金-退款手段的应用效果来看，该制度是一种有效的经济刺激手段。但有两个主要原因影响了这项手段的实施，一是各类包装容器的生产成本不断降低，而回收这类废弃物的运输和储藏费用较高；二是废旧包装的收集、分类和加工多是劳动密集型行业，劳动力成本越高，回收废料在投入市场上的竞争力越弱。我国的押金-退款手段基本上还未实施。

第三节　环境经济政策

政策是宏观上的指导，是国家为实现一定的路线目标而制定的行动准则。手段是在政策的指导下具体使用的途径与方式，而政策本身也是手段的集合提升。面对环境污染、生态破坏等问题，环境经济政策已成为保护环境的重要手段与行动准则。环境经济政策是环境政策的重要组成部分，也是经济政策的重要组成部分。环境经济政策是发挥市场机制有效作用保护环境的重要抓手，也是社会经济高质量发展的重要支撑。

一、经济政策

经济政策是经济手段的一种,成熟的经济手段一般被纳入政府制定的经济政策。关于经济理论中经济政策的基本概念,在本教材第一章第四节已进行了概述。

经济政策的正确性,对社会经济的发展具有极其重要的影响。正确的经济政策可以对社会经济的发展产生很大的推动作用;错误的经济政策会给社会经济的发展带来严重的破坏。国家制定的经济政策主要有以下几点:

(1)制定经济和社会发展战略、方针,制定产业政策,以实现社会总供给和总需求的平衡,规划和调整产业布局;

(2)制定财政政策、货币政策、财政与信贷综合平衡政策,调节积累与消费之间的比例关系,实现社会财力总供给和总需求的平衡;

(3)制定收入分配政策,引导消费需求的方向,改善消费的结构,从而使积累基金与消费基金保持适当的比例关系,防止通货膨胀的产生。

为保证评价效果正确有效,对经济政策的评价必须坚持下面两个原则。

(1)系统性原则。系统性是指评价必须从多方面、从整体上系统评价政策效应的好坏。由于各项经济政策的政策目标都是多元的,那么其效应必定也是多元的。另外,政策效应不仅包括经济效应,往往还包括一定的社会与环境效应。因此,对政策系统性进行评价时,必须考虑到各项经济政策的各个目标的实现状况。只有这样才可能对某一政策实施所造成的后果有全面、准确的认识,为下阶段的预测提供可靠的依据。

(2)客观性原则。客观性是指评价应有客观标准,不能只从主观出发来判断效应的好坏。不同的投资者由于其所处地位、环境、实力等有差异,出发点往往各不相同,如果全凭主观判断,很可能对同一现象得出不同的结论,不利于发现真实的客观状况。因此,评价政策效应必须依据一定的客观标准,尽量用数字与资料来说话。

二、环境政策

(一)环境政策概述

1. 环境政策的概念

环境政策是国家为了保护环境、促进社会经济高质量发展等目标而制定的解决环境问题的指导原则和政策措施。具体来说,所确定的战略、方针、行动、计划、原则、措施和其他各种对策的环境保护规范性文件,是实施环境政策的载体。

环境政策作为一项重要的公共政策,其实施直接关系到国家的环境立法和环境管理,也直接关系到国家环境整体状况的改善,对一个国家的社会经济发展产生重要且深远的影响。我国的环境政策由国务院制定并公布实施;或由国务院有关主管部门,省(自治区、直辖市)制定的,经国务院批准发布实施。

2015年,中共中央、国务院在《关于加快推进生态文明建设的意见》中,明确坚持节约资源和保护环境的基本国策,把生态文明建设放在突出的战略位置,融入经济建设、政治建设、文化建设、社会建设各方面和全过程;全面促进资源节约利用,加大自然生态系统和环境保护力度。在对环境保护不断提出新要求的背景下,国家需要不断地丰富和完善环境政策的组成和内容。

2. 环境政策的特点

环境政策除具备公共政策的一般特点外,还具有以下特征。

(1)特殊性。

环境政策的特殊性是指调整对象的特殊性。环境政策的制定在于调整人与人之间的关系,并最终调整人与自然的关系。环境政策注重维护人与自然和谐共生的关系和秩序。

(2)综合性。

环境政策调整对象的特殊性,决定了环境政策必须具有很强的综合性和广泛性。这主要表现在三个方面:第一,环境政策调整的关系涉及经济关系、社会关系、行政管理关系、技术关系等多个方面;第二,环境政策主体广泛,客体丰富,责任涉及环境与经济社会发展各个领域;第三,环境政策的实施形式和措施多样化,为取得良好的环境效果,需综合使用不同的环境政策。

(3)科学技术性。

环境政策的制定需要依据社会经济规律和自然生态规律,以及人与自然相互作用规律,还需要利用科学技术的发展。环境政策中的许多规定措施来自环境科学研究和实践成果,并通过技术性规范和技术性政策予以确立。

(4)公益性。

环境政策最根本的目的在于维护人类的可持续发展,其出发点和目的是维护人类共同利益。环境政策公益性的表现形式和实施结果,是环境政策共同性的必然体现,各国环境政策有许多共同的、可以相互借鉴的内容。

3. 环境政策的主要类型

环境政策在不断地丰富和完善,越来越多的环境政策被制定并应用于环境保护领域。环境政策的分类是为了满足在不同社会经济条件下,对各种环境政策进行选择或组合,以达到减少环境污染、促进环境资源合理利用和有效配置的目的。

国内外相关机构和学者从不同的角度,对环境政策进行了分类。经济合作与发展组织(OECD)将环境政策分为直接管制类(如市场准入、环境标准等)、经济激励类(如税收等)和相互沟通类(如信息披露等)三大类型;世界银行将环境政策划分为利用市场、创建市场、环境管制和公众参与四种类型。

根据所使用的主要手段和方法,环境政策可分为环境行政管理政策、环境经济政策、环境社会政策、环境技术政策、环境信息政策、国际环境政策等。

根据对管理对象的约束性,环境政策可以分为命令控制型环境政策、经济激励型环境政策和自愿型环境政策三类。这种分类目前被普遍运用于环境政策及其效应的研究方面。

(1)命令控制型环境政策。

命令控制型环境政策主要是指利用法律和行政管理的手段和方法,直接对环境经济系统中的各种活动进行管理和调控的环境政策。这类环境政策是以国家立法机构制定相关的法律法规、行政管理部门颁布有关环境制度和环境标准为基础开展的直接管制的环境政策。命令控制型环境政策具有对活动者行为进行直接控制,在环境效果方面存在较大确定性的突出优点,但也存在信息量巨大,运行成本高,缺乏激励性、公平性和灵活性等不足。

(2)经济激励型环境政策。

经济激励型环境政策是指为了达到环境保护和经济发展相协调的目标,利用自然规律和经济利益关系,根据价值规律,运用多种经济杠杆,影响或调节有关当事人经济活动的环境政策。经济激励型环境政策的手段具有经济效果良好、灵活性和激励性较高等优点,但存在环境效果不明确、易受技术水平限制等不足。需要说明的是,经济激励型环境政策是建立在命令控制型环境政策实施的基础上的,是强制性手段的有效补充,也是环境政策的必要组成部分。

（3）自愿型环境政策。

自愿型环境政策是指由环境管理部门、行业管理部门或协会,以及相关组织发起,通过不受法律法规强制性约束的各种自愿型环境保护行为准则和环境管理标准,来推动活动者改善行为的一类环境政策。在实践过程中,自愿型环境政策显示出良好的自我环境管理效果,越来越多的国家将其作为命令控制型和经济激励型环境政策的良好补充。典型的自愿型环境政策有信息公开、自愿协议和环境教育等政策。自愿型环境政策具有自我激励性、较好的灵活性、环境目标明确性等优点,但也存在环境效果不确定的不足。因此,自愿型环境政策的实施需要以法律法规体系的不断完善、社会公众和活动者自身的环境意识提高、环境监督机制的建立健全作为保障。

以上三类环境政策在解决复杂的环境问题时,没有哪一类环境政策能够独立应对,所以,环境政策的发展和应用应形成不同类型的环境政策组合并加以优化,共同规范环境经济系统中的各种活动,最终实现环境保护目标。

（二）中国环境政策的发展

1. 我国环境政策的发展历程

（1）起步构建（20 世纪 70 年代）。

1973 年,我国召开了第一次全国环境保护会议,通过了《关于保护和改善环境的若干规定（试行草案）》;1979 年《中华人民共和国环境保护法（试行）》确定了"32 字方针"和"谁污染、谁治理"的环境政策。我国环境政策开始起步,逐步开始制定环境保护的法律法规。

（2）形成框架（20 世纪 80 年代）。

1981 年,国务院作出《关于在国民经济调整时期加强环境保护工作的决定》;1983 年,召开了第二次全国环境保护会议,明确了环境保护是我国的一项基本国策;1984 年,国务院作出《关于环境保护工作的决定》。我国根据国情确定了环境保护的"预防为主、防治结合""谁污染、谁治理""强化环境管理"的三大基本政策。至此,我国基本形成了一条具有中国特色的环境保护道路和环境政策体系。

（3）实施战略转变（20 世纪 90 年代）。

1992 年,国务院批准了《中国环境与发展十大对策》,明确实施可持续发展战略;1994 年,国务院批准《中国 21 世纪议程》,将可持续发展贯穿到我国环境与发展的各个领域;1996 年,国务院发布《关于环境保护若干问题的决定》,强调了污染物的总量控制目标。这一阶段我国的环境政策仍然侧重于污染治理。

（4）全面绿色发展（21 世纪初至今）。

在这一阶段,环境政策实施的有效性得到重视,2005 年,国务院提出环境政策要从转变发展观念做起,强调建设资源节约型、环境友好型社会;2006 年,第六次全国环境保护会议提出,环境保护工作要加快实现"三个转变",以推动环境与经济发展转型的战略部署;2012年,党的十八大提出大力推进生态文明建设;2017年,党的十九大提出建立健全绿色低碳循环发展的经济体系;2022年,党的二十大报告将"人与自然和谐共生的现代化"上升到"中国式现代化"的内涵之一,再次明确了新时代我国生态文明建设的战略任务,总基调是推动绿色发展,促进人与自然和谐共生。在这一阶段,围绕这一主题,我国制定了数量多、内容覆盖面广的一系列环境政策。

2. 我国环境政策的主要特征

我国环境政策在发展过程中的主要特征体现在以下几方面。

(1)发展理念不断完善与深化。

1983年,第二次全国环境保护会议明确提出环境保护是现代化建设中的一项战略任务,是我国的基本国策之一;1992年,中国外交部和国家环境保护局发布了《中国环境与发展十大对策》,提出实施可持续发展的战略,1994年,国务院通过《中国21世纪议程》,明确从各方面推动可持续发展战略的实施,自1996年起,从国家各部门到地方省市县,以可持续发展为目标编制发展规划;2015年,中共中央、国务院印发《关于加快推进生态文明建设的意见》,首次将生态文明建设写入国家五年规划。2018年,十三届全国人大一次会议第三次全体会议通过了《中华人民共和国宪法修正案》,将生态文明写入宪法。

(2)污染控制与生态保护并重。

1973年起,我国环境保护从治理"工业三废"开始,至20世纪90年代前期,污染控制和治理一直是环境保护的重点,而生态环境问题在环境保护工作中是短板。20世纪90年代中期后,我国制定并实施了退耕还林(草)、封山绿化、建立自然保护区、切实加强生物多样性保护等一系列生态保护政策,环境保护从偏重污染控制发展到污染控制与生态保护并重。2018年,全国生态环境保护大会提出加快建立健全生态文化体系、生态经济体系、目标责任体系、生态文明制度体系和生态安全体系的生态文明体系,这是从根本上解决生态环境问题的对策体系。

(3)从末端治理到源头控制。

20世纪90年代初,我国污染防治开始实行"三个转变"(从末端治理向全过程控制转变,从单独浓度控制向浓度与总量控制相结合转变,从分散治理向分散与集中治理相结合转变),环境政策的制定与实施限制了资源消耗大、污染重、技术落后产业的发展,开始试点清洁生产,并结合经济结构调整,关停重污染小企业,从源头上开始减少资源破坏和环境污染,同时推动高新技术产业和环保产业的发展。

(4)从点源治理到流域和区域的环境治理。

在推行"谁污染、谁治理"政策的初期,我国主要着力于点源控制与浓度控制。1996—2005年,我国实施《跨世纪绿色工程规划》,重点是对"三河""三湖""两区""一市""一海",采取综合性措施,加大治理力度,包括实施总量控制政策、排污收费政策和"以气代煤、以电代煤"的能源政策,推动企业达标排放和加快城市环境基础设施的建设,努力使这些重点地区的环境恶化状况逐步改善。自此,环境政策的调控从点源逐步转变为流域、区域的综合治理和环境保护。

(5)以行政管理为主导逐步转变为多种手段综合协同。

在法治方面,20世纪90年代以来,我国逐步完善的环境法律法规体系为环境保护工作提供了有力的法律保障;在经济方面,在基本建设、综合利用、财政税收、金融信贷以及引进外资等方面,制定并完善有利于环保的经济政策措施;在教育方面,环境保护教育被列入中小学教育大纲,重视提高全民环境意识。第六次全国环境保护会议强调,从主要用行政办法保护环境转变为综合运用法律、经济、技术和必要的行政办法解决环境问题。这表明我国开始更加注重市场经济激励引导企业的生产行为和公众的消费行为,更加注重社会公众参与环境保护发挥的重要作用,更加注重各种环境政策的有效组合,以保证环境效果实现并提高环境管理效率。

在"十四五"和"十五五"期间,我国要持续深入打好污染防治攻坚战,健全美丽中国建设保障体系,着力提升生态系统多样性、稳定性、持续性,积极稳妥推进碳达峰碳中和,守牢美丽中国建设安全底线,健全美丽中国建设保障体系。在此期间,我国环境政策的主要特征是围绕着高质量发展和高水平保护、重点攻坚和协同治理、自然恢复和人工修复、外部约束和内生动力、"双碳"承诺和自主行动这五个重大关系进行。五个重大关系既是实践经验的总结,又是理论的概括,为全面推进美丽中国建设,加快推进人与自然和谐共生的现代化提供了有力思想武器。

3. 中国环境政策的组成

由于环境问题和环境保护涉及社会、经济等各个领域,所以环境政策的种类、内容和表现形式多种多样。我国的环境政策主要有以下内容。

(1)环境保护基本国策、基本政策和综合性政策。

基本国策的确立为制定其他各种环境政策提供了依据和指导。"预防为主、防治结合、综合治理""谁污染、谁治理""强化环境管理"是以我国基本国情为出发点而制定的具有中国特色的三项环境保护基本政策。环境保护的综合性政策是指跨领域、跨部门,具有整体性、全局性和综合性的一系列有助于推动环境保护的政策,例如,必须坚持节约优先、保护优先、自然恢复为主的方针,推进绿色发展,着力解决突出环境问题,加大生态环境保护力度,改革生态环境监管体制。

(2)根据防治对象和保护对象划分的环境政策。

①防治环境污染的政策。在环境污染防治方面,制定了有关水污染、大气污染、土壤污染、固体废弃物污染、噪声污染、放射性污染等防治的相关政策。

②防治生态环境破坏的政策。在生态环境保护方面,制定了防治水土流失、防治水源枯竭、防治滥开发利用自然资源、防治外来物种入侵等方面的环境政策。

③保护环境要素和自然资源的政策。在保护自然资源方面,制定了保护海洋、保护水资源、保护湿地、保护土地资源、保护野生动植物资源,以及自然保护区等方面的环境政策。

(3)根据环境保护要素划分的环境政策。

①环境保护法律、行政政策。通过采用法律、行政的强制性调控机制和手段实施的一类环境政策,如我国的各项环境法律法规、环境行政管理体制政策、区域和流域环境管理政策、环境行政管理制度等。

②环境保护社会政策。通过社会调整机制、治理机制实施的一类环境政策,如环境人口政策、环境宣传教育政策、环境纠纷处理政策等。

③环境保护技术政策。对环境保护涉及的科学技术手段和方法进行规范、推广的一类环境政策,如防治环境污染的技术政策、推动生态建设的技术政策、发展循环经济和清洁生产的

技术政策、可持续开发利用和节约资源能源的技术政策等。

④环境产业政策。通过调整产业结构,促进环保产业发展的一类环境政策,如鼓励发展环保产业相关政策,现有产业结构向资源利用合理化、废物产生最小化、生产过程无害化改变、优化的产业政策等。

⑤环境保护行业政策。通过对特定行业的生产规模、特点、生产工艺水平以及环境污染的情况进行分析,对不同行业制定不同的行业发展政策,从而促进行业发展的一类政策,如鼓励发展的行业政策、限制发展的行业政策和禁止发展的行业政策等。

⑥环境经济政策。通过利用经济手段、市场调整机制和手段实施的一类环境政策,如环境税费政策、环境投资政策、环境保险政策、生态补偿政策、绿色信贷政策等。

⑦环境保护的能源政策。通过利用提高能源利用率,调整和改善能源结构组成的手段和方法实施的一类环境政策,如调整能源结构政策、实行集中供热政策、发展清洁能源政策等。

(4)国际环境政策。

这类政策涉及我国签订和参与的多边或国际环境保护事务的政策,如国际环境合作、交流政策,国际环境要素保护政策,国际环境贸易政策,国际环境安全政策等。

三、环境经济政策

(一)环境经济政策概述

1.环境经济政策的概念

环境经济政策是为了达到环境保护和经济发展相协调的目标,利用经济利益关系,对人类活动进行调节的一类政策。环境经济政策属于经济激励型环境政策,是在传统的命令控制型环境政策不能满足环保工作需要的前提下逐渐发展起来的一类政策。环境经济政策的概念有狭义和广义之分。

一般说环境经济政策,指的是狭义环境经济政策,即根据价值规律的要求,运用价格、税收、信贷、投资、微观刺激和宏观调节等经济杠杆,调整或影响市场主体,使其产生消除污染行为、主动采取保护环境行为的一类政策。例如,利用税收政策改革,逐步实施环境税;利用资本市场创新,引入绿色信贷、环境保险、绿色债券等,建立和发展绿色资本市场。

广义环境经济政策,包括狭义环境经济政策,也包括可以纳入经济范畴的环境政策,既融入宏观经济政策和微观经济政策的环境经济政策。

相对于命令控制型环境政策,环境经济政策以内化环境成本为原则,从影响成本效益入手,对市场主体进行基于环境资源的利益调整,引导市场主体进行选择,形成保护环境的激励和约束的长效机制。

2.环境经济政策体系

环境经济政策体系是指各种环境经济政策之间和同一政策内部不同要素之间的关联性,及其与社会政策、经济政策、环境政策等相互作用而形成的系统。

环境经济政策体系本身是一个大系统,在这个大系统中又有多个子系统,如环境财政政策、环境资源价格政策、生态补偿政策、环境权益交易政策、绿色税收政策、绿色金融政策等。

在我国环境经济政策体系中,各种环境经济政策的功能和类别不同,但它们之间相互联系、相互依存、相互制约。因此,各环境经济政策之间的关系是上下衔接、左右协调,纵向一致、横向协同。在促进环境保护和经济发展相协调的进程中,我国要加快政策推进步伐,加大政策供给力度,进一步健全环境经济政策体系。

3. 环境经济政策的特点

环境经济政策主要具有以下特点。

(1)经济效果好。

环境经济政策以市场为基础,直接或间接地向政策控制对象传递市场信号,影响其经济活动决策和效益,从而使其改变不利于环境保护的行为。这种宏观管理模式不需要全面监控政策对象的微观活动,因此,不需要建立庞大的执行管理机构、支付高额的执行成本来支持。所以,相对于命令控制型环境政策,环境经济政策能以较低的成本来实现相同或更高的保护环境目标。

(2)灵活性和动态效果好。

环境经济政策把有效地保护和改善环境的责任,从政府转交给环境责任者。在传递信息的过程中,具有一定行为选择余地的决策权被交给环境责任者,从而使环境管理更加灵活,可以适用于具有不同条件、能力和发展水平的政策对象。同时,环境管理要求污染者必须为其造成的污染支付费用。环境经济政策的实施,使其不断进行技术革新,在政策的规定和引导下去追求利润最大化,寻求经济发展。

(3)有利于筹集环保资金。

环境经济政策的实施,不但可以刺激政策对象调整自己的行为,而且可以筹集并有效地配置保护环境所需要的资金。这些资金不仅可以用于环境保护,还可以用于纠正其他不利于可持续发展的经济行为。同时,借助环境经济政策,把一些具有经济效益的环保产业推向市场,可以减轻政府的财政负担。

4. 环境经济政策的基本功能

(1)刺激作用。

环境经济政策作为一种调控环境行为、促进行为人理性选择的政策工具,借助市场机制的作用,注重内生调控,有利于激发经济主体实施环境行为的积极性和主动性,建立环境保护的长效机制。例如,建立适应环境保护和可持续发展要求的税收政策,当人们的行为符合环境保护、可持续发展的要求时,他们就会享受到相应的减税、免税优惠,反之,则会增加税收。

(2)筹集资金。

实施环境经济政策,可以筹集一定的资金用于环境保护和可持续发展建设。一般筹集的资金用于重点污染源防治项目、区域性污染防治项目、污染防治新技术、新工艺的推广应用项目以及其他污染防治项目的拨款补助和贷款贴息。2018年,《中华人民共和国环境保护税法》的实施,提升了资金筹集的刚性。

(3)协调作用。

环境经济政策可以有效地引导政策对象将环境保护行为与自身经济效益结合起来,从而协调微观和宏观的经济发展与环境保护的关系。同时,环境经济政策的实施,还可以兼顾环境社会关系调控过程中的公平与效率。例如,排污权交易的实施,给生产规模不同、污染处理水平不同的行为主体提供了调整生产规模、改进技术以及买卖排污权的多种选择,使其制定和实施更有效率的决策。

5.环境经济政策的实施条件及影响因素

(1)实施条件。

实施环境经济政策须具备以下几个条件。

①市场体系。环境经济政策的实施是否有效,取决于市场的完备程度。市场功能不健全,会导致政府失去传递信号的中介,或者导致市场信号失真;而被管理者在这种情况下有可能对市场信号反应迟缓,甚至对这些经济刺激不产生反应。这样,环境经济政策的实施也就失去了作用。

②法律法规。市场经济是法治的经济,参与市场运行的环境经济政策,只有在相关的法律保障下,才具有合法性和权威性。因此,必须不断建立和完善相关政策法规,为实施环境经济政策提供法律保障。同时,还要授权政府主管部门制定政策的实施细节和管理规定。

③实施能力。环境经济政策的有效实施还需要有配套的具体实施规章、实施机构的人力资源和财力支持。例如,排污权交易制度的实施,需要建立交易市场,制定具体的实施细则,建立负责资金使用和管理的环境监督管理机构等。

④数据和信息。必要的数据信息是环境经济政策制定和实施的重要条件。管理者要想最有效率地开展环境保护,就必须尽可能多地掌握关于污染控制成本以及环境损害等方面的数据信息。

⑤经济环境。宽松的经济环境是环境经济政策实施的充分条件。如果一个国家或地区的大部分企业面临严重的经济困难、生产不足、通货膨胀等问题,实施环境经济政策就往往起不到应有的效果。

(2)影响因素。

环境经济政策涉及社会经济生活的众多部门和群体,其实施的影响因素错综复杂。从总体来看,影响环境经济政策实施的因素主要有以下几个方面。

①政策的可接受性。环境经济政策实施后,会对政策涉及的对象产生不同的影响。实施对象将从自身利益角度出发,反对或支持政策的实施,最后的结果将取决于各方面力量的对比以及他们对决策过程的影响。当反对的力量大到足以影响决策过程时,该项环境经济政策就会被修改或放弃。因此,一项环境经济政策能否实施,政策的可接受程度,是需要被评估的。

②相关政策的制约。现行的法规框架,为环境经济政策的选择划定了有限的空间。在这个范围内,环境经济政策与其他经济政策之间只能是配合关系而不能是冲突关系,否则其实施就不具备现实的可行性。

③公平性的考虑。由于环境经济政策涉及经济利益的再分配,缴纳环境税者并不一定是税赋的最终承担者,因此,必须全面衡量环境经济政策对不同对象以及不同收入水平阶层的影响。考虑到一些低收入群体受影响最大,因此,为了提高政策的可实施性,有必要采取一些实施前的减缓措施和实施后的补偿措施。

④体制问题。环境经济政策是一种克服市场失灵和政策失灵的手段,因此,它的实施必然会引起现行管理体制的变革。所以,通常需要对现行体制作出一些调整,从而为环境经济政策的实施提供支持。

⑤管理的可行性。管理的可行性不但会影响到环境经济政策的选择,而且会影响具体政策的执行。例如,我国推行的排污权交易制度,由于其技术含量较高,许多地区针对某些污

物的排污权交易难以操作,这在一定程度上限制了此项制度的应用推广。

⑥产业政策。各级政府为实现特定时期的经济目标制定了一些产业政策,这些政策有时也会影响环境经济政策的实施。例如,为扶持和保护国内某些产业提供财政补贴和征收高额关税,为鼓励出口而对有关产业或企业提供补贴等,都会影响环境经济政策的实施及效果。

此外,一些部门和地方政府担心,实施环境经济政策会给企业造成经济负担,影响经济效益的提高,所以,可能对某些环境经济政策的实施持消极或抵触的态度,干扰环境经济政策的正常实施。

(二)中国环境经济政策的发展

我国在构建环境保护长效机制的背景下,制定和完善了环境经济政策,不断发挥环境经济政策在环保事业中的作用。

1. 发展起步(20 世纪 70—80 年代)

我国环境保护事业起步初期,规定了污染者必须承担治理的责任和费用,形成了排污收费制度。20 世纪 80 年代中后期,我国探索制定了财政补贴、银行贷款、差别税收等环境经济政策。这一阶段环境经济政策由于刚开始起步,所以实施范围和效果有限。20 世纪 70—80 年代我国环境经济政策概况见表 8-2。

20 世纪 70—80 年代我国环境经济政策概况　　　　　　　　　　表 8-2

环境经济政策类型	实施部门	开始时间	实施范围
排污收费	环保	1982 年	全国
财政补贴	财政、环保	1982 年	全国
差别税收	税收	1984 年	全国
环保投资	计划、财政、环保、金融	1984 年	全国
排污许可证交易(试点)	环保	1985 年	上海、沈阳、济南、太原等城市
资源税、矿产资源补偿费	矿产、财政	1986 年	全国
生态补偿费(试点)	土地管理、财政和环保	1989 年	广西、福建、江苏等地

2. 战略转变(20 世纪 90 年代)

在这一阶段,国家开始重视环境经济政策在环境保护事业中的作用,积极探索采用经济手段解决大气、水体污染等问题的路径,但有些环境经济政策只有政策性的规定却没有配套的措施,所起到的作用有限。20 世纪 90 年代我国环境经济政策概况见表 8-3。

20 世纪 90 年代我国环境经济政策概况　　　　　　　　　　表 8-3

环境经济政策类型	实施部门	开始时间	实施范围
污染责任保险制度	金融、环保	1991 年	大连、沈阳
二氧化硫排污费(试点)	环保、物价和财政	1992 年	"两控区"
污水排放费	物价、财政和环保	1993 年	全国
城市生活污水处理费	城建、环保	1994 年	上海、淮河流域城市
银行贷款	金融	1995 年	全国
停止生产与销售含铅汽油	地方政府	1998 年	全国
城市生活垃圾处理收费	城建、环保	1999 年	北京、上海、西安等部分城市

1992 年,《中国环境与发展十大对策》中的第七大政策指出要运用经济手段保护环境。主要内容有:按照资源有偿使用的原则,逐步开征资源利用补偿费,并开展对环境税的研究;研究并试行把自然资源和环境纳入国民经济核算体系,使市场价格准确反映经济活动造成的环境代价;制定不同行业污染物排放的时限标准,逐步提高排污收费的标准;对环境污染治理、废物综合利用和自然保护等社会公益性明显的项目,给予必要的税收、信贷和价格优惠。

1994 年,《中国 21 世纪议程》提出要"有效利用经济手段和市场机制"促进可持续发展。具体目标是"将环境成本纳入各项经济分析和决策过程,改变过去无偿使用环境并将环境污染和破坏转嫁给社会的做法""有效利用经济手段和其他面向市场的方法来促进可持续发展"。

3. 全面发展(21 世纪初至今)

在这一时期,环境经济政策加快完善,国家层面的相关政策、条例、办法颁布了百余项,随着各项环境经济政策的出台,相关配套措施办法也抓紧制定。

2001 年,国务院批准的《国家环境保护"十五"计划》在保障措施中提出,政府要综合运用经济、行政和法律手段,逐步增加投入,强化监管,发挥环保投入主体的作用。

2005 年,国务院发布的《国务院关于落实科学发展观加强环境保护的决定》中指出,加强环境保护必须"建立和完善环境保护的长效机制",其中的一项重要工作就是"推行有利于环境保护的经济政策。建立健全有利于环境保护的价格、税收、信贷、贸易、土地和政府采购等政策体系"。

2006 年,第六次全国环境保护会议强调,做好新形势下的环保工作,第三个转变是"从主要用行政办法保护环境转变为综合运用法律、经济、技术和必要的行政办法解决环境问题,自觉遵循经济规律和自然规律,提高环境保护工作水平"。

2007 年,国家环境保护总局与有关部门共同启动了国家环境经济政策研究与试点工作,提出在建立和完善环境保护机制方面,建立绿色税收、环境收费、绿色资本市场、生态补偿、排污权交易、绿色贸易、绿色保险等 7 项环境经济政策,形成我国环境经济政策的架构,并制定路线图。

2009 年,国家推动绿色信贷、绿色保险、绿色贸易和绿色税收等一系列环境经济政策的实施和深化,进一步丰富了国家宏观调控手段。

2010 年,环境保护部制定了《环境经济政策配套综合名录》,该名录含有 349 种"双高"产品、29 种环境友好工艺、15 种污染减排重点环保设备,为国家制定和调整出口退税、贸易、信贷和保险等环境经济政策提供基础依据。

2012 年,党的十八大提出,大力推进生态文明建设,深化资源性产品价格和税费改革,建立反映市场供求和资源稀缺程度、体现生态价值和代际补偿的资源有偿使用制度和生态补偿制度。

2014 年,环境保护部联合商务部、工业和信息化部发布了《企业绿色采购指南(试行)》,引导企业实行全流程的绿色采购,包括包装、物流、使用、回收利用等各环节的环境保护。

2015 年,《中华人民共和国国民经济和社会发展第十三个五年规划纲要》明确提出,要保护自然资源资产所有者权益,公平分享自然资源资产收益;完善财政支持与生态保护成效挂钩机制;建立健全生态环境损害评估和赔偿制度,落实损害责任终身追究制度,从促进实现国家绿色发展出发明确了"十三五"时期环境经济政策建设的方向。同年,《生态文明体制改革总体方案》提出了要健全自然资源资产产权制度、资源有偿使用和生态补偿制度、环境治理和生态保护市场体系、生态文明绩效评价考核和责任追究制度等 8 项制度建设,并明确了制度建设的具体目标和主要任务。

2017 年,党的十九大提出要大力发展绿色金融、建立市场化、多元化生态补偿机制等环境经济政策改革任务要求。环境经济政策改革处于快速推进期,仅这一年就出台了多个国家层面的环境经济政策相关文件。

2018 年,《中华人民共和国环境保护税法》正式实施,提升了污染付费的法律强制性。同年召开的全国生态环境保护工作会议强调,建立健全包括生态经济体系在内的五大生态文明体系。在生态文明制度体系中,环境经济政策的杠杆作用越来越大,有力地推动生态环境保护和高质量发展。

2022 年,党的二十大提出要完善支持绿色发展的财税、金融、投资、价格政策和标准体系,建立生态产品价值实现机制,完善生态保护补偿制度,推进生态优先、节约集约、绿色低碳发展。这些要求是实现高质量发展的新原则和新导向。

综上,我国环境经济政策从无到有,逐渐发展演化,迄今已形成内容较丰富、强调市场、注重配合的一类环境政策体系。

(三)中国环境经济政策实施的意义

在我国的环境保护实践中,环境经济政策在环境政策体系中的作用日益受到重视。这类政策体系易形成长效机制的途径,同时通过与其他手段组合应用,能有效地促进人与自然和谐共生。

1. 环境经济政策发展的必然性

(1)在市场经济体制下,环境保护领域的市场失灵更为明显,这就需要政府干预。实践证明,建立并实施环境经济政策是政府干预环境保护的有效途径。实施环境经济政策可以很好地将经济发展与环境保护结合起来,以实现社会经济的可持续发展。

(2)与传统的行政手段和法律手段的强制性"外部约束"相比,环境经济政策是一种"内在约束"力量。环境经济政策是将外部不经济性内部化的有效途径,这在环境保护工作中起着重要的作用。

(3)环境保护需要投入大量的环境保护投资,环境经济政策、绿色金融政策的资金筹集功能拓宽了环保资金的来源渠道。

(4)我国各地自然条件和经济发展水平不尽相同,环境经济政策留给政策调控对象较大的自主决策空间,可以很好地兼顾地区之间、发展之间的差异,有利于具体环境问题的具体分析和解决。

2. 环境经济政策发展的重要性

(1)环境经济政策发展是协调环境保护与经济发展的重要措施。环境保护与经济发展的辩证关系客观上要求在制定环境政策时考虑经济条件和经济政策,在制定经济政策时考虑环境状况和环境保护,从而产生协调两者间关系的环境经济政策。

(2)环境经济政策是预防与治理环境污染与破坏的重要手段。在一定程度上,环境污染与生态破坏主要是利益获取不公正、不合理的结果。环境经济政策协调国家、集体和个人之间,污染者与被污染者之间,以及其他方面的各种经济关系,运用经济手段促使市场主体采取环保措施,限制那些对环境有害的开发活动,强化对污染环境、破坏生态行为的处罚与管理。

(3)环境经济政策是调节环境经济系统的产物。环境经济政策着眼于运用经济手段来调控人们的行为,采用多样的方式来协调经济发展与环境保护之间的关系,以最小的劳动消耗和投资获取最佳的社会、经济、环境效益。

(4)环境经济政策是做好环境管理和环保工作的保障。用经济杠杆来调节环境保护方面的财力、物力及其流向,调整产业结构和生产力布局,将"责、权、利"相结合,从而使环境管理落到实处,推动经济发展方式的转型,将可持续发展提升到绿色高质量可持续发展的高度。

(四)中国环境经济政策的组成

环境经济政策必须适应社会经济新时代的要求,不断创新完善。我国实施的环境经济政策主要有以下几方面。

1. 环境财政政策

环境财政政策是以政府为主体的环境经济政策。我国环境财政政策主要涉及环境保护预算支出、环境保护专项基金、环境保护转移支付以及环境保护税收四个方面的财政政策,目的是保障环境保护的财政支持。我国环境财政政策在内容方面涉及环保投资计划、专项资金管理、生态功能区转移支付、中央财政奖励、财政补贴等多个方面,如《中央农村环境保护专项资金管理暂行办法》《国家重点生态功能区转移支付办法》等。优化环境财政政策,需要进一步加大引导支持力度、逐步健全改善生态环境质量的财政资金绩效与项目库机制。

2. 环境资源价格政策

环境资源价格政策是通过建立健全反映市场供求、资源稀缺程度、体现生态价值和环境损害成本的环境资源价格机制,特别是基于环境容量的污染物排放资源有偿使用价格机制。2018年国家发展改革委公布的《关于创新和完善促进绿色发展价格机制的意见》指出:加快建立健全能够充分反映市场供求和资源稀缺程度、体现生态价值和环境损害成本的资源环境价格机制,完善有利于绿色发展的价格政策,将生态环境成本纳入经济运行成本。环境资源价格政策改革需要持续深化,在绿色低碳发展和深度推进结构调整中发挥更加重要的市场信号引导作用和激励作用。

3. 生态补偿政策

建立生态补偿政策是形成一个有效的生态补偿机制,形成合理配置环境资源、有效保护生态环境的保障,实现森林、草原、湿地、荒漠、海洋、水流、耕地等重点领域和禁止开发区域、重点生态功能区等重要区域生态保护补偿全覆盖。生态补偿政策需要强化市场化、多元化补偿,深入推进法治化制度化建设。

4. 环境权益交易政策

环境权益交易政策是主要用来引导和调控市场主体集约使用排污权、水权、碳排放权、用能权等稀缺环境权益,使之发挥最大效益一种环境经济政策。2014年和2015年,我国分别出台了《关于进一步推进排污权有偿使用和交易试点工作的指导意见》和《排污权出让收入管理暂行办法》两个国家层面的规章,旨在推进排污权交易政策的实施,以及资金管理的配套措施。2017年,国务院提出积极探索建立排污权、水权、碳排放权、用能权等环境权益交易市场。

环境权益交易政策要着力推进建立公平与效率兼顾的市场环境,提升市场的活力与流动性。

5. 绿色税收政策

绿色税收政策是调节污染行为和环境保护的一种经济手段。我国现行的绿色税收政策主要包括三部分:一是专门为环境保护而设立的绿色税种,即环境保护税;二是现行税制中其他具有环保性质的绿色相关税种,主要分为资源占用型和行为引导型绿色税收;三是与环境保护相关的税收优惠政策。其中,环境保护税是我国首个明确以环境保护为目标的独立型绿色税种,属于事后干预型的绿色税收类型。绿色税收政策需要加强研究碳税的可行性,在进一步发挥好环境保护税政策作用的同时,持续深化环境保护相关税收政策改革,进一步促进税收的绿色化。

6. 绿色金融政策

绿色金融政策是引导金融机构增强对环保、节能、低碳行业的投入,减少对于高污染、高能耗行业的投入,以推动经济增长方式向绿色、节约转型的一类环境经济政策。2015 年,国务院发布的《生态文明体制改革总体方案》提出要"建立绿色金融体系"。2016 年,中国人民银行等七部委联合印发了《关于构建绿色金融体系的指导意见》,绿色金融的内涵十分宽泛,包含了绿色信贷、绿色证券、绿色基金、绿色保险、绿色融资等内容。

我国实施的环境经济政策还有环境与贸易政策、环境污染治理市场政策、绿色消费政策、环境污染治理市场政策、环境资源价值核算政策、行业环境经济政策等。

国家环境经济研究机构和研究专家对我国环境经济政策实践开展了系统的年度评估。在评估方法上,采取实地调研法和政策分析法;在评估思路上,对本年度的主要环境经济政策进展进行分项评估,根据各项政策进展的评估结果,形成年度环境经济政策实践进展的总体评估结论。例如,针对 2021 年我国环境经济政策实践展开系统评估,总体认为 2021 年环境经济政策体系建设不断健全,环境经济政策改革与创新工作取得了重要进展,在深入打好污染防治攻坚战、持续改善生态环境质量、支撑服务全面绿色低碳发展转型中发挥了重要作用,成为生态文明与美丽中国建设的重要动力机制。在快速变化的宏观经济社会形势下,环境经济政策改革与创新需要进一步统筹国内国际发展新形势,在协同推进高质量发展和高水平生态环境保护工作中发挥更加重要的作用。

评估报告认为我国环境经济政策体系建设还需要通过改革与创新再上新台阶,需要继续推进建立行政手段引导、市场手段为主的长效环境经济政策机制,进一步整合现有各项环境经济政策,强化政策手段的组合调控,强化政策协同与政策评估等支撑能力建设,以推进环境经济政策在生态文明建设与生态环境保护工作中发挥更大的政策作用。

复习作业题

1. 名词概念解释题

1.1 环境保护手段　　1.2 环境保护经济手段　　1.3 环境税

1.4 边际治理成本　　1.5 最优污染水平　　1.6 污染当量

1.7 排污权交易   1.8 碳排放权交易   1.9 生态补偿

1.10 绿色金融   1.11 使用者收费   1.12 绿色采购

1.13 环境政策   1.14 环境经济政策   1.15 狭义环境经济政策

1.16 广义环境经济政策

2.选择与说明题

2.1 环境保护手段体系呈现出层次性,其内层手段有( )。

     A.法律手段   B.行政手段

     C.经济手段   D.教育手段

选择说明:＿＿＿＿＿＿＿＿＿＿＿＿＿＿＿＿＿＿＿＿＿＿＿＿＿＿

2.2 当政府征收环境税时,生产者面临着( )选择。

     A.缴纳环境税   B.缩小生产规模

     C.购买和使用处理设备   D.扩大生产规模

选择说明:＿＿＿＿＿＿＿＿＿＿＿＿＿＿＿＿＿＿＿＿＿＿＿＿＿＿

2.3 环境税的实施对不同主体的环境经济效果影响是不同的,这些对不同主体的影响有( )。

     A.对生产者的影响   B.对消费者的影响

     C.对政府的影响   D.对环境的影响

     E.对整个社会净收益的影响

选择说明:＿＿＿＿＿＿＿＿＿＿＿＿＿＿＿＿＿＿＿＿＿＿＿＿＿＿

2.4 下列关于环境税的说法中,正确的是( )。

     A.政府通过征税的办法迫使生产者实现外部效应的内部化

     B.通过征税促使排污单位承担必要的污染治理与环境损害修复成本

     C.通过征税引导生产者和消费者生产并消费低污染或无污染的产品

     D.利用征收环境税的经济手段,可以矫正市场自发调节下的资源配置失灵现象

选择说明:＿＿＿＿＿＿＿＿＿＿＿＿＿＿＿＿＿＿＿＿＿＿＿＿＿＿

2.5 如果对商品征税,以下说法正确的有( )。

     A.无论对谁征税,税收一般由买卖双方共同负担

     B.供给弹性越大,则卖方负担份额越少;需求弹性越大,则卖方负担份额越多

     C.对谁征税就由谁负担

     D.供给弹性越大,则卖方负担份额越多;需求弹性越大,则卖方负担份额越少

     E.买卖双方的税收负担不仅取决于供求弹性,还取决于一开始是对买卖双方中的
        哪一方征税

选择说明:＿＿＿＿＿＿＿＿＿＿＿＿＿＿＿＿＿＿＿＿＿＿＿＿＿＿

2.6 排污权交易的实质体现在( )。

     A.排污权交易是环境资源商品化的体现

     B.排污权交易是排污许可证制度的市场化形式

     C.排污权交易是总量控制的一种措施

     D.排污权的交易可以不经过政府

选择说明:＿＿＿＿＿＿＿＿＿＿＿＿＿＿＿＿＿＿＿＿＿＿＿＿＿＿

2.7 从交易双方的关系看,排污许可证的交易可以采取(　　)方式。

A.点源与点源间的排污权交易　　　　B.点源与面源间的排污权交易

C.区域与流域的排污权交易　　　　　D.点源与环保部门间的排污权交易

选择说明:＿＿＿＿＿＿＿＿＿＿＿＿＿＿＿＿＿＿＿＿＿＿＿＿＿＿＿＿＿＿

2.8 生态补偿的基本原则有(　　)。

A.破坏者付费与保护者受益原则　　　B.受益者补偿原则

C.公平性原则　　　　　　　　　　　D.政府主导与市场推进原则

选择说明:＿＿＿＿＿＿＿＿＿＿＿＿＿＿＿＿＿＿＿＿＿＿＿＿＿＿＿＿＿＿

2.9 生态补偿主要工作内容有(　　)。

A.对生态系统本身保护(恢复)或破坏的成本进行补偿

B.利用经济手段对破坏生态的行为予以控制,将经济活动的外部成本内部化

C.对保护生态环境和生态系统的投入或放弃发展机会的损失的经济补偿

D.对具有重大生态价值的区域或对象进行保护性投入

选择说明:＿＿＿＿＿＿＿＿＿＿＿＿＿＿＿＿＿＿＿＿＿＿＿＿＿＿＿＿＿＿

2.10 环境政策的主要特点有(　　)。

A.特殊性　　　　B.综合性　　　　C.科学技术性　　　　D.公益性

选择说明:＿＿＿＿＿＿＿＿＿＿＿＿＿＿＿＿＿＿＿＿＿＿＿＿＿＿＿＿＿＿

2.11 环境政策的主要类型包括(　　)。

A.命令控制型环境政策　　　　　　　B.经济激励型环境政策

C.自愿型环境政策　　　　　　　　　D.谈判型环境政策

选择说明:＿＿＿＿＿＿＿＿＿＿＿＿＿＿＿＿＿＿＿＿＿＿＿＿＿＿＿＿＿＿

2.12 中国环境保护三大基本政策有(　　)。

A.预防为主、防治结合、综合治理　　B.谁污染、谁治理

C.强化环境管理　　　　　　　　　　D.污染者负担原则

选择说明:＿＿＿＿＿＿＿＿＿＿＿＿＿＿＿＿＿＿＿＿＿＿＿＿＿＿＿＿＿＿

2.13 下列关于环境经济政策的说法中,正确的有(　　)。

A.环境经济政策属于经济保守型的环境政策,对经济活动进行调节

B.广义环境政策是指根据价值规律的要求,运用价格、税收、信贷等影响市场主体的政策

C.狭义经济政策是指根据价值规律的要求,运用价格、税收、信贷投资和微观经济调节等经济杠杆调整市场主体的政策

D.在市场经济体制下,环境经济政策是实施可持续发展战略的关键措施

选择说明:＿＿＿＿＿＿＿＿＿＿＿＿＿＿＿＿＿＿＿＿＿＿＿＿＿＿＿＿＿＿

3.分析论述题

3.1 简述环境保护手段。

3.2 简述环境税的主要功能。

3.3 简述排污权交易手段相对于强制性管理手段有哪些特点。

3.4 简述排污权交易市场。

3.5 简述生态补偿的基本原则。

3.6 简述绿色金融包括的主要金融工具。

3.7 什么是环境补贴？其作用是什么？

3.8 结合各类环境政策的特点，谈谈为什么在解决环境问题时要使用不同类型环境政策的组合和优化。

3.9 简述环境经济政策的特点。

第九章

低碳经济与循环经济

绿色低碳循环发展是建设现代化国家的必由之路。发展低碳经济与循环经济,加快建立健全低碳循环发展的经济体系,是实现绿色发展的主题,是培育新质生产力的重点方向,是实现高质量发展的重要途径。本章在绿色发展理念指导下,对低碳经济、循环经济、清洁生产进行了论述。

第一节 低 碳 经 济

低碳经济是在人类生存和发展面临全球气候变暖等严峻挑战的背景下提出的,被认为是一场涉及生产方式、生活方式和价值观念的全球性革命。发展低碳经济,既是环境保护和生态文明建设的要求,也是调整经济结构和发展新兴工业的要求,是人类社会的又一次重大进步。

一、低碳经济概述

(一)低碳与低碳经济

1. 低碳

低碳是指较低的温室气体(以二氧化碳为主)排放。低碳主要包括两方面含义:一是节能,在生产和生活过程中强调节约能源,特别是碳基能源;二是改善能源结构,降低能源的碳密度,即单位能源的碳含量。人类意识到在生产和消费过程中出现的过量碳排放是形成全球气候变暖等问题的重要因素,减少碳排放就要优化和约束生产和消费活动,以低碳面对气候变化和未来全球可持续发展问题。

2. 低碳经济

低碳经济是在可持续发展和生态文明理念指导下,通过技术创新、制度创新、产业转型、新能源开发等多种手段,以低能耗、低污染、低排放为基础的经济发展形态与模式。

低碳经济主要体现在两个方面:一是低碳生产,二是低碳消费。低碳经济的核心要素是低碳技术、低碳产业和低碳管理制度。其中,低碳技术通过降碳、零碳和去碳等机制促进减排,低碳产业以低能耗、低污染、低排碳为主要特征。低碳的目标是减缓气候变化和促进人类的可持续发展。

低碳经济涉及广泛的产业领域、社会领域和管理领域,它的内涵和外延广泛而丰富。一系列低碳的新概念、新方式、新政策不断产生,如低碳经济、低碳社会、低碳生产、低碳消费、低碳城市、低碳交通、低碳技术、低碳发展、碳足迹等。这种人与自然价值观的变革,可以通过低碳经济模式与低碳生活方式实现经济、社会和自然、资源的可持续发展。

(二)低碳经济的提出

低碳经济概念,最早在2003年的英国能源白皮书《我们能源的未来:创建低碳经济》中被提出。作为第一次工业革命的先驱,英国充分意识到了能源安全和气候变化的威胁,应对气候变化工作迫在眉睫。

2006年,前世界银行首席经济学家斯特恩牵头做出的《斯特恩报告》呼吁全球向低碳经济转型。他指出,全球以每年1%的GDP投入,可以避免未来每年5%~20%的GDP损失。

2007年7月,美国参议院提出了《低碳经济法案》,表明低碳经济的发展道路有望成为美国未来的重要战略选择。2009年6月,美国众议院通过的《清洁能源与安全法案》规划了美国低碳经济的发展途径和具体措施。

在倡导低碳经济、发展低碳经济的要求下,有多个国家相继制定了各自的低碳经济发展法规和规划。联合国环境规划署确定2008年6月5日"世界环境日"的主题为"转变传统观念,推行低碳经济"。

(三)碳经济与碳汇经济

碳经济,即低碳经济。碳汇经济是碳经济的组成部分。碳汇经济强调碳资源的节约与经济、社会、生态效益的提高。

碳汇是指生物或土壤等从大气中吸收或固定 CO_2 的过程、活动和机制,如植树造林、植被恢复等就是有效的碳汇措施。碳源则是指生物或人为活动向大气中释放 CO_2 的过程、活动和机制。

碳汇经济是指由碳源碳汇相互关系及其变化所形成的对生态环境和人类社会影响的经济。碳汇的生态价值已经显而易见,如何推动其向经济价值转化,助力生态环境高水平保护和经济高质量发展,是碳汇经济研究与实践的重点。

（四）碳足迹

碳足迹是用来衡量个体、组织、产品或国家在一定时间内直接或间接导致的二氧化碳等温室气体排放量的指标。碳足迹的概念源于哥伦比亚大学提出的"生态足迹"，主要是指在人类生产和消费活动中所排放的与气候变化相关的气体总量，即温室气体（GHG）排放总量，以二氧化碳当量（CO_2e）表示。

相对于其他碳排放的研究，如单一的二氧化碳排放研究，碳足迹从生命周期的角度出发，以生命周期评价方法分析评估研究对象在其生命周期中或与活动直接和间接相关的温室气体排放过程。对于同一对象而言，碳足迹的核算难度和范围要大于碳排放，其核算结果包含碳排放的信息。

碳足迹的计算涵盖了产品或服务从生产、运输、最终使用到废弃处理的整个生命周期的排放。这种全面的评估方法有利于更准确地了解和评价人类活动对环境的影响。碳足迹可以用来衡量人类活动对环境的影响，为个人和其他实体实现减排确定一个基准线。

关于"碳足迹"的规范定义还在不断发展和完善中，目前碳足迹可以按照其应用层面（分析尺度）分成"国家碳足迹""城市碳足迹""企业碳足迹""产品碳足迹""个人碳足迹"等。例如，产品碳足迹是指某一产品在其生命周期中所导致的直接和间接的 CO_2 及其他温室气体（表示为等效二氧化碳 CO_2e）排放总量。

碳足迹概念的提出，旨在提醒人们应对气候变化的紧迫性。计算和了解个人或组织的碳足迹，可以帮助人们识别和实施减少温室气体排放的策略，进而应对全球变暖。

（五）碳达峰与碳中和

1. 碳达峰

参考《中国大百科全书》第三版网络版释义，碳达峰并不是单指在某一年达到最大排放量，同时也是一个过程，即碳排放首先进入平台期并可能在一定范围内波动，然后进入平稳下降阶段。碳达峰是二氧化碳排放量由增转降的历史拐点，标志着碳排放与经济发展实现脱钩。达峰目标包括达峰年份和峰值。

2. 碳中和

参考《中国大百科全书》第三版网络版释义，碳中和是指通过"抵消"或从大气中去除等量的碳来平衡温室气体排放量，以达到净碳足迹为零的做法。

（六）碳相关概念

1. 碳抵消

碳抵消是一种通过实施减排项目与技术措施来抵消温室气体排放的方法，从而在一定程度上平衡排放与减排的关系，旨在补偿或抵消个人、组织或企业在日常活动中产生的温室气体排放。碳抵消的实现方式包括购买碳信用、支持可再生能源项目、保护森林和植树造林、节约能源和采取减排措施等。

2. 碳权与碳信用

碳权是一种基于环保衍生出来的金融概念，是环保机构或政府机构发行的一种"货币"，其锚定的价值是"排放碳的权利"。当一个实体成功减少其温室气体排放时,它可以获得相应数量的碳权,这些碳权可以被出售、转让或储存以便将来使用,进而达到鼓励企业等减排温室气体的目标。

碳信用也称碳权,是一种基于减少温室气体排放或增加碳汇的项目或活动所获得的证书,这种经过联合国或联合国认可的减排组织认证的证书可在碳交易市场上进行买卖。

3. 零碳与碳排放脱钩

零碳是通过计算温室气体排放,设计方案抵减碳足迹、减少碳排放,直至达到碳的相对零排放,实现碳排放脱钩。

碳排放脱钩是经济增长与温室气体排放之间关系不断弱化乃至消失的理想化过程,因此,碳排放的经济增长弹性成为衡量各地区低碳状况的主要工具。

二、国际气候公约概述

(一)国际应对气候变化的发展进程

根据《斯德哥尔摩宣言》,1973 年,联合国成立了联合国环境规划署,气候问题正式纳入联合国工作范畴。此后,在联合国的推动下,关于气候问题的国际会议和国际协议不断出现。系统地谈论气候变化问题的相关条例和文件,还应追溯至 1992 年的《联合国气候变化框架公约》和 1997 年的《京都议定书》。

1992 年 5 月 9 日,联合国政府间谈判委员会就气候变化问题达成了另一个国际公约,即《联合国气候变化框架公约》(UNFCCC)。该公约在 1992 年 6 月 4 日在巴西里约热内卢召开的世界各国政府首脑参加的联合国环境与发展会议(地球首脑会议)上通过,并在会议期间开放签署。《联合国气候变化框架公约》于 1994 年 3 月 21 日生效。1992 年 11 月 7 日,中国全国人民代表大会批准《联合国气候变化框架公约》,并于 1993 年 1 月 5 日将批准书交存联合国秘书长处。《联合国气候变化框架公约》自 1994 年 3 月 21 日起对我国生效。

1995 年起,《联合国气候变化框架公约》缔约方每年召开缔约方会议(Conferences of the Parties,COP),以评估应对气候变化的进展。

1997 年 12 月由《联合国气候变化框架公约》参加国第三次会议制定的《京都议定书》在日本京都通过。《京都议定书》全称为《联合国气候变化框架公约的京都议定书》,是《联合国气候变化框架公约》的补充条款。《京都议定书》于 1998 年 3 月 16 日至 1999 年 3 月 15 日开放签字,并于 2005 年 2 月 16 日开始强制生效。到 2009 年 2 月,一共有 183 个国家通过了该条约。中国在 1998 年 5 月签署,并在 2002 年 3 月批准了《京都议定书》。

2007 年 12 月 3 日,联合国气候变化大会在印度尼西亚巴厘岛举行,15 日正式通过一项决议,决议确定在 2009 年前就应对气候变化问题新的安排举行谈判,并制定了应对气候变化的"巴厘路线图"。"巴厘路线图"确定了世界各国今后加强落实《联合国气候变化框架公约》的具体领域,为 2009 年前应对气候变化谈判的关键议题确立了明确议程,要求发达国家在 2020 年前将温室气体减排 25% ~40% 。

2009 年 12 月 7 日,联合国气候变化大会在丹麦首都哥本哈根召开。本次气候变化大会为期两周,来自全球 100 多个国家的首脑齐聚哥本哈根。哥本哈根气候变化会议经过艰苦谈判,最终按照"巴厘路线图"的规定,达成《哥本哈根协议》。最后形成的《哥本哈根协议》不具有法律约束力,距离各方的预先期望相差较远,但《哥本哈根协议》的达成是向正确方向迈出的一步。在哥本哈根气候变化大会上,国际社会达成共同应对气候变化、实现低碳发展的共识。

2010年11月29日,坎昆世界气候大会在墨西哥海滨城市坎昆举行,坎昆世界气候大会是《联合国气候变化框架公约》第16次缔约方会议暨《京都议定书》第6次缔约方会议。190多个国家参加本次会议,会议目的之一是确定发达国家缔约方在2012年后第二承诺期的减排指标。会议通过了《坎昆协议》。

2014年12月1日,利马气候大会在秘鲁利马开幕,共有190多个国家和地区的官员、专家学者和非政府组织代表参加。利马气候大会是《联合国气候变化框架公约》第20次缔约方会议暨《京都议定书》第10次缔约方会议。此次大会的主要目标之一是为预计2015年底达成的新协议确定若干要素,涉及减缓和适应气候变化、资金支持、技术转让、能力建设等方面。中国政府代表表示,2016—2020年中国将把每年的二氧化碳排放量控制在100亿t以下,承诺中国二氧化碳排放量将在2030年左右达到峰值。

2015年12月12日,《巴黎气候变化协定》(简称《巴黎协定》)在巴黎气候变化大会上通过,并于2016年4月22日在纽约签署协定。《巴黎协定》为2020年后全球应对气候变化行动作出安排,主要目标是将21世纪全球平均气温上升幅度控制在2℃以内,并将全球气温上升幅度控制在前工业化时期水平之上1.5℃以内。中国全国人民代表大会常务委员会于2016年9月3日批准中国加入《巴黎协定》,中国成为第23个完成批准协定的缔约方。

2018年12月2日,联合国在波兰卡托维兹举行为期两周的气候变化会议,即《联合国气候变化框架公约》第24次缔约方会议,大会如期完成了《巴黎协定》实施细则谈判。《巴黎协定》实施细则主要包括透明度框架的实施、设立2025年后的气候资金新目标相关进程、如何实施2023年全球盘点机制、如何评估技术发展和转移的进展等。

2021年11月13日,《联合国气候变化框架公约》第26次缔约方大会在英国格拉斯哥闭幕。大会达成《巴黎协定》实施细则一揽子决议,开启国际社会全面落实《巴黎协定》的新征程。

(二)应对气候变化重要文件

为了应对气候变化问题,国际社会采取积极措施。《联合国气候变化框架公约》(1992年)、《京都议定书》(1997年)、"巴厘路线图"(2007年)、《哥本哈根协议》(2009年)、《巴黎协定》(2015年)、《巴黎协定》实施细则(2018年)等国际性公约和文件,推动全球应对气候变化的进程不断加快。

1.《联合国气候变化框架公约》

《联合国气候变化框架公约》(*United Nations Framework Convention on Climate Change*, UNFCCC)是1992年在巴西里约热内卢召开的环境与发展会议通过的历史性文件。UNFCCC确认了发达国家和发展中国家在应对气候变化中"共同但有区别的责任"原则,是世界上第一个为全面控制二氧化碳等温室气体排放,以应对全球气候变暖给人类经济和社会带来的不利影响的国际公约,也是国际社会在应对全球气候变化问题上进行国际合作的一个基本框架。中国政府签署了该公约,标志着中国正式踏上了国际气候谈判的征程。

2.《京都议定书》

《京都议定书》(*Kyoto Protocol*)是在《联合国气候变化框架公约》下的第一份具有法律约束力的文件,也是人类历史上首次以法规的形式限制温室气体排放的文件。

《京都议定书》的达成,使温室气体减排成为发达国家的法律义务。其目标是:将大气中的温室气体含量稳定在一个适当的水平,进而防止剧烈的气候改变对人类造成伤害。《京都议定书》遵循"共同但有区别的责任"原则,分为第一承诺期,2008—2012 年;第二承诺期,2013—2020 年。同时,还设计了三种温室气体减排的灵活合作机制:国际排放贸易机制、联合履约机制和清洁发展机制。

《京都议定书》规定:发达国家从 2005 年开始承担减少碳排放量的义务,发展中国家则从 2012 年开始承担减排义务。从 1997 年《京都议定书》形成到 2005 年生效,这段时间国际谈判的一个重点就是议定书的实施细则,包括碳市场如何运作等。2001 年 11 月 10 日,在摩洛哥召开的第 7 次缔约方大会上,通过了关于议定书实施规则的一揽子协议——《马拉喀什协议》。《马拉喀什协议》作为《京都议定书》的实施细则,也为其最终生效铺平了道路。2002 年 11 月第 8 次缔约方大会在印度首都新德里闭幕,会议通过的《德里宣言》,强调国际社会应对气候变化必须在可持续发展的框架内进行。

根据规定,《京都议定书》第一承诺期到 2012 年结束,在此之前 7 年就应当启动第二承诺期减排目标的谈判,因此从 2005 年开始,国际社会就开始了议定书第二承诺期的谈判,然而这一谈判进程非常缓慢。2008 年 7 月,八国集团首脑会议(G8)峰会上,八国表示将寻求与《联合国气候变化框架公约》的其他签约方一道,共同达成到 2050 年把全球温室气体排放减少 50% 的长期目标。

3."巴厘路线图"

"巴厘路线图"(Bali Roadmap)共有 13 项内容和 1 个附录。"巴厘路线图"在第一项第一款指出,依照《联合国气候变化框架公约》原则,特别是"共同但有区别的责任"原则,考虑社会、经济条件以及其他相关因素,与会各方同意长期合作共同行动,行动包括一个关于减排温室气体的全球长期目标,以实现《联合国气候变化框架公约》的最终目标。

"巴厘路线图"是《联合国气候变化框架公约》和《京都议定书》的一个延续。在巴厘岛会议之前,围绕着 2012 年以后如何加强应对气候变化的合作,各方有不同的观点,发展中国家坚持还是应当按照《联合国气候变化框架公约》和《京都议定书》的要求,继续加强公约和议定书的实施。而发达国家主要是想否定《联合国气候变化框架公约》所确认的"共同但有区别的责任"这一原则。"巴厘路线图"为全球进一步迈向低碳经济起到了积极作用,为进一步落实《联合国气候变化框架公约》指明了方向,具有里程碑的意义,它同时还为人类下一步应对气候变化指明了前进方向。中国为绘制"巴厘路线图"作出了自己的贡献。

4.《哥本哈根协议》

《哥本哈根协议》(*Copenhagen Accord*)的目的是商讨《京都议定书》第一承诺期到期后的后续方案,就未来应对气候变化的全球行动签署新的协议。虽然最后形成的《哥本哈根协议》不具有法律约束力,一些内容并没有在联合国所有国家之间达成共识,但在五个方面取得了一定进展:一是谈判的基础文件,坚持了"巴厘路线图"的授权,坚持并维护了《联合国气候变化框架公约》和《京都议定书》"双轨制"的谈判进程;二是减排目标,发达国家实行减排目标和发展中国家采取自主减缓行动方面迈出了新的步伐,有了初步的规定;三是"三可"(可测量、可报告和可核实)问题,各方做了一定的让步和妥协;四是长期目标,将全球平均温升控制在工业革命以前2℃的长期行动目标成为初步共识;五是资金技术问题,在发达国家提供应对气候变化的资金和技术支持方面取得了进展,各方就短期和中期资金提出初步方案。

哥本哈根气候变化会议经过艰苦谈判,最后形成了《哥本哈根协议》。该协议作为"巴厘路线图"谈判进程中的一个重要成果,其共识成为下一步谈判的基础,同时标志着全球合作应对气候变化取得了进展,对于最终达成具有法律约束力的协议起到了重要的推动作用。《哥本哈根协议》保持了《联合国气候变化框架公约》及《京都议定书》的框架以及"巴厘路线图"的授权。

5.《坎昆协议》

坎昆联合国气候大会通过了《坎昆协议》(Cancun Agreement),并基本完成气候谈判的有关组织议程。协议内容比较完备,在气候资金、技术转让、森林保护等问题上都取得了一定成果。在快速启动资金问题上,2010—2012年,发达国家需要通过"国际机构"提供300亿美元,这笔钱将主要提供给相对脆弱的发展中国家。该协议在长期资金问题上也有一定制度安排。协议还同意建立"绿色气候资金",并建立相关的委员会管理制度,委员会成员来自发展中国家,按区域比例分配。协议表示,要确保《京都议定书》第一承诺期与第二承诺期之间"不出现空当",但没有写明具体时间。虽然"坎昆协议"是一个"各方都不太满意,但各方都能接受"的协议,但这是多年来气候谈判取得的久违成果。坎昆会议结果基本符合预期,不仅完成了各项组织议程,也取得了一些实质性的进展。

6.《巴黎协定》

《巴黎气候变化协定》简称《巴黎协定》(Paris Agreement),是全球协同应对气候变化努力进程中的另一个里程碑。从《京都议定书》到《巴黎协定》,世界应对气候变化的治理机制发生了根本转变。《京都议定书》主要依赖自上而下(Top-down)的治理机制,《巴黎协定》以自下而上(Bottom-up)的治理机制为主,同时兼有自上而下治理成分的混合型治理机制(Hybrid Climate Governance Structure)。《巴黎协定》吸引了196个《联合国气候变化框架公约》成员国中的186个成员国提交国家自主贡献目标(Intended Nationally Determined Contributions),相当于覆盖了全球96%的温室气体排放量,因而被认为是全球气候变化谈判在经历了哥本哈根气候变化大会低潮与挫折之后的一次伟大胜利。为了最大限度地赢得国家参与和支持,《巴黎协定》事实上放弃了《京都议定书》所遵循的"发达国家"和"发展中国家"两分法的格局,虽然仍然秉承"共同但有区别的责任"原则,但是重心已不像《京都议定书》那样强调发达国家的强制减排义务,而更多地强调世界各国按照各自能力和自愿原则进行国家自主贡献减排模式。在《巴黎协定》框架下,发达国家与发展中国家的"有区别的责任"主要表现在发达国家对发展中国家的资金和技术援助方面,在减排目标上已经不再区分。

2018年12月15日,联合国气候变化卡托维兹大会通过的《巴黎协定》实施细则,全面落实了《巴黎协定》各项条款要求,体现了公平、"共同但有区别的责任"、各自能力原则,考虑到不同国情,符合"国家自主决定"安排,体现了行动和支持相匹配,为协定实施奠定了制度和规则基础。卡托维兹气候大会通过的《巴黎协定》实施细则是气候行动取得新进展的基石,所达成的决议将对世界起到积极作用。

三、中国自主减排目标

2015 年,中国向《联合国气候变化框架公约》提交的自主减排目标为:二氧化碳排放在 2030 年左右达到峰值并争取尽早达到峰值;单位国内生产总值二氧化碳排放比在 2005 年下降 60% ~ 65%,非化石能源占一次能源消费比重达到 20% 左右,森林蓄积量比 2005 年增加 45 亿立方米左右。

2020 年,中国自主减排目标有了新的提高,即中国二氧化碳排放力争于 2030 年前达到峰值,努力争取 2060 年前实现碳中和。在"双碳"目标之下,加快构建碳达峰碳中和"1 + N"政策体系,其中"1"代表《中共中央 国务院关于完整准确全面贯彻新发展理念做好碳达峰碳中和工作的意见》;"N"以国务院印发的《2030 年前碳达峰行动方案》为总领文件,各领域、各地区实施方案等为具体政策文件。除此之外,"N"还包括科技支撑、碳汇能力、统计核算、督察考核等支撑措施和财政、金融、价格等保障政策。这一系列文件将构建起目标明确、分工合理、措施有力、衔接有序的碳达峰碳中和"1 + N"政策体系。

四、中国碳市场建设

党的二十大报告和《中共中央 国务院关于完整准确全面贯彻新发展理念做好碳达峰碳中和工作的意见》等文件中,都对全国碳市场建设提出了明确的要求。全国碳市场可以发挥市场在碳排放资源配置中的决定性作用,是实现全社会降碳低成本的政策工具。建设统一的全国碳市场,是推动我国经济社会绿色化、低碳化发展的重大制度创新,受到国际社会的高度重视。

(一)全国碳市场

1. 强制碳市场与自愿碳市场

我国的碳市场由全国碳排放权交易市场(强制碳市场)和全国温室气体自愿减排交易市场(自愿碳市场)组成。全国碳市场包括一个强制配额市场和一个自愿减排市场,它们共同构成了全国碳市场体系。

强制碳市场,也称合规碳市场,是通过法律、监管等强制性手段来限制企业碳排放量的碳交易市场。强制碳市场依据的是政府分配给企业的碳排放配额(Chinese Emission Allowance, CEA),是政府分配给控排企业指定时期内的碳排放额度,参考《碳排放权交易管理暂行条例》规定,1 单位配额相当于 1t 二氧化碳当量。

自愿碳市场是指个人、企业、政府、非政府组织等在监管或强制碳定价工具之外签发、购买和出售碳信用的交易市场。自愿减排量指的是国家核证自愿减排量(Chinese Certified Emission Reduction, CCER),它是根据规定,在国家注册登记系统中登记的温室气体自愿减排量,是自愿减排市场交易的碳信用额。在没有外部强制压力的情况下,企业为中和自己生产经营过程中的碳排放而主动从自愿减排交易市场购买的减排量,就是自愿减排量。

碳排放权交易市场的参与主体主要是具有控制温室气体排放法律义务的排放企业,也就是重点排放单位。我国强制纳入碳排放权交易市场体系的八大行业是发电、钢铁、建材、有色金属、石化、化工、造纸和航空。由政府向这些行业的企业分配碳排放配额,并规定企业向政府清缴与其实际排放等量的配额。清缴完之后,配额盈余的企业就可以在市场上通过交易出售获益。配额不足的企业,就需要从市场上购买,从而实现激励先进、约束落后的政策导向,降低整个行业乃至全社会的降碳成本。

自愿减排交易市场将动员更广泛的行业企业,自主自愿开展温室气体减排行动,这不但会创造巨大的绿色市场,也会带动全社会共同参与绿色低碳发展。自愿减排交易市场的目的是鼓励各类主体自主自愿地采取额外的温室气体减排行动,产生的减排效果经过科学方法量化核证后,通过市场来出售,从而获取相应的减排贡献收益。自愿减排项目需要满足三个条件:一是额外性,二是真实性,三是唯一性。其中,额外性的特点体现在可交易的减排量必须是人为活动产生的,而且为减排作出了额外的努力。例如,原始森林、海洋等本身是要吸收二氧化碳的,是有碳汇的,这样的碳汇不是额外的人为努力产生的,所以就不能开发为自愿减排项目的产品。另外,已经达到市场平均盈利水平的项目也不具有额外性。

2021 年 7 月 16 日,我国碳排放权交易正式开市。全国强制碳市场自启动以来,总体运行平稳,制度规范日趋完善,市场活跃度逐步提升,碳排放数据质量全面改善,碳排放管理能力明显提升,价格发现机制作用日益显现。

2024 年 1 月 22 日,全国温室气体自愿减排交易市场正式启动,首日成交量达 375315t,成交额达 23835280 元,平均每吨价格约 63.5 元。

2. 两个碳交易市场的关系

全国温室气体自愿减排交易市场是继全国碳排放权交易市场之后,国家推出的又一个助力实现"双碳"目标的重要政策工具。两个工具都通过市场机制控制和减少温室气体排放,两个碳市场既各有侧重、独立运行,又互补衔接、互联互通,共同构成了全国碳市场体系。

碳排放权交易市场是碳市场的主市场,自愿减排交易市场是辅助市场,是对碳排放配额交易的一种补充。在碳排放权市场交易的产品是"碳排放配额(CEA)",履约时,控排企业需要清缴配额,超额排放企业需要购买结余企业的配额用于履约。而自愿减排交易市场交易的产品是"国家核证自愿减排量(CCER)",是非控排企业基于减排项目按相应方法学监测核查而产生的减排量,既可用于控排企业履约,也可用于非控排企业自愿减排和碳中和。

两个碳交易市场通过配额清缴抵销机制,实现互联互通。纳入全国碳排放权交易市场的企业可以按照国家有关规定,购买经核证的温室气体减排量用于清缴其碳排放配额。强制碳市场和自愿碳市场的衔接,将更好地形成政策合力,进一步激发绿色低碳创新动力,引导社会各方来共同参与减碳,从而推动落实国家"双碳"目标。

(二)全国碳市场管理

全国碳排放权交易市场(强制碳市场)选择以发电行业为突破口,2021 年 7 月正式开市,从完成的两个履约周期来看,实现了预期的建设目标,成为全球覆盖温室气体排放量最大的碳市场,主要取得了四方面的成效。

一是建立了一套较为完备的制度框架体系。国务院印发《碳排放权交易管理暂行条例》,生态环境部出台管理办法和碳排放权登记、交易、结算等 3 项管理规则,对注册登记、排放核算、报告、核查、配额分配、配额交易、配额清缴等涉及碳排放权交易的关键环节和全流程提出了明确要求和规定,初步形成了拥有行政法规、部门规章、标准规范以及注册登记机构和交易机构业务规则的全国碳排放权交易市场法律制度体系和工作机制。

二是建成了"一网、两机构、三平台"的基础设施支撑体系,建成了"全国碳市场信息网",集中发布全国碳市场权威信息资讯。成立全国碳排放权注册登记机构、交易机构,对配额登记、发放、清缴、交易等相关活动进行精细化管理。建成并稳定运行全国碳排放权注册登记系统、交易系统、管理平台三大基础设施,实现全业务管理环节在线化、全流程数据集中化、综合决策科学化,全国碳排放权交易市场基础设施支撑体系基本形成。

三是碳排放核算和管理能力明显提高。建立碳排放数据质量常态化长效监管机制,实施"国家—省—市"三级联审,运用大数据、区块链等信息化技术智能预警,将数据问题消灭在萌芽阶段。创新建立履约风险动态监管机制,督促企业按时足额完成清缴。参与碳市场的企业均建立碳排放管理的内控制度,将碳资产管理纳入日常生产经营活动,相关企业的管理能力和核算能力显著提升。

四是市场表现平稳向好。这表现在市场活跃度明显提升,第二个履约周期参与交易的企业占总数的82%,比第一个履约周期上涨了近50%,成交量比第一个履约周期增长了19%,成交额比第一个履约周期增长了89%。碳价整体呈现平稳上涨态势,由启动时的48元/t上涨至80元/t左右,上涨66%左右。

全国碳排放权交易市场的重要作用体现在以下几个方面。

一是落实了企业的减碳责任。利用碳排放配额分配,将碳减排目标要求直接分解到企业,使企业成为减碳的主体,压实了企业责任,树立了"排碳有成本、减碳有收益"的低碳意识,实现了对碳排放重点行业的碳排放有效控制。

二是降低了行业和全社会的减碳成本。通过碳排放配额交易,碳市场为企业履行减碳责任提供了灵活的选择,帮助行业实现了低成本的减碳。据测算,在这两个履约周期,全国电力行业总体减排成本降低了约350亿元。随着碳排放权交易市场覆盖行业范围不断扩大,碳排放资源在全国范围内不同行业间的优化配置将最终实现全国总的减排成本最小化。

三是碳市场形成的碳价,为开展气候投融资、碳资产管理等碳定价活动锚定了基准价格参考,促进了气候投融资工具创新,为低碳、零碳、负碳技术投融资提供了基础参考、资金支撑。以碳市场为核心的中国碳定价机制正在逐步形成,促进了全社会生产生活方式的低碳化,从而推动了绿色低碳高质量发展。

四是探索建立了符合我国实际的重点行业碳排放统计核算体系,培养了一大批碳减排、碳管理的专业人才和相关机构,为推动实现"双碳"目标打下了坚实的基础。

2024年5月1日起施行的《碳排放权交易管理暂行条例》是我国应对气候变化领域的第一部专门的法规。全面贯彻落实《碳排放权交易管理暂行条例》的有关要求,要求进一步完善相关政策配套制度,保障市场健康平稳有序运行,严格依法管理规范操作,积极推进碳市场的建设,实现碳达峰碳中和目标。

第二节 循 环 经 济

循环经济是在资源短缺、环境污染、生态破坏的严峻形势下,人类重新认识自然界,尊重客观规律,探索经济规律的必然产物。实施循环经济的目的是保护环境,使社会生产从数量型的物质增长转变为质量型的服务增长,推进整个社会经济走上高质量发展、生态良好文明的发展道路。

一、循环经济概述

(一)循环经济的相关概念

1.循环经济的含义

循环经济是物质闭环流动型经济的简称。物质闭环流动型经济是由"资源-产品-再生资源"所构成的物质反复循环流动的经济发展模式。循环经济是一种新型的、先进的经济形态,以协调人与自然生态关系为准则,强调社会经济系统与自然生态系统和谐共生,是集经济、技术和社会于一体的系统工程。

循环经济与传统经济不同,传统经济是由"资源-产品-废弃物排放"所构成的物质线性流动型经济。物质线性流动型经济的特征是对资源的利用常常是粗放的和一次性的。循环经济以物质、能量梯次和闭路循环使用为特征,以资源利用最大化和污染排放最小化为表现形式,所有的物质和能源能在这个不断运行的循环中得到合理和持久的利用,把经济活动对自然环境的影响降到尽可能小的程度。

循环经济把清洁生产、资源综合利用、生态设计和可持续消费等融为一体,是将人类社会的经济活动纳入自然生态系统的物质循环中的绿色经济发展模式。循环经济是在良好的生态环境成为一种公共财富阶段的新技术经济模式,是建立在以全体社会成员生活福利最大化为目标上的一种新的经济形态。

2.动脉产业和静脉产业的含义

循环经济是由动脉产业和静脉产业组成的一个完整的物质流体系。动脉产业是指开发利用自然资源形成的产业,即以非废弃物作为原料的产业;静脉产业是将废弃物转换为再生资源的产业。静脉产业是循环经济同传统经济的重要区别和优势,如在我国水资源的静脉产业领域,中水回用已有很多的实践;在固体资源静脉产业里,电力行业的热电联产和粉煤灰的再利用已经被广泛采用。静脉产业的资源利用方式提高了资源的使用效率,减少了环境污染,同时具有良好的经济效益,使环境效益和经济效益得到统一。

(二)循环经济的特点

循环经济也称"资源循环型经济",以资源节约和循环利用为特征。循环经济的特点包括以下几个方面。

1.循环经济是物质充分合理利用的环境经济方式

循环经济是相对于传统的粗放型经济而言的。传统的单向线性流动型经济,如图9-1所示,其特征是高开采、低利用、高排放。

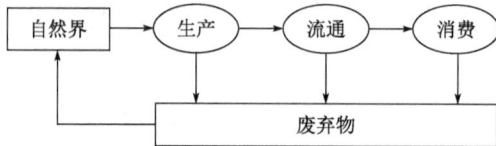

图9-1 传统经济方式

循环经济要求把经济活动组成一个闭合流程,如图 9-2 所示。在这个闭合流程中,在生产、流通、消费过程中产生的废弃物,一部分经废物利用等技术加工分解方式形成新的资源返回到经济运行中,另一部分经环境无害化处理后形成无污染或低污染物质返回自然环境中,由自然环境对其进行净化处理。循环经济的基本特征是低开采、高利用、低排放。

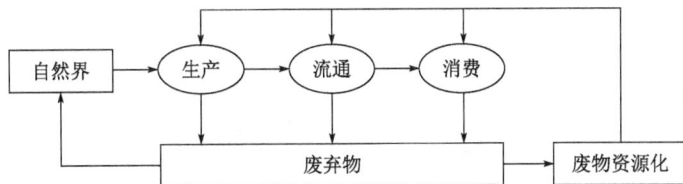

图 9-2 循环经济方式

2. 循环经济本质上是一种生态经济

循环经济要求用生态学规律来指导人类社会的经济活动,通过能量转换和物质循环规律,实现生态平衡。循环经济就是按照自然生态系统的能量转化和物质循环规律,构筑生态经济系统,使经济系统和谐地纳入自然生态系统的物质循环过程中,建立起一种新形态的持续发展的经济发展方式。

3. 循环经济的目的是实现高质量可持续发展

循环经济通过废弃物的再生资源化,一方面减轻了经济系统对自然资源的需求压力,使自然资源可持续利用;另一方面减少了废弃物的排放量,降低了环境污染程度,从而对资源枯竭和环境污染起到了缓解的作用。因此,循环经济能够保护环境,实现社会、经济和环境的高质量可持续发展。

4. 循环经济的基本要求

(1)宏观层面:要求对产业结构和布局进行调整,将循环经济理念贯穿于经济社会发展的各领域、各环节,建立和完善全社会的资源循环利用体系。

(2)微观层面:要求企业节能降耗,提高资源利用效率,实现减量化;对生产过程中产生的废弃物进行综合利用,并延伸到废旧物资回收和再生利用;根据资源条件和产业布局,延长和拓宽生产链条,促进产业间的共生耦合。

(三)循环经济的主要特征

循环经济的主要特征体现在以下五个方面。

1. 新的系统观

循环经济把经济发展、生态保护和环境保护看作一个有机的统一大系统。在这个大系统中,人类和自然界是主体,人类在其自身发展中必须要考虑自然界这个主体,使得人与自然和谐发展。

2. 新的经济观

循环经济要求经济发展要符合生态学的规律,在经济发展的过程中,不仅应考虑环境、资源为人类服务,还应充分考虑环境的承载能力,使经济发展的长远利益和眼前利益相统一。

3. 新的价值观

循环经济从人类和自然和谐相处的角度出发,把自然界的各种资源当成人类共同的财产来维护,在索取资源的同时,把资源概念广义化,对资源进行修补和完善,将各种资源看成人类赖以生存的基础。

4. 清洁生产观

循环经济改变了过去人们认为生产过程就是资源消耗过程的片面理解,要求在生产过程中,充分利用资源,尽量节约资源,合理利用再生资源和废弃物,努力做到物尽其用。

5. 绿色消费观

循环经济认为消费是对资源的利用和新的资源的发现,而不是资源的终结。循环经济要求合理消费,改变盲目生产、盲目消费的行为,树立绿色消费观。

(四)循环经济的运行原则

循环经济建立在减量化(Reduce)、再利用(Reuse)、再循环(Recycle)为主要内容的运行原则(3R原则)基础之上。3R原则是实现循环经济战略的三大运行原则,每一个原则对循环经济的成功实施都是必不可少的。

1. 减量化原则

减量化原则属于输入端方法,旨在减少进入生产和消费流程的物质量。要求用较少的原料和能源投入达到既定的生产(消费)目的,从源头节约资源,减少污染物的排放。在生产中,通过提高技术、改进工艺和减少原料的使用来实施清洁生产;在消费中,通过转变消费观念来减少垃圾的产生,如购买包装物较少、耐用、可循环利用的物品。

2. 再利用原则

再利用原则属于过程性方法,旨在尽可能多次或多种方式使用产品,延长产品从投入使用到成为废弃物的时间。持久利用和集约利用是实施再循环原则的两种方式。持久利用延长产品的使用寿命,从而减缓资源的流动速度,降低资源消耗和废物的产生;集约利用使产品的使用达到规模效应,提高资源的利用率,同时鼓励"再制造业(Remanufacture)"的发展。

3. 再循环原则

再循环原则也称资源化原则,属于输出端方法,旨在尽可能多地利用废弃物或使其资源化。废弃物再次变成资源,以减少最终处理量,把最终物质返回到生产厂再带入新产品中。原级资源化和次级资源化是再循环原则的两种方式。原级资源化是将废弃物资源化后形成与原来相同的产品;次级资源化是将废弃物作为资源,生产出与原产品不同的新产品。原级资源化是最理想的资源化方式。

循环经济为实现"双碳"目标发挥重要的作用。"十三五"期间,由循环经济带来的相对减碳量在25%以上。碳元素循环是生态系统中十分重要的循环,而碳循环经济就是通过对碳元素的循环利用,实现环境经济系统的可持续发展。碳循环经济运行可以用"4R"概括:减少碳排放(Reduce)、碳的再利用(Reuse)、碳回收(Recycle)和碳消除(Remove)。碳循环经济旨在恢复人类与自然之间的平衡,促进和谐的碳循环。

二、循环经济的实施

(一)循环经济的实现形式

循环经济的实现形式,有三个层次,即单个企业的清洁生产、企业间共生形成的生态工业园区,以及整个社会实现物质和能量的循环(区域循环经济),这三个层次有所不同,但又有序衔接。

1.企业内部循环经济——实施清洁生产

单个企业层面上的循环经济为小循环,即企业按照清洁生产的要求,采用新的设计和技术,将单位产品的各项消耗和污染物的排放量限定在先进标准许可的范围之内。实施清洁生产,对生产过程,要求节约原材料和能源,淘汰有害原材料,削减所有废物的数量和毒性;对产品,要求减小从原材料提供到产品最终处置的全生命周期的不利影响;对服务,要求将环境因素纳入设计和所提供的服务中。

2.企业之间的循环经济——构建生态工业园区

企业间层面上的循环经济为中循环,即工业园区按照生态产业链发展的要求,将一系列彼此关联的产业链组合在一起,通过企业和产业间的废物交换、循环利用和清洁生产,杜绝或减少废弃物的排放。生态工业园区是指以工业生态学及循环经济理论为指导,体现新型工业化特征及可持续发展的要求,使生产发展、资源利用和环境保护形成良性循环的工业园区建设模式。工业生产最基本的需要是能量,生态系统最基本的需要是营养物质,工业能量和自然界营养物质有着类似的自然循环过程。如果用这种生态模式指导工业生产,生产过程中产生的废物就成为另一家工厂的原材料。利用企业间的工业共生和生态群落代谢关系,既降低了治理污染的费用,也取得了可观的经济效益。

3.区域循环经济——整个社会实现物质和能量的循环

社会层面的循环经济为区域大循环,即从整个社会循环的角度出发,把清洁生产同绿色消费和资源回收结合起来,实现消费过程中和消费后的物质和能量的循环。整个国家、地区和社会按照循环经济的要求,制定相关法律和规则,实现清洁生产、干净消费、资源循环、环境净化。

(二)循环经济的技术支撑

循环经济需要强有力的技术支撑。这种技术支撑主要是以清洁生产技术、废物资源化技术和污染治理技术为主要内容的环境保护技术。这些技术具有合理利用资源和能源、更多地回收废弃物和产品、污染排放量小,并以环境可接受的方式处理残余的废弃物等特征。

(1)废物资源化技术,即对废弃物进行资源化处理的技术,如废纸回收加工技术、有机玻璃转化成复合废料技术等。运用废物资源化技术,可实现循环经济的废物资源化再利用。

(2)清洁生产技术,即在生产过程实现无废少废生产的技术,实现生产过程废弃物的零排放或低排放。清洁生产技术包括两方面的内容:一是生产过程要实现清洁生产,实现无污染;二是产品在使用完毕报废后要对环境无污染。

(3)污染治理技术,即环境工程技术,主要是通过建设废弃物净化装置来消除污染物质,实现有毒有害废弃物的末端处理。

(三)循环经济的制度保障

1. 法律法规

2003 年,全国人民代表大会把制定循环经济法列入立法程序,制定了立法工作计划。2005 年,《国务院关于加快发展循环经济的若干意见》印发,推动循环经济的发展。2008 年 8 月 29 日,全国人民代表大会常务委员会通过《中华人民共和国循环经济促进法》。2018 年 10 月 26 日,全国人民代表大会常务委员会对《中华人民共和国循环经济促进法》进行修正。《中华人民共和国循环经济促进法》分为总则、基本管理制度、减量化、再利用和资源化、激励措施、法律责任和附则七个部分。《中华人民共和国循环经济促进法》提出的减量化、资源化、再利用,与《中华人民共和国固体废物污染环境防治法》规定的减量化、资源化、无害化一脉相承。《中华人民共和国循环经济促进法》内容涉及循环经济的各个领域,对我国发展循环经济提供明确的法律指导,对我国循环经济发展起到很大的推动作用。

2. 经济手段

利用经济手段促进循环经济的发展,首先应对环境资源合理定价。建立基于资源全部成本的完整价格体系,是发展循环经济的重要内容。资源价格不仅要体现资源开采或获取的成本,还要考虑由于资源使用而带来的外部性成本和收益。利用经济手段使资源价格反映其真实的生态价值、经济价值。其次应实施科学合理的经济措施,如已实施的征收环境税,制定实施生态补偿政策等。

3. 公众参与

循环经济需要公众参与。公众能理解循环经济的内涵,并将其贯穿于生产、生活中。公众参与循环经济机制主要表现在两个方面:一是公众有权通过一定的程序或途径参与一切与环境利益相关的活动,使该项活动符合广大公众的切身利益;二是公众个体的行为应符合循环经济的理念,如树立绿色消费,增强反复利用意识等。

三、国内外循环经济发展概况

(一)国外循环经济发展概况

多数发达国家从 20 世纪 70 年代开始发展循环经济和再生资源产业,并取得了较好的效果,不少国家通过立法加以推行。2010 年,全球再生资源产业规模已达 22000 亿美元,并以每年超过 10% 的速度继续增长,增长速度远大于全球,GDP 的增长速度,是典型的朝阳产业。

德国是欧洲国家中循环经济发展水平最高的国家之一。1972 年德国制定了《废弃物处理法》,1986 年修改为《废弃物限制处理法》,由"强调末端治理"改为"避免废弃物产生"。1996 年 10 月德国《循环经济法》生效,这部法律的核心思想是促使更多的物质资料保持在生产圈内,确立了废物产生最小化,污染者承担治理义务,以及政府、公众合作三项原则。在德国的影响下,欧洲许多国家相继制定旨在鼓励二手副产品回收、绿色包装等的法律,同时规定了包装废弃物的回收、复用或再生的具体目标。

美国在 1967 年制定了《固体废弃物处置法》,指出循环经济发展涉及许多行业。美国的循环经济发展主要体现在两个方面。一是美国在废物回收方面投入了大量的资源和技术,如美国政府鼓励企业和个人使用可回收的材料,同时提供了相应的回收设施和服务;二是美国积极推动废物转化为能源的技术研发和应用,如利用垃圾焚烧发电等,减少对传统能源的依赖。

日本是循环经济立法最完善的国家之一。日本在 1993 年颁布的《环境基本法》基础上,又修改了《废弃物处理法》。从 2001 年 4 月起,日本开始实施七项法律,即《推进循环型社会形成基本法》《资源有效利用促进法》《家用电器回收再利用法》《食品循环法》《环保食品购买法》《建设再利用法》《容器包装回收再利用法》。日本实施这七项法律,争取一边控制垃圾数量、实现资源再利用,一边为建立循环型社会奠定基础。

(二)中国循环经济发展概况

我国借鉴国际经验,发展了自己的循环经济理念与实践。我国循环经济实践最先从工业领域开始,其内涵和外延逐渐拓展到包括清洁生产(小循环)、生态工业园区(中循环)和循环型社会(大循环)等三个层面。

20 世纪 90 年代,我国开始重视源头治理,在全国范围推行清洁生产。进入 21 世纪,我国加快了循环经济的发展。2004 年 9 月,在北京召开的全国循环经济工作会议,确定了我国发展循环经济的近期目标:到 2010 年,我国将建立比较完善的循环经济法律法规体系、政策支持体系、技术创新体系和有效的激励约束机制;建立循环经济评价指标体系;制订循环经济发展中长期战略目标和分阶段推进计划等。国家从四个方面加快推动循环经济发展:一是大力推进节能降耗,提高资源利用效率;二是全面推行清洁生产,从源头减少污染物的产生;三是大力开展资源综合利用,最大限度利用资源,减少废弃物的最终处置;四是大力发展环保产业,为循环经济发展提供物质技术保障。

2005 年,我国启动了循环经济试点工作,2005 年 7 月,国务院通过《国务院关于加快发展循环经济的若干意见》中央要求在开展循环经济试点工作时,要紧紧围绕实现经济增长方式的根本性转变,以减少资源消耗、降低废物排放和提高资源生产率为目标,以技术创新和制度创新为动力,积极推进结构调整,加快技术进步,加强监督管理,完善政策措施,为建立比较完善的循环经济法律法规体系、政策支持体系、技术创新体系和有效的激励约束机制,制定循环经济发展中长期战略目标和分阶段推进计划奠定基础。截至 2008 年,我国有 26 个省(自治区、直辖市),33 个产业园区,84 个重点行业,34 个重点领域开展了循环经济的试点工作,并取得了明显的成效。

2009 年 1 月 1 日起施行的《中华人民共和国循环经济促进法》是为了促进循环经济的发展,提高资源利用效率,保护和改善环境,实现可持续发展而制定的法律。颁布实施《中华人民共和国循环经济促进法》,是依法推进经济社会又好又快发展的现实需要,落实党中央提出的实现循环经济较大规模发展战略目标的重要举措。

2015 年,我国再生资源产业总产值达到 1.8 万亿元,约占环保产业总产值的 40%。2017 年 5 月 4 日,为落实"十三五"规划纲要,国家发展改革委等 14 个部委联合印发了《循环发展引领行动》,对"十三五"期间我国循环经济发展工作作出了统一安排和整体部署,提出了到"十三五"末的目标是:主要资源产出率比 2015 年提高 15%,主要废弃物循环利用率达到 54.6%左右,一般工业固体废物综合利用率达到 73%,农作物秸秆综合利用率达到 85%。据此测算,2020 年国内资源循环利用产业产值达到 3 万亿元。

2021 年 7 月,《"十四五"循环经济发展规划》(简称《规划》)发布。《规划》指出,大力发展循环经济,推进资源节约集约利用,构建资源循环型产业体系和废旧物资循环利用体系,对保障国家资源安全,推动实现碳达峰、碳中和,促进生态文明建设具有重大意义。《规划》描绘了"十四五"时期我国循环经济发展的路线图,提出了三项重点任务:一是构建资源循环型产业体系,提高资源利用效率;二是构建废旧物资循环利用体系,建设资源循环型社会;三是深化农业循环经济发展,建立循环型农业生产方式。

第三节 清洁生产

生态工业是以清洁生产为导向的工业,企业实施清洁生产主要从清洁的能源、清洁的生产过程和清洁的产品来体现。实施清洁生产,淘汰落后工艺技术和生产能力,从源头控制环境污染,节约能源资源,具有良好的经济、社会与环境的综合效果。

一、清洁生产概述

(一)清洁生产的定义

清洁生产(Cleaner Production,CP)含义的表述有多种,但其基本定义是一致的,即对产品和产品的生产过程采取预防污染的策略与措施来减少污染物产生的行为。

《中华人民共和国清洁生产促进法》指出:清洁生产,是指不断采取改进设计、使用清洁的能源和原料、采用先进的工艺技术与设备、改善管理、综合利用等措施,从源头削减污染,提高资源利用效率,减少或者避免生产、服务和产品使用过程中污染物的产生和排放,以减轻或者消除对人类健康和环境的危害。

清洁生产在其发展的不同阶段或不同国家有不同的称呼,如"废物减量化""无废工艺"等。1989年,联合国环境规划署与环境规划中心综合了各种说法,采用了"清洁生产"这一术语,来表征从原料、生产工艺到产品使用全过程的广义的污染防治途径,给出的定义是:清洁生产是一种新的创造性的思想,该思想将整体预防的环境战略持续应用于生产过程、产品和服务中,以提升生态效率和减少人类及环境的风险。

1992年,《21世纪议程》又对清洁生产下了定义:清洁生产是指既可满足人们的需要又可合理使用自然资源和能源并保护环境的实用生产方法和措施,其实质是一种物料和能耗最少的人类生产活动的规划和管理,将废物减量化、资源化和无害化,或消灭于生产过程之中。同时对人体和环境无害的绿色产品的生产也将随着可持续发展进程的深入而日益成为产品生产的主导方向。

(二)清洁生产的内涵

根据清洁生产的定义,清洁生产内涵的核心是实行源头削减和对生产或服务的全过程实施控制,是以综合预防污染为目的,以节能、降耗、减污、增效为宗旨的积极的、预防性的战略。从产生污染物的源头削减污染物的产生,具有事半功倍的效果,可以解决末端治理不能解决的问题,从根本上解决发展与环境的矛盾。

(三)清洁生产的目标

清洁生产的基本目标是提高资源利用效率,减少和避免污染物的产生,保护和改善环境,保障人体健康,促进经济与社会的可持续发展。

清洁生产的具体目标是:第一,通过资源的综合利用,短缺资源的代用,二次能源的复用,以及节能、降耗、节水措施,合理利用自然资源,减缓资源的耗竭,达到自然资源和能源利用的最合理化;第二,减少废物和污染物的排放,促进工业产品的生产、消耗过程与环境相融,降低工业活动对人类和环境的风险,实现对人类和环境的危害最小化以及经济效益的最大化。

(四)清洁生产的内容

清洁生产的内容有三个方面。

1. 清洁的能源

清洁的能源有四项内容,一是常规能源的清洁利用,如采用洁净煤技术,逐步提高液体燃料、天然气的使用比例;二是再生能源的利用,如水力资源的利用;三是新能源的开发,如太阳能、风能的开发和利用;四是各种节能技术的创新和运用。

2. 清洁的生产过程

清洁的生产过程主要指生产过程中要对原材料和中间产品进行回收;选用少废、无废工艺和高效设备,尽量少用、不用有毒有害的原料;减少或消除生产过程中的各种危险性因素;对物料进行内部循环利用;简便、可靠地操作和控制;完善生产管理,提高效率,不断提高科学管理水平。

3. 清洁的产品

清洁的产品主要指产品设计应考虑节约原材料和能源,少用昂贵和稀缺的原料;产品在使用过程中以及使用后不含对人体健康和生态环境不利的因素;产品使用后易于回收、重复使用和再生;产品的包装要合理;产品具有合理的使用功能和合理的使用寿命;产品报废后易处理、易降解等。

(五)清洁生产的主体和客体

《中华人民共和国清洁生产促进法》规定了清洁生产的主体和客体。清洁生产的主体为政府,即国务院清洁生产综合协调部门负责组织、协调全国的清洁生产促进工作;国务院有关部门,按照各自的职责,负责有关的清洁生产促进工作;县级以上地方人民政府负责领导本行政区域内的清洁生产促进工作。清洁的客体,为在中华人民共和国领域内,从事生产和服务活动的单位以及从事相关管理活动的部门。

二、清洁生产的产生与发展

(一)国际清洁生产的产生与发展

清洁生产源于1960年的美国化学行业的污染预防审计。而"清洁生产"的明确理念产生于1976年,当年欧洲共同体在巴黎举行了"无废工艺和无废生产国际研讨会",会上提出了"消除造成污染的根源"的思想。1979年4月,欧洲共同体理事会宣布推行清洁生产政策;1984年、1985年、1987年欧洲共同体环境事务委员会三次拨款支持建立清洁生产示范工程。

20世纪70年代末以来,发达国家的政府和大企业都开始重视研究开发和采用清洁工艺,开辟污染预防的新途径,把推行清洁生产作为经济和环境协调发展的一项战略措施。杜邦化学公司是典型的采用3R原则制造法的实例。

1989年,联合国环境规划署制定了《清洁生产计划》,开始在全球范围内推行清洁生产。美国、法国、丹麦、荷兰、澳大利亚等8个国家建立了清洁生产中心,推动各国清洁生产不断向深度和广度拓展。

1992年6月,在巴西里约热内卢召开的联合国环境与发展大会上通过了《21世纪议程》,号召工业提高能效,开展清洁技术,更新替代对环境有害的产品和原料,推动实现工业可持续发展。

在1998年9月韩国汉城(首尔)第五次国际清洁生产高级研讨会上,出台了《国际清洁生产宣言》,加深了公共部门和私有部门中关键决策者对清洁生产战略的理解。《国际清洁生产宣言》是对作为一种环境管理战略的清洁生产公开的承诺。

进入21世纪后,发达国家清洁生产政策有两个重要的倾向:一是着眼点从清洁生产技术逐渐转向清洁产品的整个生命周期;二是从大型企业在获得财政支持和其他种类对工业的支持方面拥有优先权,转变为更重视扶持中小企业进行清洁生产,包括提供财政补贴、项目支持、技术服务和信息等措施。

(二)中国清洁生产的产生与发展

20世纪80年代中期全国举行的多次少废无废研讨会,提出了实施少废无废的清洁工艺。

1992年5月,我国举办了第一次国际清洁生产研讨会,推出了《中国清洁生产行动计划(草案)》。

1993年10月召开的第二次全国工业污染防治会议,明确了清洁生产在我国工业污染防治中的地位。

1994年3月,国务院常务会议讨论通过了《中国21世纪议程——中国21世纪人口、环境与发展白皮书》,将清洁生产列为"重点项目"之一,专门设立了"开展清洁生产和生产绿色产品"这一项目。

1996年8月,国务院颁布了《关于环境保护若干问题的决定》,规定所有新改扩建和技术改造项目采用能耗物耗小、污染物排放量少的清洁生产工艺。

1997年4月,国家环境保护局制定并发布了《关于推行清洁生产的若干意见》,要求各地环境保护主管部门将清洁生产纳入已有的环境管理政策中。

1999年,中共中央十五届四中全会《关于国有企业改革和发展若干问题的重大决定》明确指出,鼓励企业采用清洁生产工艺。

2002年,第九届全国人民代表大会常务委员会第二十八次会议通过《中华人民共和国清洁生产促进法》,该法自2003年1月1日起施行。《中华人民共和国清洁生产促进法》是我国对生产过程的环境立法,是我国清洁生产和循环经济的里程碑。

2012年2月29日,第十一届全国人民代表大会常务委员会第二十五次会议通过《全国人民代表大会常务委员会关于修改〈中华人民共和国清洁生产促进法〉的决定》,自2012年7月1日起施行。

2016年,为落实《中华人民共和国清洁生产促进法》,进一步规范清洁生产审核程序,更好地指导地方和企业开展清洁生产审核,国家发展改革委对《清洁生产审核暂行办法》进行了修订,于 2016 年 7 月 1 日起正式实施。

从 1993 年开始逐步推行清洁生产工作以来,我国启动和实施了一系列推进清洁生产的项目,清洁生产从概念、理论到实践不断发展。

三、清洁生产的推行

《中华人民共和国清洁生产促进法》第二章中规定了清洁生产的推行。清洁生产是国民经济整体战略部署与规划管理的一部分,需要各行各业共同努力和各部门的通力合作。为此,各有关部门应进行机构功能调整和职能完善,制订可操作性强的推行计划,以适应清洁生产的需求。

(一)纳入整体规划

将清洁生产纳入国民经济和社会发展规划中是有必要的,一方面可以在经济发展的整体进程中,节约资源和能源,避免环境污染;另一方面可以加强企业对于清洁生产的重视。因此要逐步科学合理地将清洁生产策略纳入环境保护、资源利用、产业发展、区域开发等规划当中。

(二)制定可操作性政策

清洁生产的推行需要政策的支持,包括指导性、鼓励性和强制性政策等。指导性政策,即清洁生产主管部门对企业进行清洁生产引导,并提供相应的信息和技术指导。鼓励性政策,为实施清洁生产的企业适当地提供技术设备支持和一定的资金支持,对积极采取清洁生产措施的企业进行减免税款、表彰和奖励。强制性政策,是指对于应采取清洁生产措施的企业进行强制执行,对应当采取清洁生产措施而拒不为之的企业,给予处罚并通报。

(三)开展清洁生产试点工作

清洁生产试点工作是开展清洁生产的有效方式之一,在促进清洁生产的推广方面意义重大,一方面可以有效地带动企业全面推行和实施清洁生产,逐步让企业了解清洁生产的重要性,使其成为企业的自觉行为;另一方面可以在逐步探索中建立区域经济可持续发展的清洁生产长效运行机制和管理服务体制。

(四)指导与监督

清洁生产是一项专业性强的环保策略,尤其是在环保设计、清洁生产工艺、技术和评价方面。在进行清洁生产过程中,企业往往由于认识不够而陷入误区。因此,除进行有效的宣传教育和技术培训以外,政府有关部门要建立企业清洁生产的指导机构,协助和督促企业进行清洁生产。

(五)清洁生产审核

清洁生产审核是对清洁生产的有效评价和诊断,也是推行清洁生产的有效环节之一,因此做好清洁生产审核可以保障清洁生产工作的有效进行。

四、清洁生产的支持保障体系

(一)清洁生产宣传与培训

清洁生产涉及工艺、设备、过程控制和管理等相关专业,因此进行相关的岗位再培训和普及性宣传教育很有必要。

首先,政府一方面要了解清洁生产的重要性,这样才能有效地开展清洁生产;另一方面要对部门负责人员进行宣传教育和岗位培训,使各部门成员理解清洁生产的内涵以及本部门的主要职责和工作内容,提高各级管理人员的综合素质和业务技能,适应推行清洁生产工作的需要。

其次,企业要进行清洁生产教育。企业是清洁生产的主要对象,对企业的负责人和职工进行清洁生产教育,培养清洁生产意识很有必要。企业要通过各种方式拓宽企业负责人和职工的清洁生产知识面,提高技术水平和管理水平,掌握清洁生产技术和方法,适应清洁生产的要求。

最后,社会要进行清洁生产宣传和教育。社会要通过各种手段提高公众和社会各界对清洁生产的认识,普及清洁生产的知识;通过宣传,增强公众环境意识,引导绿色消费,改善公众的消费行为;通过市场力量迫使企业进行清洁生产,带动整个社会参与清洁生产。

(二)清洁生产指标的合理性

清洁生产各项指标的合理性是有效实施清洁生产的关键之一,企业清洁生产评价指标体系从生产这个始端到排污这个终端的全过程对企业起到监督、管理、指导、评价的作用。清洁生产指标的应用领域包括清洁生产法律法规、指导企业加强管理、清洁生产分析、清洁生产审核、清洁生产信息交流等。建立科学合理的清洁生产指标体系,是推行清洁生产的必要工具,并且清洁生产指标需要不断调整修正。

为评价企业清洁生产水平,指导和推动企业依法实施清洁生产,国家发展改革委已组织编制了一些重点行业的清洁生产评价指标体系,如制浆造纸行业清洁生产评价指标体系、火电行业清洁生产评价指标体系、机械行业清洁生产评价指标体系、水泥行业清洁生产评价指标体系等。这些重点行业的清洁生产评价指标体系针对性强,对重点行业的清洁生产具有重要的促进作用。

(三)全员参与清洁生产

《中华人民共和国清洁生产促进法》指出,国家鼓励社会团队和公众参与清洁生产的宣传、教育、推广、实施及监督。全员参与企业清洁生产监督、产品监督、服务监督是推进清洁生产进程的重要措施。首先,要促进政府、企业的环境信息公开,引导广大员工对企业实施清洁生产以及政府的相关清洁生产政策、措施进行评判和监督。其次,要运用各种手段和舆论传媒,开展各种层次的清洁生产社会宣传,以提高全员的环境意识,加深全员对清洁生产的了解,鼓励公众参与清洁生产。最后,要鼓励和扶持社会中介组织和民间环境保护团体参与清洁生产,使环境保护非政府组织合理地参与到清洁生产工作中来。

五、清洁生产与 ISO14000

(一)ISO14000 环境管理体系

1. ISO14000 环境管理体系概述

国际标准化组织(ISO)是世界上最大的非政府性国际标准化机构,其主要活动之一就是制定各行业的国际标准,协调世界范围的标准化工作。1993 年 6 月,国际标准化组织环境管理标准化技术委员会(ISO/TC207)正式成立,着手 ISO14000 环境管理系列标准的起草工作。

ISO14000 环境管理系列国际标准,是国际标准化组织(ISO)于 1996 年开始发布的环境管理领域的国际标准。该系列标准的产生顺应了国际环境保护的发展需求,是经济全球化的必然趋势。

国际标准化组织认为:ISO14000 环境管理体系是整个环境管理体系的一部分,环境管理体系的这一部分包括制定、实施、实现、评价和持续环境政策所需要的组织结构、规划活动、责任、实践、步骤、流程和资源。ISO14000 环境管理体系旨在指导并规范企业及其他组织建立先进的体系,引导企业建立自我约束机制和科学管理的管理行为标准。

ISO14000 环境管理系列国际标准一经问世,就在全球范围内掀起一股实施认证热潮,200 多个国家和地区直接将国际标准转化为本国标准。许多企业和政府组织通过了其核心标准——ISO14001 环境管理体系(EMS)的认证。我国对 ISO14000 环境管理系列国际标准作出了积极反应,获认证的组织数量、获国家认可的环境管理体系认证机构、获备案资格的认证咨询机构不断增加,获认证的企业覆盖机械、冶金、化工、煤炭、建材和电子等多种行业经济类型。

2. ISO14000 环境管理体系的内容

ISO14000 环境管理体系主要通过建立、实施一套环境管理体系,达到持续改进、预防污染的目的。其核心内容包括持续改进、污染预防、环境政策、环境项目或行动计划,将环境管理与生产操作相结合,监督、度量和保持记录的步骤;纠正和预防行动 EMS(效率、管理、服务)审计、管理层的评审;厂内信息传播及培训厂外交流等。

ISO14000 环境管理系列国家标准引入"预防为主"的思想,从源头入手采取措施进行全过程的污染防治。它要求识别活动、产品和服务中具有或可能具有潜在环境影响的因素,还要求注重对其他环境管理工具的应用。生命周期分析和环境行为评价方法将环境方面的考虑纳入产品的最初设计阶段和企业活动的整体策划过程,这样就为一系列决策效率的提高提供了有力的支持,为污染预防提供了可能。

ISO14000 环境管理系列国家标准强调管理的动态性,即通过 PDCA(Plan-Do-Check-Act,计划-执行-检查-处理)循环来实现环境管理的持续改进,不但包括整个管理体系的持续改进,而且包括组织环境绩效的持续改进。

所以,ISO14000 环境管理体系是企业为提高自身环境形象、减少环境污染选择的一个管理性措施。企业建立起符合 ISO14000 环境管理体系的政策并经过权威部门的认证,不仅可以向外界表明自己的承诺和良好的环境形象,还从企业内部开始实现一种全过程科学管理的系统行为。

(二)清洁生产与 ISO14000 环境管理体系的关系

清洁生产是一种新的、创造性的、高层次的、包含性极大的、哲理性很强的环境战略。而 ISO14000 环境管理体系是一种操作层次的、具体性的、界面很明确的管理手段,与其他管理体系相比更有良好的兼容性。环境管理体系标准与组织的质量管理体系、职业健康与安全管理体系等标准都遵循共同的管理体系原则,只是各要素的应用会因不同的目的和不同的相关方而有所差异。ISO14000 系列标准借鉴了 ISO9000 质量管理体系系列标准的管理模式,使组织有可能在采用了其中一个体系标准的情况的基础上,也与另外一个体系的标准进行了结合。

ISO14000环境管理体系适用于任何规模的组织,也可以与其他管理要求相结合,帮助企业实现环境目标与经济目标。

从企业层次来看,清洁生产能够给企业带来直接的经济效益,用较低的投入削减较多量的污染物;通过清洁生产和环境工程措施实现污染物排放达标控制;提高管理水平,全方位改善企业的环境形象,在国家认可的有资格的清洁生产指导中心和清洁生产环境审核工程师的指导下,围绕三个效益,持续发展,不断推动企业技术行政进步,使之成为企业前进的永恒动力。而实施ISO14000环境管理体系,企业必须定期进行内部评审,还需要有第三方认证机构对其进行规范的、有权威的认证。经过认证的企业可以获得良好的形象,从而增加经济收益。现代企业将清洁生产这种永恒的动力和国际公认的ISO14000的认证结合起来,相辅相成。

从技术内涵来看,企业清洁生产审计的技术内涵比较广泛,从无毒原料替代、改进工艺流程、优化仪器设备、强化企业管理、提高全员素质等方面进行全程核查,提出经济可行的备用方案付诸实施,以实现持续性预防污染。ISO14000环境管理体系的技术内涵一般表现在环境因素的分析上,更多的是管理方面的内容,其核心就是建立符合国际规范的标准化环境管理体系,其着眼点在于管理运行机制的建立。

从预期目标来看,清洁生产审计是以节能、降耗、减污、提质、增效为目标的持续清洁生产。ISO14000环境管理体系是通过一个运作良好的体系,对环境因素实行不断控制,并将这种控制有序化,在获得第三方认证后取得向公众展示的证明。

从实施角度来看,实施了清洁生产审计的企业,不能认为通过了ISO14000的认证。同样,通过了ISO14000认证的企业也不能认为实施了清洁生产审计。二者可以分开进行,也可以相互依托地并轨实施,但不能相互替代。

ISO14000环境管理体系是实现清洁生产思想的手段之一,清洁生产是整个经济社会追求的目标。实施清洁生产不能脱离一个完整的ISO14000环境管理体系的支持与保证,同时,ISO14000环境管理体系也支持清洁生产的持续实施且不断地丰富清洁生产思想的具体内容。

六、清洁生产审核

(一)清洁生产审核的定义

2016年发布的《清洁生产审核办法》规定:清洁生产审核,是指按照一定程序,对生产和服务过程进行调查和诊断,找出能耗高、物耗高、污染重的原因,提出降低能耗、物耗、废物产生以及减少有毒有害物料的使用、产生和废弃物资源化利用的方案,进而选定并实施技术经济及环境可行的清洁生产方案的过程。

清洁生产审核是对组织现在的和计划进行的生产和服务实行预防污染的过程诊断和评估程序。审核对象是所有从事生产和服务活动的单位以及从事相关管理活动的部门。审核主体是环境保护主管部门。

(二)清洁生产审核原则

《清洁生产审核办法》中确定了清洁生产审核的原则。

1. 以企业为主体

清洁生产审核的对象是企业,审核是围绕企业开展的。清洁生产审核要根据企业的规模、产品、排污类型、排污特点、所在区域等作具体分析，作出合理的评价。

2.自愿性审核与强制性审核相结合

对污染物排放达到国家和地方规定排放标准以及总量控制指标的企业，可按照自愿的原则开展清洁生产审核。而对于污染物排放超过国家和地方规定标准或者总量控制指标的企业，以及使用有毒、有害原料进行生产或者在生产中排放有毒有害物质的企业，应依法强制实施清洁生产审核。

3.企业自主审核与外部协助审核相结合

企业可以在内部进行自主审核，也可以委托外部中介机构协助审核，只要能够提供审核材料，配合有关部门进行清洁生产审核即可。

4.因地制宜、注重实效、逐步开展

不同地区、不同行业的企业在实施清洁生产审核时，应结合本地情况，因地制宜地开展工作。

(三)清洁生产审核原理

清洁生产审核原理主要体现在三个方面：一是通过现场调查和物料平衡找出废弃物的产生部位并确定产生量，即废弃物在哪里产生；二是要求分析产品生产过程的每个环节，如图9-3所示，即为什么会产生废弃物；三是针对每一个废弃物产生原因，设计相应的清洁生产方案(包括无/低费方案和中/高费方案)，方案可以是一个、几个甚至几十个，通过实施这些清洁生产方案来消除这些废弃物产生原因，从而达到减少废弃物产生的目的，即如何消除这些废弃物。

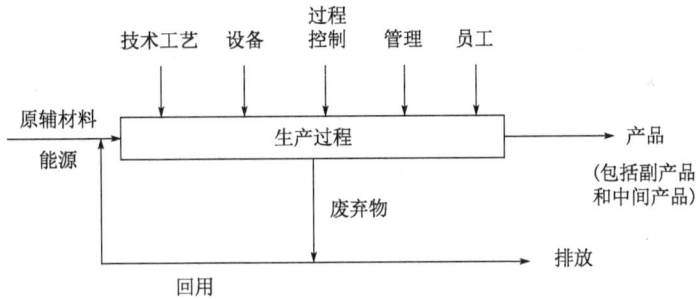

图9-3 清洁生产的基本环节

(四)清洁生产审核程序

清洁生产审核程序原则上包括筹划与组织、预审核、审核、实施方案的产生和筛选、实施方案的确定、编写清洁生产审核报告。

1.筹划与组织

开展培训和宣传，成立由企业管理人员和技术人员组成的清洁生产审核工作小组，制订工作计划。

2.预审核

在对企业基本情况进行全面调查的基础上，通过定性和定量分析，确定清洁生产审核重点

和企业清洁生产目标。

3. 审核

通过对生产和服务过程的投入产出进行分析,建立物料平衡、水平衡、资源平衡以及污染因子平衡,找出物料流失、资源浪费环节和污染物产生的原因。

4. 实施方案的产生和筛选

对物料流失、资源浪费、污染物产生和排放进行分析,提出清洁生产实施方案,并进行方案的初步筛选。

5. 实施方案的确定

对初步筛选的清洁生产方案进行技术、经济和环境可行性分析,确定企业拟实施的清洁生产方案。

6. 编写清洁生产审核报告

清洁生产审核报告应当包括企业基本情况、清洁生产审核重点与目标、清洁生产方案汇总和可行性分析、预期效益分析、清洁生产方案实施与结果分析、持续清洁生产计划等。

复习作业题

1. 名词概念解释题

1.1 低碳	1.2 低碳经济	1.3 碳源	1.4 碳汇
1.5 碳汇经济	1.6 碳足迹	1.7 碳达峰	1.8 碳中和
1.9 碳信用	1.10 《联合国气候变化框架公约》		1.11 《京都议定书》
1.12 强制碳市场	1.13 自愿碳市场	1.14 循环经济	1.15 动脉产业
1.16 静脉产业	1.17 3R 原则	1.18 清洁生产	1.19 ISO14000
1.20 清洁生产审核			

2. 选择与说明题

2.1 下列对低碳经济的理解,不正确的是( )。

    A. 低碳经济是一种以可持续发展理念为指导,以低能耗、低污染、低排放为基础的经济发展形态

    B. 低碳经济的核心在于提高能源利用效率、创建清洁能源结构,并推动技术创新、制度创新和发展观的改变

    C. 低碳经济注重新能源的开发利用,主张用核、水、风、太阳能等新型能源逐步取代煤炭、石油等高碳能源

    D. 低碳经济要求采用多种手段,尽可能地减少煤炭、石油等高碳能源消耗,减少温室气体排放

选择说明:_____

2.2 ( )是世界上第一个全面控制二氧化碳等温室气体排放的国际公约。

A.《京都议定书》　　　　　　　　　　B."巴厘路线图"

C.《联合国气候变化框架公约》　　　　D.《哥本哈根会议决议》

选择说明：_____

2.3　下列对循环经济的理解,正确的有(　　　)。

A. 指物质闭环流动型经济

B. 指把物质和能源从生态系统中加以提取,然后把所产生的垃圾返回生态系统的经济模式

C. 指由"资源-产品-再生资源"所构成的物质反复循环流动的经济发展模式

D. 指由动脉产业和静脉产业组成的一个完整的物质流体系

选择说明：_____

2.4　循环经济的实现形式有(　　　)个层次。

A. 一　　　　　　B. 二　　　　　　C. 三　　　　　　D. 四

选择说明：_____

2.5　下列对清洁生产的理解,正确的有(　　　)。

A. 指对产品和产品的生产过程采取预防污染的策略来减少污染物的产生

B. 是一种新的创造性的思想,该思想将整体预防的环境战略持续应用于生产过程、产品和服务中

C. 指既可满足人们的需要又可合理使用自然资源和能源并保护环境的实用生产方法和措施

D. 指实行源削减和对生产或服务的全过程实施控制

选择说明：_____

2.6　清洁生产是以综合预防污染为目的,以(　　　)为宗旨的积极的、预防性的战略。

A. 节能　　　　　　B. 降耗　　　　　　C. 减污　　　　　　D. 增效

选择说明：_____

2.7　清洁生产审核的原则,包括(　　　)。

A. 以企业为主体　　　　　　　　　B. 自愿性审核与强制性审核相结合

C. 企业自主审核与外部协助审核相结合　D. 因地制宜、注重实效、逐步开展

选择说明：_____

3. 分析论述题

3.1　简述我国自主减排目标。

3.2　简述强制碳市场与自愿碳市场的关系。

3.3　简述循环经济的运行原则。

3.4　简述循环经济的实现形式。

3.5　简述清洁生产的内容。

3.6　如何进行清洁生产审核?

全国环境保护会议综述

　　中华人民共和国成立以来,中国环境保护事业从无到有,从小到大,环境保护工作取得了重大成效。从总体上看,全国环境质量严重恶化的趋势开始减缓,环境保护和经济建设之间的矛盾有所缓和,但是我国的环境保护形势仍十分严峻。回顾我国环境保护事业的历程,综述九次全国环境保护会议(大会),对于制定新时期的环境保护战略、方针和政策,促进经济与环境的协调发展,具有十分重要的意义。

一、全国环境保护会议(大会)的前奏

　　周恩来为我国环境保护事业作出了卓越的贡献。1972 年北京发生官厅水库严重污染事件,周恩来四次作出指示,并指定北京市、河北省、山西省、天津市和国务院有关部门组成官厅水源保护领导小组,积极开展治理。这是由国家出面针对污染进行的第一次治理,从而开启了我国污染治理的新篇章。1972—1974 年,周恩来多次亲自调查,对环境保护方面的问题作过多次指示。正是在他的重视和支持下,中国派出代表团出席了于 1972 年 6 月联合国在斯德哥尔摩召开的人类环境会议,这也是中国重返联合国后参加的首个国际会议。这次会议让中国代表团意识到,发达工业国家出现的污染问题也在中国出现了苗头。在听取了代表团关于斯德哥尔摩人类环境会议的汇报后,周恩来指出:对环境问题再也不能放任不管了,应当把它提到国家的议事日程上来,并决定召开一次全国性的环境工作会议。联合国人类环境会议不仅

是世界环境保护的里程碑,也成为我国环境保护事业的转折点。1973 年 1 月,国务院开始筹备召开全国环境保护会议。

二、历次全国环境保护会议(大会)概况

(一)第一次全国环境保护会议

1973 年 8 月 5—20 日,国务院在北京召开了第一次全国环境保护会议。会议研究、讨论了中国的环境问题,并审议通过了中国第一部关于环境保护法规性的文件——《关于保护和改善环境的若干规定(试行草案)》。《关于保护和改善环境的若干规定(试行草案)》确定了"全面规划,合理布局,综合利用,化害为利,依靠群众,大家动手,保护环境,造福人民"的环境保护工作 32 字方针。第一次全国环境保护会议的召开,揭开了中国环境保护事业的序幕,把环境保护的概念第一次推向全社会,这一年被认为是我国环境保护"元年"。这次会议后,中央政府决定在当时的城乡建设部设立一个管理环境保护的部门。

出席第一次全国环境保护会议的一些代表反映了当时各地区和各方面环境污染和生态破坏的大量情况,会议代表认识到了环境问题的严重性。"现在就抓,为时不晚"是会议得出的结论。会议通过的《关于保护和改善环境的若干规定(试行草案)》共十条,这十条规定包括了环境保护广泛的领域和内容。其中一条提出了避免先污染后治理的原则,就是新建、改建、扩建项目的防治污染的措施必须同主体工程同时设计,同时施工,同时投产,即"三同时"制度。

中华人民共和国国务院对这次会议很重视,会议结束前在人民大会堂召开了由党、政、军、民、企业等各界代表参加的万人大会,强调了环境保护要引起全党、全国人民的重视,并且要把这项工作作为社会主义建设中的一件大事抓紧抓好。这表明,政府既认识到了环境保护意识对于环境保护的重要性,也初步明确了环境保护在社会主义建设中的重要地位。从此,我国的环境保护事业被提到了政府工作的日程上来,20 世纪 60 年代提出的"三废"治理和综合利用的概念,逐步被"环境保护"的概念所代替,环境保护事业开始起步。

第一次全国环境保护会议召开后的 1974 年,国务院环境保护领导小组提出了治理环境污染的目标——"五年控制,十年解决"。由于低估了环境污染的复杂性,没有认识到环境保护是一项长期的艰巨的工程,所以这个目标不可能实现。1978 年第五届全国人民代表大会通过了《中华人民共和国宪法》,在这部宪法中规定,国家保护环境和自然资源,防治污染和其他公害。这是中华人民共和国成立后第一次在宪法中对环境保护作出规定,为我国环境保护法治化建设和环境保护事业开展奠定了坚实的基础。同年 12 月,党的十一届三中全会召开,在全党确定了解放思想、实事求是的思想路线,为正确认识我国的环境形势奠定了思想基础。

1978 年 12 月 31 日,中共中央批转了国务院环境保护领导小组的《环境保护工作汇报要点》,在通知中指出:"我们绝不能走先建设、后治理的弯路,我们要在建设的同时就解决环境污染问题。"这是中国共产党第一次以党中央的名义对环境保护工作作出指示,从而引起了各级党组织的重视,加强了领导,推动了我国环境保护事业的发展。这个时期,虽然国家进行了环境保护法制的建设以及各种污染的防治,初步明确了环境保护在社会经济发展中的地位和作用,但还没有真正从宏观上理顺经济建设和环境保护的关系。

1979 年 9 月,我国颁布了中华人民共和国成立以来第一部综合性的环境保护基本

法——《中华人民共和国环境保护法(试行)》,把中国环境保护的基本方针、任务和政策,用法律的形式确定下来。其后在此基础上又陆续颁布了许多重要的环境保护单行法规,如1982年颁布的《中华人民共和国海洋环境保护法》,1984年颁布的《中华人民共和国水污染防治法》等。

(二)第二次全国环境保护会议

从1973年第一次全国环境保护会议到1983年,我国的环境保护事业走过了整整十年。为了总结这段时间环境保护的经验与教训,确定今后环境保护的工作方针、目标、任务和措施,国务院于1983年12月31日至1984年1月7日,在北京召开了第二次全国环境保护会议。这是我国改革开放时期召开的第一次全国环境保护会议。第二次全国环境保护会议产生了五项主要成果。

第一,确立了保护环境是一项基本国策,明确了保护环境是我国现代化建设中的一项战略任务,从而确立了环境保护在社会经济发展中的重要地位。

第二,根据我国的具体国情,制定了我国环境保护事业的战略方针,即经济建设、城乡建设和环境建设同步规划、同步实施、同步发展,实现经济效益、社会效益和环境效益相统一。这简称为"三同步"和"三效益统一"。这是"以防为主"环境保护方针的新发展,指明了解决经济发展与环境保护之间矛盾的正确途径。

第三,初步规划了到20世纪末中国环境保护的主要目标、步骤和措施。按照这个规划的要求,各地区、各部门也制定了自己的规划,并将其纳入国家和地方的长远规划和近期规划之中,各规划逐步得到贯彻执行。

第四,确定把强化环境管理作为当前环境保护工作的中心环节,通过管理去解决那些不花钱或少花钱的环境问题。在这条方针的指导下,我国的环境建设和环境管理都得到了很大发展。随着改革开放的不断深入,我国环境保护的重点逐步转移到加强环境管理上来,实践证明这是一条符合我国国情的正确方针。

第五,形成了我国环境保护的三大政策,即"预防为主,防治结合""谁污染,谁治理""强化环境管理"的政策体系。环境保护三大政策是中国环境政策的基础。在此后的实践中,我国不断探索出了一些环境保护的新方法和新路子,取得了显著成效。

第二次全国环境保护会议宣布将环境保护确定为基本国策是需要勇气和智慧的,当时在会议上存在不同声音。因为在20世纪80年代初,经济百废待兴,改革持续深入,各级政府更多地关注经济复兴而忽略环境保护。但中央政府还是提出了经济建设、城乡建设和环境建设要同步规划、同步实施、同步发展的方针。1984年5月,国务院决定成立环境保护委员会,专门负责协调各部门间的环保问题。

(三)第三次全国环境保护会议

1989年4月28日至5月1日,国务院在北京召开了第三次全国环境保护会议。第三次全国环境保护会议,提出要加强制度建设,深化环境监管,向环境污染宣战,促进经济与环境协调发展。会议通过了实施环境管理的"新五项"制度。

在第三次全国环境保护会议大会主席台的两侧分别高悬着两面条幅,左侧是"切实加强环境保护,是我国的一项基本国策",右侧是"环境保护和生态平衡是关系经济和社会发展全局的重要问题"。这两句话集中体现了政府对环境问题的认识及重视。在原有"老三项"环境管理制度,即环境影响评价制度、"三同时"制度和排污收费制度的基础上,这次大会又提出了积极推行深化环境管理的"新五项"制度,即环境保护目标责任制、城市环境综合整治定量考核制、排放污染许可证制、污染集中控制制度、限期治理制度。环境保护八项环境管理制度,昭示我国的环境管理由号召转变为制度规范,使我国环境管理进一步得到加强。至此,我国基本形成了一条具有中国特色的环境保护道路和比较完善的政策体系,以及相互配套的管理制度。

第三次全国环境保护会议后,在对1979年颁布的《中华人民共和国环境保护法(试行)》实施情况总结的基础上,1989年12月26日,《中华人民共和国环境保护法》由第七届全国人民代表大会常务委员会第十一次会议通过,自公布之日施行。

1992年联合国里约热内卢环境与发展大会之后,我国提出了《中国环境与发展十大对策》,第一次明确提出转变传统模式,走可持续发展道路。在此期间,国家环境保护机构不断加强,反映出环境保护被摆到越来越重要的位置。中国共产党十四届五中全会和十五大,提出实施可持续发展战略,实行计划经济体制向社会主义市场经济体制、粗放型经济增长方式向集约型经济增长方式两个根本性转变。可持续发展成为指导国民经济与社会发展的总体战略,环境保护成为改革开放和现代化建设的重要组成部分。

(四)第四次全国环境保护会议

1996年7月15日—17日,国务院召开第四次全国环境保护会议。会议作出了《关于环境保护若干问题的决定》,明确了跨世纪环境保护工作的目标和措施。会议提出保护环境是实施可持续发展战略的关键,保护环境就是保护生产力。这次会议确定了坚持污染防治和生态保护并重的方针,并在全国开展了大规模的重点城市、流域、区域、海域的污染防治及生态建设和保护工程,环境保护工作进入了新的阶段。同时,国务院批复同意的《国家环境保护"九五"计划和2010年远景目标》,为环境保护制定了系统、全面、有计划、有目标的工作指南,特别是加大了环境保护投资。至2002年1月第五次全国环境保护会议召开之际,"九五"期间累计环保投资达3600亿元,比"八五"时期增加了2300亿元,约占GDP的1.04%。

(五)第五次全国环境保护会议

2002年1月8日,国务院召开第五次全国环境保护会议,这是跨入新世纪后我国召开的第一次全国环境保护会议。会议提出,环境保护是政府的一项重要职能,要按照社会主义市场经济的要求,动员全社会的力量做好这项工作。

第五次全国环境保护会议的主题是贯彻落实国务院批准的《国家环境保护"十五"计划》,部署"十五"期间的环境保护工作。"十五"期间环境保护计划的主要措施是:一要加大污染防治力度,实现总量控制;二要加大重点地区、重点流域的治理;三要加强生态环境保护;四要加强生物多样化保护;五要加大环境执法力度,加强执法队伍建设。这次会议着重强调,在"十五"期间,环境保护既是经济结构调整的重要方面,又是扩大内需的投资重点之一。"十五"期间环境保护投资计划7000亿元,达到同期GDP的1.2%,实际完成8393.9亿元,达到同期GDP的1.32%。

会议强调,保护环境是我国的一项基本国策,是可持续发展战略的重要内容,直接关系现代化建设的成败和中华民族的复兴。在保持国民经济持续快速健康发展的同时,必须把环境保护放在更加突出的位置,加大力度,狠抓落实,努力开创新世纪环境保护工作新局面。

(六)第六次全国环境保护大会

第六次全国环境保护大会于 2006 年 4 月 17—18 日在北京召开。这次全国环境保护大会是在"十一五"规划开局之年召开的一次重要会议。会议要求,要把思想和行动统一到中央的部署和要求上来,进一步提高对环境保护重要性和紧迫性的认识,把"十一五"环境保护目标和任务落到实处,把环境保护的责任落实到位。抓紧制定环境保护专项规划,进一步落实加强环境保护的工作措施,建立和完善有利于环境保护的体制机制,加大环境执法力度,提高环保工作水平,努力开创我国环保事业新局面。

会议强调:保护环境关系到我国现代化建设的全局和长远发展,是造福当代、惠及子孙的事业。我们必须充分认识我国环境形势的严峻性和复杂性,充分认识加强环境保护工作的重要性和紧迫性,把环境保护摆在更加重要的战略位置。我们一定要深刻认识保护环境的重大意义,增强忧患意识,增强责任感和紧迫感,以对国家、对民族、对子孙后代高度负责的精神,切实做好环境保护工作,推动经济社会全面协调可持续发展。

第六次全国环境保护大会设有 2300 多个分会场,有 11 万人参加,会议坦承"十五"期间环保指标没有完成,同时强调"十一五"期间,我国将推行环境保护责任制,地方政府要对环境质量负总责。最重要的是,环保目标的完成情况将被纳入对地方经济社会发展评价范围和干部的政绩考核。会上表彰了全国环保系统先进集体和先进工作者。

(七)第七次全国环境保护大会

2011 年 12 月 20—21 日,第七次全国环境保护大会在北京召开。第七次全国环境保护大会是在国家实施"十二五"规划的开局之年,在我国经济社会发展到了新阶段,面临着复杂的国际经济形势的情况下,在中央经济工作会议之后召开的一次重要会议。会议的主要目的是,落实"十二五"规划的主题和主线,落实中央经济工作会议精神,落实国务院出台的《关于加强环境保护重点工作的意见》和《国家环境保护"十二五"规划》,总结"十一五"期间的环境保护工作情况,分析环境保护面临的新形势,部署今后一个时期的环保任务。

大会系统分析了当时环境保护中存在的突出问题和深层次矛盾,强调环境是重要的发展资源,良好的环境本身就是稀缺资源,要坚持在发展中保护、在保护中发展,推动经济转型,提升生活质量,为经济长期平稳较快发展固本强基,为人民群众提供水清天蓝地干净的宜居安康环境。大会强调"三个转变",即从重经济增长轻环境保护转变为保护环境与经济增长并重,从环境保护滞后于经济发展转变为环境保护和经济发展同步,从主要用行政办法保护环境转变为综合运用法律、经济、技术和必要的行政办法解决环境问题。

大会认为,"十一五"期间,环境保护从认识到实践都发生了重要变化,取得了显著成效,为经济较快增长、应对国际金融危机和新兴产业发展提供了支撑和保障。但要看到,我国正处于工业化和城镇化快速发展的时期,发达国家一两百年间逐步出现的环境问题在我国现阶段集中显现,环境保护仍是经济社会发展的薄弱环节,形势依然严峻。对此,我国必须有充分认识,进一步增强紧迫感和责任意识,继续为保护和改善环境作出不懈努力。

(八)第八次全国生态环境保护大会

2018 年 5 月 18—19 日,第八次全国生态,环境保护大会在北京召开。

大会指出,党的十八大以来,生态文明建设发生历史性、转折性、全局性变化,生态环境质量持续好转,出现了稳中向好趋势,但成效并不稳固。要加大力度推进生态文明建设、解决生态环境问题,坚决打好污染防治攻坚战,推动中国生态文明建设迈上新台阶。

大会对中国生态文明建设的现实情况作出三个判断:正处于压力叠加、负重前行的关键期;已进入提供更多优质生态产品以满足人民日益增长的优美生态环境需要的攻坚期;也到了有条件有能力解决生态环境突出问题的窗口期。

大会对新时代推进生态文明建设,提出六个原则:一是坚持人与自然和谐共生;二是绿水青山就是金山银山;三是良好生态环境是最普惠的民生福祉;四是山水林田湖草是生命共同体;五是用最严格的制度、最严密的法治保护生态环境;六是共谋全球生态文明建设。

大会对生态文明建设提出五点要求:要加快构建生态文明体系;要全面推动绿色发展;要把解决突出生态环境问题作为民生优先领域;要有效防范生态环境风险;要提高环境治理水平。

大会强调,加快建立健全五个生态文明体系:以生态价值观念为准则的生态文化体系;以产业生态化和生态产业化为主体的生态经济体系;以改善生态环境质量为核心的目标责任体系;以治理体系和治理能力现代化为保障的生态文明制度体系;以生态系统良性循环和环境风险有效防控为重点的生态安全体系。

大会强调,生态文明建设必须加强党的领导,地方各级党委和政府主要领导是本行政区域生态环境保护第一责任人。

第八次全国生态环境保护大会,开启了新时代生态环境保护工作的新阶段。

(九)第九次全国生态环境保护大会

2023 年 7 月 17—18 日,第九次全国生态环境保护大会在北京召开。

这次全国生态环境保护大会,是在贯彻落实党的二十大精神开局之年,我国迈上全面建设社会主义现代化国家新征程的关键时刻,党中央召开的一次十分重要的会议,是新时代新征程生态文明建设领域新的重要里程碑。习近平总书记出席会议并发表重要讲话,充分彰显了以习近平同志为核心的党中央对生态文明建设和生态环境保护工作的高度重视。习近平总书记的重要讲话高屋建瓴、思想深邃、内涵丰富,是一篇马克思主义的纲领性文献,是对习近平生态文明思想的最新发展,是坚定不移推动绿色低碳高质量发展的政治宣言,是以美丽中国建设全面推进人与自然和谐共生现代化的行动指南。

回顾我国环境保护历程,历次全国环境保护会议(大会)起了极大的推动作用。比较我国几次环境保护会议(大会),我国环境保护工作从无到有,从第一次参加环境保护会议人员尚不知环境保护到如今环境保护深入人心,从起初末端治理环境污染问题到目前的可持续发展战略的实施,在我国环境保护事业发展的道路上,全国环境保护会议(大会)是里程碑。中国式现代化,本质要求之一是促进人与自然和谐共生,全面建设美丽中国,必须加强环境保护。党的十九大报告指出,到二〇三五年,基本实现社会主义现代化,生态环境根本好转,美丽中国目标基本实现;到本世纪中叶,把我国建成富强、民主、文明、和谐、美丽的社会主义现代化强国。党的二十大报告指出,坚持绿水青山就是金山银山的理念,坚持山水林田湖草沙一体化保护和系统治理,全方位、全地域、全过程加强生态环境保护。生态环境保护发生历史性、转折性、全局性变化,我们的祖国天更蓝、山更绿、水更清。

参 考 文 献

[1] 林肇信,刘天齐,刘逸农.环境保护概论:修订版[M].北京:高等教育出版社,1999.

[2] 邵超峰,鞠美庭.环境学基础[M].3版.北京:化学工业出版社,2021.

[3] 董小林.当代中国环境社会学建构[M].北京:社会科学文献出版社,2010.

[4] 阮贤舜.环境经济学[M].哈尔滨:哈尔滨地图出版社,1992.

[5] 张开远.环境经济学[M].北京:中国环境科学出版社,1993.

[6] 王金南.环境经济学:理论·方法·政策[M].北京:中国环境科学出版社,1994.

[7] 张象枢,魏国印,李克国.环境经济学[M].北京:中国环境科学出版社,1994.

[8] 叶德磊.微观经济学[M].5版.北京:高等教育出版社,2019.

[9] 蔡继明,王勇,靳卫萍.微观经济学[M].3版.北京:清华大学出版社,2024.

[10] 蔡继明.宏观经济学[M].2版.北京:清华大学出版社,2011.

[11] 赵德海,和淑萍.宏观经济学[M].3版.北京:科学出版社,2018.

[12] 张坤民.可持续发展论[M].北京:中国环境科学出版社,1997.

[13] 赵剑强.公路交通与环境保护[M].北京:人民交通出版社,2002.

[14] 张敏,黎来芳,于富生.成本会计学:立体化数字教材版[M].9版.北京:中国人民大学出版社,2021.

[15] 金德环.投资经济学[M].2版.上海:复旦大学出版社,2006.

[16] 黄渝祥,邢爱芳.工程经济学[M].3版.上海:同济大学出版社,2005.

[17] 沈满洪.环境经济手段研究[M].北京:中国环境科学出版社,2001.

[18] 吴建.排污权交易[M].北京:中国人民大学出版社,2005.

[19] 蔡守秋.环境政策学[M].北京:科学出版社,2009.

[20] 温宗国.当代中国的环境政策:形成、特点与趋势[M].北京:中国环境科学出版社,2010.

[21] 中国人民银行,财政部,国家发展改革委,等.关于构建绿色金融体系的指导意见[EB/OL].(2016-08-31)[2024-10-18].https://www.mee.gov.cn/gkml/hbb/gwy/201611/t20161124_368163.htm.

[22] 中共中央办公厅,国务院办公厅.关于深化生态保护补偿制度改革的意见[EB/OL].(2021-09-12)[2024-10-18].https://www.gov.cn/gongbao/content/2021/content_5639830.htm.

[23] 国务院.碳排放权交易管理暂行条例[EB/OL].(2024-01-25)[2024-10-18].https://www.gov.cn/zhengce/zhengceku/202402/content_6930138.htm.

[24] 国家发展改革委,科技部,工业和信息化部,等.循环发展引领行动[EB/OL].(2017-05-09)[2024-10-18].https://www.gov.cn/xinwen/2017-05/09/content_5192102.htm.

[25] 国家发展改革委,环境保护部.清洁生产审核办法[EB/OL].(2016-05-16)[2024-10-18].https://www.gov.cn/zhengce/2021-12/01/content_5713246.htm.